深入浅出密码学

Real-World Cryptography

[美] 戴维·王（David Wong） 著

韩露露 谢文丽 杨雅希 译

人民邮电出版社

北京

图书在版编目（CIP）数据

深入浅出密码学 / (美) 戴维・王 (David Wong) 著；韩露露，谢文丽，杨雅希译. -- 北京 : 人民邮电出版社，2023.1
ISBN 978-7-115-60034-9

Ⅰ. ①深… Ⅱ. ①戴… ②韩… ③谢… ④杨… Ⅲ. ①密码学 Ⅳ. ①TN918.1

中国版本图书馆CIP数据核字(2022)第166447号

版权声明

◆ 著　　[美] 戴维・王（David Wong）
译　　韩露露　谢文丽　杨雅希
责任编辑　胡俊英
责任印制　王　郁　焦志炜
◆ 人民邮电出版社出版发行　　北京市丰台区成寿寺路 11 号
邮编　100164　　电子邮件　315@ptpress.com.cn
网址　https://www.ptpress.com.cn
北京七彩京通数码快印有限公司印刷
◆ 开本：800×1000　1/16
印张：21　　2023 年 1 月第 1 版
字数：456 千字　　2025 年 1 月北京第 10 次印刷
著作权合同登记号　图字：01-2021-6144 号

定价：119.80 元

读者服务热线：(010) 81055410　印装质量热线：(010) 81055316
反盗版热线：(010) 81055315
广告经营许可证：京东市监广登字 20170147 号

内容提要

密码学是信息安全的基础，本书教读者应用加密技术来解决现实世界中的一系列难题，并畅谈了密码学的未来，涉及“加密货币”、密码验证、密钥交换和后量子密码学等话题。

全书分为两个部分，第一部分介绍密码原语，涉及密码学基础概念、哈希函数、消息认证码、认证加密、密钥交换、非对称加密和混合加密、数字签名与零知识证明、随机性和秘密性等内容；第二部分涉及安全传输、端到端加密、用户认证、“加密货币”、硬件密码学、后量子密码、新一代密码技术等内容。

本书形式新颖、深入浅出，非常适合密码学领域的师生及信息安全从业人员阅读，也适合对密码学及其应用感兴趣的读者阅读。

作者简介

David Wong 是 O(1)实验室的一位高级密码工程师，他致力于 Mina“加密货币”的研发。在此之前，他曾在 Facebook Novi 工作，担任 Diem（正式名称为 Libra）“加密货币”研发团队的安全顾问。在 Facebook 工作前，他还在 NCC 集团的加密服务机构做过安全顾问。

David 在他的职业生涯中多次参与开源审计工作，比如审计 OpenSSL 库和 Let's Encrypt 项目。他曾在多个会议（如“Black Hat”和“DEF CON”）上做过报告，并在“Black Hat”会议上讲授密码学课程。他为 TLS 1.3 协议和 Noise 协议框架的发展做出了贡献。此外，他还发现了许多库存在的漏洞，例如 Go 语言标准库中的 CVE-2016-3959 漏洞，TLS 库中的 CVE-2018-12404、CVE-2018-19608、CVE-2018-16868、CVE-2018-16869 和 CVE-2018-16870 漏洞。

David 还是 Disco 协议和基于智能合约的去中心化应用程序安全项目的开发者之一。他的研究内容包括对 RSA 的缓存攻击、基于 QUIC 的协议、对 ECDSA 的时序攻击或针对 DH 算法的后门攻击等领域的安全技术。

译者简介

韩露露，暨南大学博士研究生，研究方向为安全多方计算和数据隐私，是《深入浅出 CryptoPP 密码学库》的作者和《Python 编程实战——妙趣横生的项目之旅》的译者。

谢文丽，暨南大学硕士研究生，研究方向为基于格的公钥密码。

杨雅希，暨南大学博士研究生，研究方向为应用密码和隐私计算。

关于封面插图

本书封面上的人物是印第安人。这幅插图取自雅克·格拉塞特·德·圣索维尔（Jacques Grasset de Saint-Sauveur，1757—1810）1797年在法国出版的包含不同国家或地区服装合集的书，书名为*Costumes de Différents Pays*。每幅插图都是手工绘制和着色的。圣索维尔收藏的丰富多样性生动地提醒我们，在200多年前，世界上不同城镇和地区在文化上就存在巨大差异。由于彼此隔绝，人们说着不同的语言。无论是在街道上还是在乡村，仅仅通过他们的衣着就很容易看出他们住在哪里，看出他们的职业或生活状况。

从那以后，我们的着装方式发生了变化，当时各地区的着装风格如此丰富多样，而现在这种多样性在逐渐消失。现在，人们很难通过着装区分不同大陆的居民，更不用说不同的国家、地区或城镇的居民了。也许我们用文化多样性换取了一种更多样化的个人生活——就是一种更多样化、更快节奏的科技生活。

如今，曼宁出版社将雅克·格拉塞特·德·圣索维尔著作中的图片用于封面，以此来说明计算机行业的创造性和主动性。

序言

当拿起本书时，读者可能会有这样的疑惑，为什么又是一本关于密码学的图书？甚至会困惑，为什么要读本书？要想知道这个问题的答案，就必须了解本书的写作过程。

本书历经数年创作而成

今天，通过使用必应或百度搜索，我们几乎可以了解任何东西。然而，对于密码学，我们可以检索到的知识或资源非常有限。很久以前，我就遇到过这样的情况。从那时起，密码学相关资源的匮乏就成为我钻研密码学的阻碍。

上大学时，有一门课要求我实现差分功耗分析攻击。在密码分析领域，这种攻击在当时算是一个重大突破，它也是第一个公开的侧通道攻击。差分功耗分析攻击是一种非常神奇的密码算法攻击方法，该方法通过测量设备在加密或解密时的功耗，提取出加密算法所使用的密钥。在阅读相关论文时，我意识到，优质的论文可以传达伟大的思想，但很多论文往往不够清晰易懂。那时，我曾使出浑身解数，尝试弄明白作者想表达的意思，但却找不到解释这些论文的在线资源。因此，我绞尽脑汁，最终才彻底读懂这些论文。当时，一个想法在我脑海涌现，我可以想办法帮助像我这样经历这场“磨难”的人。

出于这样的动机，我画了一些动图，以记录我对论文的理解。我还在视频网站上分享了自己制作的密码学视频。

若干年后，每次发布完视频，我仍然能收到网友们的赞扬之词。就在我写这篇序言时，仍有人发帖说：“谢谢你，你的解释非常到位，为我理解这篇文章节省了大量时间。”

对我来说，这是莫大的激励！在迈出这一步后，我就有了在教育领域做更多尝试的想法。我开始录制更多的视频，同时开始写一些关于密码学的博文。在开始撰写本书之前，我已经在博客上发布了近 500 篇文章，它们解释了许多与密码学相关的概念。实际上，在曼宁出版社（Manning Publications）向我约稿之前，我已经有了写书的想法。

实用密码学课程

我读完理论数学学士学位后，不知道接下来该从事什么职业。我一直在规划自己的人生，想在职业选择与人生追求之间找到平衡。自然地，我对密码学产生了浓厚兴趣。研究密码学既让我有事情可做，也符合我对人生的规划。于是，我开始阅读各种与密码学有关的图书。很快，我就发现了人生的价值。

很多书总是花费大量篇幅去介绍密码学的发展历史，而我一向只对技术细节感兴趣，因此我发誓，如果我要写一本关于密码学的书，绝不会介绍维吉尼亚密码、凯撒密码和其他陈旧的密码算法。在获得法国波尔多大学的密码学硕士学位后，我本以为自己已做好畅游“实用密码世界”的准备。但实际情况是，我掌握的密码学知识仍然太少。

原本我以为自己的学位已经足够了，但实际上我从学校里学到的知识还不够多，我甚至缺乏攻击现实世界密码协议所需的基本知识。我花了很多时间学习与椭圆曲线有关的数学知识，但并没有学习如何在密码算法中使用椭圆曲线。我还在学校里学习了 LFSR、ElGamal 和 DES 算法，以及一系列加密原语，但是后来我再也没见过它们。

我的第一份工作是在 Matasano（后来变成 NCC 集团）审计 OpenSSL 库，它是一种最为常用的 SSL/TLS 实现——整个互联网的流量都是基于该协议进行加密的。这份工作让我伤透了脑筋。我记得每天回家后都头痛得厉害。当时，我不知道若干年后自己会成为 TLS 1.3 协议的开发者。

但是，当时我在想，这些东西是我本应该在学校学习的。而我现在正在学习的才是对现实世界有用的知识。毕竟，在密码学领域里，我也是一位信息安全从业者。我审查过许多现实世界的密码应用程序，这份工作也是许多拥有密码学学位的学生梦寐以求的。我的工作就是实现、验证和使用各种密码学算法，并对具体应用中使用哪种密码学算法给出建议。以上就是我声称自己是本书的第一位读者的原因。我将本书献给过去的自己，证明我为进入实用密码世界做好了准备。

密码应用漏洞最多的环节

我参与审查了许多现实世界中的密码应用程序，如 OpenSSL、谷歌的加密备份系统、Cloudflare 的 TLS 1.3 实现、“Let's Encrypt”证书颁发授权协议、Zcash“加密货币”协议、NuCypher 的门限代理重加密方案，以及其他几十个不能公开的现实世界密码应用程序。

在工作初期，我参与审查了一家知名公司自己定制的安全通信协议。审查结果表明，这个协议可以为除了临时密钥之外的几乎所有信息生成签名。这种做法导致替换临时密钥会很困难，这完全破坏了协议的整体设计原则，绝大多数有安全传输协议开发经验的新手容易犯这样的错误，但即便有足够的安全传输协议开发经验，开发人员仍有可能忽略一些细节。记得在审查即将结束时，我解释了这个漏洞，那时一屋子的工程师几乎沉默了 30 秒。

这样的情形在我的职业生涯中多次出现。有一段时间，在审查另一个客户的“加密货币”协议时，我发现其使用的签名协议存在二义性，这让我可以从已有交易伪造新的交易。通过检查一个客户的 TLS 协议实现，我发现了一些攻击 RSA 实现的巧妙方法。这一发现进一步转化为一份由 RSA 发明者之一参与撰写的白皮书，它报告了十几个开源项目存在的常见漏洞和弱点。在写本书的时候，我查看了 Matrix 聊天协议实现。我发现该协议中的身份验证协议存在问题，进而导致协议内置的端到端加密算法易被攻破。不幸的是，在使用密码技术时，有太多的细节可能会被疏忽。此时，我意识到必须写一些与实用密码有关的东西。这也是书中有很多这种轶事的缘由。

我会审查用各种编程语言编写的密码程序库和应用程序，在这个过程中，我发现了许多安全漏洞（例如，在 Go 语言的标准库中发现了 CVE-2016-3959 漏洞）。我还研究了密码程序库欺骗开发者滥用这些漏洞的方法（请阅读我的论文"How to Backdoor Diffie-Hellman"），并为开发者应该使用哪些密码库给出具体建议。开发人员总是不知道该使用哪些密码库，这是一件非常棘手的事情。

我提出了 Disco 协议，并用不到 1000 行代码将它编写成一个功能齐全的密码库，而且这个密码库使用了多种编程语言。Disco 协议仅依赖两个密码原语：SHA-3 置换和 Curve25519 曲线。是的，开发人员只需 1000 行代码就能实现这两个密码原语，进而可以实现认证密钥交换、数字签名、非对称加密、消息认证码、哈希函数、密钥派生函数等密码原语。编写 Disco 协议的过程为我提供了一个独特的视角，它让我明白一个好的密码库应该包含哪些基本密码原语。

本书包含许多实用见解。具体来讲，每章都包含密码算法的应用示例且它们涉及多种编程语言，同时这些密码算法都来自广泛应用的密码库。

需要一本实用密码方面的新书

当我在"Black Hat"（一个著名的安全会议）上进行一年一度的密码学课程培训时，一名学生问我是否可以向他推荐一本密码学著作或一门在线课程。我给出的建议是，阅读一本由 Boneh 和 Shoup 撰写的密码学著作，同时也可以在 Coursera 网站上观看 Boneh 的密码学课程。

学生告诉我，"啊，我读过那本书，它太理论化了！"学生的回答让我记忆至今。起初我不同意学生的看法，但慢慢地意识到他的说法是对的。大多数资源都包含大量数学知识，大多开发人员都不想处理与数学有关的问题。那他们还有其他学习资源可以选择吗？

《应用密码学》（*Applied Cryptography*）和《密码工程》（*Cryptography Engineering*）是另外两本广为人知的密码学著作，这两本书都由布鲁斯·施奈尔（Bruce Schneier）撰写。《应用密码学》总共有 4 章内容都在介绍分组密码，其中有一章内容讲解分组密码的操作模式，但这本书没有包含认证加密的相关内容。最新版的《密码工程》只在脚注中提到椭圆曲线密码。此外，我的许多视频或博客文章逐渐成为开发人员理解一些密码学相关概念的重要参考资源，我会以独特的方式讲解密码学相关概念。

渐渐地，许多学生开始对"加密货币"产生兴趣，他们向我提出的问题越来越多。与此同时，我审查的"加密货币"类应用程序也越来越多。后来我到 Facebook 工作，负责 Libra"加密货币"

（现在称为 Diem）的安全。当时，“加密货币”属于最热门的研究，它包含许多非常有趣的加密原语（零知识证明、聚合签名、门限加密、多方计算、共识协议、密码学累加器、可验证随机函数、可验证延迟函数等）。除了“加密货币”之外，到目前为止这些原语几乎没有其他的实际应用。然而，任何一本密码学图书都没有包含与“加密货币”相关的内容。

我意识到通过撰写一本图书，我可以告诉学生、开发人员、顾问、安全工程师和其他人现代应用密码学的几乎全部内容。这将是一本几乎不涉及任何数学公式但会包含许多图示的书。本书不会介绍密码学发展史，但会包含许多我在现实中见到的现代密码失败的案例。本书也不会介绍已成为历史的密码算法，但涵盖正在大规模使用的密码算法或协议，包括 TLS 协议、Noise 协议框架、Signal 协议、“加密货币”、硬件安全模块、门限密码等。本书几乎不涉及任何理论密码学的内容，但会包含一些目前处于理论研究而未来可能变得实用的密码学原语：口令认证密钥交换、零知识证明、后量子密码学等。

2018 年，当曼宁出版社联系我，问我是否想写一本关于密码学的书时，我的脑海已经有了答案。我早就想写一本关于密码学的书，也想好要写哪些内容，一直在等待一个机会和理由将写书这件事情提上日程。而碰巧曼宁出版社已经出版了“现实世界”（Real World）系列图书，因此我也建议将我的图书作为这个系列的扩展。现在，本书呈现在读者面前，这是我两年多辛勤付出的结果。希望读者能够喜欢本书！

David

前言

从我开始写本书到图书出版已经有几年了。最初，我打算将本书作为介绍现实世界常用密码原语的图书。但是，这显然是一件不可能完成的事情。任何一个领域都不可能用一本书来总结清楚。出于这个原因，我必须在知识的深度和广度之间找到平衡。我希望读者在学习密码学时少走弯路。如果读者正在寻找一本有助于了解密码公司以及产品实现与使用的密码算法类的图书，或者好奇于现实世界密码学的底层机制但不想了解算法的实现细节，那么本书就是你的最佳选择。

关于读者

这里列出了一些我认为可以从本书中受益的读者。

学生

如果你正在学习计算机科学、信息安全或密码学，并且想了解现实世界中使用的密码学技术（因为你的目标要么是在工业界工作，要么是在学术界从事应用学科研究），那么本书适合作为你的教科书。正如序言中说的那样，我曾经和你一样，也是一名在校的学生，因此我编写了一本自己曾经希望拥有的书。

信息安全从业者

在教授应用密码学时，我发现大部分学生都是渗透测试工程师、安全顾问、安全工程师、安全架构师和其他安全从业者。因此，当我试图向非密码学从业者解释复杂的密码学概念时，我收到了许多问题，从而改进了相关材料。作为一名安全从业者，在为大公司审核密码应用的过程中，我了解和发现了许多漏洞，这些经历对本书的编写也有着不小的影响。

直接或者间接使用密码学的开发人员

与客户和同事之间的多次讨论也对我编写本书产生了影响，而他们大都不是安全从业者或密码学家。现今，在不涉及密码学的情况下编写代码变得越来越难，因此，开发人员需要了解自己正在使用的密码学工具。本书包含不同编程语言的代码示例，有利于读者理解这些密码学工具的使用方法。如果读者对此感兴趣的话，还可以进一步参考与本书配套的示例代码。

对其他领域感兴趣的密码学家

本书主要介绍的是应用密码学，对于像我这样的应用密码从业者来说，本书很有价值。本书是对我过去所从事工作的总结。如果我能将本书写好，理论密码学家应该能够快速了解应用密码学世界的现状；对称加密研究者通过阅读相关章节能够快速了解口令认证密钥交换协议的本质；密码协议使用者能够快速理解量子密码学的原理；等等。

想了解更多密码技术的工程师和产品经理

本书还试图回答一些我认为面向安全产品方面的问题：某种算法在安全性与效率之间做出了何种平衡？使用某种算法可能面对何种安全威胁？某种算法是符合规定的吗？我需要按照规定使用某种算法并且与政府合作吗？

对现实世界的密码学感兴趣的人

实际上，即便你不是上述的几类读者，只要对现实世界中的密码学感到好奇，你就可以阅读本书。但请记住，我不会介绍与密码学有关的历史，也不会讲解任何计算机科学方面的基础知识。因此，在阅读本书之前，读者应该具备一定的密码学背景知识。

读者需掌握的基础知识

如何才能充分地利用本书呢？本书假设读者对计算机或互联网的工作原理有一些基本的了解，至少应该听说过加密技术。本书讨论的内容是现实世界的密码学，因此，如果读者完全不了解计算机或者从来没有听说过加密这个概念，那么理解本书可能有些困难。

假设读者已经知道本书涵盖哪些领域的知识，那么读者应该了解位和字节，看过甚至使用过像异或、左移之类的位操作，这些背景知识都是读者学习本书的优势。如果没有这些优势，会导致读者无法阅读本书吗？不会，但这可能意味着读者必须花时间去网络上搜索阅读过程中遇到的问题及其解答，才能继续阅读本书。

事实上，无论读者对相关知识了解到何种程度，在阅读本书时，都不得不偶尔停下来，在互联网搜索并了解更多的背景知识。不过，这都不妨碍读者阅读和理解本书，因为我会尽可能解释本书涉及的概念。

最后，当我使用密码学这个词时，读者脑中出现的可能是数学。不过，读者并不需要太过担心。本书主要讨论的是对密码学技术的宏观认识，并尽可能避免从数学的角度讨论它们的本质，这样读者也能够对密码学技术的运作原理有直观的理解。

当然，本书肯定会介绍一部分数学知识，因为讨论密码学就无法避开数学。所以，我想说的是：如果读者的数学基础不错，就会非常有利于读者理解本书的内容。但如果没有数学基础，也不妨碍读者阅读本书的大部分内容。有些章节，特别是最后两章的内容的理解需要读者有比较好的数学基础，通过阅读这些章节以及搜索矩阵乘法和其他相关知识，读者也可以了解相关的数学知识。读者可以选择跳过这些章节，但请不要跳过第 16 章，因为这章包含一些十分有用的知识。

本书的章节安排：学习路线图

本书分为两部分。第一部分的内容应该都有必要阅读，这部分涵盖密码学中的许多原语。读者最终会像搭积木一样利用密码原语构建更复杂的系统和协议。

- 第 1 章对实用密码学进行介绍，让读者了解可以从本书学到的内容。
- 第 2 章讨论哈希函数相关的知识。哈希函数是一种基本的密码学算法，它可以根据输入的字符串生成一个唯一的标识符。
- 第 3 章讨论数据认证以及确保消息不被他人篡改的方法。
- 第 4 章讨论加密算法，加密算法用于确保通信双方交互的消息不会被其他人观察到。
- 第 5 章介绍密钥交换算法，我们可以通过密钥交换算法与其他人协商出一个秘密值。
- 第 6 章介绍非对称加密算法，它允许多人给同一个人发送已加密的消息，还介绍了混合加密技术。
- 第 7 章讨论签名算法，它是现实世界纸质签名在计算机中的等价物。
- 第 8 章讨论随机数的定义以及生成秘密值的方法。

本书的第二部分介绍基于上述原语构造的密码系统。

- 第 9 章介绍使用加密以及认证算法保证机器之间安全通信的方法。
- 第 10 章介绍端到端加密，它讨论通信双方建立信任的方法。
- 第 11 章介绍机器验证用户身份以及人工辅助机器进行身份认证的方法。
- 第 12 章介绍一个新兴的密码领域——“加密货币”。
- 第 13 章重点介绍硬件密码学，也就是可以用来防止密钥泄露的设备。
- 第 14 章和第 15 章所涉及的内容（后量子密码和新一代密码技术）相关性越来越高，又或者因为它们变得更加实用和高效，相关的技术已经开始进入工业界。如果读者跳过这两章内容，那也没什么问题，不过读者必须读完第 16 章。

- 第 16 章总结密码学从业者必须记住的不同的挑战和不同的经验教训。正如蜘蛛侠的叔叔 Ben 所说，“能力越大，责任越大。”

关于代码

本书包含许多源代码示例，源代码都使用等宽字体格式，以便将其与普通文本区分开。有时代码也以粗体显示，以突出显示相关的内容。

大多数情况下，本书中的代码已被重新格式化；我们添加了换行符和重新修改的缩进，以适应书中可用的页面空间。在极少数情况下，这样也不能使内容适应页面空间，我们会在代码清单中使用行延续标记（➥）。此外，当文本已经对代码进行描述时，源代码清单中通常会删除原有的注释。许多代码清单仍附有代码注释，以突出一些重要的概念。

资源与支持

本书由异步社区出品，社区（https://www.epubit.com）为您提供相关资源和后续服务。

配套资源

本书提供配套资源，请在异步社区本书页面中单击 配套资源，跳转到下载界面，按提示进行操作即可。

提交勘误

作者和编辑尽最大努力来确保书中内容的准确性，但难免会存在疏漏。欢迎您将发现的问题反馈给我们，帮助我们提升图书的质量。

当您发现错误时，请登录异步社区，按书名搜索，进入本书页面，单击“提交勘误”，输入勘误信息，单击“提交”按钮即可（见下图）。本书的作者和编辑会对您提交的勘误进行审核，确认并接受后，您将获赠异步社区的 100 积分。积分可用于在异步社区兑换优惠券、样书或奖品。

图书勘误

发表勘误

页码： 1

页内位置（行数）： 1

勘误印次： 1

图书类型： 纸书 电子书

添加勘误图片（最多可上传4张图片）

+

提交勘误

扫码关注本书

扫描下方二维码，您将会在异步社区微信服务号中看到本书信息及相关的服务提示。

与我们联系

我们的联系邮箱是 contact@epubit.com.cn。

如果您对本书有任何疑问或建议，请您发邮件给我们，并请在邮件标题中注明本书书名，以便我们更高效地做出反馈。

如果您有兴趣出版图书、录制教学视频，或者参与图书翻译、技术审校等工作，可以发邮件给我们；有意出版图书的作者也可以到异步社区在线提交投稿（直接访问 www.epubit.com/selfpublish/submission 即可）。

如果您所在的学校、培训机构或企业，想批量购买本书或异步社区出版的其他图书，也可以发邮件给我们。

如果您在网上发现有针对异步社区出品图书的各种形式的盗版行为，包括对图书全部或部分内容的非授权传播，请您将怀疑有侵权行为的链接发邮件给我们。您的这一举动是对作者权益的保护，也是我们持续为您提供有价值的内容的动力之源。

关于异步社区和异步图书

“异步社区”是人民邮电出版社旗下 IT 专业图书社区，致力于出版精品 IT 技术图书和相关学习产品，为作译者提供优质出版服务。异步社区创办于 2015 年 8 月，提供大量精品 IT 技术图书和电子书，以及高品质技术文章和视频课程。更多详情请访问异步社区官网 https://www.epubit.com。

“异步图书”是由异步社区编辑团队策划出版的精品 IT 专业图书的品牌，依托于人民邮电出版社近 40 年的计算机图书出版积累和专业编辑团队，相关图书在封面上印有异步图书的 LOGO。异步图书的出版领域包括软件开发、大数据、AI、测试、前端、网络技术等。

异步社区

微信服务号

目录

第一部分　密码原语：密码学的重要组成部分

第一部分

密码原语：密码学的重要组成部分

欢迎来到实用密码学世界！本书分为两部分，每部分均包含 8 章内容。通过阅读第一部分的内容，读者将学到与现实世界有关的大部分密码学知识。

请注意，尽管每章都会告诉读者应该先了解哪些内容，但本书的第一部分本就是按阅读顺序撰写的，所以不必将每章的前置知识视为强制性约束。前 8 章将介绍密码学的基础知识，包括一些新的密码原语，并介绍它们的用途、工作原理及其如何与其他密码原语结合起来使用。学习第一部分内容的目的是，让我们在开始学习第二部分之前，对密码学的基础有较好的理解和认识。

祝你好运！

第1章 引言

本章内容：

- 密码学的定义；
- 理论密码学与实用密码学之间的区别；
- 本书包含的密码学知识。

你好，旅行者！

请扶好坐稳，我们将进入一个充满奇迹和弥漫着神秘色彩的密码学世界。密码学是一门古老的科学，用于保护易受到恶意用户侵扰的场景。本书将带领读者使用“咒语”来抵御恶意攻击。许多人曾经尝试学习密码学这门科学，但很少有人能经受得住学习之路上面临的挑战，难以真正掌握这门科学。激动人心的冒险旅途在前面等待着我们！

本书将揭示密码算法如何保证我们的信件安全，帮助我们识别“盟友”，保护信息免遭他人窃取。密码学是现实世界中所有安全技术的基础，密码学上的一丁点儿错误都可能带来难以估量的损失，因此探索密码学的旅途注定不会一帆风顺。

记住：

即便发现自己在密码学的海洋里迷失了方向，我们也仍要继续向前航行。请相信，我们终会冲破迷雾，见到光明。

1.1 密码学使协议安全

在本次密码学旅行的开始，先向读者介绍密码学的目标：密码学是一门旨在保护协议免受攻击者破坏的科学。那么，协议是什么呢？简单来说，协议是一个人（或者多个人）为了完成某件事情而必须遵循的一系列步骤。想象这样一个情景：旅途疲惫的我们需要小憩一下，不过这样一来我们的“魔剑”可能在数小时内无人看管。这样一个协议的执行过程可能如下：

（1）把武器放在地上；

（2）在树下小睡一会儿；

（3）从地上捡起武器。

当然，在我们睡着的时候任何人都可能偷走我们的“魔剑”，所以这并不是一个好的协议。在密码学中，我们总会把寻找协议破绽的“敌手”考虑进来。

在古代，当统治者和将军们互相背叛并各自策划秘密行动时，他们面临的最大问题就是如何与他们信任的人分享机密信息。在此背景下，密码学的相关概念和技术应运而生。此后，经过几个世纪的演变，密码学成为一门严谨的科学。如今，密码学无处不在，它为我们提供了许多底层服务，让我们能够从容应对这个复杂多变的世界。

本书的内容与密码学的实践应用密切相关。本书涵盖当今广泛使用的各种密码协议，同时还会展示这些密码协议的组成部分，以及这些协议如何有机地组合在一起。大部分的密码学图书都从密码学的发展开始讲，并介绍它的发展历史，但是我认为这样做没有多大意义，我想介绍一些更加实用的东西。我曾以软件顾问的身份为大公司审查与密码相关的应用程序，也曾作为密码工程师将加密技术应用到各个领域。这些在现实中遇到的密码学知识才是我想分享的。

本书不会涉及令人害怕的数学公式。本书的目的是揭开密码学的神秘面纱，介绍当今常用的密码学技术，并给出这些技术在我们身边的应用案例。本书适合那些对密码学怀有好奇心的人、有强烈求知欲的工程师、富有冒险精神的软件开发人员和兴趣广泛的研究人员。

本章旨在带领读者开启密码学世界之旅。我们将探讨不同类型的密码算法，并找到其中对我们很重要的一部分算法，以及阐明全世界一致使用这些算法的原因。

1.2 对称密码：对称加密概述

对称加密（Symmetric Encryption）是密码学的重要概念之一。对称密码在密码学中有着举足轻重的地位，本书中的大多数密码算法或协议都用到对称密码。现在，我们借助将要介绍的第一个协议引入对称加密这个新概念。想象这样一个情景：Alice 需要给住在城堡外的 Bob 寄送一封信件。如图 1.1 所示，Alice 要求她忠实的信使（Messenger）骑上他的骏马，穿越前方危险的土地，向 Bob 传递重要消息。然而，Alice 对信使很是怀疑；尽管这位忠实的信使为她效劳多年，但她仍希望此次传递的消息对包括信使在内的所有被动观察者均保密。试想一下，这封信可能包含一些关于王国的流言蜚语。

图 1.1 Alice 通过信使向 Bob 发送重要消息

Alice 需要的是一个协议，它能模拟 Alice 亲自将消息传递给 Bob 的过程。这是一个在现实中不可能解决的问题，除非我们采用密码学（或隐形传输）技术。这就要用到密码学家多年前发明的一种新型加密算法，常称为对称加密算法（Symmetric Encryption Algorithm）。

注意：

顺便说一下，密码学算法通常也被称为密码学原语。我们可以将密码学原语视为密码学中一种最小的算法构造，它通常与其他原语一起用于构造新的协议。“密码学原语”一词经常出现在相关文献中，了解它有利于阅读文献，但它本身确实没有特别的意义，仅仅是一个新的术语而已。

接下来，让我们看看如何使用这个对称加密算法向信使隐藏 Alice 的真实消息。现在，假设这个密码学原语是一个提供了以下两个函数的黑盒子（我们无法看到它的内部构造）。

- ENCRYPT；
- DECRYPT。

第一个函数 ENCRYPT 以密钥（Secret Key）和消息（Message）为输入，它输出一系列看起来像是随机选择的数字，如果我们愿意的话，它也可以输出像噪声一样的数据。我们把这个函数的输出称为加密消息。函数 ENCRYPT 的原理如图 1.2 所示。

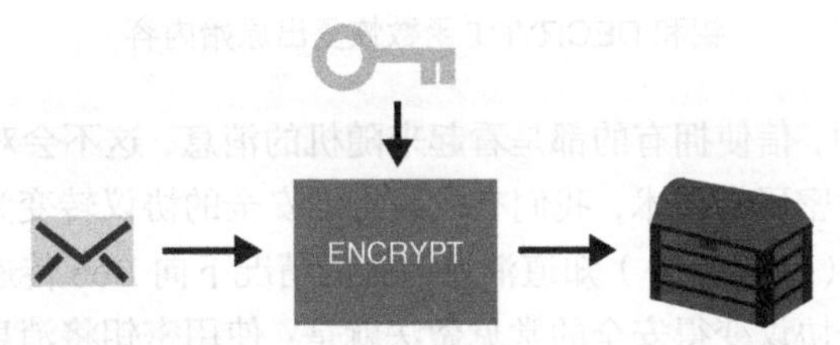

图 1.2 函数 ENCRYPT 以密钥和消息为输入，输出一个加密后的消息（看起来像噪声一样的随机数字序列）

第二个函数 DECRYPT 是第一个函数 ENCRYPT 的逆函数，它以 ENCRYPT 输入的密钥和输出的加密消息为输入，输出原始消息。函数 DECRYPT 的原理如图 1.3 所示。

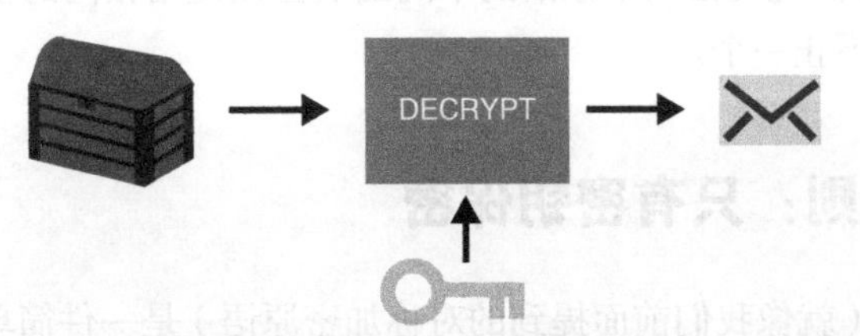

图 1.3 函数 DECRYPT 以密钥和加密消息为输入，输出原始消息

为了使用这个新的密码学原语，Alice 和 Bob 不得不在现实世界中先会面一次，商定他们将要使用的密钥。之后，Alice 可以使用商定的密钥和函数 ENCRYPT 去保护她的消息。接着，她将加密的消息交给信使，并由信使转交给 Bob。Bob 收到加密的消息后，使用与 Alice 相同的密

钥和函数 DECRYPT 恢复出原始消息。具体过程如图 1.4 所示。

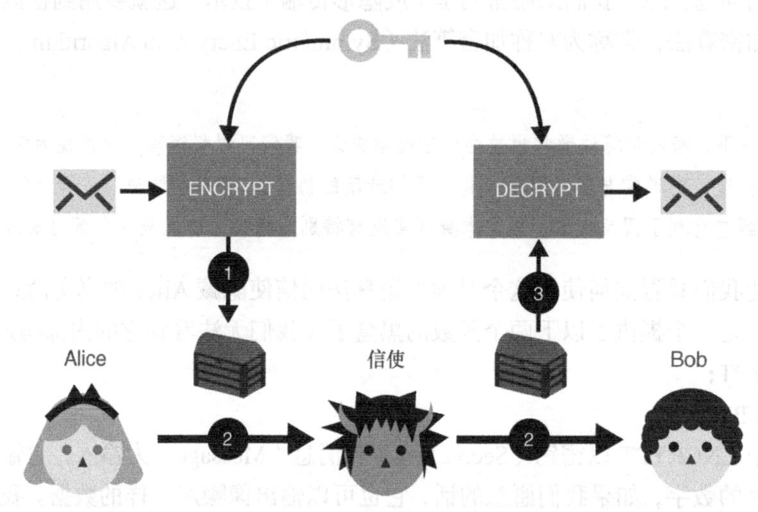

图 1.4 （1）Alice 使用函数 ENCRYPT 和密钥将消息转变成像噪声一样的随机数字序列；（2）她将加密的消息交给信使，信使无法获知真实消息；（3）Bob 一旦收到加密的消息，他就可以使用和 Alice 一样的密钥和 DECRYPT 函数恢复出原始内容

在该消息传递过程中，信使拥有的都是看起来随机的消息，这不会对他获得隐藏的消息提供任何有意义的帮助。借助密码学技术，我们有效地将不安全的协议转变为安全协议。新协议使得 Alice 可以在没有任何人（除 Bob 外）知道消息内容的情况下向 Bob 传递一封机密信件。

在密码学中，使一个协议变得安全的常见做法就是：使用密钥将消息转变成噪声，使经过变换后的消息与随机数字序列无法区分开来。在接下来的章节中，我们将通过学习更多的密码算法来了解这个过程。

顺便说一句，对称加密是对称密码（Symmetric Cryptography）或密钥密码（Secret Key Cryptography）的一部分。此类密码学原语的不同函数往往使用相同的密钥。在后面的章节中，我们还会看到密钥有时不止一个。

1.3 Kerckhoff 原则：只有密钥保密

设计一个密码算法（就像我们前面提到的对称加密原语）是一件简单的事情，但是设计一个安全的密码算法并非易事。虽然本书很少涉及构造这样的密码原语，但是本书会教大家判别一个密码算法优劣的方法。这做起来可能有点困难，因为对于一个给定的任务，我们可能有许多密码算法可以选择。不过，我们可以从密码学历史和密码学社区吸取他人的经验教训，并从中得到一些启示。通过回顾历史，我们可以了解到如何将一个密码算法变成安全可信的算法。

数百年后，依靠信件传递消息的 Alice 和 Bob 已经成为历史，纸质信件不再是我们的主要交流方式，取而代之的是更好、更实用的通信技术。如今，我们可以使用功能强大的计算机和互联网。当然，这意味着我们以前面临的恶意信使也变得更加强大。恶意信使无处不在：它可以是咖啡店里的 Wi-Fi 发射器，也可以是组成互联网并转发信息的服务器，还可以是运行我们算法的计算机。我们的敌手（恶意信使）现在也有能力观察到更多的信息，例如向网站发出的每一个请求都可能通过错误的线路传递，并在几纳秒内被更改或复制，而这一切可能不会有人察觉到。

回顾历史，我们可以清晰地看到密码算法存在漏洞、被一些组织或独立研究人员破解、不能真正地保护消息和未实现设计者所声称功能的例子比比皆是。通过从这些错误中总结经验教训，慢慢地我们知道了设计良好密码算法的方法。

注意：

攻破一个密码算法的方法有很多种。对于加密算法，我们可以通过以下方法来攻击这个算法：将密钥泄露给攻击者、在没有密钥的情况下解密消息、仅仅通过观察加密的消息就可以知道消息本身等。任何对算法假设的削弱也可以认为算法被攻破。

密码学的发展经历了漫长的试错过程，而一个更成熟的观点也在这个过程中产生：为了对密码学原语的安全性获得足够的信心，每个密码原语必须由密码专家对其进行公开分析。若做不到这一点，密码原语的可靠性只能依赖于含糊不清的安全性说明，而历史证明了其效果不尽如人意。这就是密码学家（Cryptographer，密码原语设计者）长期以来需要密码分析者（Cryptanalyst，又称“密码原语分析者”）帮助他们分析所构造密码原语安全性的原因（见图 1.5）。因此，密码学家也常常是密码分析者，反之亦然。

密码学原语设计者

密码学原语分析者

图 1.5　密码分析者的主要工作就是帮助密码学家分析所构造密码学原语的安全性

我们以高级加密标准（Advanced Encryption Standard，AES）加密算法为例。AES 算法是一个由美国国家标准与技术研究院（National Institute of Standards and Technology，NIST）组织的国际竞赛的产物。

注意：

NIST 是一个美国的标准和指南制定机构，其提出的标准主要供美国政府相关职能部门、其他公共和私人组织使用。NIST 对许多像 AES 算法这样应用广泛的密码原语进行了标准化。

AES 加密算法竞赛持续了数年之久,其间有许多来自世界各地的密码分析者参与尝试攻击各种各样的候选算法。历经数年的公开分析，人们对候选算法产生了足够的信心，最终将一个最具竞争力的算法提名为 AES 算法。如今，人们普遍认为 AES 算法是一个可靠、应用广泛的加密算法。例如，我们每天浏览网页就会用这个算法加密。

以公开方式构造密码算法标准的思路与 Kerckhoff 原则有关，该原则可以理解为：依靠保密算法来实现安全是不明智的，因为敌手很容易知道我们所使用的密码算法。因此，我们会选择公开密码算法。

如果 Alice 和 Bob 的敌手知道他们加密信息的算法，那么他们的加密算法还怎么保证安全呢？答案是密钥。协议的安全依赖密钥，而与算法本身是否保密无关。无论是我们将要学习的密码算法，还是在现实世界中使用的密码算法，我们通常都可以自由地进行研究和使用，这是本书涉及的密码算法的共性。只有作为这些算法输入的密钥才需要保密。就像吉恩·罗伯特·杜卡莱特（Jean Robert du Carlet）所说："即使对大师来说，艺术也是一个秘密。"在 1.4 节中，我们将讨论一种完全不同的密码原语。现在，让我们用图 1.6 来汇总目前已学到的内容。

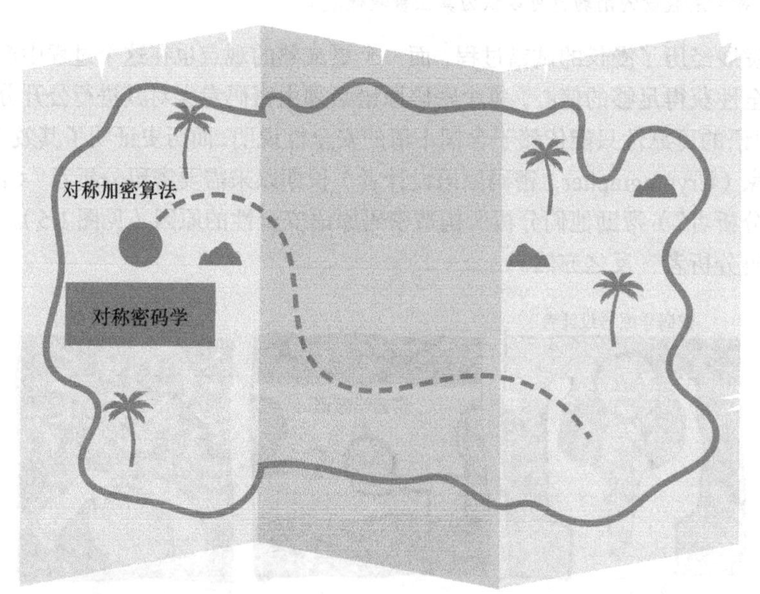

图 1.6 AES 是一个对称加密算法实例，对称加密算法是对称密码体系中的一类算法

1.4 非对称加密：两个密钥优于一个密钥

在前面关于对称加密的讨论中，我们曾提到：Alice 和 Bob 在安全传递信件前需要见面，以确定他们将要使用的对称加密密钥。这是一个合理的要求，许多协议实际上都有这样的前提要求。然而，这样的要求在有许多参与者的协议中很快变得不那么实用：在安全连接到谷歌、Facebook、亚马逊和其他数十亿网站之前，网络浏览器是否也要满足这样的要求（即在连接前，浏览器之间

要相互确定使用的对称加密密钥）？

这也称为密钥分发问题，在相当长的一段时间内该问题都未被解决，直到 20 世纪 70 年代末密码学家发现了另一类称为非对称密码（Asymmetric Cryptography）或公钥密码（Public Key Cryptography）的算法，密钥分发问题才得以解决。在非对称密码中，不同的函数（ENCRYPT 和 DECRYPT）使用不同的密钥（对称密码仅使用单个密钥）。为了说明公钥密码如何帮助人们建立信任，我将在本节介绍一些非对称密码原语。注意，这些原语只是本书内容的概览，在后续章节中我们会更详细地讨论这些密码原语。

1.4.1　密钥交换

我们学习的第一个非对称密码原语是密钥交换（Secret Key Exchange）。DH 密钥交换算法是密码学家提出的第一个公钥密码算法，该算法以其提出者（Diffie 和 Hellman）的名字的首字母命名。DH 密钥交换算法的主要目的是为通信双方生成一个共享的秘密。这个双方共享的秘密可以用于不同的目的，例如作为对称加密原语的密钥。

在第 5 章中，我将详细解释 DH 密钥交换的工作原理。在本小节我们使用一个简单的类比来解释密钥交换。与大多数密码算法一样，在密钥交换算法执行前，参与者也必须获得一组公共参数。在类比说明中，我们用正方形■表示 Alice 和 Bob 协商好的公共参数（公共形状）。接下来，他们各自找到一个秘密地点，并随机选择一个形状。假设 Alice 选择的形状是三角形▲，而 Bob 选择的是星形★，同时他们会不惜一切代价地保密自己所选的形状。这些随机选择的形状就是他们各自的私钥（Private Key），如图 1.7 所示。

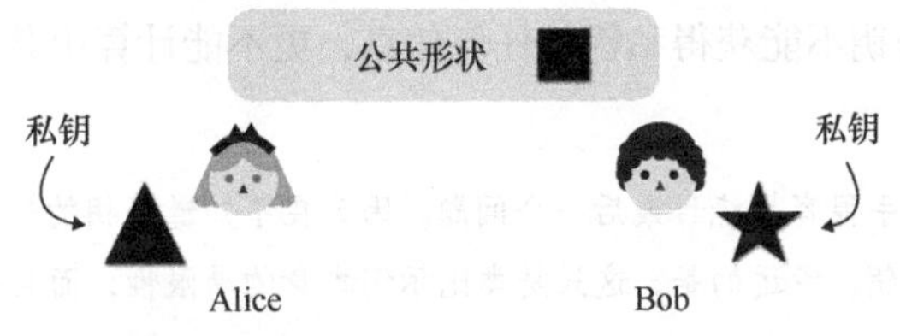

图 1.7　在 DH 密钥协商的第一步，双方生成私钥。在类比说明中，Alice 的私钥是三角形，Bob 的私钥是星形

当 Alice 和 Bob 选择完私钥后，他们就各自将他们随机选择的形状与他们起初协商的公共形状（正方形）结合起来。这些组合会产生唯一的新形状，每个新形状表示一个公钥（Public Key）。公钥属于公开信息，因此 Alice 和 Bob 可以相互交换他们的公钥。该过程说明如图 1.8 所示。

现在我们来思考这个算法为什么属于公钥密码算法。这是因为此类密码算法的密钥由一个公钥和一个私钥组成。DH 密钥交换算法的最后一步相当简单，即 Alice 和 Bob 分别将对方的公钥和自己的私钥结合在一起。最终，双方得到完全相同的结果（形状）。在所给的类比示例中，由正方形、星形和三角形组合在一起产生的形状如图 1.9 所示。

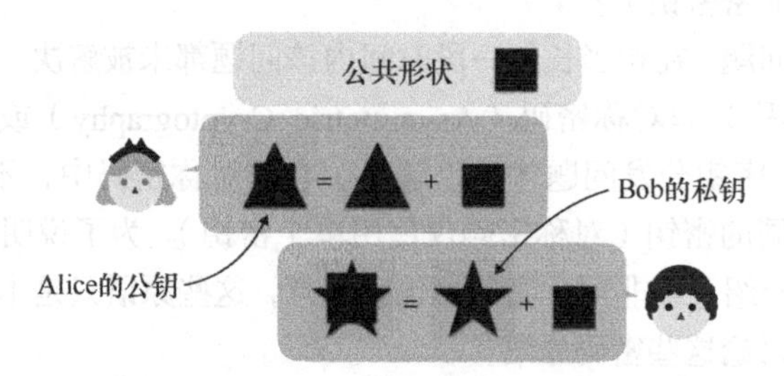

图 1.8　在 DH 密钥协商的第二步，双方交换公钥。双方通过将公共形状和私钥结合在一起来生成公钥

图 1.9　在 DH 密钥协商的最后一步：双方生成共享密钥。为了生成这个密钥，双方都将对方的公钥和自己的私钥结合在一起，而且仅仅通过两个公钥无法生成共享密钥

之后，协议的参与者可以使用这个共享密钥。本书也包含许多共享密钥使用场景的例子。例如，Alice 和 Bob 可以将共享密钥当作对称加密算法的密钥，进而使用这个对称加密原语去加密消息。DH 密钥交换的整个过程概括如下：

（1）Alice 和 Bob 交换掩盖了他们各自私钥的公钥；

（2）双方均使用对方的公钥和己方的私钥计算出共享密钥；

（3）敌手通过观察公钥不能获得私钥的任何信息，更不能计算出共享密钥。

注意：

在所给示例中，敌手很容易绕过最后一个问题。因为在不知道私钥的情况下，我们可以将公钥结合在一起生成共享密钥。幸运的是，这只是类比示例本身的局限性，而且并不影响我们理解密钥交换的内部原理。

实际上，DH 密钥交换是非常不安全的。你能花上几秒找出其不安全的原因吗？

这是因为 Alice 接收任何来自 Bob 的公钥，所以我可以拦截 Bob 发向 Alice 的公钥，并用我的公钥替换掉 Bob 的公钥，这样我就可以冒充 Bob（反之，我也可以向 Bob 冒充 Alice）。这样的中间人（Man-in-the-Middle，MITM）攻击者方法可以成功地攻击该密钥交换协议。那么如何修复协议的这个漏洞呢？在第 2 章我们会看到，修复该协议有两种方法，即用另一个加密原语增强这个密钥交换协议，或者提前知道 Bob 的公钥。但这不就意味着我们又回到了原点，即如何在协议开始之前确定双方公钥？

先前我们提到，Alice 和 Bob 需要知道一个共同的密钥；现在，我们又要求，Alice 和 Bob 需要事先知道彼此的公钥。双方如何才能知道对方的公钥呢？这不就是一个先有鸡还是先有蛋的问题吗？是的，的确如此。正如我们将看到的一样，在实践中，公钥密码并不能解决信任问题，它只是简化了信任的建立难度（特别是参与者数量有很多时）。

现在，让我们用图 1.10 来汇总目前学到的内容。我们停止讨论该话题，转而继续学习 1.4.2 小节内容。在第 5 章中，我们会了解更多关于密钥交换的内容。

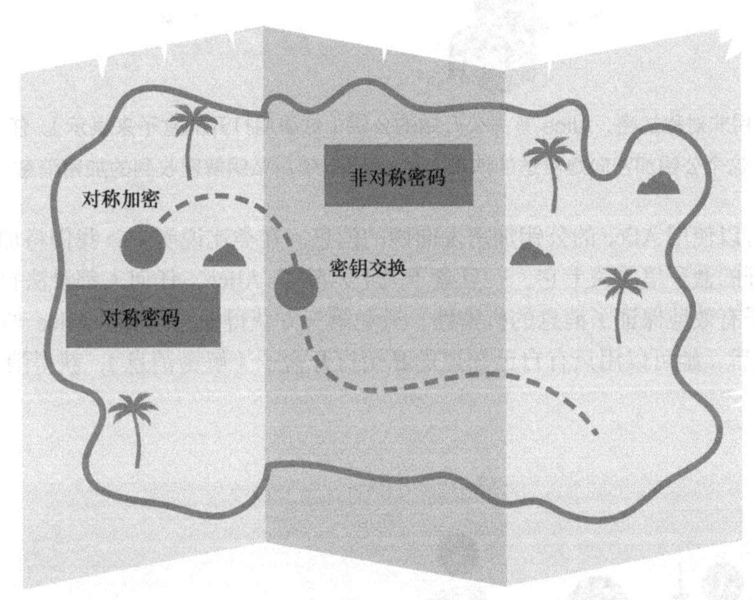

图 1.10 到目前为止，我们学到的密码算法分属两大类，即对称密码（包含对称加密）和非对称密码（包含密钥交换）

1.4.2 非对称加密

在 DH 密钥交换算法提出后不久，密码学家 Ron Rivest、Adi Shamir 和 Leonard Adleman 又提出了一个新的密码算法，该算法也以他们的名字命名，称为 RSA 算法。RSA 算法包含两类不同的密码学原语：公钥加密（或非对称加密）算法和（数字）签名算法。这两个密码算法属于非对称密码中两类不同的密码学原语。在本小节中，我们将解释这些原语的功能以及它们在密码协议里发挥的作用。对于非对称加密，其功能与我们前面讨论的对称加密算法类似：它通过加密消息来保证机密性。不过，对称加密中两个参与方使用相同的密钥加密和解密消息，但在非对称加密中加密和解密消息的方式则完全不同：

- 非对称加密有两个密钥，分别称为公钥和私钥；
- 任何人都可以使用公钥加密消息，但是只有私钥拥有者才可以解密消息。

现在，我们用另外一个简单的类比示例来解释非对称加密的使用方法。我们再次从我们的老朋友 Alice 谈起，假设她持有私钥及其对应的公钥。我们把她的公钥想象成一个打开的盒子，它向公众敞开，任何人均可使用它，如图 1.11 所示。

图 1.11　为了使用非对称加密，Alice 首先公开她的公钥（这里用打开的盒子来表示）。任何人都可以使用这个公钥加密向她发送的消息。Alice 可以使用私钥解密收到的加密消息

任何人都可以使用 Alice 的公钥加密发向她的消息。在类比说明中，我们将加密消息想象成把消息放到打开的盒子里并关上它。一旦盒子关上，除了 Alice，任何人都没法打开放有消息的盒子。这个盒子有效地保证了消息的机密性，避免第三方获得消息本身。Alice 收到关闭的盒子（加密的消息）后，她可以用只有自己知道的私钥打开盒子（解密消息），获得消息，如图 1.12 所示。

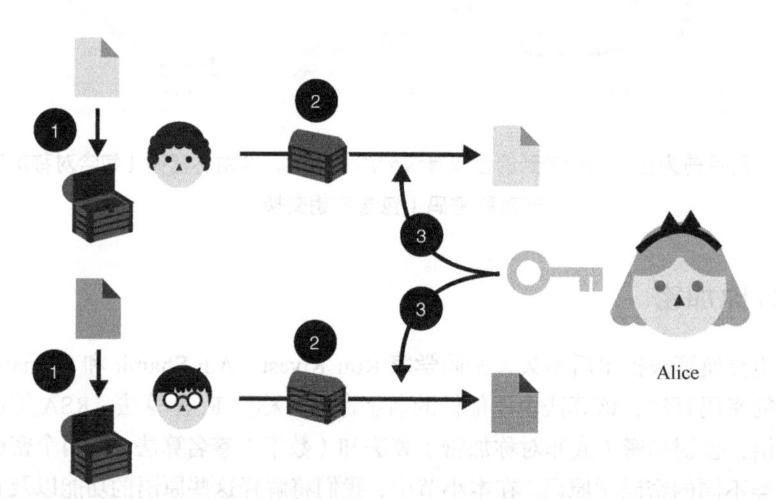

图 1.12　非对称加密：（1）任何人都可以用 Alice 的公钥加密发给她的消息；（2）接收到加密的消息后；（3）她可以用对应的私钥解密，获得消息本身，第三方没法直接观察到发给 Alice 的消息

我们用图 1.13 总结了到目前为止学到的密码学原语。距离实用密码学之旅结束，我们需要学习的密码学原语只差一个！

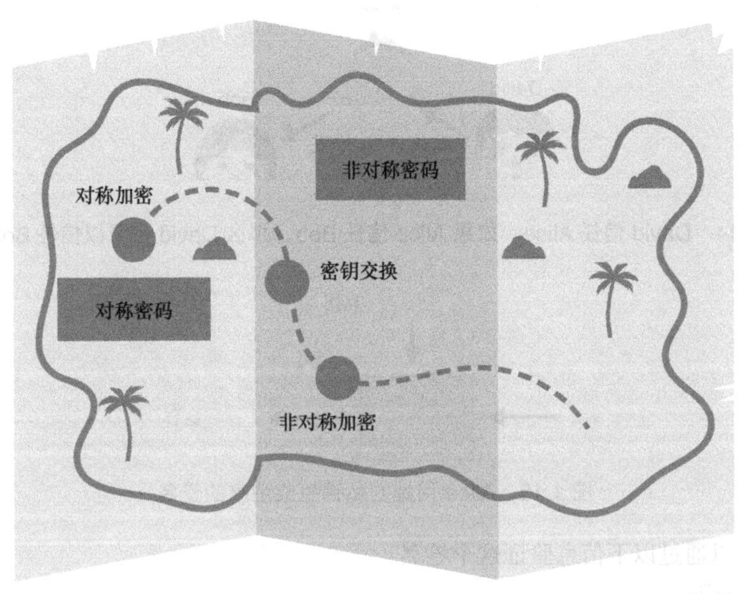

图 1.13 到目前为止，我们学到的密码算法分属两大类，即对称密码（包含对称加密）和非对称密码（包含密钥交换和非对称加密）

1.4.3 数字签名：与手写签名作用一样

在 1.4.2 小节，我们了解了由 RSA 算法衍生出的非对称加密算法。同时提到，RSA 算法还能实现数字签名。数字签名原语能够有效地帮助 Alice 和 Bob 建立起信任，它的作用与手写签名十分类似。例如，当租赁公寓时，我们需要在租住合同上签字。

我们可能会产生这样的疑问：如果他们伪造我的签名怎么办？确实，手写签名在现实世界中并不能提供足够的安全性。密码上的签名也可能伪造，但是密码签名还会提供一个带有签名者姓名的密码证书。这能保证密码签名不可伪造，进而让别人很容易验证签名。与在支票上写的古老签名相比，密码签名更加有用！

在图 1.14 中，我们想象这样一个场景：Alice 想向 David 证明她信任 Bob。这是一个在多方环境中建立信任以及非对称密码技术使用场景的典型例子。Alice 通过在一张写有“Alice 信任 Bob”的纸上签名来表明立场，并告诉 David：Bob 是可以信任的。如果 David 信任 Alice 和她的签名算法，那么他也可以选择信任 Bob。

具体来说，就是 Alice 用她的 RSA 签名算法以及私钥对消息“Alice 信任 Bob”签名。这会产生一个类似随机噪声的签名，如图 1.15 所示。

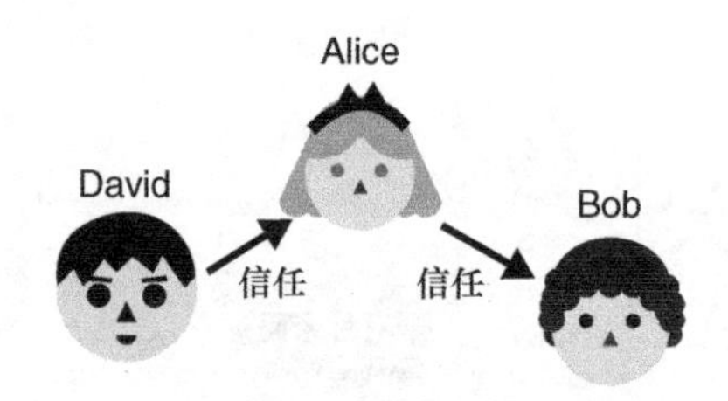

图 1.14 David 信任 Alice。如果 Alice 信任 Bob，那么 David 也可以信任 Bob 吗

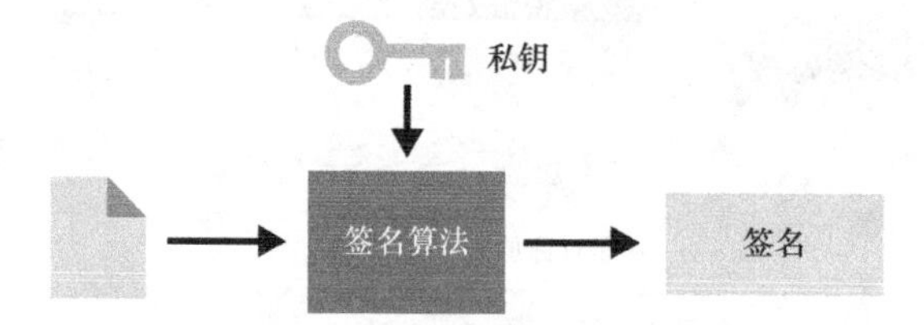

图 1.15 Alice 用她的私钥生成消息的签名

任何人都可以通过以下信息验证这个签名：

（1）Alice 公钥；

（2）待签消息；

（3）消息的签名。

验证结果只能是真（签名有效）或者假（签名无效），如图 1.16 所示。

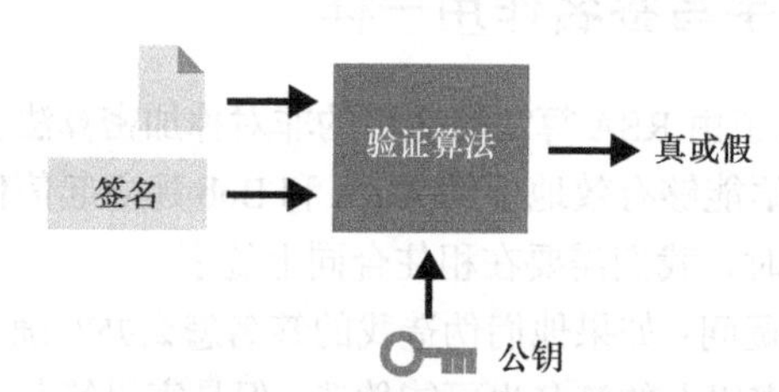

图 1.16 为了验证 Alice 的签名，验证者还需要待签消息本身和 Alice 的公钥。验证结果只能是签名有效或者无效

到现在为止，我们已经学了 3 个不同的非对称密码原语：

（1）DH 密钥交换；

（2）非对称加密；

（3）RSA 数字签名。

这是 3 个非常著名且应用广泛的非对称密码算法。这些算法对于解决现实世界的安全问题所发挥的作用可能不会十分明显，但是这些算法确实每时每刻都在保护着我们所触及的各类应用。现在，让我们还用图来总结到目前为止我们学到的所有密码算法，如图 1.17 所示。

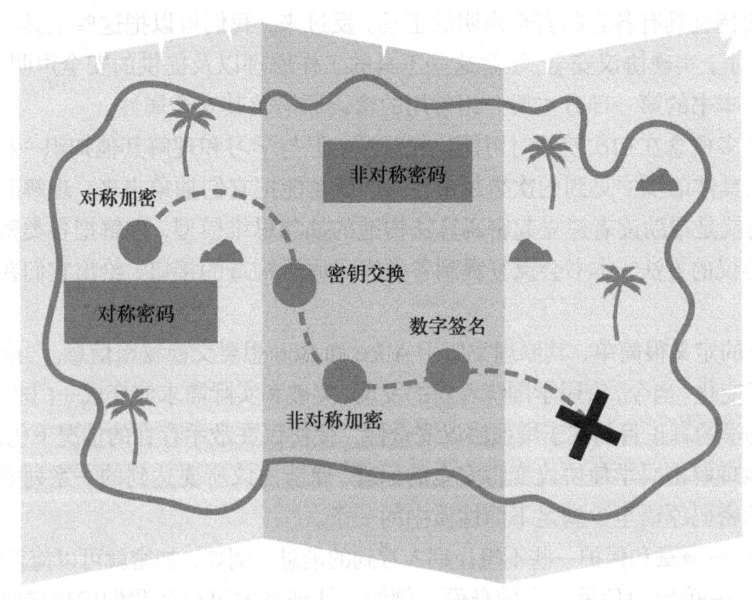

图 1.17 到目前为止，我们学过的对称密码算法和非对称密码算法

1.5 密码算法分类和抽象化

我们将密码算法分为两大类。

- 对称密码（密钥密码）——算法只有一个密钥。如果多个参与者都知道该密钥，该密钥也称为共享密钥。
- 非对称密码（公钥密码）——参与者对密钥的可见性是非对称的。例如，一些参与者仅知道公钥，而另一些参与者同时知道公钥和私钥。

虽然对称密码和非对称密码并不是密码学中仅有的两类原语，但是由于我们很难对密码学的其他的子类进行划分，所以本书的大部分篇幅都是关于对称和非对称密码原语的。当今广泛应用的密码算法都包含在这两类原语中。另一种划分密码学原语的方式如下。

- 基于数学理论构造——这种密码算法的构造都建立在诸如因子分解之类的数学困难问题上。基于 RSA 算法的数字签名和非对称加密就属于这种构造。
- 基于启发式构造——这种算法的构造依赖于密码分析者的观察和统计分析。AES 算法就是这种构造的典型案例。

这种分类方式还考虑到算法效率因素，基于数学理论构造通常比基于启发式构造的密码算法要慢得多。我们可以得出这样的结论：对称密码大多数都是基于启发式构造的，而非对称密码主要是基于数学理论构造的。

我们很难严格地对密码学涉及的所有算法进行准确分类。事实上，每本书或每门课程对密码学定义和分类都有所不同。其实，这些定义和分类对我们来说并不重要，因为我们只会将这些密码学原语看作独特且具有各自的安全声明的工具。反过来，我们可以把这些工具当作构造安全协议的基础原语。对于实现协议安全，了解这些工具的工作原理以及提供的安全声明才是重中之重。出于这种考虑，本书的第一部分主要介绍常用的密码原语及其安全属性。

本书中的许多概念在初次使用时可能比较难懂。但与学习和理解其他知识一样，对这些概念了解得越多，在具体语境中见到的次数越多，我们就越能把它们抽象出来，理解起来也就愈加自然。本书的作用就是帮助读者建立起密码算法构造的抽象思维模型，理解把各类密码算法组合在一起形成安全协议的方法。本书会反复提到各类密码原语构造的接口，给出它们在现实世界的实际使用示例。

密码学以前的定义很简单，其原理类似于 Alice 和 Bob 想要交换秘密信息。当然，现在密码学的定义已经有了变化。当今，密码学围绕着新的发现、突破和实际需求演变成一门非常复杂的学科。归根结底，密码学的真正目的在于增强协议安全性，使协议在敌手存在的情况下仍能安全运行。

为了准确地理解密码学使协议变得安全的原理，厘清协议所要达到的一系列安全目标至关重要。本书涉及的密码原语至少满足下面性质中的一条。

- 机密性——掩藏和保护一些不想让别人看到的消息。例如，加密就可以掩盖传输中的消息。
- 认证性——确定通信另一方的身份。例如，认证技术可以让我们确信接收到的消息确实是由 Alice 发送来的。

当然，这里只是对密码学所能提供的算法功能进行了简化。在大多数情况下，每个密码原语的安全定义中都包含对算法功能的详细说明。密码原语的使用方式不同，协议产生的安全属性也会不同。

在本书中，我们将会学习一些新的密码原语，同时还会学习将它们组合起来实现满足机密性或认证性等安全属性的方法。请认识到这样一个事实：密码学是一门在敌手存在的环境下为协议提供安全保护的技术。虽然本书对“敌手”还没给出明确的定义，但是我们可以把企图破坏协议的参与者、观察者、中间人都当作敌手。这些角色反映了现实生活中敌手可能的身份。毕竟，密码学是一个实用的领域，它最终对抗的坏人是有血有肉的。

1.6 理论密码学 vs.实用密码学

1993 年，Bruce Schneier 出版了《应用密码学》（*Applied Cryptography*）一书，该书旨在帮助应用程序开发者和软件工程师构建密码学应用。2012 年前后，Kenny Paterson 和 Nigel Smart 发起了一个名为“Real World Crypto”的年度会议，该密码学会议仍面向程序开发者和软件工程师。那么，应用密码学和实用密码学指的是什么？密码学难道不止一种吗？

要回答这些问题，我们还须从理论密码学（密码设计者和密码分析者所研究的密码学）的定义开始谈起。理论密码学研究者大多来自学术界和高校，但有少部分人可能来自工业界和政府特定部门。这些研究者的研究领域涉及密码学的各个方面，他们通过在期刊和会议上发表论文和演讲的形式向本领域的同行们分享最新研究成果。然而，并非每个研究者所做的研究都能在实际环境下应用。通常，这些研究者也不会对所提概念进行实证或进行代码实现。世界上甚至也不存在足以运行这些研究的计算机，所以这样的研究通常对现实应用没有多大意义。话虽如此，理论密码学有时也会走向实用密码学这一边，进而变得更有实用价值。

与理论密码学相对立的另一边是应用密码学（Applied Cryptography）或实用密码学（Real-world Cryptography）。实用密码学（应用密码学）是保证现实应用安全的基础。人们在现实生活中几乎感受不到实用密码学的存在，也无法直接看到它的具体应用。但是，当在互联网上登录银行账户，或向好友发送消息时，实用密码学技术就开始发挥作用了。实用密码学无处不在，不幸的是，不断观察和尝试破坏系统的攻击者也无处不在。实用密码学领域的工作者大多来自工业界，但他们有时也需要学术界的研究者帮助他们审查算法和设计的协议。实用密码学的研究结果也会通过会议、博客、帖子和开源软件等共享出来。

通常，实用密码学非常关心一些现实需求：算法提供的确切安全级别是多少？算法的运行时间是多长？密码原语要求的输入和输出有多大？我们可能已经猜到，本书的主题是实用密码学。虽然理论密码学并非本书主题，但在最后几章中我们会了解一些密码学家的前沿研究。等着吧，实用密码学未来的发展会让我们感到吃惊的。

现在，我们可能会有疑问：开发人员和工程师在实际应用中怎样选择和使用密码原语？

1.7　从理论到实践：选择独特冒险

> 在密码学领域金字塔上面的是提出并解决数学难题的密码分析师，在金字塔下面的是希望加密某些数据的软件工程师。
>
> ——Thai Duong（“So you want to roll your own crypto?”，2020）

在研究和使用密码学的这些年里，我从未见过以单一模式在实际应用程序中使用密码原语的例子。现实情况是，密码学的使用方式相当混乱。在某一理论原语被采用前，会有很多的密码学研究者对其进行研究和分析，最终将其变成更实用、更安全的密码学原语。我该怎么解释这些呢？

听说过 *Choose Your Own Adventure* 一书吗？这是一个相对老旧的故事集，我们必须选择逐步完成故事中的任务。原则很简单，先按顺序阅读，然后通过书中提供的一些选项让我们决定接下来选择阅读哪一部分。每个选项都与一个不同的节号相关联，我们可以直接跳到所选节号的内容。因此，我也按照这种方式安排本书内容。从下一段开始，我们可以按照本书所给顺序去读本书。

一切从这里开始。你是谁？你是密码学家 Alice 吗？还是在私企工作而且有问题亟待解决的 David 呢？或者你是在特殊部门工作，专门从事密码学研究的 Eve？

- 如果你是 Alice，请跳到步骤 1。
- 如果你是 David，请跳到步骤 2。
- 如果你是 Eve，请跳到步骤 3。

步骤 1：研究人员必须进行研究。你是一位在大学工作的研究员，或者是一名任职于私人公司或非营利组织的研究者，或者你就职于 NIST 或 NSA 等美国政府研究机构。因此，你的研究资助可能来自不同的机构或组织，这可能会激励你研究不同的东西。

- 你会发明一个新的密码原语，请跳到步骤4。
- 你会提出一个新的构造，请跳到步骤5。
- 你打算参与一场密码竞赛，请跳到步骤6。

步骤2：工业有需求。工作任务就是提出新的行业标准。例如，Wi-Fi 联盟就是一个由专注于 Wi-Fi 协议的公司资助的非营利组织，该组织旨在制定一套有关 Wi-Fi 协议的标准。另一个与标准工作有关的例子是，多家银行联合制定支付卡行业数据安全标准（The Payment Card Industry Data Security Standard，PCI-DSS），在处理信用卡号时，该标准会强制要求使用规定的算法和协议。

- 你决定去资助一些需要的研究，请跳到步骤1。
- 你决定提出一些新的原语或协议，请跳到步骤5。
- 你打算发起一场密码算法竞赛，请跳到步骤6。

步骤3：政府有需求。你为政府效力，需要设计一些新的密码算法。例如，NIST 的任务就是发布联邦信息处理标准（The Federal Information Processing Standard，FIPS），该标准规定了处理政府事务的公司可以使用哪些密码算法。虽然这些标准中大多是成功的案例，人们对政府机构推行的标准也抱有高度的信任，但是关于这些标准的失败之处也值得一谈。

2013 年，在爱德华·斯诺登（Edward Snowden）披露了一些美国政府的丑闻之后，人们发现美国国家安全局（NSA）故意将一个藏有后门的算法纳入其推行的标准中（见 Bernstein 等人的文章“Dual EC: A Standardized Back Door”），这个后门算法允许 NSA（只有 NSA）推测密钥。这些后门如同“魔法口令”一样，使美国政府（据说只有美国政府）可以破解加密的消息。之后，密码社区不再信任美国政府机构推出的标准和建议。在 2019 年，人们发现俄罗斯标准机构 GOST 也出现类似的情况。

> 密码学家一直怀疑 GOST 在 2006 年发布的一项 NIST 通过的标准中植入了漏洞，后来这项标准被由拥有 163 个成员方的国际标准化组织（International Organization for Standardization）采纳。而美国国家安全局的机密备忘录似乎也能证实：两位微软密码学家在 2007 年发现该标准中的致命弱点是由 GOST 机构设计的。值得注意的是，正是 NSA 编写了该标准，并积极在国际组织上推行该标准，并私下称其为“技巧上的挑战”。
>
> ——《纽约时报》（“N.S.A. Able to Foil Basic Safeguards of Privacy on Web”，2013）

- 你要资助一些研究，请跳到步骤1。
- 你要组织一场公开竞赛，请跳到步骤6。
- 你打算将正在使用的原语或协议标准化，请跳到步骤7。

步骤4：提出新概念。作为一名研究人员，总是设法做到一些不可能完成的事情；确实，尽管可用的加密原语已经有很多，但密码学家每年仍会提出一些新的原语。其中，有些概念是不可能实现的，而有些概念最终可以实现。也许，你已有实际的构造，并将其作为所提原语的一部分，或者选择等待，看看是否有人可以想出一些新的原语。

- 你提出的原语已经实现，请跳到步骤5。

■ 你提出的原语最终不可以实现，请跳到开头部分。

步骤 5：一个新的原语或协议被提出。密码学家通过提出一种新的算法来实例化一个概念。例如，AES 是一个加密方案（AES 最初由 Vincent Rijmen 和 Joan Daemen 提出，他们用其名字的缩写 Rijndael 来命名这个算法，又称 Rijndael 加密法）。下一步该怎么做呢？

■ 某个人以你的构造为基础提出新的构造，请跳到步骤 5。

■ 你参加了一个公开的比赛，并且赢得这场赛事！请跳到步骤 6。

■ 你所做的工作受到大肆宣传，并且即将成为标准，请跳到步骤 7。

■ 你决定将你的构造申请成专利，请跳到步骤 8。

■ 你或其他人认为你构造的原语非常有趣，并决定将该构造实现出来，请跳到步骤 9。

步骤 6：算法在竞赛中获胜。密码学家最喜欢的竞技就是一场公开的比赛！例如，AES 就是一项由世界各地密码学研究者都可自由参加的竞赛。整个竞赛经过数十次的提交和几轮密码分析者的分析（这可能需要几年时间），候选算法名单中的算法逐渐减少，直至剩下一个算法，便将该算法作为标准。

■ 你很幸运，经过多年的竞争，你的新构造最终赢得比赛！请跳到步骤 7。

■ 你不够走运，输掉了比赛，请回到开头。

步骤 7：标准化算法或协议。标准通常由政府或标准化机构发布。标准化的目的是最大限度地提高互操作性。例如，NIST 会定期发布一些密码标准。著名的密码学标准化机构当属国际互联网工程任务组（Internet Engineering Task Force，IETF），本书中涉及的许多互联网标准（如 TCP、UDP、TLS 等）都出自该机构。IETF 中的标准被称为征求意见（Request For Comment，RFC），并且几乎任何想要编写标准的人都可以编写。

> 为了强调不通过投票表决问题，我们还采用了“决议”的传统：例如，在面对面的会议中，工作组主席为了让大家获得“决策权”，有时会要求参会者就一个特定的问题（“赞成”或“反对”）进行交流，而不是举手表决。
>
> ——RFC 7282（“On Consensus and Humming in the IETF”，2014）

有时，某个公司会直接发布一个标准。例如，RSA Security LLC（由 RSA 算法的创建者出资）为了让本公司使用的算法和技术合法化，曾发布了 15 个称为公钥加密标准（Public Key Cryptography Standards，PKCS）的技术文件。如今，这种情况非常少见。现在，许多公司都是通过 IETF 将它们的协议或算法标准化为 RFC 文档，而不是去自定义一些新的标准化文档。

■ 你提出的算法或协议得到实现，请跳到步骤 9。

■ 没有人关心你发布的标准，请回到开头。

步骤 8：专利到期。通常，密码算法被申请了专利就意味着没有人会使用该算法。然而，一旦专利到期，人们会对这个算法重新产生兴趣，这并不是什么罕见之事。最典型的例子可能是 Schnorr 签名，该算法是一个备受欢迎的签名算法，这种情形持续到 1989 年 Schnorr 为该签名算法申请专利。这导致 NIST 只能将一个较差的签名算法作为标准，称为数字签名算法（Digital Signature Algorithm，DSA），该算法在当时成为首选签名算法，但如今很少使用。Schnorr 签名的专利于 2008 年到期，此后该算法再次流行起来。

- 时间过了很久，你提出的算法仍无人过问，请回到开头。
- 你的构造引发了一系列新的构造，这些新的构造都以你先前的构造为基础，请跳到步骤 5。
- 现在很多人想使用你的构造，但只有你的构造成为标准后他们才肯使用，请跳到步骤 7。
- 一些开发者正在使用你设计的算法，请跳到步骤 10。

步骤 9：实现一个新的构造或协议。实现者不仅要完全搞懂一篇论文或一项标准（尽管标准的撰写本来就应该是面向实现者的），而且必须使实现的算法易于使用，这是一项艰巨的任务。另外，使用者还可能会以一种错误的方式使用密码算法，因此做到正确使用密码算法也并非易事。

- 有人认为标准本身应该包含相应的实现，不提供具体实现的标准不够完备，请跳到步骤 7。
- 你编写的密码程序库得到极力推广，请跳到步骤 10。

步骤 10：作为开发人员在应用程序中使用密码协议或原语。你的密码程序库可以轻松满足开发人员的需要！

- 某个原语可以解决你的需求，但它没有被标准化。情况有点不好，请跳到步骤 7。
- 我希望用我熟悉的编程语言实现这个原语，请跳到步骤 9。
- 我以错误的方式使用这个密码库，或者使用的构造已被攻破，游戏结束。

让一个密码原语变得在现实世界可用的方法有很多。最好的方法应该是采用经过多年的安全分析、对算法实现者友好的标准，以及性能良好的密码程序库。最糟糕的方法是使用不安全的算法和不友好的实现。一个密码原语变得实用的最佳路线如图 1.18 所示。

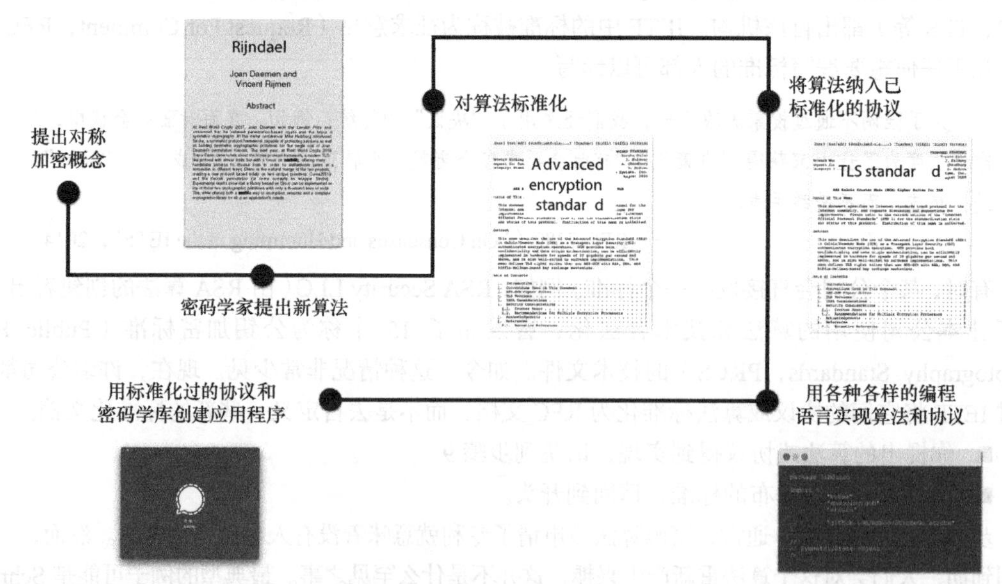

图 1.18 一个密码算法的理想生命周期始于密码学家实例化了某个概念。例如，AES 是对称加密概念的一个实例（对称加密算法还有很多）。一个新的密码原语构造可以这样被标准化：每个人都同意以某种方式来实现它以最大限度地提高互操作性。然后，用不同的语言实现该标准，使标准化的密码算法得以广泛应用

1.8 警示之言

无论是那些业余的密码学爱好者，还是那些顶尖的密码学家，他们都能设计出一种自己无法破解的密码算法。

——Bruce Schneier ("Memo to the Amateur Cipher Designer", 1998)

在这里我们必须知道这样一个事实：密码学是一门很难完全掌握的技术。读完本书后就去尝试设计复杂的密码协议是一种不明智的做法。在这段密码学之旅中，本书的目的是给大家带来一些启发，告诉大家密码学能够做什么，让大家理解一些密码学技术的原理，但无法让大家成为密码学大师。

本书不是密码学圣经。本书的最后会告诉大家一条重要的经验——不要独自进行密码学上的冒险。为了打败可以"杀人"的"恶龙"，我们需要一些持续不断的支持。换句话来说，密码学是复杂的，本书的主要作用就是不让我们滥用所学的密码学知识。对于设计复杂的密码学系统，唯有在密码学领域深耕多年的专家才能胜任。本书主要让大家明白哪些场合该用密码技术，或者什么样的使用方式应该受到怀疑，使用哪些密码原语和协议才能解决大家正面临的问题，以及所有这些密码算法的底层原理。如果已经了解了这些警示之言，那就开始学习下一章内容吧！

1.9 本章小结

- 协议是一个参与者通过逐步交互实现机密信息交换的过程。
- 密码学是一门考虑在敌手存在的条件下使协议变得安全的学科。其中的实现过程经常需要密钥。
- 一个密码学原语指的是一类密码算法。例如，对称加密是一个密码原语，而 AES 是一个具体的对称加密算法。
- 对不同的密码学原语可按多种方式分类，其中一种方式是将它们分为两类：对称密码和非对称密码。对称密码只有一个密钥（如对称加密），而非对称密码有多个不同的密钥（如密钥交换、非对称加密和数字签名）。
- 按照密码算法的性质很难对其进行分类，但这些算法通常主要提供两个基本功能：认证性和机密性。认证性是指验证某些消息或人的真实性，而机密性是指数据或身份的隐私性。
- 实用密码学在实际的技术应用中无处不在，而理论密码学在实践中往往用处不大。
- 本书中包含的大多数密码学原语都是经过标准化才确定下来的。
- 密码学本身非常复杂，在实现和使用密码学原语时需要多加小心。

第 2 章　哈希函数

本章内容：

- 哈希函数的定义及其安全性质；
- 目前广泛采用的哈希函数；
- 现有的其他类型哈希函数。

在本章中我们学习的第一个密码学原语就是——哈希函数（Hash Function），它可以给任何数据生成一个全局唯一的标识符。哈希函数在密码学中随处可见！非正式地说，哈希函数以任意值为输入，并输出一个唯一的字节串。给定相同的输入，哈希函数总是产生相同的字节串。这可能看起来没什么，但在密码学中，许多算法都是基于哈希函数构造的。在本章中，我们将了解到关于哈希函数的所有知识，以及它应用广泛的原因。

2.1　什么是哈希函数

现在，我们可以看到一个网页（见图 2.1），而下载（DOWNLOAD）按钮占据该网页的大部分空间。通过单击下载（DOWNLOAD）按钮，我们会跳转到一个包含待下载文件的网站。在这个按钮的下面有一长串难以理解的字符串：

f63e68ac0bf052ae923c03f5b12aedc6cca49874c1c9b0ccf3f39b662d1f487b

后面还有一串看起来像某种首字母缩略词的字符（sha256sum:）。这个字符串看起来是不是有点眼熟呢？在生活中，我们可能也下载过附带类似字符串格式的文件。

我们可以利用这个长字符串按照如下步骤来检测文件的完整性：

（1）点击按钮来下载文件；

（2）采用 SHA-256 算法来计算下载文件的哈希值；

（3）将哈希函数的输出（摘要）与网页上显示的字符串进行比较。

这个字符串还可以帮助我们验证下载的文件是否正确。

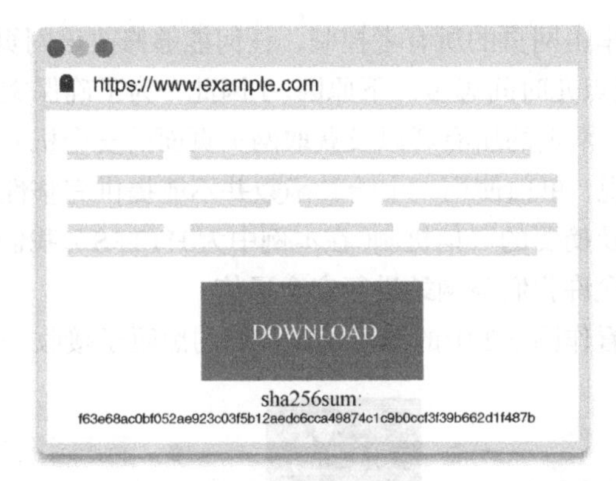

图 2.1 该网页链接到包含一个文件的外部网站。该网页提供了该文件的哈希值，因为哈希值可以保证外部网站无法随意修改文件内容而不被察觉。该文件的哈希或摘要确保了下载文件的完整性

注意：

哈希函数的输出通常被称为摘要（Digest）或哈希值（Hash）。本书将交替使用这两个词。其他书可能会称哈希函数为校验和（Checksum），但因为这个术语主要用于指代非密码学的哈希函数，所以本书没有使用这个名词。我们只需要牢记，不同的代码库或文件会使用不同的术语。

当我们想要尝试计算哈希值时，可以使用流行的 OpenSSL 库。该库提供了一个多用途的命令行接口（Command Line Interface，CLI），macOS 之类的许多系统中自带该命令行工具。例如，打开终端并输入如下命令：

```
$ openssl dgst -sha256 downloaded_file
f63e68ac0bf052ae923c03f5b12aedc6cca49874c1c9b0ccf3f39b662d1f487b
```

通过上述命令，我们可以使用 SHA-256 哈希函数把输入（下载的文件）转化为一个唯一的标识符（命令返回的值）。执行这些额外操作的目的是，检验文件的完整性（Integrity）和真实性（Authenticity），保证下载的文件确实是我们想要的。

这些工作，要归功于哈希函数的安全性质——抗第二原像性。这个术语意味着从这个哈希函数的长输出 f63e...中，我们无法推断出另一个文件也可以通过相同的哈希函数得到相同的输出 f63e...。在实践中，这意味着该摘要与正在下载的文件密切相关，没有攻击者能够不知不觉地将原文件替换为不同的文件。

十六进制编码

顺便说一下，上面的字符串 f63e...采用的是十六进制（Base16 编码，使用从 0 到 9 的数字和从 a 到 f 的字母来表示任意数据）表示形式。我们本可以用包含 0 和 1 的二进制编码方法表示哈希函数的输出，但这样会占用更多空间。十六进制编码允许我们将 8 比特（1 字节）数编码成 2 个字符。这种编码方式具有可读性强、占用的空间少的优点。我们还可以使用其他的编码方法将二进制数据编码成可读字符，但十六进制编码和 Base64 编码是使用最多的两种编码方式。在 Base 系列编码中，基越大，编码二进制数据需要的字符数就越多。当然，如果用的基过大，我们可能就无法用已有的可读字符编码二进制数据。

请注意，这个长字符串由网页的所有者控制，任何能够修改该网页的人都可修改该字符串。（如果不相信这一点，请花点儿时间思考一下原因。）因此，为了确保文件的完整性，我们需要信任包含摘要字符串的网页、网页的所有者以及获取网页页面的安全机制，而不必信任包含下载文件的网页。从这个意义上说，单独使用一个哈希函数并不能提供完整性。因为下载文件的完整性和真实性来自文件摘要以及摘要的可信机制（在本例中为 HTTPS）。我们将在第 9 章讨论 HTTPS，但现在我们先假设该协议允许我们与网站进行安全通信。

我们可以将哈希函数看作图 2.2 中的黑匣子。我们的黑匣子接收一个输入并产生一个输出。

图 2.2　哈希函数可以接收任意长度的输入（文件、消息、视频等）并产生固定长度的输出（例如，SHA-256 算法的输出为 256 比特）。对于同一个哈希函数，相同的输入会产生相同的摘要或哈希值

哈希函数的输入可以是任意大小，甚至可以是空值，而它的输出的长度总是固定的，且具有确定性：给定相同的输入，哈希函数总是产生相同的输出。在我们的示例中，SHA-256 始终提供 256 比特（32 字节）的输出，它的输出终被编码为 64 个十六进制字符。哈希函数的一个主要特性是无法求逆，也就是说无法从输出中找到输入。因此，我们说哈希函数是单向（One-way）的。

为了说明哈希函数在实践中的工作原理，我们将使用 OpenSSL 命令行工具中的 SHA-256 哈希函数计算不同输入的哈希值。在 OpenSSL 命令行工具中，SHA-256 算法的输入和输出如下所示：

```
$ echo -n "hello" | openssl dgst -sha256
2cf24dba5fb0a30e26e83b2ac5b9e29e1b161e5c1fa7425e73043362938b9824
$ echo -n "hello" | openssl dgst -sha256
2cf24dba5fb0a30e26e83b2ac5b9e29e1b161e5c1fa7425e73043362938b9824
$ echo -n "hella" | openssl dgst -sha256
70de66401b1399d79b843521ee726dcec1e9a8cb5708ec1520f1f3bb4b1dd984
$ echo -n "this is a very very very very very very
  ➥ very very very long sentence" | openssl dgst -sha256
1166e94d8c45fd8b269ae9451c51547dddec4fc09a91f15a9e27b14afee30006
```

对同样的输入计算哈希值，会得到相同的输出

对哈希函数的输入内容的细微修改会得到完全不同的哈希值

无论输入的消息有多长，哈希函数输出值的长度总是固定的

在 2.2 节中，我们将看到哈希函数的其他性质。

2.2 哈希函数的安全属性

通常，应用密码学定义的哈希函数具有 3 个特定的安全属性。这个定义会随着时间的推移而改变，我们将在 2.3 节中给出这些性质的详细描述。但是现在，让我们先定义构成哈希函数的三大基础属性。这些内容对于了解哈希函数的适用场合非常重要。

哈希函数的第一个属性是抗第一原像性（Pre-image Resistance）。这一属性表示无法根据哈希函数的输出恢复其对应的输入。在图 2.3 中，我们可以把哈希函数想象成一个搅拌机，这种“单向性”意味着我们无法从“搅拌后的冰沙”中恢复出原始成分。

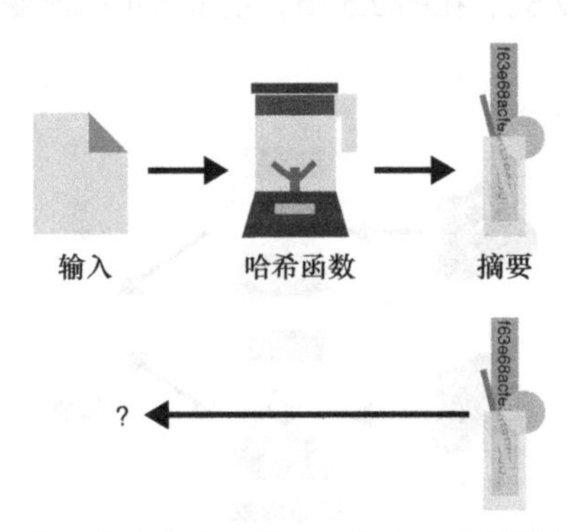

图 2.3 从技术上讲，给定哈希函数（图中表示为搅拌机）生成的摘要，不可能推导出它的原始输入。这种安全属性称为抗第一原像性

注意：

如果输入值很小，那是否就能找到原始输入呢？假设输入的可取值是 oui 或 non，那么攻击者很容易对所有可能的 3 个字母的单词进行哈希并找出输入值。所以，当输入空间很小时，我们就需要对输入的变体计算哈希值。此外，当需要计算哈希值的内容是一个句子时，例如，“我将在星期一凌晨 3 点回家”，尽管攻击者不知道具体的时间，但是他可以尝试所有可能的时间组合，从而猜测出原始输入。因此，抗第一原像性有一个明显的前提：输入空间不能太小且要具有不可预测性。

哈希函数的第二个属性是抗第二原像性（Second Pre-image Resistance）。前面提到的文件完整性验证示例就用到这个安全性质。该性质说明如下：给定一个输入和它的哈希值，无法找到一个不同于该输入的新输入，使得这两个输入产生一样的哈希值。图 2.4 说明了哈希函数的这一性质。

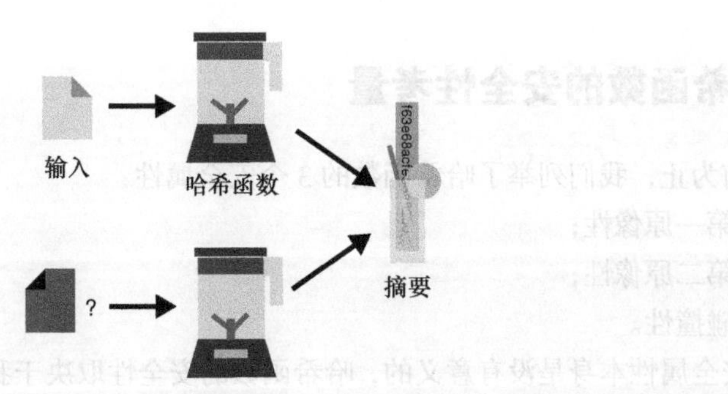

图 2.4 给定一个输入及其摘要，无法找到哈希值相同的另一个不同的输入。这种安全属性称为抗第二原像性

请注意，在图 2.4 中，第一个输入是固定的，我们只能控制第二个输入。这对于理解哈希函数的下一个安全性质很重要。

哈希函数的第三个属性是抗碰撞性（Collision Resistance）。这个性质保证不能够产生哈希值相同的两个不同的输入（见图 2.5）。在图 2.5 中，攻击者可以改变两个输入，这与之前只准改变其中一个输入的要求不同。

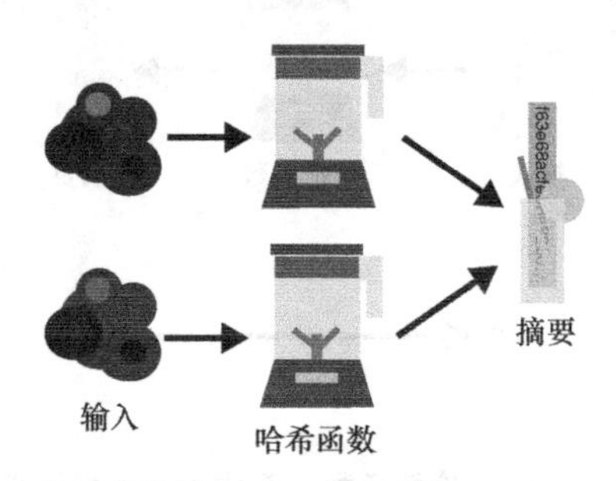

图 2.5 无法找到哈希值（右侧）相同的两个不同的输入（在左侧表示为两个随机数据块）。这种安全属性称为抗碰撞性

抗碰撞性和抗第二原像性很容易混淆。我们需要花点儿时间来了解它们之间的差异。

随机预言机（Random Oracle）

此外，我们认为哈希函数的输出是不可预测且随机的。这样的性质对证明协议的安全性非常有用，这一切都要归功于哈希函数具有的安全性质（例如抗碰撞性）。密码学中的许多协议都在随机预言机模型下被证明是安全的，证明过程中使用了一个虚构的理想参与者，即随机预言机。在这种类型的协议中，人们可以将任何输入作为请求发送到该随机预言机，它会返回完全随机的输出，且与哈希函数一样，对于两次相同的输入返回相同的输出。

用这样的模型证明算法的安全性有时会引起争议，因为我们不确定在实践中是否存在能够替换这些随机预言机的哈希函数。不过，许多合法协议已经被证明在随机预言机模型下是安全的，其中所使用的哈希函数比真实函数更理想。

2.3 哈希函数的安全性考量

到目前为止，我们列举了哈希函数的 3 个安全属性：

- 抗第一原像性；
- 抗第二原像性；
- 抗碰撞性。

这些安全属性本身是没有意义的，哈希函数的安全性取决于我们使用它的方式。然而，在我们学习哈希函数的一些现实应用之前，需要了解哈希函数的一些局限性。

首先，哈希函数满足这些安全属性的前提是，我们应以正确的方式使用哈希函数。假设有一个场景，对单词 yes 或 no 进行哈希处理，然后发布它们的摘要。如果我们想知道哈希结果对应的是哪个单词，我们可以简单地对 yes 和 no 这两个单词进行哈希处理，并将计算的结果与发布的结果进行比较。这是因为这个过程不涉及任何秘密，而且我们使用的哈希算法是公开的。人们可能会认为这不符合哈希函数的抗第一原像性，但其实这是因为输入不够"随机"。此外，因为哈希函数可以接收任意长度的输入并且总是产生相同长度的输出，所以就可能有无数个输入会得到相同的输出值。这下人们可能会说，"好吧，这不是打破了抗第二原像性吗？"，但抗第二原像性的定义只是说很难找到另一个输出值相等的输入，所以我们假设它在实践中是不可能找到另一个输入的，但在理论上这并非不可能。

其次，哈希函数输出的摘要大小对其安全性也很重要，但这不仅仅是哈希函数的特性。所有密码算法在实践中都必须关心其参数的大小。让我们想象下面这个极端的例子。我们有一个哈希函数，它以均匀随机的方式产生长度为 2 比特的输出（这意味着它将在 25%的时间内输出 00，在 25%的时间内输出 01，以此类推）。在这种情况下，我们不需要做太多的工作来制造冲突。在对一些随机输入字符串进行"哈希"后，应该就能够找到两个哈希值相同的输入比特串。出于这个原因，在实践中会要求哈希函数的输出长度不能低于 256 比特。对于这么大的输出空间，除非在实际计算方面有所突破，否则几乎不可能发生碰撞。

那这个数字（256）是怎么得来的？在现实世界的密码学中，算法的安全级别不能低于 128 比特。这意味着想要破坏算法（提供 128 位安全性的算法）的攻击者必须执行大约 2^{128} 次操作（算法的输入长度为 128 比特，尝试所有可能的输入字符串将需要 2^{128} 次操作）。为了满足前面提到的 3 个安全属性，哈希函数的安全级别至少要是 128 比特。对哈希函数最简单的攻击通常是找到由于生日界限引起的碰撞。

生日界限（Birthday Bound）

生日界限源于概率论，其中生日问题（一个房间里至少需要多少人，才能使得两个人生日相同的概率至少达到 50%）揭示了一些不直观的结论。事实证明，随机抽取 23 个人，他们中有两个人生日相同的概率就足以达到 50%！这确实是个很奇怪的现象。

这个现象被称为生日悖论。实际上，当我们从 2^N种可能性的空间中随机生成字符串时，在已经生成大约 $2^{N/2}$ 个字符串后，发现碰撞的概率为 50%。

如果哈希函数产生 256 比特的随机输出，那么所有输出的空间大小为 2^{256}。这意味着，在生成了 2^{128} 个摘要后（由于生日界限），发现碰撞的概率就很高了。但 2^{128} 就是我们想要达到安全目标所需要的最大操作次数。这就是哈希函数至少要提供 256 比特输出的原因。

受某些因素的限制，有时会促使开发者通过截断（Truncating）的方式（删除一些字节）减少摘要的长度。在理论上这是可行的，但是会大大降低哈希函数的安全性。为了实现 128 比特安全性这个最低的安全目标，在以下情况下不能截断摘要：

- 为了满足抗碰撞性，摘要长度至少是 256 比特；

■ 为了满足抗第一原像性和抗第二原像性，摘要长度至少是 128 比特。

也就是说，哈希函数的摘要是否可以被截端取决于具体方案所依赖的哈希函数的属性。

2.4 哈希函数的实际应用

正如我们前面所说，哈希函数在实践中很少单独使用。它们常与其他元素结合，以构建一个密码原语或密码协议。在本书中，我们将列举许多使用哈希函数来构建更复杂对象的例子，不过本节将介绍现实世界中使用哈希函数的几种不同方式。

2.4.1 承诺

想象一下，如果我们知道了市场上的一只股票会增值，并在未来一个月达到 50 美元/股，虽然我们不能在当时告诉朋友（也许是出于某种法律原因），却还是希望可以在事后告诉朋友我们早知道这件事了。那么，我们就可以对一句话生成一个承诺，如计算“股票 X 下个月将达到 50 美元/股”这句话的哈希值，并把输出结果交给朋友。一个月后当我们公开这句话时，朋友将能够通过计算这句话的哈希值，然后与我们一个月前公开的哈希值进行比较，从而判断我们所说的真伪。这就是承诺方案。密码学中的承诺需要具备以下两种性质。

■ 隐蔽性（Hiding）：承诺必须隐蔽基础值。

■ 绑定性（Binding）：承诺必须只隐藏一个值。换句话说，如果给定一个值 x 的承诺，那么之后无法公开另一个可以通过承诺验证的值 y。

习题

如果把哈希函数作为一种承诺方案，它是否能提供隐蔽性和绑定性？

2.4.2 子资源完整性

网页导入外部 JavaScript 文件的时候需要用哈希函数来验证子资源的完整性。例如，很多网站使用内容分发网络（Content Delivery Network，CDN）将 JavaScript 库或网络框架相关的文件导入网页中。这种 CDN 被部署在重要位置以便迅速将这些文件传递给访问者。然而，如果 CDN 不守规矩，故意为访问者提供恶意的 JavaScript 文件，则可能造成严重的问题。为了解决这个问题，网页可以使用子资源完整性（Subresource Integrity）的功能，允许在导入标签中包含一个摘要：

```
<script src="https://code.jquery.com/jquery-2.1.4.min.js"
  integrity="sha256-8WqyJLuWKRBVhxXIL1jBDD7SDxU936oZkCnxQbWwJVw="></script>
```

一旦检索到 JavaScript 文件，浏览器就会计算它的哈希值（使用 SHA-256 算法），并核实它是否与页面中硬编码的摘要一致。如果一致，则可以通过完整性验证，该 JavaScript 文件就会被执行。

2.4.3 比特流

世界各地的用户使用比特流（BitTorrent）协议，在彼此之间直接分享文件（这种方式称为 Peer-to-Peer）。为了分发一个文件，首先将文件切割成块，每个块都被单独计算哈希值。之后这些哈希值作为共享的信任源，代表要下载的文件。

比特流协议有几种机制，使得一个 Peer 可以从不同的 Peer 中获得一个文件不同的块。最后，整个文件的完整性将通过以下方式得到验证：在将文件从块中重新组合之前，对每个块进行哈希运算，并将输出结果与各自已知的摘要进行比对。例如，下面的例子代表 Ubuntu 操作系统的 19.04 版本。它是通过对文件的元数据以及所有块的摘要进行哈希运算得到的一个摘要（用十六进制表示）：

```
magnet:?xt=urn:btih:b7b0fbab74a85d4ac170662c645982a862826455
```

2.4.4 洋葱路由

洋葱路由（Tor）浏览器出现的目的是使个人可以匿名浏览互联网。它的另一个特点是，人们可以创建隐藏的网页，即网站的物理位置难以追踪。我们可以通过一个使用网页公钥的协议来保证与这些网页的安全连接。（第 9 章讨论会话加密时将列举更多关于该协议的工作原理）例如，毒品交易网站在被 FBI 查封之前，可以在 Tor 浏览器中通过 silkroad6ownowfk.onion 进行访问。这个 Base32 字符串实际上代表了丝绸之路网站公钥的哈希值。因此，可以通过洋葱路由地址来验证隐藏网页的公钥，并确定当前访问的网页是正确的（而不是一个冒名顶替者）。如果不能理解这一点也不必担心，我们将在第 9 章中再次提到这个问题。

习题

显而易见，silkroad6ownowfk.onion 这个字符串并没有 256 比特（32 字节），那么根据我们在 2.3 节中所学到的知识，这怎么能提供足够的安全性呢？

恐惧海盗罗伯茨（丝绸之路网站管理员的昵称）是如何设法获得一个包含网站名称的哈希值的呢？

在本节的所有例子中，哈希函数可以在以下场景中提供内容的完整性或真实性验证：

- 可能有人篡改哈希函数的输入；
- 能够安全传递哈希值。

我们有时也将内容完整性或者真实性验证称为对某事或某人进行认证。重要的是，如果不能安全地获得哈希值，那么任何人都可以用其他内容的哈希值来替换真实内容的哈希值。因此，哈希值本身并不提供完整性验证。在第 3 章“消息认证码”中，我们将通过引入秘密值来解决这个问题。接下来让我们来学习一些实际应用中的哈希函数算法。

2.5 标准化的哈希函数

我们在前面的例子中提到了 SHA-256，它只是我们可以使用的哈希函数之一。在继续列举其他推荐使用的哈希函数之前，我们要先提一下，在现实世界应用的一些非密码哈希函数算法。

首先，像 CRC32 这样的函数不是密码哈希函数，而是错误检测码函数。虽然它们有助于检测一些简单的错误，但却没有提供前面提到的安全属性，也不能与我们所说的哈希函数混淆使用（尽管它们有时可能共用一个名字）。它们的输出通常被称为校验和。

其次，如 MD5 和 SHA-1 这类流行的哈希函数，现在被认为是有缺陷的。虽然在 20 世纪 90 年代，MD5 和 SHA-1 就已经标准化并且成为应用很广泛的哈希函数，但它们却分别在 2004 年和 2016 年被证明是有缺陷的，因为一些科研团队发布了在这些函数中找到攻击方法。这些攻击之所以成功，一部分是因为计算能力的进步，但主要还是因为在哈希函数的设计方式中发现了缺陷。

弃用以前的哈希函数的困难之处

在研究人员证明 MD5 和 SHA-1 缺乏抗碰撞的能力之前，它们都被认为是好的哈希函数。哪怕在今天，它们的抗第一原像性和抗第二原像性仍然没有受到任何攻击的影响。这对我们来说并不重要，因为我们在本书中只想讨论安全的算法。尽管如此，仍然有人在系统中使用 MD5 和 SHA-1，而这些系统只依赖于这些算法的抗第一原像性，而不是它们的抗碰撞性。使用这些算法的人经常争辩，他们是因为一些历史遗留和向后兼容的问题而无法将哈希函数升级到更安全的版本的。但是，由于本书旨在为实用密码学初学者提供一些在未来很长时间内都保持正确性的知识，因此，这将是本书最后一次提到这些有缺陷的哈希函数。

接下来的 2.5.1 小节和 2.5.2 小节将介绍 SHA-2 和 SHA-3 函数，它们是两个使用广泛的哈希函数。图 2.6 给出了这两个哈希函数的构造原理。

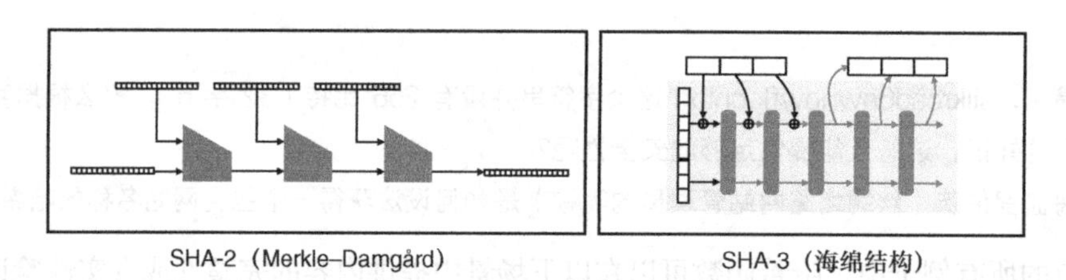

图 2.6　SHA-2 和 SHA-3 是两个使用广泛的哈希函数。SHA-2 基于 Merkle-Damgård 结构，而 SHA-3 基于海绵结构

2.5.1　SHA-2 哈希函数

SHA-2 是广泛应用的哈希函数。SHA-2 算法由 NSA 发明并在 2001 年由 NIST 进行了标准化。SHA-2 算法在设计上借鉴了由 NIST 标准化过的 SHA-1 算法。SHA-2 算法族共有 4 个不同的版本，它们分别产生 224、256、384 和 512 比特的输出。这些算法在命名上包含其输出的比特长但省略了算法的版本，它们的名字分别为 SHA-224、SHA-256、SHA-384 和 SHA-512。此外，SHA-512/224 和 SHA-512/256 算法是通过截断 SHA-512 算法的输出产生的两个变种算法，它们

分别提供 224 比特和 256 比特的输出。

在下面的终端会话中，我们用 OpenSSL CLI 调用 SHA-2 算法的每个变体。通过观察算法的输出，我们可以发现：给定相同的输入，不同的变体产生的输出结果和长度均不同。

```
$ echo -n "hello world" | openssl dgst -sha224
2f05477fc24bb4faefd86517156dafdecec45b8ad3cf2522a563582b
$ echo -n "hello world" | openssl dgst -sha256
b94d27b9934d3e08a52e52d7da7dabfac484efe37a5380ee9088f7ace2efcde9
$ echo -n "hello world" | openssl dgst -sha384
fdbd8e75a67f29f701a4e040385e2e23986303ea10239211af907fcbb83578b3
  ➥ e417cb71ce646efd0819dd8c088de1bd
$ echo -n "hello world" | openssl dgst -sha512
309ecc489c12d6eb4cc40f50c902f2b4d0ed77ee511a7c7a9bcd3ca86d4cd86f
  ➥ 989dd35bc5ff499670da34255b45b0cfd830e81f605dcf7dc5542e93ae9cd76f
```

现在，应用非常广泛的哈希函数还有 SHA-256 算法，它满足前面提到的 3 个安全属性，且能提供 128 比特的安全性。对于高度敏感的应用，我们需要使用安全性更强的哈希函数 SHA-512。现在，让我们来看看 SHA-2 算法的工作原理。

XOR 操作

要理解下面的内容，我们需要先了解 XOR（异或）操作。XOR 是一种按位操作的运算。以下展示了它的运算规则。XOR 操作在密码学算法中很常见。

XOR
1 ⊕ 0 = 1
1 ⊕ 1 = 0
0 ⊕ 1 = 1
0 ⊕ 0 = 0

XOR（通常表示为 ⊕）的操作对象是 2 个比特。除两个操作数都是 1 的情况外，XOR 运算与 OR 运算的结果完全一样。

这一切都始于一个被称为压缩函数（Compression Function）的特殊函数。压缩函数以两个特定长度的数据为输入，产生与其中一个输入大小相同的输出。简单地说，它接收一些较长的数据，输出更短的数据。压缩函数的执行过程如图 2.7 所示。

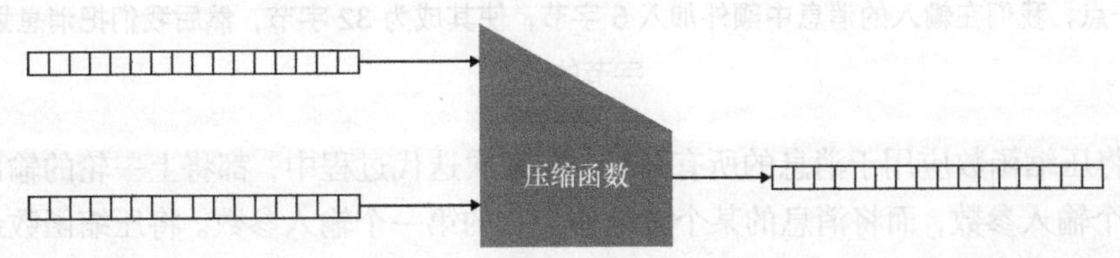

图 2.7 压缩函数接收长度为 X 和 Y 的两个不同输入（这里都是 16 字节）并生成长度为 X 或 Y 的输出

虽然构造压缩函数的方法有很多，但 SHA-2 算法的压缩函数采用的是 Davies-Meyer 构造方法（见图 2.8），它在内部采用了一个分组密码算法。虽然第 1 章中提到了 AES 分组密码，但本书到目前为止并没有详细介绍这个算法。现在，请把压缩函数想象成一个黑匣子，我们在第 4 章介绍认证加密的内容时再详细阐述它。

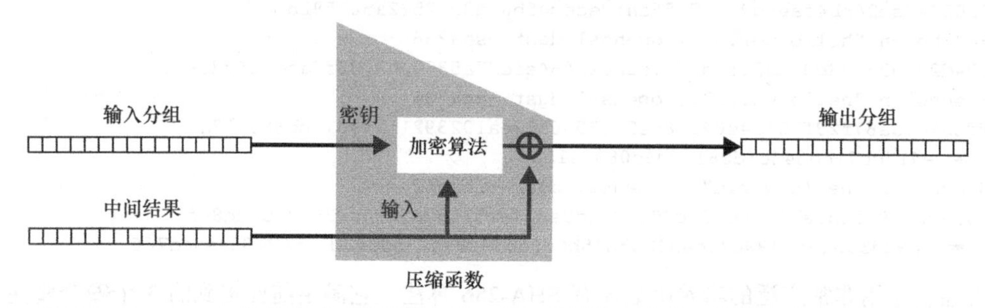

图 2.8 基于 Davies-Meyer 结构设计压缩函数。该压缩函数的第一个输入块作为分组密码的密钥；第二个输入块作为分组密码的输入进行加密。然后，用第二个输入块与分组密码的输出进行异或操作

SHA-2 是一种采用 Merkle-Damgård 结构来构造的哈希函数。Merkle-Damgård 是一种算法（由 Ralph Merkle 和 Ivan Damgård 提出），通过迭代调用压缩函数来计算消息的哈希值。具体来说，SHA-2 的执行过程分为以下两个步骤。

首先，我们对需要进行哈希运算的输入做填充，然后将填充后的输入划分为等长的分组，每个分组的长度等于压缩函数的输入长度。填充是指在输入中添加特定的字节，使输入的长度变成分组大小的整数倍。这样一来，我们就可以把上述分组作为压缩函数的第一个输入参数。例如，SHA-256 算法输入的分组大小为 512 比特，如图 2.9 所示。

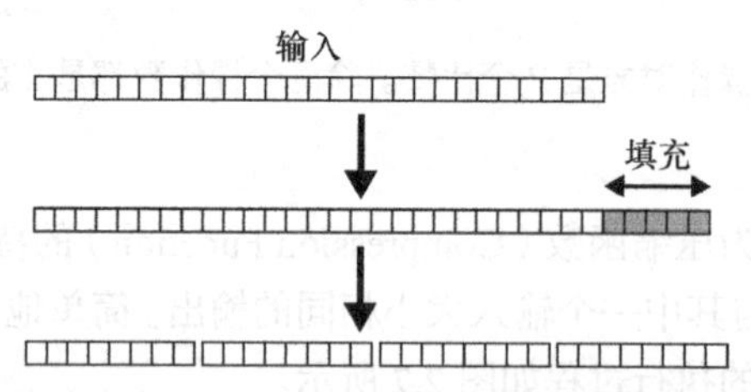

图 2.9 第一步是对输入消息进行填充。填充后消息的长度应该是压缩函数输入长度的倍数（例如，8 字节）。为了做到这一点，我们在输入的消息中额外加入 5 字节，使其成为 32 字节，然后我们把消息划分为 4 个 8 字节的分组

然后，将压缩函数应用于消息的所有分组，在每次迭代过程中，都将上一轮的输出作为压缩函数的第二个输入参数，而将消息的某个分组作为它的第一个输入参数。将压缩函数最终的输出作为消息的摘要。用压缩函数迭代计算消息摘要的过程如图 2.10 所示。

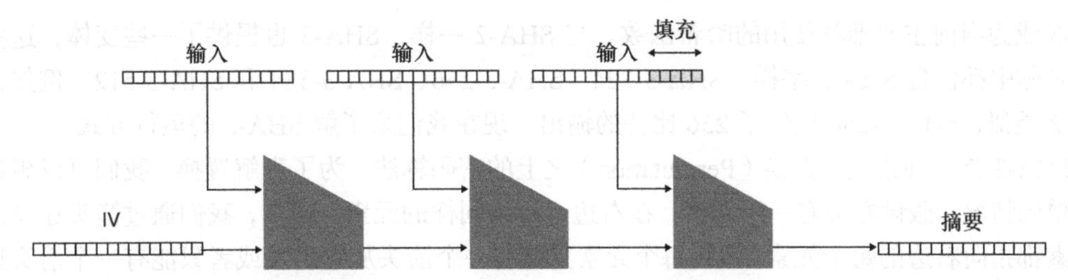

图 2.10 第二步是将一个压缩函数迭代地应用到消息分组，每次迭代都以前一个压缩函数的输出以及消息的一个分组作为压缩函数的输入。将最后一次调用压缩函数产生的输出作为摘要

以上就是 SHA-2 的工作原理，它在输入的消息分组上反复调用压缩函数直到生成最终的摘要。

注意：

如果压缩函数本身是抗碰撞的，那么我们就可以证明 Merkle-Damgård 结构是抗碰撞的。这样一来，输入长度不固定的哈希函数的安全性就简化为输入长度固定的压缩函数的安全性，因此该结构使我们更容易设计和分析哈希函数。这就是 Merkle-Damgård 结构的巧妙之处。

在第一次调用压缩函数时，它的第二个参数通常是固定的，且标准文件中将其指定为特定的值。具体来说，SHA-256 使用第一个素数的平方根来生成这个初始值。密码学专家相信这个特定的值不会让哈希函数安全性变弱（例如，故意留下一个后门）。这种提高算法参数可信度的做法在密码学中相当常见。

警告：

虽然 SHA-2 是一个非常完美的哈希函数，但它不适合用于计算秘密消息的哈希值。这是由于 Merkle-Damgård 构造存在一个缺点，使得 SHA-2 在计算秘密消息的哈希值时容易受到长度扩展（Length Extension）攻击。我们将在第 3 章更详细地讨论这个问题。

2.5.2 SHA-3 哈希函数

正如前面提到的，MD5 和 SHA-1 哈希函数近来都被破解了。这两个函数都使用 2.5.1 小节提到的 Merkle-Damgård 构造。正因为如此，再加上 SHA-2 容易受到长度扩展攻击，2007 年 NIST 决定组织一次公开的竞赛，来选择一个新的哈希函数标准：SHA-3。本小节主要介绍这个新的标准，并从宏观上解释其内部原理。

2007 年，来自不同国家科研团队的 64 个候选算法进入 SHA-3 的竞赛。5 年后，经过多轮评审，其中的一个提交方案 Keccak 最终胜出，被命名为 SHA-3。2015 年，FIPS 202 将 SHA-3 指定为新的哈希函数标准。

SHA-3 算法满足了我们之前谈到的 3 个安全属性，并且和 SHA-2 的变体达到同样级别的安全性。此外，SHA-3 算法不容易受到长度扩展攻击，并可用于计算秘密消息的哈希值。正因如此，

SHA-3 成为当前主要推荐使用的哈希函数。与 SHA-2 一样，SHA-3 也提供了一些变体，这些变体在名称中都包含 SHA-3 字样：SHA-3-224、SHA-3-256、SHA-3-384 和 SHA-3-512。例如，与 SHA-2 类似，SHA-3-256 提供了 256 比特的输出。现在我们来了解 SHA-3 的运行方式。

SHA-3 是一种建立在置换（Permutation）之上的密码算法。为了理解置换，我们可以想象一种简单的情况：假设左边有一组元素，在右边有一组同样的元素，现在，我们通过箭头让左边每个元素都指向右边的每个元素。假设每个元素只能有一个箭头从它出发或者只能有一个箭头指向它，这样元素之间进行了置换，如图 2.11 所示。根据定义，任何置换都是可逆的，也就是说，我们可以根据输出找到其对应的输入。

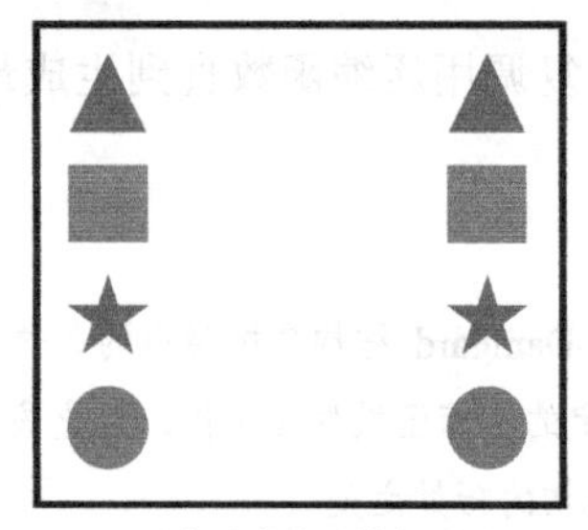

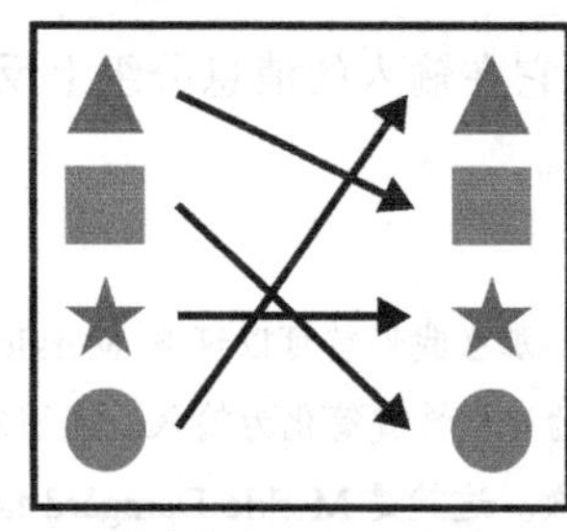

图 2.11 4 种形状之间的置换方式演示。我们可以根据中间图片中箭头的指示将左边某个形状转换为右边的某个形状

SHA-3 是基于海绵结构（Sponge Construction）构造的，这是一种与 Merkle-Damgård 不同的结构。SHA-3 基于称为 keccak-f 的特殊置换，这个置换接收一个输入并产生一个与输入等长的输出。

注意：

本章不会解释 keccak-f 的设计过程，我们将在第 4 章对其概念进行介绍，因为它与 AES 算法十分相似（除了 keccak-f 没有密钥外）。两者结构相似并非偶然，AES 算法的发明者之一也参与了 SHA-3 算法的设计。

接下来，我们以 8 比特置换为例来说明海绵结构的工作原理。因为置换的方式是一成不变的，我们可以用图 2.12 中的示例表示基于 8 比特置换创建的映射函数。与图 2.11 所示的示例相对应，每个 8 比特串相当于不同形状（比如，000...表示三角形，100...表示正方形，等等）。

为了在海绵结构中使用置换，我们还需要将输入和输出的比特串都划分为比率比特串和容量比特串，如图 2.13 所示。这看起来有点儿奇怪，让我们来看看这样做的原因。

不同版本的 SHA-3 使用不同的划分方式。事实上，容量也看作秘密值，容量越大，海绵结构就越安全。

现在，就像所有哈希函数一样，我们需要使用这个结构来计算一些消息的哈希值，否则，这个结构就没有用处了。为此，我们只需将哈希函数的输入与置换输入的比率进行异或操作。一开始，这只是一串 0。正如我们之前指出的，容量被视为秘密值，因此我们不会对其进行任何异或操作，如图 2.14 所示。

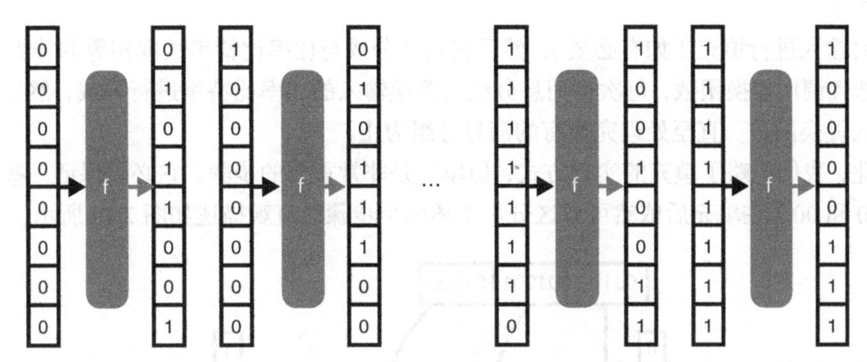

图 2.12　一个使用特定置换函数 f 的海绵结构。通过依次输入所有可能的 8 比特串，示例中的置换可以创建一个从 8 比特输入到 8 比特输出的映射

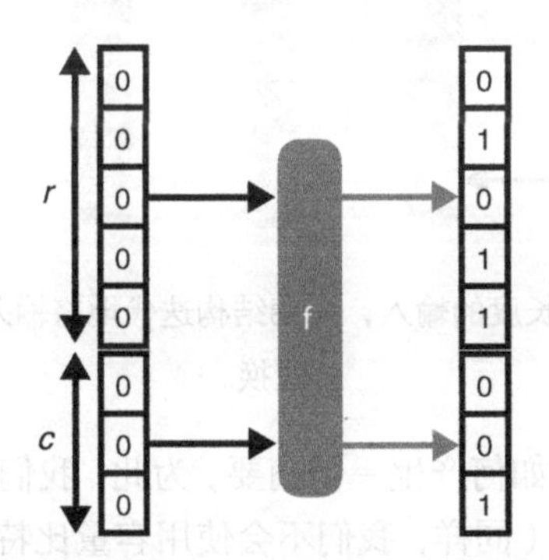

图 2.13　置换函数 f 将大小为 8 比特的输入随机化为长度相同的输出。在海绵结构中，这种置换的输入和输出都分为两部分：比率（长度为 r）和容量（长度为 c）

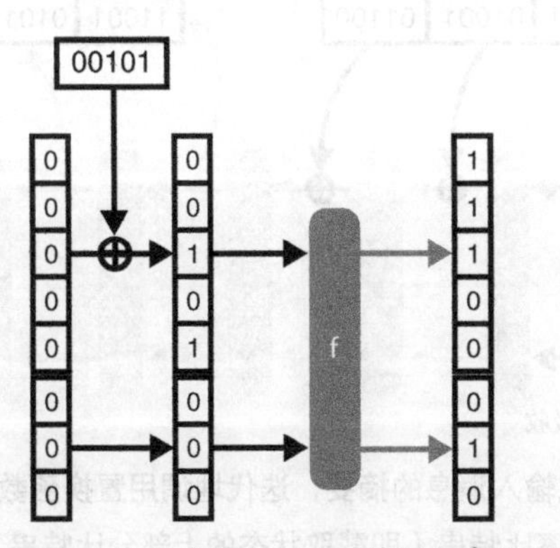

图 2.14　为了吸收哈希函数输入的 00101 这 5 个比特，可以使用比率为 5 比特的海绵结构将 5 比特的输入与比率比特（初始化为 0）进行异或，然后将产生的结果作为置换函数的输入，实现对输入的随机化

现在我们得到的输出应该看起来是随机的（尽管我们可以很容易地找到输出对应的输入，这是因为置换是可逆的）。如果我们想计算更长输入的哈希值该怎么做呢？参考 SHA-2 的解决方式，具体做法如下：

（1）对输入进行填充（如有必要），然后将输入分成与比率比特串长度相等的分组；

（2）迭代调用置换函数，每次将消息分组与置换输入的比率比特串进行异或，然后将中间输出状态输入置换函数，直至处理完所有的消息分组为止。

为简化，我们忽略了填充的实现方式，但填充是非常重要的步骤，它必须保证一些特殊的输入（例如 0 和 00）在填充后依然可以区分。上述两个步骤的直观描述如图 2.15 所示。

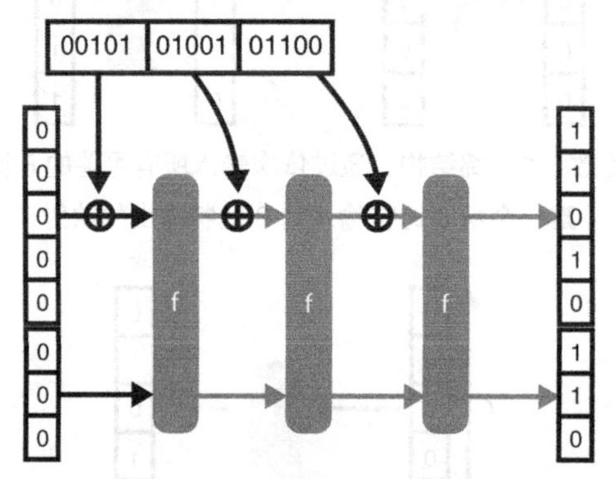

图 2.15 为了吸收长度大于比率串长度的输入，海绵结构迭代地将输入块与速率异或并对产生的结果进行置换

到目前为止我们还没有讨论如何产生一个摘要。为此，我们可以简单地截取海绵结构的最后输出状态的比率比特串作为摘要（同样，我们不会使用容量比特串的值）。为了获得更长的摘要，我们可以继续读取输出状态的比率比特串部分，然后对其进行置换，如图 2.16 所示。

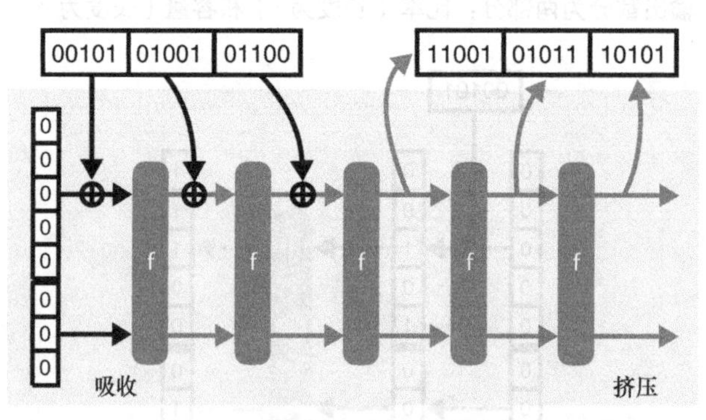

图 2.16 为了使用海绵结构生成输入消息的摘要，迭代地调用置换函数获取多个输出状态，并根据安全性需要，选择尽可能多的比率比特串（即截取状态的上部分比特串），将它们拼接成消息的摘要

这就是 SHA-3 算法的工作原理。因为该算法是基于海绵结构的，所以我们将它处理输入消

息的过程也称为吸收（Absorbing），将创建消息摘要的过程称为挤压（Squeezing）。海绵结构使用 1600 比特的置换结构，并采用不同的 r 和 c 值，具体取决于不同版本的 SHA-3 所公布出来的安全等级。

SHA-3 是一个随机预言机

我们之前谈到了随机预言机：一种理想的虚拟结构，向随机预言机发出问询，它将返回完全随机的结果，如果两次查询的输入相同，它就会产生同样的输出。事实证明，只要海绵结构使用的置换看起来足够随机，海绵结构的行为就很接近随机预言机。那么我们如何证明这种置换结构足够随机呢？最好的方法就是不断尝试破解这种置换结构，直到我们可以相信它的设计足够安全为止（这就是在 SHA-3 竞赛期间每个候选算法需要接受的挑战）。SHA-3 可以被视为随机预言机这一事实赋予它一些安全属性，而这些安全属性正是我们期望哈希函数能够拥有的。

2.5.3 SHAKE 和 cSHAKE：两个可扩展输出的函数

接下来我们介绍两个主要的哈希函数标准：SHA-2 和 SHA-3。这些是定义明确的哈希函数，它们接收任意长度的输入并分别产生随机和固定长度的输出。正如后面的章节中将要介绍的，密码协议通常需要这种类型的原语，但不希望受到哈希函数摘要为固定大小所带来的一些限制。出于这个原因，SHA-3 标准引入了一种更通用的原语，称为可扩展输出函数（Extendable Output Function）或 XOF（发音为“zoff”）。本小节介绍两种标准化的 XOF：SHAKE 和 cSHAKE。

FIPS 202 和 SHA-3 标准中指定的 SHAKE 函数可以看作一个产生任意长度输出的哈希函数。SHAKE 与 SHA-3 的结构基本相同，不同之处在于 SHAKE 运行速度更快，并且在挤压阶段，可以根据不同的置换方式进行置换，而不是只能采用固定的方式进行置换。生成不同长度输出的哈希函数非常有用，它不仅可以用于生成摘要，还可以用于生成随机数、派生密钥等。本书后面将再次讨论 SHAKE 的不同应用场景（现在可以想象一下，除了 SHAKE 的输出为任意长度外）。我们可以把 SHAKE 函数和 SHA-3 算法视为两个一样的算法。

这种结构在密码学中非常有用，以至于在 SHA-3 标准化一年后，NIST 发布了其特别版本 800-185，其中包含一个名为 cSHAKE 的可定制 SHAKE 函数。cSHAKE 与 SHAKE 非常相似，不同之处在于前者需要一个自定义字符串。此自定义字符串可以为空，也可以是任何字符串。我们先来看一个在伪代码中使用 cSHAKE 的例子：

```
cSHAKE(input="hello world", output_length=256, custom_string="my_hash")
-> 72444fde79690f0cac19e866d7e6505c
cSHAKE(input="hello world", output_length=256, custom_string="your_hash")
-> 688a49e8c2a1e1ab4e78f887c1c73957
```

尽管 cSHAKE 与 SHAKE、SHA-3 都是确定性算法，但由于可以使用不同的自定义字符串，cSHAKE 算法能在相同的输入下产生不同的摘要。这样的特性使得我们可以自定义 XOF。这在某些协议中很有用，例如，必须使用不同的哈希函数才能使得安全性证明顺利执行的协议。我们称 cSHAKE 算法的这种特性为域隔离（Domain Separation）。

请记住密码学的黄金法则：如果在不同的应用实例中使用相同的密码原语，请不要使用相同的密钥（如果需要密钥），或者在使用同样的密钥时应用域分离。我们在后面的章节中介绍密码协议时，会介绍更多关于域分离的例子。

警告：

NIST 倾向于用比特来度量算法参数，而很少把字节当作算法参数的单位。在前面所给的示例中，要求输出的摘要长度为 256 比特。想象一下，我们要求输出的摘要长度是 16 字节，而程序只产生了 2 字节的摘要。这正是因为程序默认的单位是比特，而 16 比特恰好等于 2 字节。这种情况有时被称为比特攻击。

与密码学中的所有算法一样，密钥、参数和输出等的长度与系统的安全性密切相关。重要的是不能让 SHAKE 或 cSHAKE 的输出太短。使用 256 比特的输出永远不会出错，因为它提供了 128 比特的安全性以防止碰撞攻击。但现实世界中的密码方案可能由于运行环境的限制只能使用较短的输出。但如果能仔细分析系统的安全性，也可以将短输出的哈希函数用于系统中。例如，如果在该系统中抗碰撞性是无关紧要的，则只需要选择 SHAKE 或 cSHAKE 的 128 比特输出版本来保证抗第一原像性即可。

2.5.4 使用元组哈希避免模糊哈希

本章已经讨论不同类型的密码原语和密码算法，具体内容如下：

- SHA-2 哈希函数，虽然它容易受到长度扩展攻击，但仍然被广泛使用，因为在有些场景下，我们不需要计算秘密消息的哈希值；
- SHA-3 哈希函数，这是目前推荐使用的哈希函数；
- SHAKE 和 cSHAKE 这两个可扩展的输出函数，是目前用途比哈希函数更广的工具，因为它们可以提供可变长度的输出。

接下来介绍一个更易使用的函数——元组哈希（TupleHash），它基于 cSHAKE 提出并与 cSHAKE 定义在相同的标准中。元组哈希是一个有趣的哈希函数，它允许对一个元组（某事物的列表）进行哈希。下面我们来了解一下元组哈希的概念以及它的使用方式。

几年前，我的一部分工作是审查一种“加密货币”。我审查的内容包括账户、支付等“加密货币”通用功能的实现情况。在“加密货币”中，用户之间的交易中包含记录“加密货币”的来源与去向、转账金额的元数据，以及一小笔用来补偿网络节点处理交易的费用。

例如，Alice 可以将交易发送到网络，但要让这些交易被各个节点接收，她需要提供证据证明交易由她发起。为此，她可以对交易进行哈希并签名（第 1 章中给出了类似的例子）。任何人都可以计算这笔交易的哈希值并验证哈希值上的签名，以查看这是否为 Alice 发起的交易，该过程如图 2.17 所示。在交易到达网络之前，试图拦截交易的中间人攻击者无法在不被察觉的前提下篡改交易内容。这是因为攻击者虽然可以篡改交易内容并生成对应的哈希值，却无法伪造 Alice 的签名，从而导致假的交易与真实的签名无法通过验证。

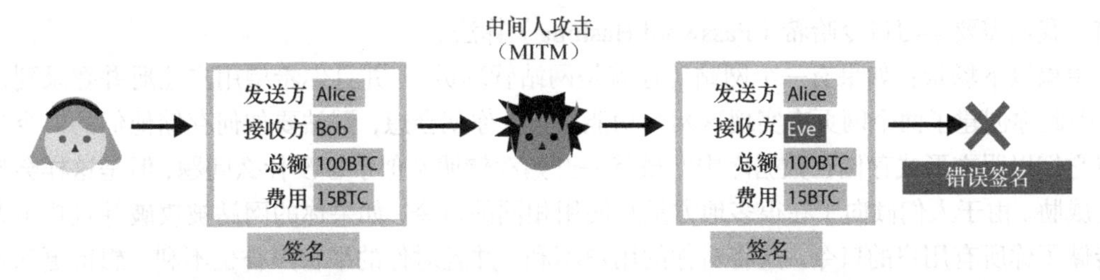

图 2.17 Alice 发送一个交易以及对交易哈希值的签名。如果中间人攻击者试图篡改交易，那么交易的哈希值就会改变，原始附加的签名将无法通过验证

在第 7 章中我们会提到这样的攻击者无法在新摘要上伪造 Alice 的签名。这是因为“加密货币”中使用的哈希函数具有抗第二原像性，攻击者无法找到一个不同的交易，使其哈希值与原来的交易相同。

这能说明中间人攻击者不足为惧吗？很可惜，这个问题还没有定论。实际上，我正在审计的“加密货币”是通过简单地连接每个字段，然后将拼接后的字符串哈希值作为交易的哈希值：

```
$ echo -n "Alice""Bob""100""15" | openssl dgst -sha3-256
34d6b397c7f2e8a303fc8e39d283771c0397dad74cef08376e27483efc29bb02
```

这看起来虽然没问题，但完全破坏了“加密货币”的支付系统。这样做使得攻击者可以轻易攻破哈希函数的抗第二原像性。花点儿时间思考一下，如何找到哈希值同样为 34d6...的不同交易？

如果将费用字段的首位数字移除，并把它追加到总额字段的末位，我们会看到修改前后，两个交易生成相同的哈希值：

```
$ echo -n "Alice""Bob""1001""5" | openssl dgst -sha3-256
34d6b397c7f2e8a303fc8e39d283771c0397dad74cef08376e27483efc29bb02
```

因此，如果中间人攻击者希望 Bob 收到更多的钱，那他将能够在确保签名有效的情况下修改交易。这就是元组哈希要解决的问题：它允许我们使用非歧义编码，确定性地计算字段列表的哈希值。现实中采用以下方式计算交易的哈希值（使用||表示字符串连接操作）：

```
cSHAKE(input="5"||"Alice"||"3"||"Bob"||"3"||"100"||"2"||"10",
➥ output_length=256, custom_string="TupleHash"+"anything you want")
```

现在，在交易中的每个字段前面都加上本字段的长度，最终将这它们拼接在一起形成哈希函数的输入。让我们花些时间想想这种做法是如何解决上述问题的。通常，只要始终确保在计算哈希值之前，先对输入进行序列化（Serialize），就可以安全地使用任何哈希函数。将输入序列化意味着总是存在反序列化的方法（意味着根据序列化结果可以恢复原始输入）。如果可以反序列化输入的数据，就不会在字段的划分上产生任何歧义了。

2.6 口令哈希

我们在本章中介绍了常见的函数，它们都属于哈希函数或者可扩展哈希函数。在进入第 3 章之前，我们需要学习口令哈希（Password Hashing）算法。

想象以下场景：如果有一个网站（你就是网站管理员），并且你希望用户注册并登录到该网站，因此你创建了两个网页来实现这两个功能。马上你就会想，网站要如何存储他们的口令？能否将它们以明文形式存储在数据库中？虽然一开始存储明文似乎也没什么问题，但是这样会带来安全威胁。由于人们倾向于在很多地方重复使用相同的口令，如果你的网站被攻破并且攻击者设法转储了你所有用户的口令，这将对你的用户不利，并且对你的平台声誉也不利。想得更深入一点，你就会意识到能够窃取此数据库的攻击者，将能够以任何用户身份登录。所以，以明文形式存储口令不太理想，你希望有更好的方法来处理这个问题。一种解决方案是计算所有口令的哈希值并仅存储用户对应的摘要。当用户登录网站时，流程类似于以下内容：

（1）收到用户的口令；

（2）计算口令的哈希值，然后去掉口令；

（3）将摘要与之前存储的用户对应的摘要进行比较，如果匹配，则用户可登录。

该流程允许网站在有限的时间内处理用户的口令。尽管如此，在你检测到悄悄进入你的服务器的攻击者之前，他们仍然可以悄悄地留下来并记录登录流程中出现的口令。这确实不是一个完美的防御方案，但这样仍然提高了网站的安全性。在安全方面，我们也称这种防御为纵深防御，即对不完善的防御进行分层的行为，寄希望于攻击者无法攻破所有的层。纵深防御也是实用密码学的意义所在。但是，这个解决方案还存在其他问题。

- 如果攻击者提取到口令的哈希值，则可以进行暴力攻击或穷举搜索（尝试所有可能的口令）。每次猜测口令时，都针对整个数据库进行比对。理想情况下，我们希望攻击者一次只能攻击一个口令的哈希值。
- 哈希函数运行速度应该是非常快的。攻击者可以利用它进行暴力破解（每秒可以产生很多口令）。理想情况下，我们会有一种机制来减缓此类攻击。

第一个问题通常通过使用加盐（Salts）技术来解决，盐值是指对每个用户公开且不同的随机值。我们要对加盐的口令计算哈希值，从某种意义上说，这就像在 cSHAKE 中使用每个用户自定义的字符串：该方法可以有效地为每个用户创建不同的哈希函数。由于每个用户使用不同的哈希函数，攻击者无法预先计算大型密码表（称为彩虹表），也无法针对整个被盗口令哈希值数据库进行测试。

第二个问题是用口令哈希解决的，口令哈希算法的运行速度很慢。目前最优的选择是 Argon2 算法，它是 2013 年至 2015 年口令哈希竞赛的获胜算法。在撰写本书时（2021 年），Argon2 有望在 RFC 系列文档中标准化。在实践中，还使用了其他非标准算法，如 PBKDF2、Bcrypt 和 Scrypt 算法。不过，这些算法使用的参数可能会不安全，因此在实践中这些算法使用起来很复杂。

此外，只有 Argon2 和 Scrypt 可以抵御攻击者大幅度优化过的攻击，因为其他算法不是内存困难的（Memory Hard）。内存困难意味着只能通过优化内存访问来优化算法。换句话说，优化算法的其余部分并不会给攻击算法带来太多好处。即使是专用硬件，通过优化内存访问来改善攻击效果，其改善程度也是有限的（CPU 周围只能放置这么多缓存），因此内存困难函数在任何类型的设备上都运行得很慢。当要防止攻击者在计算函数时获得不可忽视的速度优势时，内存困难函数就是我们的一个理想选择。

图 2.18 总结了本章中介绍的不同类型哈希函数。

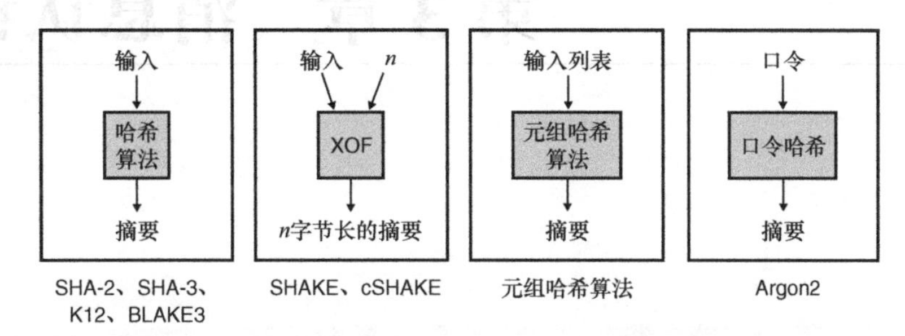

图 2.18　在本章中，我们学习了 4 种类型的哈希函数：（1）为任意长度的输入提供唯一随机标识符的普通哈希函数；（2）提供任意长度输出的可扩展输出函数；（3）允许对输入进行非歧义编码的元组哈希函数；（4）为了安全地存储口令而设计的口令哈希函数

2.7　本章小结

- 哈希函数具有抗第一原像性、抗第二原像性、抗碰撞性。
  - 抗第一原像性意味着无法从一个摘要找到它对应的输入。
  - 抗第二原像性意味着根据一个输入和它的摘要不能够找到一个不同的输入，使哈希函数生成相同的摘要。
  - 抗碰撞性是指，人们应该无法找到两个随机的输入，而这两个输入又能产生相同的哈希值。
- 当前，应用最广泛的哈希函数是 SHA-2，而本书推荐使用的哈希函数是 SHA-3。由于 SHA-2 无法抵抗长度扩展（Length Extension）攻击，因此本书建议使用 SHA-3 算法。
- SHAKE 是一个可扩展输出的函数（XOF），其作用类似于哈希函数，但可以输出任意长度的摘要。
- cSHAKE（customizable SHAKE）允许人们轻松地创建 SHAKE 算法的实例。这些实例就像许多个 XOF 函数，这就是所谓的域隔离。
- 消息应该在序列化之后再计算哈希值，以避免破坏哈希函数的第二抗原像性。像 TupleHash 这样的算法会自动对输入进行序列化。
- 对口令进行哈希时，应使用专门设计的、运行速度较慢的哈希函数，Argon2 算法就是口令哈希函数的最优选择。

第 3 章　消息认证码

本章内容：

- 消息认证码；
- 消息认证码的安全特性与隐患；
- 广泛应用的消息认证码标准。

如果把第 2 章学习的哈希函数和密钥结合起来，我们将得到一个新的保护数据完整性的密码学原语——消息认证码（Message Authentication Code，MAC）。密钥是安全的基础：没有密钥就无法保证机密性，也无法实现认证性。虽然哈希函数可以为任意数据提供认证性或完整性，但它需要依赖于一个不可篡改的可信信道。在本章中，我们将了解使用消息认证码算法创建可信信道的方法，以及消息认证码算法的其他功能。

注意：

在阅读本章之前，需要先阅读第 2 章“哈希函数”。

3.1　无状态 cookie——一个引入 MAC 的范例

让我们想象以下场景：你是一个网页，服务的对象都是诚实的社区用户。访问者与你进行交互时，首先必须向你提交他们的登录凭据，然后你对这些凭据进行验证。如果凭据与用户首次注册时使用的凭据匹配，则表示你已成功认证该用户。

当然，用户浏览网页时往往由多个请求组成，为了避免用户在每个请求中重新验证，你可以让他们的浏览器存储用户凭据，并在每个请求中自动重新发送凭据。浏览器有一个专门的功能叫作 cookie，就可以用于实现上述功能！cookie 不仅可以用作用户凭据，还可以存储任何你希望用户在每个请求中发送的内容。利用 cookie 登录网站的过程如图 3.1 所示。

虽然这种简单的方法效果很好，但通常人们不希望将敏感信息（如用户密码）以明文形式存储在浏览器中。因此，会话 cookie 一般会携带一个用户登录时随机生成的字符串，Web 服务器会将这个随机字符串和用户名对应起来并存到一个临时数据库中。这样一来，哪怕浏览器以某种方式公开会话，cookie 也不会泄露用户密码的任何信息（该随机字符串依然可以用来模拟用户）。此外，Web 服务器还可以通过删除本端的 cookie 来终止会话。

图 3.1　用户首次登录网站后可以获取一个 cookie，之后再登录网站时，只需要出示 cookie 即可登录网站

这种方法看似没有问题，但在某些情况下，它可能无法很好地扩展。比如，在有许多服务器的情况下，让所有服务器共享用户与随机字符串之间的关联可能会很烦琐。为了解决这个难题，可以让浏览器端存储更多信息。让我们看看应该怎么做。

简单来讲，就是在 cookie 中直接存储用户名，而不是存储与用户相关的随机字符串，但这使得任何用户都可以通过手动修改 cookie 中的用户名来模拟其他用户。也许第 2 章学到的哈希函数可以帮助我们解决这个问题，不如用几分钟时间来思考一下哈希函数是如何防止用户篡改自己的 cookie 的呢？

对上述方法做一些改进，我们不仅在 cookie 中存储用户名，还存储用户的哈希值。我们可以使用类似 SHA-3 的哈希函数计算用户名的哈希值，如图 3.2 所示。这样的方式可行吗？

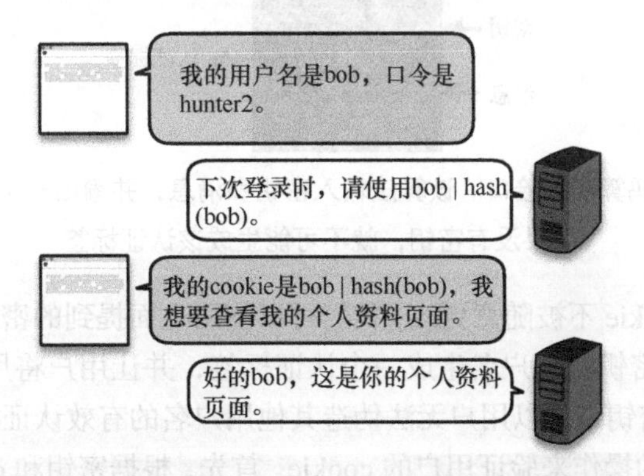

图 3.2　为了验证用户对浏览器的请求，Web 服务器要求浏览器在 cookie 中存储用户名及其对应的哈希值，用户将在后续的每个请求中发送该 cookie

上述方法存在一个严重的问题。哈希函数是一种公开算法，恶意用户可以计算新用户名的哈

希值，所以用户名的哈希值也变得不可信。如果哈希值的来源变得不可信，那么它也就无法确保数据的完整性！如果恶意用户试图修改其 cookie 中的用户名，他们只需要重新计算新用户名的哈希值，并替代 cookie 中原来的哈希值就会使修改后的 cookie 变得合法，如图 3.3 所示。

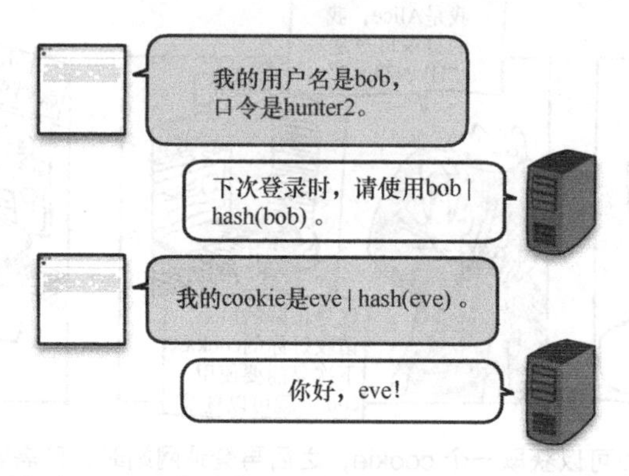

图 3.3 恶意用户可以修改 cookie 中的信息。若 cookie 中仅包含用户名及用户名的哈希值，则可以通过修改这些信息来模拟不同的用户

不过，这并不能说明使用哈希值进行验证的做法是错误的。那我们还能在这个基础上再做些什么呢？事实上，消息认证码这个密码学原语可以满足我们的要求，它的概念与哈希函数很类似。消息认证码算法属于一种密钥算法（或对称密码原语），它与哈希函数的相同之处在于将消息作为输入，不同之处在于消息认证码算法还需要输入密钥（思考为什么要用密钥），最后算法会输出一个唯一的认证标签。这个算法是确定性的，即给定相同的密钥和消息，将产生相同的认证标签。该过程的描述如图 3.4 所示。

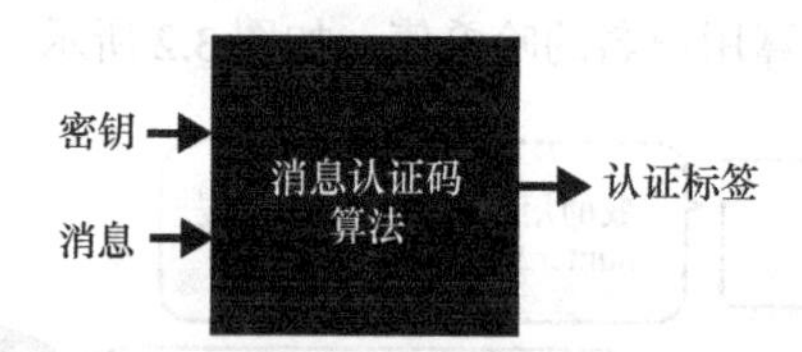

图 3.4 消息认证码算法的接口。该算法输入密钥和消息，并输出一个唯一的认证标签。如果没有密钥，就不可能生成该认证标签

为了确保用户的 cookie 不被随意更改，我们可以使用上面提到的密码学原语。当用户第一次登录网站时，网站根据密钥和用户名生成一个认证标签，并让用户将用户名和认证标签存储在 cookie 中。由于不知道密钥，所以用户无法伪造其他用户名的有效认证标签。

我们可以执行相同的操作来验证用户的 cookie。首先，根据密钥和 cookie 中的用户名生成认证标签；然后，判断所生成的认证标签是否与 cookie 中该用户名对应的认证标签相同。如果两者相同，则表明 cookie 中的认证标签是由我们生成的。这是因为只有我们才能生成合法的认证标签。整个过程如图 3.5 所示。

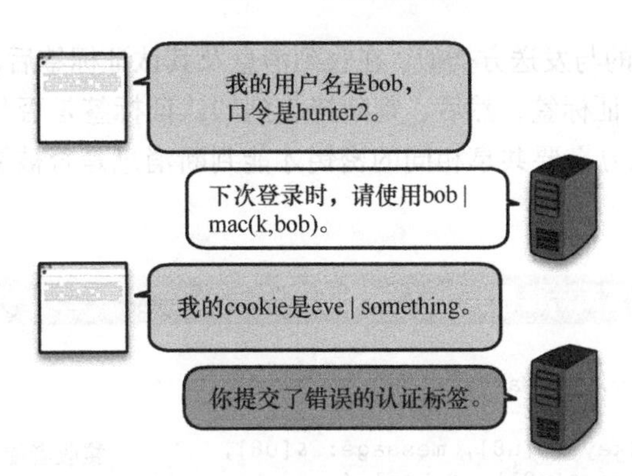

图 3.5 恶意用户试图篡改其 cookie，但无法为新 cookie 生成有效的认证标签。随后，由于 cookie 的真实性和完整性无法通过 Web 服务器的验证，请求被丢弃

消息认证码算法就像一个私有的哈希函数，只有拥有密钥的人才能计算该消息在该密钥下对应的哈希值。从某种意义上说，使用密钥相当于对哈希函数进行个性化设置，但消息认证码算法与哈希函数的关系并不止于此，大多数消息认证码算法都是基于哈希函数构造的。接下来，让我们看一个具体的代码示例。

3.2 一个代码示例

到目前为止，在上述场景中，我们能够使用的只有消息认证码算法。接下来我们增加访问服务器的用户数量，并在此基础之上通过编写代码来了解 MAC 算法在实践中的使用方法。想象这样一个场景，我们想和别人交流，但并不在乎别人是否读过我们的消息，我们真正关心的是消息的完整性：消息不能被篡改！一个解决方案是让我们与通信的用户使用相同的密钥来计算消息的 MAC，从而保护通信过程中消息的完整性。

在本例中，我们将使用由 Rust 语言编写的、基于哈希函数的 HMAC 算法来演示消息认证码算法的使用方法。HMAC 算法的核心是哈希函数，它可以与不同的哈希函数兼容，但在实践中，它常用的哈希函数是 SHA-2。发送方只需输入密钥和消息，最后算法就会输出认证标签，如代码清单 3.1 所示。

代码清单 3.1 用 Rust 语言演示发送经过认证的消息

```
use sha2::Sha256;
use hmac::{Hmac, Mac, NewMac};

fn send_message(key: &[u8], message: &[u8]) -> Vec<u8> {
    let mut mac = Hmac::<Sha256>::new(key.into());   // 使用密钥和SHA-256来实例化HMAC算法

    mac.update(message);   // 为HMAC算法的输入提供更多缓冲空间

    mac.finalize().into_bytes().to_vec()   // 返回认证标签
}
```

对于接收方，它所做的与发送方类似。在收到消息及其认证标签后，接收方可以使用相同的密钥对消息生成自己的认证标签，然后，判断接收到的认证标签是否与自己计算的认证标签相同。与对称加密类似，双方需要共享相同的密钥才能判断消息是否被篡改。该过程如代码清单 3.2 所示。

代码清单 3.2　用 Rust 语言演示接收经过认证的消息

```
use sha2::Sha256;
use hmac::{Hmac, Mac, NewMac};

fn receive_message(key: &[u8], message: &[u8],
  authentication_tag: &[u8]) -> bool {
    let mut mac = Hmac::<Sha256>::new(key);
    mac.update(message);

    mac.verify(&authentication_tag).is_ok()
}
```

接收者使用密钥和消息重构认证标签

检查重构的认证标签与接收到的认证标签是否相同

值得注意的是，这个协议并不完美：它可能会遭受重放攻击。也就是说，如果随后重新发送该消息及其认证标签，那么消息仍然能够通过验证，该协议无法判断该消息是否是已接收的旧消息。在本章后面，我们将学习解决该问题的一个方法。到目前为止，我们已经知道 MAC 算法的用途，3.3 节我们讨论消息认证码算法的一些缺陷。

3.3　MAC 的安全属性

与所有密码学原语一样，消息认证码算法自身也有缺点。在我们进行更深入的学习之前，有必要对消息认证码算法提供的安全属性及其正确使用方法进行解释。本节内容如下：

- 消息认证码算法可以防止伪造认证标签；
- 认证标签长度不应该小于 128 比特，避免出现认证标签碰撞和伪造的问题；
- 如果只是使用消息认证码对消息进行简单的认证，那么无法检测重放的消息；
- 认证标签在验证过程中容易遭到攻击。

3.3.1　伪造认证标签

一般来讲，消息认证码算法的安全目标是防止攻击者伪造认证标签。这意味着在不知道密钥 k 的情况下，用户无法计算消息 m 的认证标签 t=MAC(k,m)。因为如果缺少参数，就无法计算函数的正确结果。

不过，消息认证码算法提供的安全保障远不止这些。实际应用中攻击者可以拥有某些消息及其认证标签。图 3.1 正展示了这样的场景，用户只要使用合法的用户名注册就可以获得几乎任意的认证标签。因此，即便面对拥有某些消息及其认证标签的攻击者，消息认证码算法也必须是安全的。为了确保消息认证码算法的安全性，消息认证码算法通常需要证明即使攻击者拥有大量消息及其认证标签，也无法伪造新消息对应的认证标签。

注意：

也许有人会疑惑，为何要证明这样一个极端情况下的性质呢？如果攻击者可以直接请求任意消息的认证标签，那么还需要消息认证码算法来保护什么呢？但这就是密码学中安全性证明的工作原理：我们假设攻击者有强大的计算能力，并证明即便如此攻击者也不可能攻破算法。而在实际应用中，攻击者通常是较弱的，因此我们相信如果一个强大的攻击者都无法攻破算法，那么一个较弱的攻击者就更不可能做到了。

因此，只要消息认证码算法使用的密钥是保密的，就可以防止认证标签伪造。这就意味着密钥必须足够随机（第 8 章对此有更详细的说明）并且足够长（通常为 16 字节）。此外，第 2 章提到的模糊攻击也同样适用于攻击消息认证算法。如果想要计算某种结构体的认证标签，需要在使用消息认证码算法之前将其序列化；否则，敌手也许可以轻而易举伪造认证标签。

3.3.2 认证标签的长度

另一种针对消息认证码算法的攻击是碰撞。哈希函数的碰撞定义为：当两个不同的输入 X 和 Y 满足 $\text{HASH}(X) = \text{HASH}(Y)$时，则称 X 和 Y 发生了哈希碰撞。那么我们可以将该定义扩展到消息认证码算法的碰撞，将其定义为：当两个不同的输入 X 和 Y 满足 $\text{MAC}(k,X) = \text{MAC}(k,Y)$时，则称 X 和 Y 发生了哈希碰撞。

正如第 2 章提及的生日界限，如果消息认证码算法输出的长度很小，就有很高的概率发现碰撞。以消息认证码算法为例，如果攻击者访问一个产生 64 比特认证标签的网站，那么他只需要进行少量（2^{32} 相比 2^{64} 是少量）的请求就可以有很大的概率发现碰撞。虽然上述示例的碰撞在实际应用中很少出现，但在某些场景中，抗碰撞的性质至关重要。因此，我们需要规定认证标签的长度来限制碰撞攻击。一般来讲，我们会使用 128 比特认证标签，因为它们保证了足够的抗碰撞性。

> 在保持 1Gbit/s 的链路上请求 2^{64} 个认证标签需要 250000 年，并且在此期间还不能更改密钥 k。
>
> ——RFC 2014（“HMAC: Keyed-Hashing for Message Authentication”，1997）

只使用 128 比特的认证标签看似有违直觉，因为我们对哈希函数的输出要求是 256 比特。但别忘了哈希函数是可以离线计算的公开算法，攻击者自己就可以产生大量的消息及其对应的哈希值，这使得攻击者能在很大程度上对攻击进行优化和并行化。而使用消息认证码算法这类带密钥的算法，攻击者在离线的情况下无法有效地优化攻击方式，只能直接向服务器请求认证标签，这就使攻击速度大大降低。128 比特的认证标签需要攻击者进行 2^{64} 次在线请求才有 50%的机会发现碰撞，而我们认为 2^{64} 次询问的开销已经足够大。尽管如此，人们仍然希望将认证标签增加到 256 比特，当然这也是有可能实现的。

3.3.3 重放攻击

针对消息认证码算法还有一种攻击是重放攻击。让我们来看一个容易受到重放攻击的场景，想象一下，Alice 和 Bob 要在不安全的信道进行公开通信。为了确保消息不被篡改，他们在每个消息后面都附加了一个认证标签。具体来说，他们各自使用两个不同的密钥来确保自己发送的消息的完整性。具体说明如图 3.6 所示。

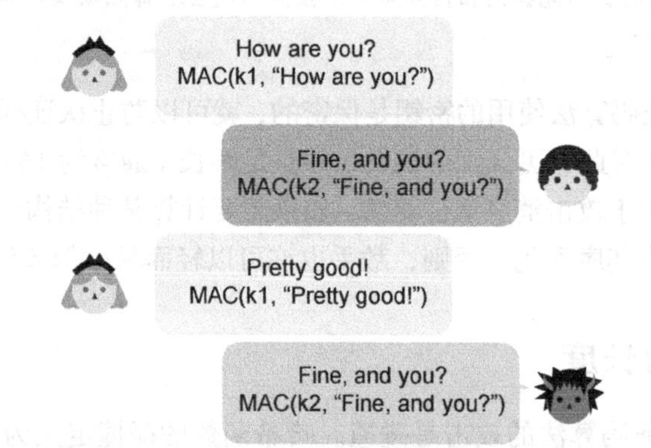

图 3.6 两个用户共享两个密钥 k1 和 k2，双方通信时都会在消息后附带一个认证标签。这些标签根据消息传递的方向由密钥 k1 或者 k2 计算。攻击者会将用户通信中的某个消息重新发送给用户

在上述场景中，只要攻击者将之前的某个消息重新发送给其接收者，就可以成功欺骗接收者，因为这个消息一定能通过验证。所以使用消息认证码算法的协议必须考虑到重放攻击，并对此类攻击进行防御。一种解决方法是在消息认证码算法的输入中增加递增计数器的值，如图 3.7 所示。

图 3.7 两个用户共享两个密钥 k1 和 k2，双方通信时都会在消息后附带一个认证标签。这些认证标签根据消息传递的方向由密钥 k1 或者 k2 计算。恶意的观察者会将用户通信中的某个消息重放给用户。但由于用户会让计数器的值加 1，此时应该计算“2, Fine, and you? ”这一消息的认证标签，这与攻击者发送的认证标签不相同，因此用户可以成功拒绝重放的消息

当然，如果共享密钥频繁轮换（意味着在发送 X 条消息后，通信参与者同意使用新的共享密钥），则可以选择长度更短的计数器，并在每次密钥轮换后将计数器的值置为 0。（当数值相同时，使用两个不同的密钥计算认证标签是合法的。）此外，为避免二义性攻击，计数器的值的长度应该是固定不变的。

习题

为什么可变长度计数器让攻击者更容易伪造认证标签？

3.3.4 在固定时间内验证认证标签

最后一种攻击非常重要，因为在审核一些安全类应用程序时，我多次发现这种漏洞。验证认证标签时，比较接收的认证标签与计算所得的认证标签必须在恒定时间内完成。这意味着，只要接收到的数据大小正确，无论两个标签相同与否，比较操作花费的时间都是恒定的。如果两次比较认证标签所需的时间不一样，可能是因为在每次比较中两个标签开始产生差异的位置不同，从而导致算法返回的时间不同。这就给攻击者提供足够的信息，使他能够通过服务器响应的时间推断伪造的认证标签首次出现错误的位置，从而逐字节地重新构造有效的认证标签。我们称这些类型的攻击为时序攻击（Timing Attack）。图 3.8 所示的漫画对这种攻击进行详细解释。

幸运的是，实现消息认证码算法的密码库也提供了可以在恒定时间内验证认证标签的函数。代码清单 3.3 是用 Go 语言实现在恒定时间内完成认证标签的比较代码示例。

代码清单 3.3 用 Go 语言实现在恒定时间内完成认证标签的比较

```
for i := 0;i < len(x); i++ {
    v |= x[i] ^ y[i]
}
```

实现在恒定时间内比较认证标签的诀窍是永远不出现分支。具体的实现方法留给读者作为练习。

3.4 现实世界中的 MAC

现在，我们已经知道 MAC 的定义及其提供的安全属性，接下来看看在现实世界中使用 MAC 的方法。

3.4.1 消息认证码

许多场景都会使用 MAC 来确保两台机器或两个用户之间的消息完整性。确保消息完整性在明文通信和加密通信两种情况下都是必要的。此前我们已经了解过明文通信时使用 MAC 来确保消息完整性的方法，而在第 4 章中，我们将了解加密通信时使用 MAC 确保消息完整性的方法。

图3.8 给定一个消息，敌手将逐字节地猜测对应的消息认证码，通过收到响应的时间判断当前字节是否猜测正确，从而逐字节地构造一个正确的消息认证码

3.4.2 密钥派生

消息认证码算法是一种生成一些看似随机的字节（就像哈希函数一样）的算法。利用这种属

性,我们可以用一个密钥来生成看似随机的数字或更多密钥。在第8章中,我们将学习基于HMAC的密钥派生函数(HKDF),它使用HMAC实现密钥派生,其中HMAC是我们将在本章中讨论的消息认证码算法之一。

伪随机函数

想象一下我们拥有这样一个集合,它包含所有以可变长度数据为输入并输出固定大小随机数的函数。如果我们可以从这个集合中随机选取一个函数,并将其用作消息认证码函数(没有密钥),那么它将是非常强大的消息认证码算法。通信参与者只需要在函数选择上达成一致(有点儿像在密钥选择上达成一致)。不过很遗憾,我们无法拥有这样一个庞大的集合,但我们可以设计非常接近它的构造来模拟选择随机函数的过程,我们称这种构造为伪随机函数(Pseudo Random Function,PRF)。HMAC 算法和大部分实用的 MAC 算法就是这样的构造。与真随机函数不同,伪随机函数通过随机选择一个密钥来实现随机化,选择不同的密钥就像选择了一个随机函数。

习题

并非所有的消息认证码算法都是 PRF。请思考为什么?

3.4.3 cookie 的完整性

正如本章开始时介绍的示例,如果服务器想要跟踪用户的浏览器会话,只需要给每个用户发送一个与他们的元数据(例如用户名)相关联的随机字符串或直接发送元数据,并附上认证标签就可以确保用户无法修改 cookie。

3.4.4 哈希表

编程语言通常会公开一种被称为哈希表(也称为哈希映射、字典、关联数组等)的数据结构,它使用非密码学哈希函数将输入映射到哈希表中的数据。如果服务器公开这种数据结构时允许攻击者控制非密码学哈希函数的输入,则可能导致拒绝服务(Denial of Service,DoS)攻击,这意味着攻击者使服务器无法为用户提供正常服务。为了避免这种情况,非密码学哈希函数通常在程序开始时就进行随机化。

许多应用程序都使用带有随机密钥的消息认证码算法代替非密码学哈希函数。许多编程语言(如 Rust、Python 和 Ruby)或主流应用程序(如 Linux 内核)都使用了 SipHash,并在程序开始时生成了一个随机密钥。其中,SipHash 并不是一个哈希函数,而是一个消息认证码算法,它是一种优化的短认证标签的消息认证码算法。

3.5 实际应用中的消息认证码

我们已经知道消息认证码算法是在一方或多方通信中用来保护信息的完整性和真实性的密

码算法。而由于主流的消息认证码算法还表现出良好的随机性，因此它还经常在其他算法（例如，第 11 章中基于时间的一次性密码[TOTP]算法）中用来生成随机数。在本节中，我们将研究两种标准化消息认证码算法——HMAC 和 KMAC。

3.5.1 HMAC——一个基于哈希函数的消息认证码算法

HMAC 算法（基于哈希的消息认证码算法）是使用最广泛的消息认证码算法，它由 M.Bellare、R.Canetti 和 H.Krawczyk 于 1996 年提出，并包含在 RFC 2104、FIPS Publication 198 和 ANSI X9.71 标准文档中。HMAC，顾名思义，是一种将密钥与哈希函数结合使用的算法。利用哈希函数来构建消息认证码算法是一种流行的做法，因为哈希函数拥有如下优点：存在被广泛接受的实现方式、在软件上运行速度快、大多数系统硬件都支持。我们在第 2 章中学到由于长度扩展攻击，SHA-2 不能被直接用来计算秘密消息的哈希值（本章末尾将详细介绍）。那么如何将哈希函数转换为密钥算法呢？这正是 HMAC 为我们解决的问题。HAMC 算法在底层的运行步骤如图 3.9 所示。

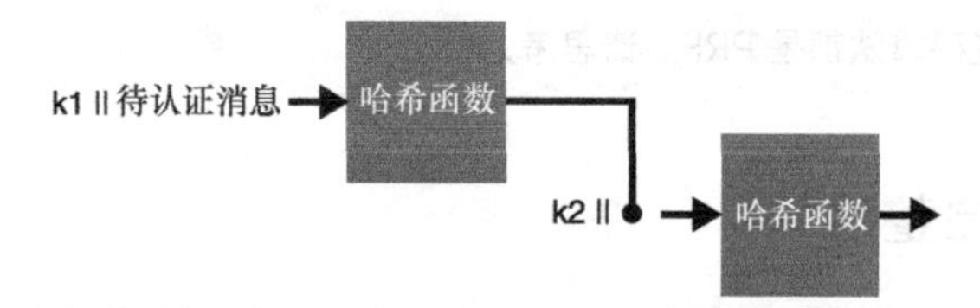

图 3.9 HMAC 算法的工作原理是将密钥 k1 和待认证消息串联（||表示串联）并计算哈希值，然后将密钥 k2 与前一步骤的输出串联并计算哈希值。其中 k1 和 k2 都是从秘密密钥 k 派生而来的

（1）由主密钥生成两个密钥：$k1 = k \oplus ipad$，$k2 = k \oplus opad$。其中 ipad（内部填充）以及 opad（外部填充）是常量，⊕ 表示异或操作。

（2）将密钥 k1 和 message（待认证消息）串联在一起，计算串联结果的哈希值。

（3）将密钥 k2 与第（2）步的输出串联在一起后，再次计算串联结果的哈希值。

（4）将第（3）步输出的哈希值作为最终的认证标签。

HMAC 算法允许定制所使用的哈希函数，因此其认证标签的大小由算法使用的哈希函数决定。例如，HMAC-SHA256 使用 SHA-256 函数产生 256 位的认证标签，而 HMAC-SHA512 算法产生 512 位的认证标签。

注意：

虽然截断 HMAC 算法的输出可以减小认证标签的长度，但正如我们之前所讨论的，认证标签应至少为 128 比特。但现实中并不总是遵守这个限制，而且由于显式查询可以限制查询次数，某些应用程序甚至将认证标签的位数降低至 64 比特。这种方法关注的是对安全与效率的权衡。不过必须再次强调的是，在做一些不符合标准的操作之前必须注重细枝末节处对安全性的影响。

以上述方式构造的 HMAC 算法很容易证明其安全性。一些论文证明了只要底层的哈希函数具有某些良好的属性，HMAC 算法就是安全的，而这些良好的属性是所有在密码学上安全的哈希函数都应拥有的。因此，我们可以将 HMAC 算法与许多哈希函数结合使用。不过，目前 HMAC 算法主要与 SHA-2 函数结合使用。

3.5.2　KMAC——基于 cSHAKE 的消息认证码算法

由于 SHA-3 不易遭受长度扩展攻击（这是 SHA-3 竞赛中的要求），所以使用 SHA-3 来构造 HMAC 算法还不如直接使用 SHA-3-256(key||message)。而这正是 KMAC 算法的做法。

KMAC 算法使用了 cSHAKE 来构造消息认证码算法，其中的 cSHAKE 是第 2 章介绍的 SHAKE 可扩展输出函数的自定义版本。KMAC 算法对密钥、输入以及输出的长度（KMAC 算法是某种输出可扩展的消息认证码算法）进行编码，并将其作为 cSHAKE 的输入（见图 3.10）。KMAC 算法可以使用“KMAC”作为函数名（用于自定义 cSHAKE），也可以使用用户自定义的字符串作为函数名。

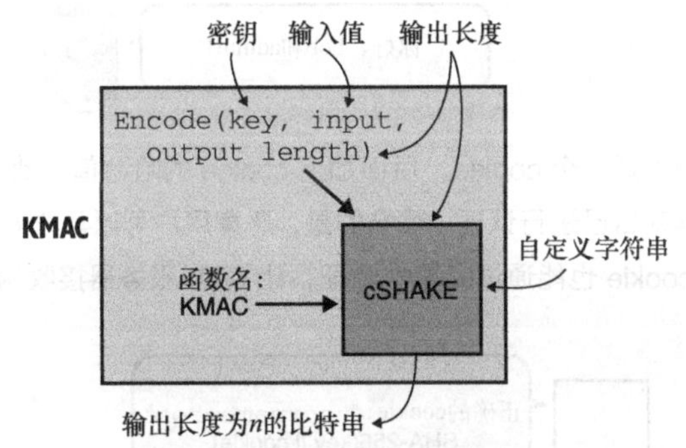

图 3.10　KMAC 算法只是 cSHAKE 函数的包装器。为了使用密钥，KMAC 算法将密钥、输入以及输出长度进行编码并作为 cSHAKE 的输入

有趣的是，由于 KMAC 算法还把输出的长度作为输入的一部分，因此调用 KMAC 算法时输入不同输出长度会产生完全不同的结果，这在一般可扩展输出函数中很少出现，也使得 KMAC 算法在实践中可以提供更多的功能。

3.6　SHA-2 和长度扩展攻击

此前我们反复强调，由于 SHA-2 不能够抵抗长度扩展攻击，因此不应直接使用 SHA-2 计算秘密消息的哈希值。在本节中，我们将简单地介绍长度扩展攻击的过程。

让我们回到本章开始时引入的场景，那时我们试图只使用 SHA-2 来保护 cookie 的完整性。但这样做是不够安全的，因为 SHA-2 是一个公开的函数，我们无法阻止用户的行为，所以用户就可以随意篡改 cookie（例如，通过添加 admin = true 字段），只需要重新计算 cookie 的哈希值，就可以使得伪造的 cookie 通过验证。长度扩展攻击的过程如图 3.11 所示。

我们首先尝试计算密钥与 cookie 串联后的哈希值。这样一来，哈希值的计算就需要用到密钥，

那么没有密钥的用户就无法重新计算哈希值，这就像消息认证码算法一样。收到篡改的 cookie 后，Web 服务器计算 SHA-256(key||tamperedcookie)，并且通过比较发现重新计算的哈希值与恶意用户提交的哈希值不相等，于是 Web 服务器丢弃这个请求。该过程如图 3.12 所示。

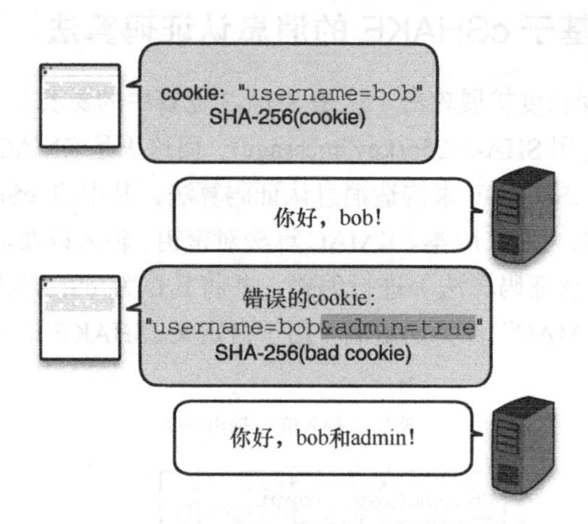

图 3.11 Web 服务器向用户发送一个 cookie，后面加上 cookie 的哈希值。此后每个请求中用户都需要发送 cookie，以便 Web 服务器对自己进行认证。糟糕的是，恶意用户可以篡改 cookie 并重新计算其哈希值，导致伪造的 cookie 也能通过完整性验证，让 Web 服务器接收伪造的 cookie

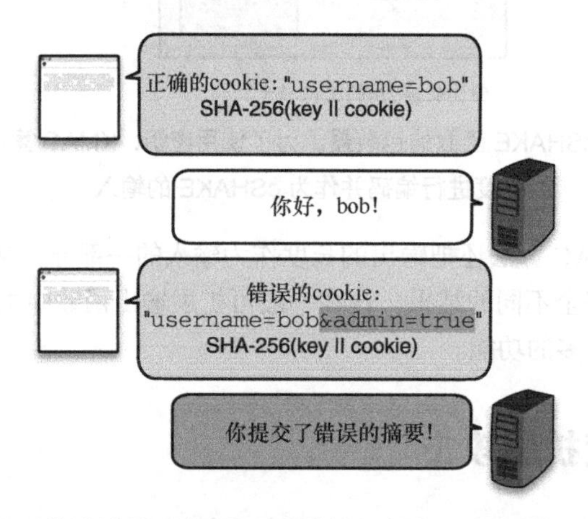

图 3.12 通过计算 key||cookie 的哈希值，使得想要篡改 cookie 的恶意用户无法计算新 cookie 的正确哈希值。但对 SHA-256 而言这个结论并不成立

遗憾的是，SHA-2 有一个缺点：如果拥有一个消息的哈希值，就可以计算更多由该消息扩展的消息的哈希值。如图 3.13 所示，图中 SHA-256 哈希函数表示为 SHA-256(secret||input1)。

图 3.13 所示的过程将 input1 的内容简化为只有字符串“user = bob”。需要注意的是，此时获得的哈希值实际上也可以当作哈希函数的中间状态。因为我们可以认为填充（图中表示为

padding）的内容也是输入的一部分，从而继续使用 Merkle-Damgård 结构进行迭代计算。在长度扩展攻击中，攻击者利用图 3.13 输出的摘要以及 input2 可以计算 input1||padding||input2 的哈希值，攻击的演示过程如图 3.14 所示。在示例中，input2 表示输入内容为“&admin = true”。

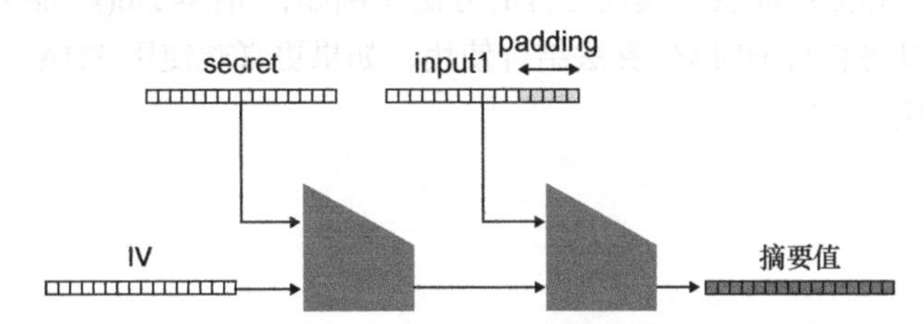

图 3.13 SHA-256 计算 cookie（此处命名为 input1）和秘密值（此处命名为 secret）串联的哈希值。请记住，SHA-256 采用 Merkle-Damgård 结构，从初始化向量（Initialization Vector, IV）开始迭代地调用压缩函数，每次压缩函数的输出作为下一次输入的一部分。其中 Padding 表示填充数据

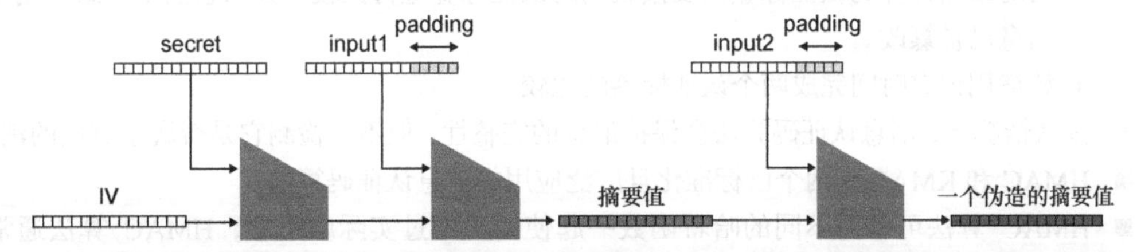

图 3.14 已知原 cookie 的 SHA-256 哈希值（中间哈希值），就可以计算中间哈希值与 input2 串联的哈希值，最后得到的哈希值是 secret||input1||padding||input2 的合法哈希值，即该哈希值与消息 input1||padding||input2 可以通过验证

此漏洞使得敌手可以将已有的哈希值当作运算的中间结果并继续进行哈希运算，就像运算尚未完成一样。这就破坏了我们之前的协议，如图 3.15 所示。

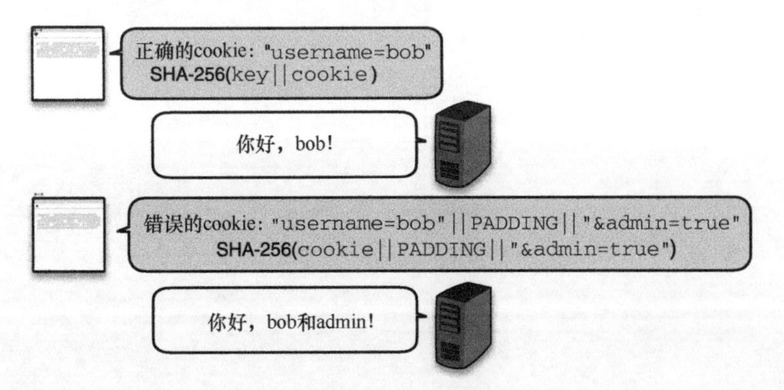

图 3.15 一个攻击者利用原 cookie 的哈希值计算出伪造的 cookie 的正确哈希值，成功地使用长度扩展攻击篡改自己的 cookie

为了避免这种攻击，padding 部分也必须成为输入的一部分，这意味着验证方需要检查输入的格式以确保它们是有意义的数据，这就限制了某些协议的使用。但由于微小的更改也可能会重新引入漏洞，协议也就不能轻易改变，因此我们认为永远不要直接用 SHA-2 计算秘密消息的哈希值。当然，HMAC 算法还提供了其他可行的方法（例如，SHA-256(k||message||k)）。如果想使用 SHA-2 函数，可以将它与 HMAC 算法结合使用；如果更喜欢使用 SHA-3 函数，可以将其与 KMAC 算法结合使用。

3.7 本章小结

- 消息认证码算法是对称密码算法，它允许共享同一密钥的一方或多方验证消息的完整性和真实性。
  - 验证消息及其认证标签的真实性时，需要利用共享密钥重新计算消息的认证标签，然后对重新计算的认证标签以及接收到的认证标签进行比较。如果它们不一致，则说明消息已被篡改。
  - 始终用恒定时间完成两个认证标签的比较。
- 默认情况下，消息认证码算法会保护消息的完整性，但不会检测它是否属于重放的消息。
- HMAC 和 KMAC 是两个已标准化且广泛应用的消息认证码算法。
- HMAC 算法可以与不同的哈希函数一起使用。不过实际应用中，HMAC 算法通常与 SHA-2 哈希函数结合使用。
- 为了防止碰撞和伪造的发生，认证标签的长度应该至少是 128 比特。
- 不要直接使用 SHA-256 算法来构造消息认证码算法，这会带来一些风险，要使用类似 HMAC 的结构来构造消息认证码算法。

第4章　认证加密

本章内容：

- 对称加密 vs.认证加密；
- 主流的认证加密算法；
- 其他类型对称加密。

机密性是指向无权访问数据者隐藏真实数据，而加密可以实现这一目标。发明密码学的初衷就是加密，加密也是早期的密码学家最关心的技术，他们经常会问自己："如何才能向观察者隐藏我们的对话内容？"虽然科学和一些先进技术最初是在闭门造车的情况下发展起来的，而且只能惠及政府及其军队，但是现在科学的大门已向全世界的研究者们开放。如今，为了增加隐私性和安全性，加密技术几乎应用到现代生活的各个方面。在本章中，我们将了解加密的本质、加密能解决的问题，以及在现代应用中大量使用加密原语的原因。

注意：

在阅读本章内容前，请先阅读第3章关于消息认证码的内容。

4.1　密码的定义

密码就像我们用俚语和兄弟姐妹谈论放学后要做什么，而我们的妈妈不知道我们说的是什么。

——Natanael L.（2020）

想象这样一个场景：Alice和Bob想要秘密地交换一些信息。在现实中，他们两个有许多媒介（邮件、电话、互联网等）可以使用，但是在默认情况下，这些媒介都是不安全的。邮递员可以随意打开他们的信件；电信运营商可以监听他们的电话和短信；网络服务提供商、Alice和Bob之间的任何服务器都可以获得他们在网上交换的数据包。

不必过多解释，让我们赶快认识一下Alice和Bob的"好帮手"：加密算法（也称为密码）。现在，让我们把这个新算法想象成一个黑匣子，Alice可以用它加密发送给Bob的消息。通过加密消息，Alice 将消息转换成看起来随机的数字序列。加密算法的输入如下。

- 密钥（Secret Key）——加密算法的安全性直接依赖于密钥的保密性，因此密钥应该具备不可预测性和随机性，并且要受到良好的保护。第 8 章将会对保密性和随机性做更深入的讨论。
- 明文（Plaintext）——明文是指待加密的消息。明文可以是文本、图片和视频，还可以是任何能够转换成比特串的数据。

明文加密完成后会产生密文（Ciphertext）。Alice 可以使用前面提到的方式将该密文安全地发送给 Bob。对于任何不知道密钥的人来说，密文看起来是随机的，并且不会泄露有关明文的任何信息。Bob 收到密文后，利用解密算法从密文中恢复出原始明文，解密算法的输入如下。

- 密钥——该密钥与 Alice 加密明文时使用的密钥一样。正是由于加密算法和解密算法使用完全相同的密钥，我们才称这样的密钥为对称密钥（Symmetric Secret Key）。这也是我们把这样的加密方式称为对称加密的原因。
- 密文——从 Alice 接收到的已加密消息。

解密过程会恢复出已加密的原始消息，加密和解密的完整过程如图 4.1 所示。

1. Alice和Bob在现实生活中会面并协商一个密钥

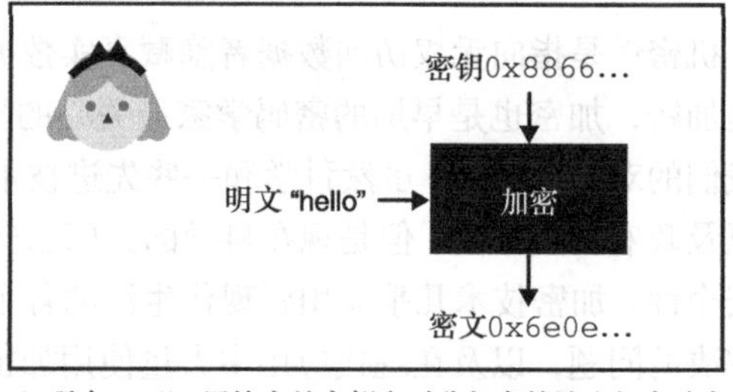

2. 现在，Alice用协商的密钥和对称加密算法去加密消息

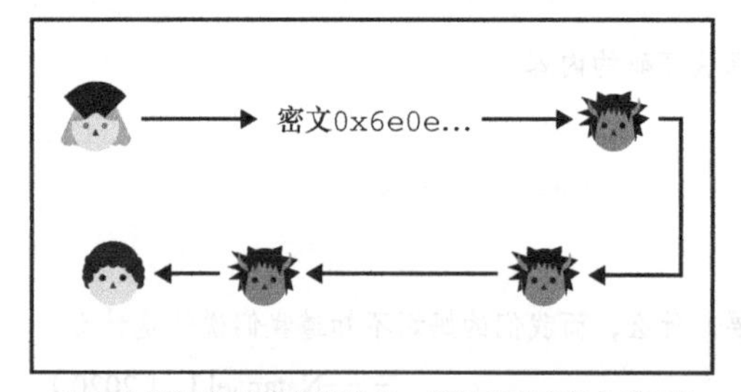

3. Bob获得消息对应的密文。观察者看到密文后无法知道真实的消息

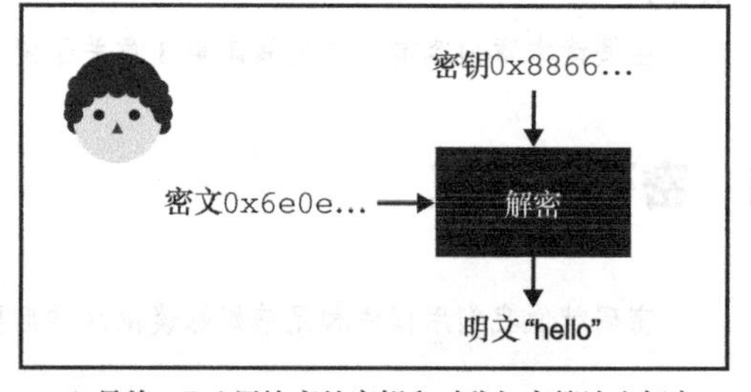

4. 最终，Bob用协商的密钥和对称加密算法去解密密文，获得消息

图 4.1 Alice 用密钥 0x8866...（十六进制简写）加密明文 "hello"（右上图）。然后，Alice 把密文发给 Bob。Bob 用同样的密钥解密接收到的密文（右下图）

Alice 通过加密将消息转换为内容看似随机的数字序列的消息，而后可以安全地发送给 Bob。Bob 通过解密操作将加密后的消息还原回原始消息。这种新的加密原语保证了 Alice 和 Bob 之间传输的消息的机密性（也称为保密性、隐私性）。

注意：

Alice 和 Bob 如何协商使用相同的密钥？现在，假设 Alice 或 Bob 可以使用不可预测算法去生成密钥，然后他们两个通过线下见面的方式让另一方获得这个密钥。在实际应用中，对公司来说，共享密钥生成协议也是需要解决的重大挑战之一。在本书中，我们会看到该问题有许多的解决办法。

注意，到现在为止，我们还没有介绍与本章主题“认证加密”相关的内容。尽管只对消息加密是一种不安全的做法（稍后将对这一问题进行详细说明），但在介绍认证加密原语之前，有必要解释加密的工作原理。因此，请先耐心地阅读 4.2 节对主流加密算法（高级加密标准）的介绍。

4.2 高级加密标准

1997 年，NIST 启动了一场高级加密标准（AES）的公开竞赛，旨在取代 NIST 20 年前公布的数据加密标准（DES）算法。整个竞赛持续了 3 年，期间来自不同国家和地区的密码学团队共提交了 15 个算法。最终，Vincent Rijmen 和 Joan Daemen 提交的 Rijndael 算法胜出。2001 年，NIST 将 AES 作为联邦信息处理标准 FIPS 197 的一部分公开发布。当今，FIPS 197 标准中的 AES 算法仍然是一个重要的加密算法。本节将解释 AES 算法的工作原理。

4.2.1 AES 算法的安全级别

AES 算法有 3 种不同的版本：AES-128 的密钥长度为 128 比特（16 字节），AES-192 的密钥长度为 192 比特（24 字节），AES-256 的密钥长度为 256 比特（32 字节）。密钥长度决定了 AES 的安全级别——密钥越长，安全级别越高。通常，128 比特的安全性已经足够安全，因此大多数应用程序都使用 AES-128 算法。

加密算法常用比特安全性来度量算法的安全性。例如，使用最好的攻击方法成功攻击 AES-128 算法大约需要 2^{128} 次操作。这是一个巨大的数字，这样的安全级别能满足几乎所有的应用。

比特安全是安全性的上界

128 比特密钥提供 128 比特安全性的事实是 AES 算法特有的，然而，这并非一成不变。在某些算法中，128 比特密钥理论上提供的安全性会小于 128 比特。虽然 128 比特密钥提供的安全性可能小于 128 比特，但是它永远无法提供大于 128 比特的安全性（暴力攻击方法总是有效的）。毕竟，尝试所有可能的密钥最多需要 2^{128} 次操作。

2^{128} 到底有多大？2 的两个相邻次幂在数量上是两倍的关系。例如，2^3 是 2^2 的两倍。如果执行 2^{100} 次操作是不可能实现的，那么实现这一目标的两倍（2^{101}）就更加不可能了。操作的次数要想达到 2^{128}，需要将初始值以两倍的扩张量连续扩大 128 次。2 的 128 次幂是 340282366920938463463374607431768211456。很难想象这个数字有多大，在实践中可以假设我们永远无法达到这样的数字。我们也不考虑任何大型复杂攻击所需的内存空间，在实践中这种大型攻击方法需要的内存空间也同样是个巨大的数字。

可以预见，在未来很长的一段时间内 AES-128 将仍然安全。除非在密码分析领域取得重大进步，致使密码分析者发现了 AES 一个至今尚未发现的漏洞，从而大幅减少攻击该算法所需的操作次数。

4.2.2 AES 算法的接口

观察 AES 算法的加密接口，我们注意到以下几点：

- 算法要求输入一个变长密钥（如先前提到的那样）；
- 算法还要求输入一段长度恰好为 128 比特的明文；
- 算法输出一段长度恰好为 128 比特的密文。

由于 AES 算法加密的明文长度总是固定的，所以我们称它为分组密码（Block Cipher）。在本章后面我们会看到，有些密码算法可以加密任意长度的明文。

解密操作是加密操作的逆过程。向解密算法输入与加密时相同的密钥和 128 比特密文，它会输出密文对应的 128 比特原始消息。实际上，解密操作会还原加密结果。这是可以实现的，加密和解密都是确定性的。无论调用它们多少次，只要密钥不变，相同的明文总是产生相同的密文。

从技术层面讲，带密钥的分组密码实质是一种置换关系：它将所有可能的明文映射到所有可能的密文（见图 4.2）。改变分组密码的密钥就相当于改变了映射关系。置换关系是可逆的。我们可以将密文映射到它对应的明文（否则，这意味着无法正确解密密文）。

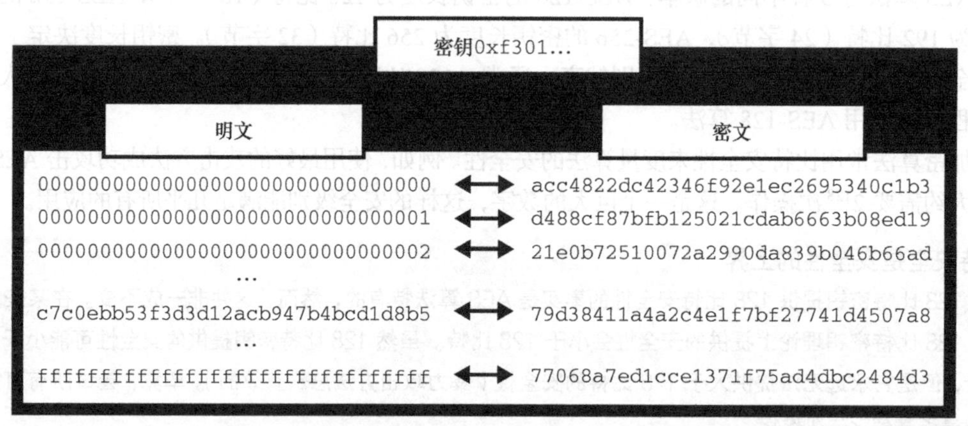

图 4.2 带密钥的分组密码可以看作一种置换关系：它将所有可能的明文映射到所有可能到的密文

当然，我们无法完全列出所有可能的明文及其对应的密文。对于密钥长度为 128 比特的分组密码，映射关系的数量是 2^{128}。相反，我们设计了像 AES 这样的算法，它的功能类似于置换，并在密钥的作用下实现置换的随机化。我们把这样的置换称为伪随机置换（Pseudorandom Permutation）。

4.2.3　AES 内部构造

让我们深入探究 AES 算法的内部构造。注意，在加密过程中，AES 将明文状态视为 4 × 4 的字节型矩阵（见图 4.3）。

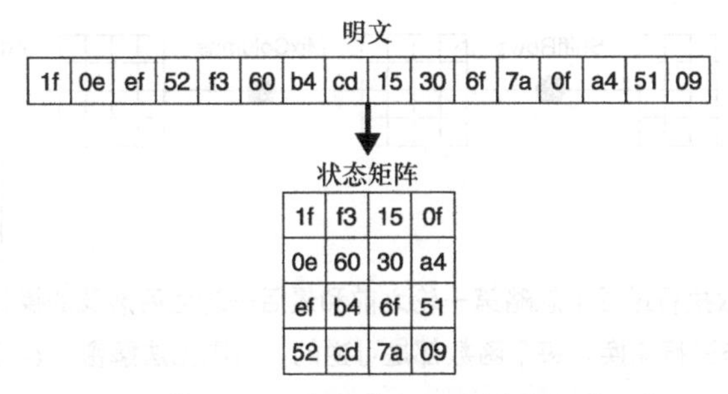

1f	f3	15	0f
0e	60	30	a4
ef	b4	6f	51
52	cd	7a	09

图 4.3　当将明文输入 AES 算法，16 字节的明文会被转换成一个 4×4 的矩阵。然后，把这个状态矩阵加密。最终，得到 16 字节的密文

在实践中这并不重要，但 AES 算法本身就是这样定义的。本质上，AES 算法的工作原理与对称密码算法中的其他分组密码类似，它们都属于加密固定大小分组的密码算法。AES 还有一个以明文为输入且迭代多次的轮函数，如图 4.4 所示。

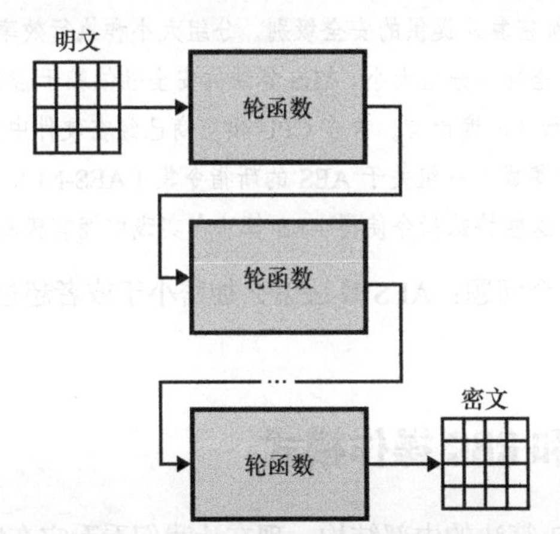

图 4.4　为了加密状态矩阵，AES 算法在状态矩阵上迭代轮函数。轮函数有多个输入参数，其中包括私钥（为了简化图例，没有在图中标出密钥）

每调用一次轮函数，内部状态就会发生一次转换，最终生成密文。每一轮都会使用一个由主对称密钥生成的不同轮密钥［轮密钥在密钥编排（Key Schedule）中产生］。这样一来，对称密钥即使稍微变化几个比特，加密结果也会完全不同（即扩散原则）。

轮函数由多个混合和变换内部状态字节的操作组成。具体来说，AES 算法的轮函数由 4 个不

同的子函数组成。这里将这 4 个函数分别命名为 SubBytes、ShiftRows、MixColumns 和 AddRoundKey，但本书中不会解释这些子函数的执行细节（可以在其他关于 AES 的书中找到它们的细节描述）。前 3 个函数很容易求逆（根据输出可以找到对应的输入），但最后一个函数需要密钥才可以求逆。该函数将输入的内部状态矩阵和轮密钥的异或值作为输出，因此需要逆序使用轮密钥来恢复状态矩阵。图 4.5 描述了轮函数的内部执行细节。

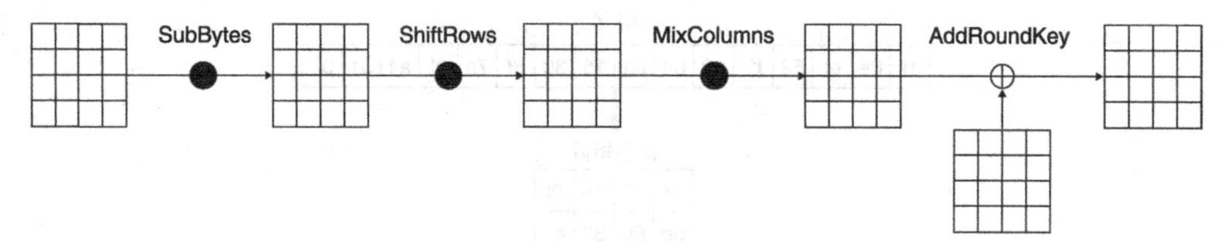

图 4.5 AES 算法的轮函数执行过程（忽略第一轮之前和最后一轮之后涉及的操作）。每轮会用 4 个不同的函数对内部状态进行变换。每个函数都是可逆的，否则无法解密。⊕ 表示 XOR 操作

为了抵抗密码分析，AES 算法规定了轮函数的迭代次数（通常情况下，减少执行轮次也是可行的）。例如，存在高效的方法（恢复密钥攻击）可以完全攻破 AES-128 的三轮变体。通过多次迭代，分组密码将明文转换为完全不同于原始明文的字节序列。明文的细微改变也会导致产生完全不同的密文。这一原则被称为雪崩效应（Avalanche Effect）。

注意：

通常，我们通过比较加密算法提供的安全级别、分组大小和执行效率来判断它们的优劣。我们已经讨论过 AES 算法的安全性和分组大小。AES 算法的安全性依赖于密钥大小，它每次可加密 128 比特分组大小的数据。就加密速度而言，许多 CPU 供应商已经在硬件中实现了 AES 算法。例如，英特尔和 AMD 的 CPU 中集成了一组关于 AES 的新指令集（AES-NI），基于这些指令可以高效地实现 AES 的加密和解密。这些特殊指令使得 AES 算法在实践中拥有极高的执行速度。

现在，我们可能还有一个问题：AES 算法怎么加密小于或者超过 128 比特的消息呢？4.3 节内容会回答这个问题。

4.3 加密企鹅图片和 CBC 操作模式

我们刚刚了解一点 AES 算法的内部结构，现在让我们看看它在实践中的使用方法。分组密码每次只能加密一个消息分块。如果要加密的消息长度小于 128 比特，就必须对消息进行填充，并且还要使用特定的操作模式（Mode of Operation）。下面先来介绍这两个概念的具体含义。

假如，我们想加密一个非常长的消息。最简单的方法就是，把消息分成长度为 16 字节的块（每块长度等于 AES 算法的分组大小）。如果最后一块明文小于 16 字节，则可以在其末尾追加一些字节，使得明文长度刚好为 16 字节。填充消息的目的就在于此。

用于填充字节的方法有很多种，但是对填充方法最重要的要求是它必须可逆。这样一来，解

密完密文后就能够剔除填充的字节，进而提取出原始消息。例如，简单地填充一些随机字节是不可行的，这是因为解密后无法判断随机字节是否是原始消息。

最常见的填充方法是 PKCS#7 填充，该方法最早出现在 RSA 公司发布的 PKCS#7 标准中。PKCS#7 填充指定了一条填充规则：将每个作为填充的字节的值设置为所需填充字节的长度。倘若明文长度已是 16 字节呢？这时需要追加一个空的消息块，且每个字节的值都是 16。图 4.6 给出了这个填充规则的使用示例。删除填充的字节时，只需检查明文最后一个字节的值，并将其当作要删除的填充字节长度。

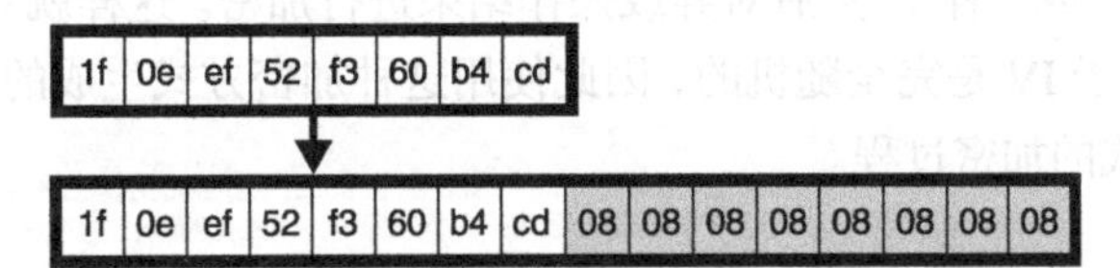

图 4.6　如果明文不是分组的整数倍，需要将其填充成分组的整数倍。图中明文长度为 8 字节，因此需要额外 8 字节（每个字节的值均为 8）才能将其填充到 16 字节长，这样明文就满足 AES 算法分组长度的整数倍

现在，还有一个问题需要探讨。到目前为止，为了加密一个更长的消息，我们选择将长消息拆分成 16 字节的块（或许，需要对最后一个块进行填充），再逐块加密。这种加密消息的方式称为电码本（Electronic Codebook，ECB）模式。正如先前提到的那样，这种加密方法是确定性的，因此对相同的明文进行加密会产生相同的密文。这意味着，当选择逐块加密消息时，可能会出现重复的密文。

用这种操作模式加密消息可能会导致密文重复出现，从而引发许多安全问题。最明显的问题之一就是，这些重复的密文会泄露明文的一些信息。这一问题的典型案例就是企鹅图片的 ECB 模式加密，如图 4.7 所示。

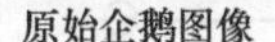

原始企鹅图像　　用ECB模式加密过的企鹅图像

图 4.7　用 ECB 模式加密企鹅图片（源于维基百科）。ECB 操作模式无法隐藏重复的密文，仅仅通过观察密文就可以猜测加密的消息本身

为了安全地加密长度大于 128 比特的明文，我们需要一个支持“随机化”加密的操作模式。其实，AES 算法最常用的操作模式是密码块链接（Cipher Block Chaining，CBC）模式。CBC 模式适用于任何确定性分组密码（不止有 AES 算法），它有个额外的输入，称为初始向量（Initialization

Vector，IV）。IV 可对加密结果进行随机化。因此，IV 的大小应等于分组密码的分组长度（例如，AES 算法的 IV 应为 16 字节），而且 IV 必须是唯一的、不可预测的。

为了使用 CBC 模式加密消息，必须先生成一个长度为 16 字节的 IV（第 8 章会介绍生成 IV 的方法），然后用生成的初始向量和明文的前 16 字节进行异或操作。这样一来，可以有效地随机化加密结果。因为如果用两个不同的 IV 去加密两个相同的明文，在 CBC 模式的作用下会生成两个不同的密文。

如果还有其他的明文需要加密，就用前一步生成的密文和下一个明文分组进行异或操作（如同前一步用 IV 和明文异或一样），然后对异或操作结果进行加密。这样就对下一个分组的加密结果也进行了随机化。鉴于 IV 是完全随机的，因此使用这种加密方式生成的密文也是不可预测的。图 4.8 给出了 CBC 模式的加密过程。

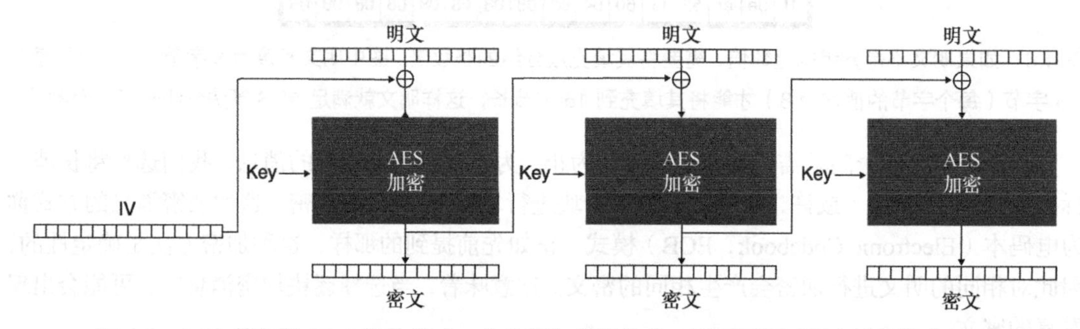

图 4.8　AES 算法的 CBC 操作模式。在执行加密操作前，除了需要对明文进行填充外，还需要生成一个随机的 IV

当执行 CBC 操作模式的解密操作时，颠倒异或操作和加密操作的顺序即可。考虑到解密时仍需要 IV，因此传送密文时，必须以明文形式发送 IV。由于 IV 是随机的，所以观察到 IV 也不会泄露任何信息。CBC 操作模式的解密过程如图 4.9 所示。

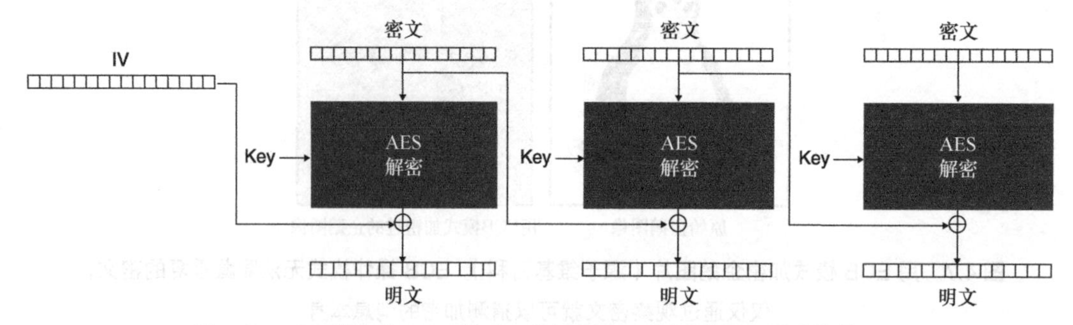

图 4.9　AES 算法的 CBC 模式。为了解密，必须以明文形式发送 IV

其他密码算法也会经常用到诸如 IV 这样的额外参数。然而，人们往往对这些参数的重要性知之甚少，并且这些参数的误用也是引发安全漏洞的主要原因。在 CBC 操作模式下，IV 必须是唯一的（不能重复）、不可预测的（随机的）。这些基本要求可能因为多种原因而无法得到满足。例如，密码产品开发人员可能不清楚 IV 的使用要求，一些密码程序库甚至不允许在使用 CBC 模式时指定 IV 的值，而是自动随机生成一个 IV。

警告：

当 IV 重复出现或变得可预测时，加密过程就又变成确定性的，此时加密结果可能面临多种攻击。针对 TLS 协议的攻击 BEAST（针对 SSL/TLS 的浏览器攻击）就是在这种情况下才发生的。需要注意的是，其他的算法可能会对 IV 有不同的要求。这就是我们需要经常翻阅算法或协议手册的原因所在。需要注意的危险问题都描述在这种手册里。

注意，即便对加密算法用上了操作模式和填充策略，算法也还不能用于实际加密。在 4.4 节中，我们会知道不能这样做的原因。

4.4 选用具有认证机制的 AES-CBC-HMAC 算法

到目前为止，有一个基本的问题始终未得到解决：攻击者可能修改 CBC 操作模式加密下的密文，也可能改变以明文形式发送的 IV。确实，我们还没有采用任何的完整性校验机制去阻止这样的攻击。解密者不希望密文和 IV 有任何的改变。例如，采用 AES-CBC（以 CBC 操作模式运行 AES）算法加密消息时，攻击者通过翻转 IV 和密文中的某些比特，进而实现翻转密文中的某些比特。这种攻击的原理如图 4.10 所示。

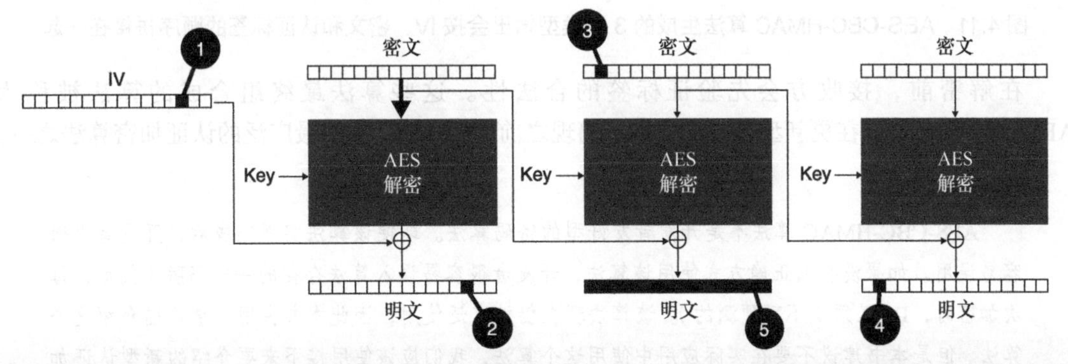

图 4.10 攻击者截获 AES-CBC 算法的密文后可以执行如下操作。（1）IV 是公开的，翻转 IV 的某个比特（例如，将 1 变成 0）（2）会导致明文的第一个分组相应的比特发生翻转。（3）也可以对密文的某些比特进行这样的翻转。（4）这样的翻转操作会影响后面要解密的明文块。（5）注意，修改密文块会直接影响该密文块的解密

因此，密码算法和操作模式不能按照原始方式使用。原始的加密算法和操作模式缺乏某种完整性保护机制，算法应该确保敌手无法在未被察觉的情况下修改密文及其相关参数（此处为 IV）。

为了检测密文的改变，我们可以使用第3章介绍的消息认证码（MAC）算法。对于AES-CBC算法，通常使用HMAC（基于哈希的MAC算法）结合哈希函数SHA-256来提供完整性校验。具体来说，先对完成填充的明文进行加密，再用MAC算法认证密文和IV。这样一来，即便敌手篡改了密文和IV，也无法生成合法的认证标签。

警告：

这样的构造称为先加密再认证（Encrypt-then-MAC，EtMAC）。其他认证方式，如先认证再加密（MAC-then-Encrypt，MACtE），有时会导致巧妙的攻击（如Vaudenay填充预言机攻击），因此在实践中应避免采用这种先认证再加密的方法。

生成认证标签后，我们可以把认证标签、IV及密文一起发送给接收方，它们会按如图4.11所示的方式拼接在一起。还需要注意的是，在实践中加密算法AES-CBC和认证算法HMAC应该使用不同的密钥。

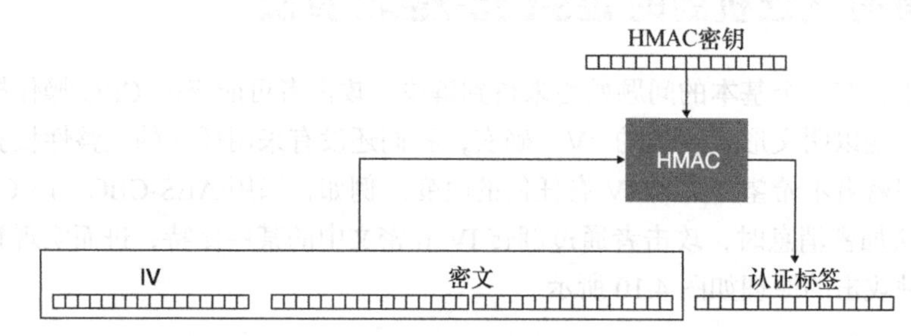

图4.11 AES-CBC-HMAC算法生成的3种类型输出会按IV、密文和认证标签的顺序拼接在一起

在解密前，接收方会先验证标签的合法性。这些算法最终组合成的算法被称为AES-CBC-HMAC，在更新型的一体式构造出现之前，该算法是应用最广泛的认证加密算法之一。

警告：

AES-CBC-HMAC算法不是开发者友好型的密码算法。即便该算法实现完成后，开发者也很容易误用。如果没有以正确方式使用该算法，开发者很容易误入算法存在的一些陷阱（例如，每次加密时，IV必须是不可预测的）。该算法现在仍被广泛使用，因此本书占用少量篇幅介绍这个算法。但是本书建议不要在实际应用中使用这个算法，我们应该使用接下来要介绍的新型认证加密算法。

4.5 认证加密算法的一体式构造

加密技术的发展史并非一帆风顺。人们不仅没有充分认识到只加密而不认证带来的危险性，有时还会误用认证技术。考虑到这些情况，许多研究者开始试图采用标准化一体式的认证加密方案，以达到简化开发人员所使用的加密技术的目的。本节将重点介绍这一新概念以及它对应的两个广泛使用的标准算法：AES-GCM 算法和 ChaCha20-Poly1305 算法。

4.5.1　有附加数据的认证加密

加密数据的最新方法是使用一种称为一体式结构的认证加密算法，该结构也称为有附加数据的认证加密（Authenticated Encryption With Associated Data，AEAD）。这种结构与 AES-CBC-HMAC 的构造方式非常接近，它不仅可以保证明文的机密性，还可以检测到对密文所做的任何修改。此外，该构造还允许对附加数据进行认证。

附加数据参数是可选的，它既可以为空，也可以包含加密和解密明文相关的数据。附加数据不会被加密，但是会与密文一起发送给对方。此外，密文会包含一个附加的认证标签（通常会附加到密文的末尾），因此密文的长度要大于明文。

为了解密密文，需要使用与加密过程相同的附加数据。解密成功时得到原始的明文，解密发生错误时表明密文在传输过程中被修改。图 4.12 解释了相关的工作原理。

1. Alice和Bob通过线下会面的方式商定一个密钥

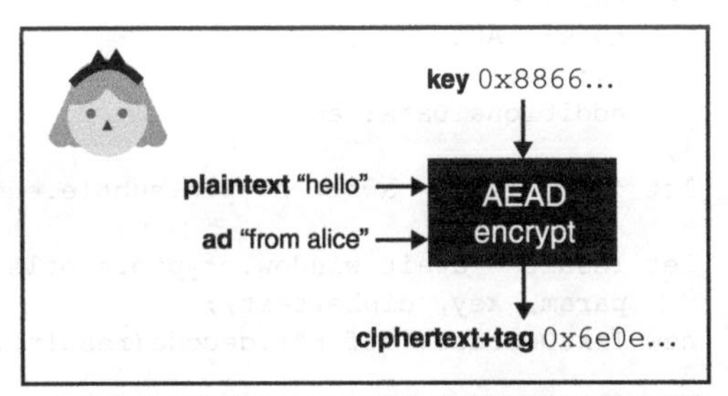

2. Alice将商定的密钥当作AEAD型加密算法密钥去加密消息。她也可以增加一些附加的数据

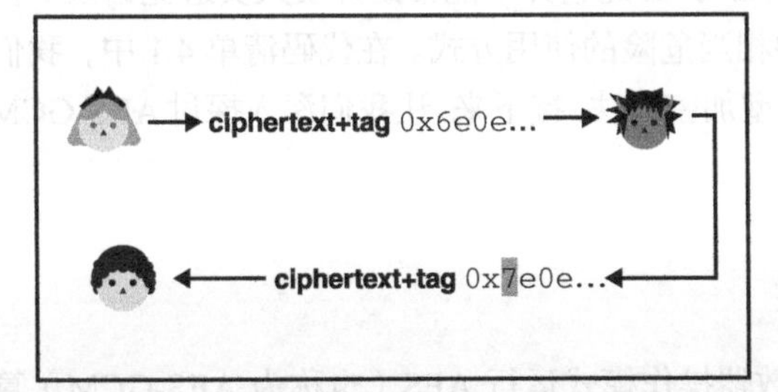

3. 将密文和认证标签都发送给Bob。观察者可以截获密文和认证标签，进而对它们进行修改

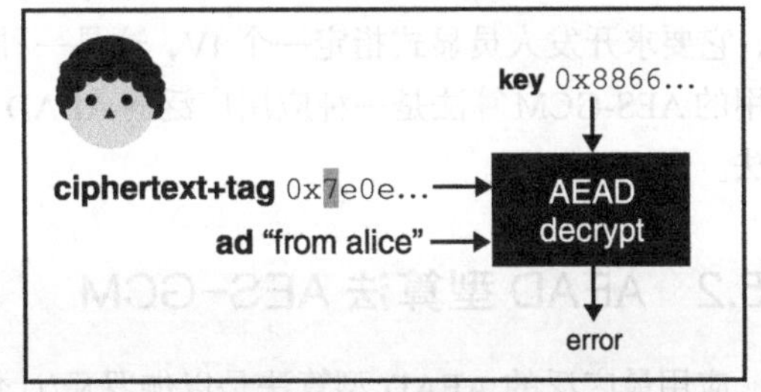

4. Bob将商定的密钥当作AEAD型解密算法密钥，去解密经过修改的密文。最终，解密过程会发生错误

图 4.12　Alice 和 Bob 通过线下会面的方式商定一个共享密钥。Alice 将这个密钥当作 AEAD 型加密算法的密钥，并用它加密发送给 Bob 的消息。Alice 可以选择是否认证附加数据，例如，认证消息的发送者。收到密文和认证标签后，Bob 用商定的密钥和附加数据解密密文。如果附加数据不正确或者密文在传输中被修改，则解密会失败

现在，让我们通过密码学程序库来了解使用认证加密原语执行加密和解密操作的方法。为此，我们使用 JavaScript 编程语言和 Web Crypto API（大多数浏览器都支持的底层密码函数接口）来演示这一过程，如代码清单 4.1 所示。

代码清单 4.1 JavaScript 语言中的 AES-GCM 认证加密原语使用示例

```
let config = {
    name: 'AES-GCM',
    length: 128          // 为了达到 128 比特安全性，生成一个 128 比特长的密钥
};
let keyUsages = ['encrypt', 'decrypt'];
let key = await crypto.subtle.generateKey(config, false, keyUsages);

let iv = new Uint8Array(12);
await crypto.getRandomValues(iv);     // 随机地生成一个 12 字节的 IV

let te = new TextEncoder();
let ad = te.encode("some associated data");   // 加密明文时会使用一些附加数据。解密时必须使用与加密过程相同的IV和附加数据
let plaintext = te.encode("hello world");

let param = {
    name: 'AES-GCM',
    iv: iv,
    additionalData: ad
};
let ciphertext = await crypto.subtle.encrypt(param, key, plaintext);

let result = await window.crypto.subtle.decrypt(
    param, key, ciphertext);          // 如果 IV、密文或者附加数据被篡改，解密时会抛出一个异常
new TextDecoder("utf-8").decode(result);
```

注意，Web Crypto API 是一套底层的密码学 API，因此它并不能帮助开发人员避免错误。例如，它要求开发人员显式指定一个 IV，这是一种相当危险的使用方式。在代码清单 4.1 中，我们使用的 AES-GCM 算法是一种应用广泛的 AEAD 型加密算法。接下来，让我们深入探讨 AES-GCM 算法。

4.5.2 AEAD 型算法 AES-GCM

应用最广泛的 AEAD 型算法是以伽罗瓦/计数器操作模式运行 AES（也称为 AES-GCM）算法的。利用硬件 AES 指令可以极大地提高算法的加密效率，并基于 AES 实现高效的 MAC 算法 GMAC。

AES-GCM 算法于 2007 年纳入 NIST 的 SP 800-38D 标准。该算法广泛应用于各种加密协议，如网络安全连接的 TLS 协议就用到该算法。实际上，我们可以说 AES-GCM 算法对整个网络通信进行了加密。

AES-GCM 算法是计数器（CTR）操作模式与 GMAC 的组合。首先，我们先来了解以 CTR 模式运行 AES 算法的过程。图 4.13 所示是 AES 算法的 CTR 模式运行流程。

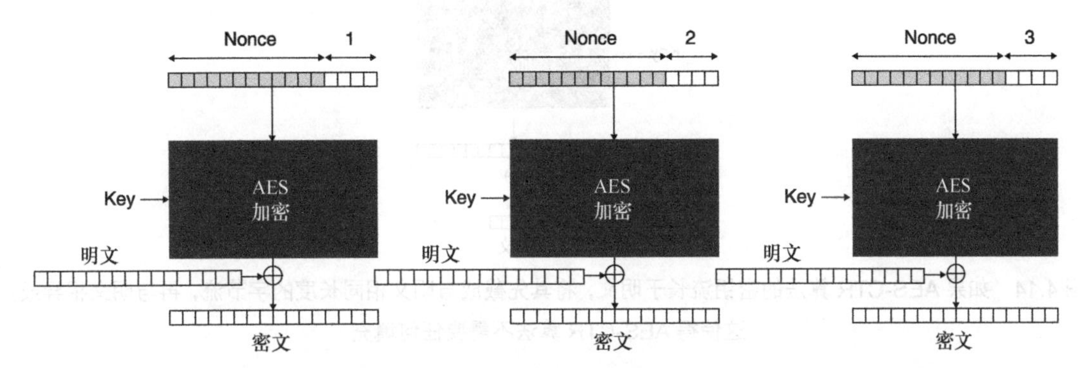

图 4.13　AES-CTR 算法以 CTR 模式运行 AES 算法。首先将一个具有唯一性的 Nonce 和计数器的值串联并使用 AES 算法对其加密以生成密钥流。然后，用密钥流与实际的明文进行异或操作产生密文

AES-CTR 算法使用 AES 算法来加密由计数值和 Nonce 拼接起来的分组，并且计数器的初始值为 1。这个“仅使用一次”的附加参数 Nonce 与 IV 的作用相同，即通过操作模式来随机化 AES 加密结果。但是，与 CBC 模式对 IV 参数的要求相比，CTR 模式对 Nonce 参数的要求略有不同，它只要求 Nonce 是唯一的，不要求该参数具备不可预测性。我们把 16 字节分块的加密结果称为密钥流，将密钥流与实际的明文异或生成密文。

注意：

与 IV 一样，Nonce 也是密码学中的一个常见术语，它应用于许多不同的密码学原语中。尽管 Nonce 的名字意味着其不能重复，但是不同的应用场景对该参数有着不同的要求。我们应该按照不同原语的使用手册要求来设定参数，而不能只理解表面意义。实际应用中，有时我们也将 AES-GCM 算法的 Nonce 称为 IV。

AES-CTR 算法的 Nonce 长度是 96 比特（12 字节），每次允许加密的最大分组长度为 16 字节。16 字节分组的最后 32 比特被当作计数器，其从 1 开始计数，每执行一次加密计数器的值也会加 1，直到计数器的值达到最大值 $2^{4\times8}-1=4294967295$。这意味着，同一个 Nonce 最多可加密 4294967295 个长度为 128 比特（约为 69GB）的消息。

如果重复使用同一个 Nonce，则会产生完全相同的密钥流。将相同密钥流生成的密文相异或，密钥流就会被消掉，这样就可以得到两个明文相异或的结果。特别是当两个明文中的一个已知时，这可能会造成灾难性的后果。

图 4.14 展示了 CTR 模式有趣的一面：不需要任何填充。对于这样的情形，我们称 CTR 模式将分组密码转换成了流密码，使分组密码算法可以实现逐字节加密。

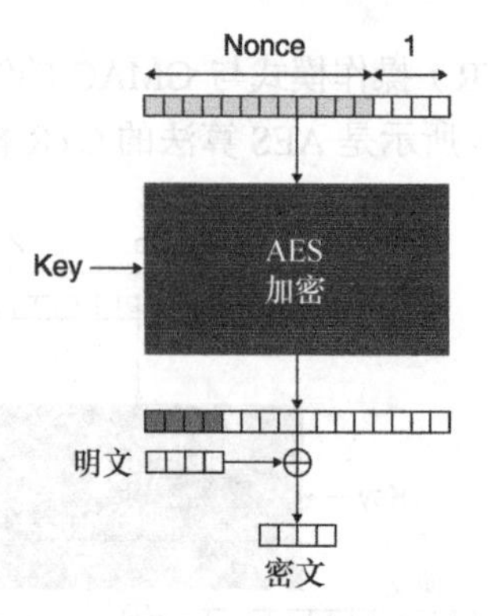

图 4.14 如果 AES-CTR 算法的密钥流长于明文，将其先截成与明文相同长度的字节流，再与明文相异或。这使得 AES-CTR 算法不需要任何填充

流密码

流密码是另一种类型的加密算法。与分组密码不同，流密码通过将密钥流与明文异或，实现对明文的直接加密。用流密码加密消息前无须对消息进行填充，也不需要指定操作模式，并且生成的密文与明文等长。

在实践中，这两类加密算法也没有特别明显的不同，分组密码通过 CTR 操作模式很容易转换成流密码。不过，从理论上讲，分组密码更加有用，因为它可以用于构造其他的密码学原语（如第 2 章中的哈希函数）。

另外需要注意的一点是，默认情况下，加密不会隐藏消息的实际长度。因此，如果攻击者能够影响所加密消息的部分内容，则在加密之前对消息进行压缩可能会致使一些攻击奏效。

AES-GCM 算法的第二个组成部分是 GMAC 算法。这是一个由带密钥哈希函数（也称为 GHASH）构造而成的 MAC 算法。从技术角度来讲，GHASH 是一个近乎通过异或方式实现的通用哈希（Almost XORed Universal Hash，AXU Hash）函数，这样的函数也称为差分不可预测函数（Difference Unpredictable Function，DUF）。密码学上对这种函数的安全要求低于哈希函数。例如，不要求 AXU 函数满足抗碰撞性。正是出于这个原因，GHASH 函数有很高的执行效率。图 4.15 给出 GHASH 算法的一般结构。

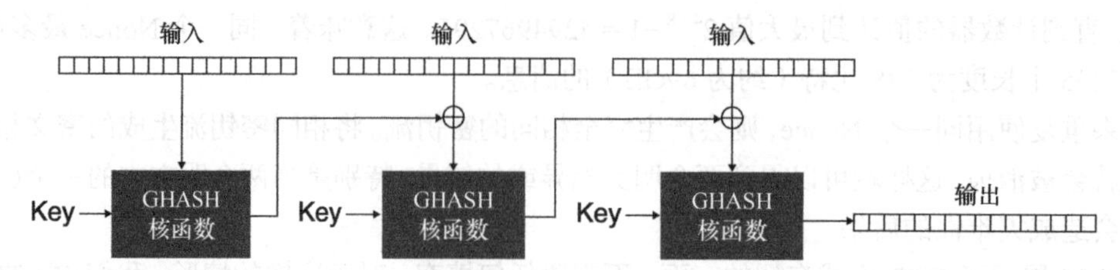

图 4.15 GHASH 算法以一个密钥输入，以类似于 CBC 操作模式的方式逐块处理输入消息。该算法最终会产生一个 16 字节的消息摘要

为了用 GHASH 算法处理输入消息，需要将消息拆分成 16 字节的块，再以类似 CBC 模式的方式逐块处理消息。由于 GHASH 算法还需要输入一个密钥，所以理论上可以将它视作一个 MAC 算法。不过，其密钥仅能使用一次（否则，该算法就会被攻破），因此也称 GHASH 为一次性 MAC 算法。这样的 MAC 算法并不理想。但是，采用由 Wegman Carte 提出的技术可以把 GHASH 算法转换成多次性 MAC 算法。图 4.16 展示了 Wegman Carte 提出的转换技术原理。

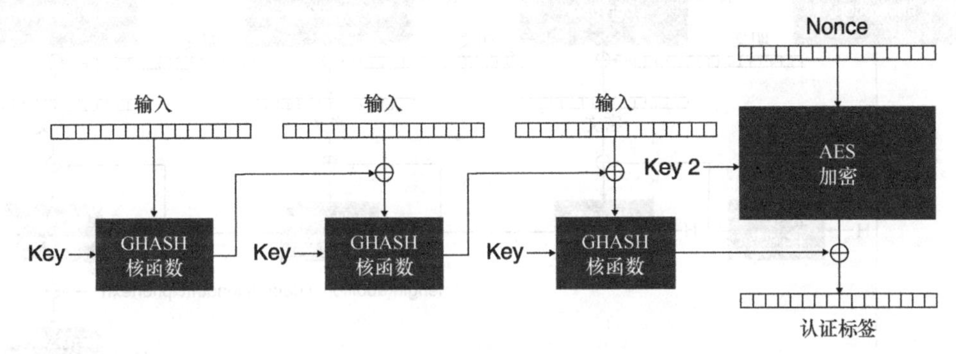

图 4.16 GMAC 算法用带密钥的 GHASH 函数逐块处理输入消息，再用另外一个新的密钥作为 AES-CTR 算法的密钥，并用该算法加密 GHASH 函数的输出，最终将加密产生的密文当作认证标签

GMAC 有效地使用 AES-CTR（采用不同于 GHASH 使用的密钥）算法对 GHASH 算法输出进行加密。需要再次强调的是，GMAC 算法使用的 Nonce 必须是唯一的。否则，攻击者可以恢复 GHASH 算法使用的认证密钥，这将引发灾难性的后果，即敌手可以轻松伪造认证标签。

事实上，AES-GCM 算法可以看作 CTR 模式和 GMAC 算法的有机组合，这种组合类似于前面讨论的先加密再认证类型的构造。图 4.17 展示了整个 AES-CTR 算法的详细工作原理。

AES-CTR 算法在加密消息时计数器从 1 开始计数，计数器的值为 0 时产生的密钥流用于加密 GHASH 算法的输出，从而生成认证标签。GHASH 算法需要一个独立的密钥 H，密钥 H 是通过使用密钥 K 加密一个值为全 0 的分块而产生的。这样一来，AES-CTR 算法就不需要输入两个不同的密钥，这是因为密钥 K 足以派生出另外一个密钥。

如前文提到的那样，12 字节的 Nonce 必须是唯一的，即不出现任何重复。需要注意的是，该算法不要求 Nonce 是随机的。因此，有些人喜欢将其当作计数器，并且计数器的值从 1 开始，每加密一次计数器的值也会加 1。在这种情况下，构建具体应用时必须选用一个能使用户自由选择 Nonce 的密码库。在 Nonce 达到最大值前，允许用户加密的最大消息数量为 $2^{12\times8}-1$，但在实践中加密的消息数量不可能达到这样多。

另一方面，计数器意味着算法可以记录加密状态。如果机器在不恰当的时间崩溃，则可能发生 Nonce 重用。考虑到这个原因，有时会更倾向于使用随机的 Nonce。实际上，有些密码程序库不允许开发者选择 Nonce，它会自动生成随机的 Nonce。这样做可以在很大程度上避免 Nonce 重复，以至于在实践中几乎不会发生 Nonce 重复这种情况。然而，加密的消息越多，使用的 Nonce 就会越多，Nonce 重复出现的可能性就会越高。根据第 2 章讨论的生日界限问题，当以随机方式生成 Nonce 时，建议用同一密钥加密的消息数量不要超过 $2^{92/3} \approx 2^{30}$。

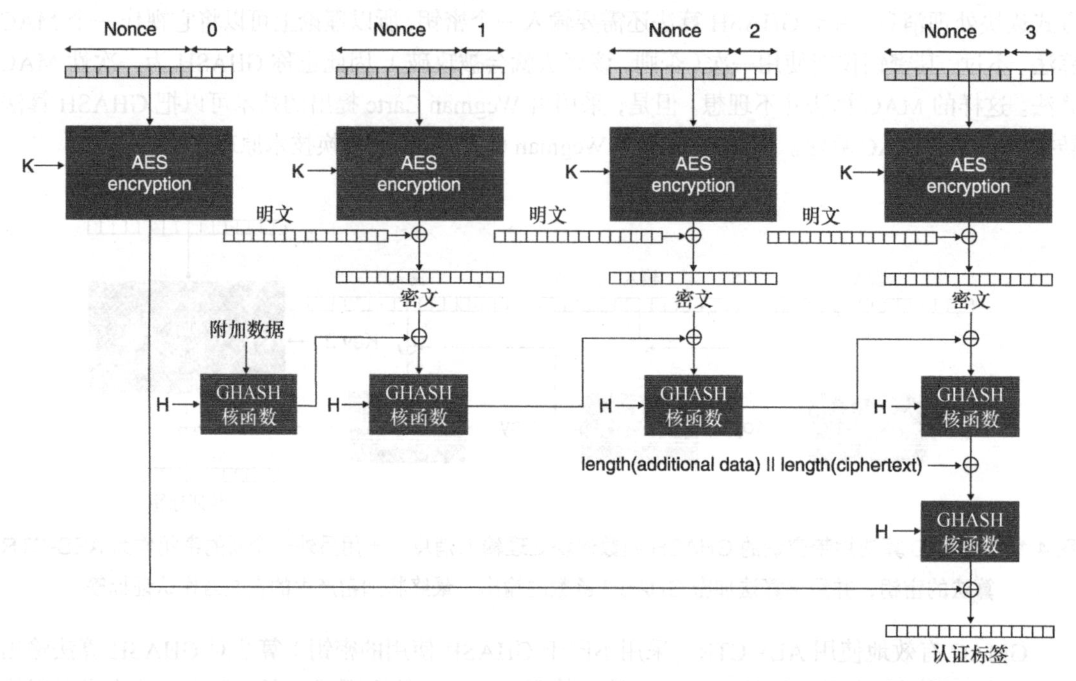

图 4.17 AES-GCM 算法的加密和认证消息的具体方式为：把密钥 K 作为 AES-CTR 算法的密钥，并用该加密算法加密明文，把密钥 H 作为 GMAC 算法的密钥，用该算法去认证附加数据和密文

超出生日界限安全

2^{30} 条消息意味着消息的数量相当庞大。在许多情况下可能永远无法加密这么多数量的消息，但现实世界的密码学通常会超出人们的合理认知范围。一些需要长时间连接的系统每秒都会加密许多消息，最终达到允许加密的消息数量上限。例如，Visa 每天处理 1.5 亿笔交易。如果用一个唯一的密钥加密这些消息，那么在一周内就能达到 2^{30} 条消息。在这些情况下，重置密钥（更改用于加密的密钥）是一种可行的解决方案。有一个叫作生日上界安全的领域，该领域旨在提高同一密钥可加密的最大消息数量。

4.5.3 ChaCha20-Poly1305 算法

我们将要探讨的第二个 AEAD 型认证加密算法是 ChaCha20-Poly1305。该算法由 ChaCha20 流密码和 Poly1305 消息认证码算法组合而成。这两个算法都由 Daniel J.Bernstein 单独设计，它们的软件实现运行速度很快。这与 AES 算法有着明显的不同。AES 算法在没有硬件支持时，它的运行速度会很慢。为了便于在依赖低端处理器的 Android 手机上使用 AEAD 型算法，2013 年，谷歌对 ChaCha20-Poly1305 算法进行标准化。如今，该算法广泛应用于诸如 OpenSSH、TLS 和 Noise 之类的安全协议中。

ChaCha20 算法是流密码 Salsa20 的改进版，Daniel J. Bernstein 大约在 2005 年设计了 Salsa20 算法。ChaCha20 算法属于 ESTREAM 竞赛中被提名的算法之一。与所有流密码一样，该算法也会生成一个与明文等长的随机密钥流，通过将明文与密钥流相异或的方式来生成密文。在解密时，该算法也会生成一个与加密时完全一样的密钥流，通过把密文与密钥流相异或就可恢复出原始明文。ChaCha20 算法的加解密过程如图 4.18 所示。

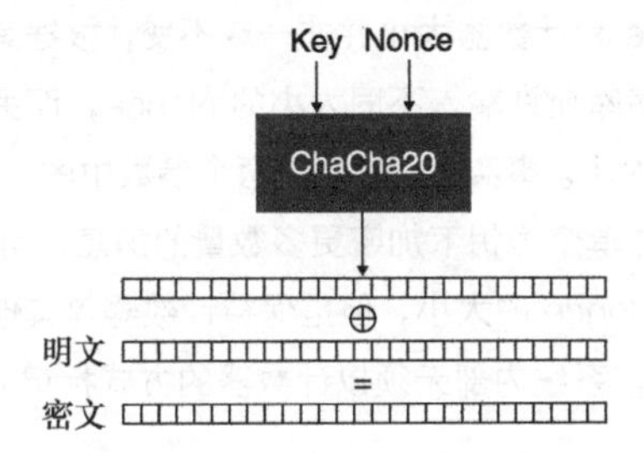

图 4.18　ChaCha20 算法以一个对称密钥和取值唯一的 Nonce 为输入。该算法生成一个密钥流，将密钥流与明文（密文）异或生成密文（明文）。由于所得密文与明文等长，所以该加密算法是长度保留的

ChaCha20 算法在底层反复调用 block()函数生成一系列的密钥流。每调用一次 block()函数就可以生成一个 64 字节的密钥流块。block()函数的输入如下：

- 256 比特（32 字节）长的密钥（与 AES 算法类似）；
- 92 比特（12 字节）长的 Nonce（与 AES-GCM 算法类似）；
- 32 比特（4 字节）长的计数器（与 AES-GCM 算法类似）。

ChaCha20 算法的加密过程与 AES-CTR 算法类似（见图 4.19）。

（1）每调用一次 block()函数，就将计数器的值加 1，直到生成足够多的密钥流；

（2）截取与明文等长的密钥流；

（3）将明文与密钥流异或。

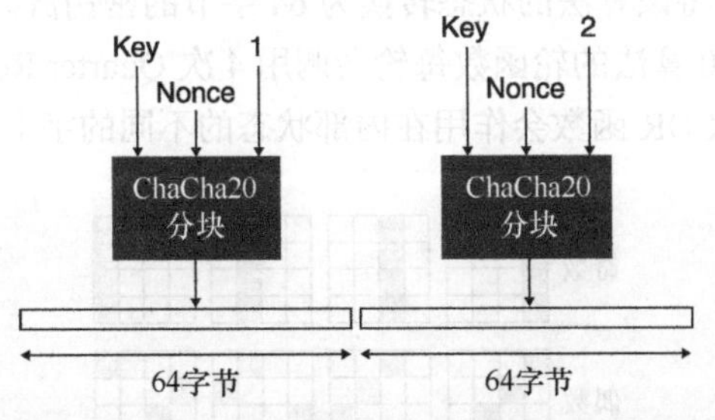

图 4.19　ChaCha20 算法通过调用内部的 block()函数来产生密钥流，直到生成足够多的随机字节为止。每调用一次 block()函数可以生成 64 字节长的随机密钥流

考虑计数器可取值的上界，ChaCha20 算法可以加密的消息数量与 AES-GCM 算法一样多（两个算法对 Nonce 参数有着相似的要求）。block()函数输出的字节块更多，这会影响允许加密的单

个消息的大小。ChaCha20算法允许加密的单个消息可达 $2^{32} \times 64$（字节）≈274GB。当发生Nonce重用时，ChaCha20算法也会出现与AES-GCM算法一样的问题，即观察者通过异或两个加密的密文就可以得到它们对应的两个明文的异或结果，也可以恢复出认证密钥。这些问题可能造成严重的后果，导致攻击者可以成功伪造消息！

Nonce和计数器的大小

对于同一个算法，它的Nonce和计数器大小并非一成不变，根据其所属标准的推荐参数可以适当改变这些参数的大小。有些密码程序库允许输入不同大小的Nonce，而另一些应用为了增大算法允许加密的消息数量，选择增加Nonce的大小。事实上，增大这两个参数中的一个，必然意味着缩短另一个参数。

为了避免这些缺点，同时允许单个密钥下加密更多数量的消息，可以使用像XChaCha20-Poly1305之类的算法。这些算法允许增加Nonce的大小，但是保持计数器等其他参数不变，这一点对于需要随机生成Nonce的系统来说非常重要，系统内部无须以计数器的方式标记Nonce取值。

ChaCha20算法的block()函数内部维持着一个状态，如图4.20所示。

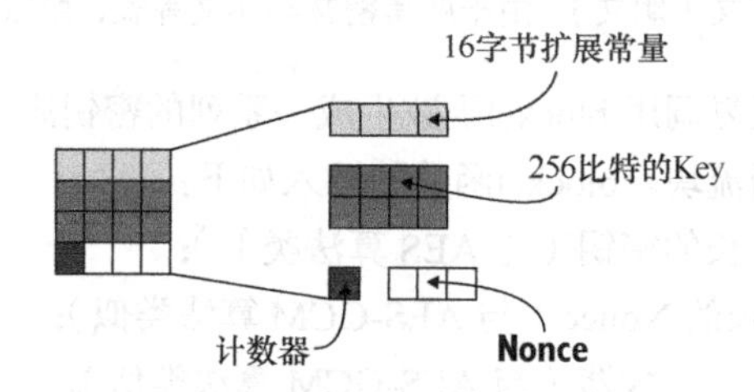

图4.20　ChaCha20算法的block()函数内部状态。它的状态可用16个字组成的正方形来表示，每个字都由4个字节组成。第一行由一些常量构成，第二行和第三行保存着32字节的对称密钥，最后一行开头的4个字节表示计数器，剩余12个字节表示Nonce

ChaCha20算法的block()函数每执行一次会使block()函数迭代20次（ChaCha20算法名称中20的含义就在于此），之后将该算法的状态转换为64字节的密钥流。这个过程与AES算法的轮函数功能很相似。ChaCha20算法的轮函数每轮会调用4次Quarter Round（QR）函数，根据轮函数执行次数的奇偶性，每次QR函数会作用在内部状态的不同的字上。该过程如图4.21所示。

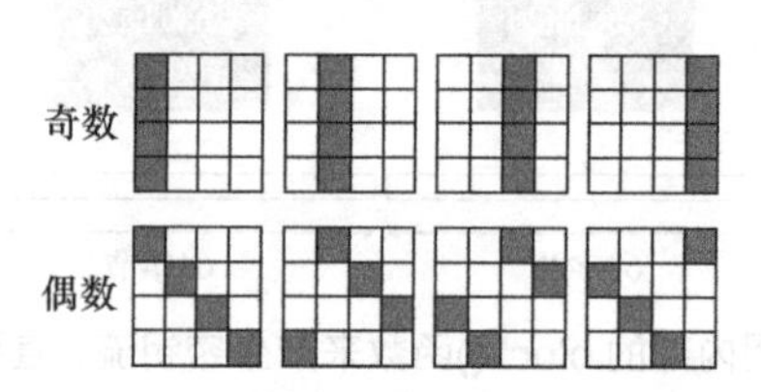

图4.21　轮函数每执行一次会影响ChaCha20算法内部状态中的所有字。由于QR函数的输入只有4个参数，所以至少要调用该函数4次才能达到修改内部状态中16个字的目的

QR函数以4个不同的参数为输入，并通过加（Add）、循环移位（Rotate Shift）和异或（XOR）

的方式更新 4 个输入参数。我们称这样的密码算法为 ARX 型流密码。这使得 ChaCha20 算法非常容易实现，并且软件实现的执行效率很高。

Ploy1305 是一个利用 Wegman-Carter 技术设计的 MAC 算法，与我们先前讨论的 GMAC 算法原理十分类似。该算法的执行过程如图 4.22 所示。

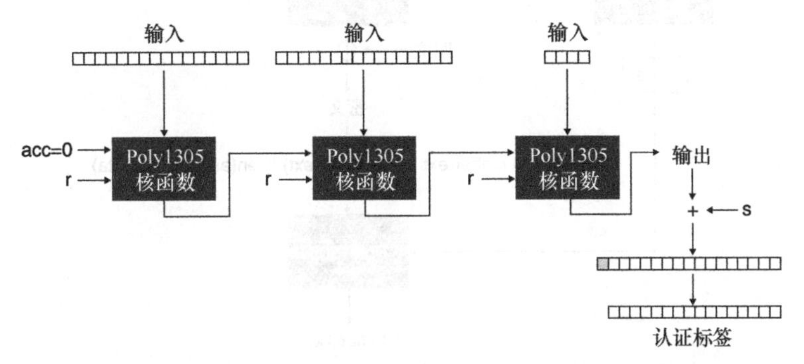

图 4.22　Poly1305 算法的核函数以一个初始值为 0 的累加器（acc）和认证密钥 r 为输入，每次处理输入消息中的一个分组。核函数的本轮输出作为下一轮核函数输入中的累加器。将核函数最终的输出加上一个随机值 s，生成认证标签

在图 4.22 中，r 可以视为方案的认证密钥，它类似于 GMAC 算法中的密钥 H。s 用于加密核函数最后一轮的输出，它可以确保 Poly1305 消息认证码算法在重复使用的情况下仍然安全，因此必须保证 s 具备唯一性。

Ploy1305 算法的核函数将密钥、累加器以及要认证的消息混合在一起。核函数涉及的主要操作就是模常量 P 的简单乘法。

注意：

显然，在描述这些算法的过程中，我们忽略了算法涉及的许多细节。我们很少提及数据的编码方法以及参数的填充方式。这些实现上的细节对我们来说无关紧要，我们的目的是从直观上了解算法的运行过程。

最终，我们可以用 ChaCha20 算法和一个值为 0 的计数器去生成密钥流，并为 Poly1305 算法派生出 16 字节的认证密钥 r 和 16 字节的 s。ChaCha20-Poly1305 认证加密算法的完整执行流程如图 4.23 所示。

首先，使用 ChaCha20 算法派生 Ploy1305 算法需要的认证密钥 r 和 s。然后，计数器的值加 1，用 ChaCha20 算法生成密钥流，进而加密明文。最后，Ploy1305 算法对密文和附加数据进行认证，并生成认证标签。

为了完成解密，我们需要执行类似加密过程中的操作。ChaCha20-Poly1305 算法先通过认证标签验证密文和附加数据的真实性，然后解密密文。

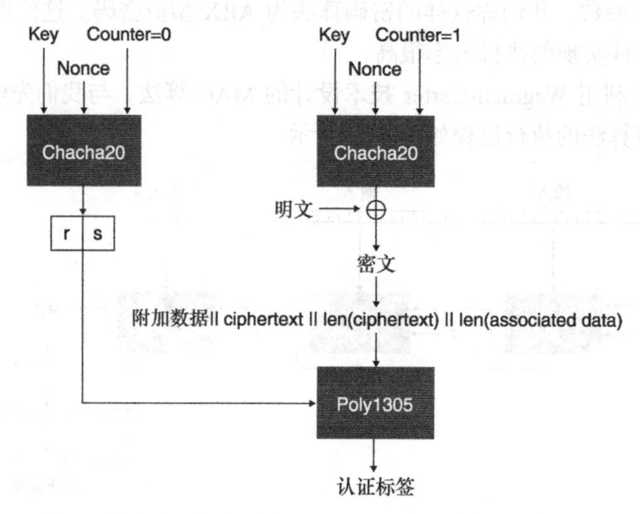

图 4.23 ChaCha20-Poly1305 算法的工作原理是，用 ChaCha20 算法加密明文，并派生出 Poly1305 算法所需的密钥。之后，用 Poly1305 算法去认证密文和附加数据

4.6 其他类型的对称加密

让我们一起回顾到目前为止学过的对称加密算法。

- 非认证加密算法——以某种操作模式运行 AES 算法，但是不会为消息生成认证标签。在实践中，密文可能会被篡改，因此这种做法是不安全的。
- 认证加密——AES-GCM 和 ChaCha20-Poly1305 是两个应用广泛的认证加密算法。

然而，实用密码学探讨的范围并非只有已确定的密码标准。密码原语的实用性还与密文尺寸、算法执行速度、算法输出格式等有关。为此，本节简要介绍一下在 AES-GCM 和 ChaCha20-Poly1305 算法不适用时，我们可能会用到的其他对称加密算法。

4.6.1 密钥包装

基于 Nonce 的 AEAD 型认证加密算法存在的主要问题之一是：这些算法均需要一个占用额外存储空间的 Nonce。想象这样一个场景：当加密一个密钥时，可能并不需要 Nonce 之类的额外输入来提高随机性，待加密的内容（密钥）本身已经足够随机，并且会以很大的概率保证不重复出现（当然，即便重复出现，也不是什么大事）。NIST SP 800-38F（“Recommendation for Block Cipher Modes of Operation: Methods for Key Wrapping”）标准包含一些著名的密钥包装（Key Wrapping）算法。这些算法不需要额外的 Nonce 和 IV，它们基于待加密的内容来随机化加密结果。正是基于这一原因，这些算法不需要额外空间来保存 Nonce 和 IV。

4.6.2 抗 Nonce 误用的认证加密算法

2006 年，Phillip Rogaway 提出了一个称为合成初始向量（Synthetic Initialization Vector，SIV）的密钥包装算法。Rogaway 认为 SIV 不仅可以用于加密密钥，而且可以作为一种抗 Nonce 误用的 AEAD 型认证加密算法。通过本章前面的内容，我们已经知道在 AES-GCM 和 ChaCha20-Poly1305 算法中重复使用一个 Nonce 可能会带来灾难性后果。这不但会让攻击者获得两个明文的异或结果，还可能会让攻击者获得认证密钥，进而伪造出可通过验证的消息。

抗 Nonce 误用算法的主要特点在于，通过用相同的 Nonce 加密两个明文，只能够判断两个明文是否相等。这种算法也并非完美，但是总比泄露认证密钥要好得多。Rogaway 提出的这个密钥包装算法受到广泛关注，并且在 RFC 8452（“AES-GCM-SIV: Nonce Misuse-Resistant Authenticated Encryption”）中对其进行标准化。SIV 密钥包装算法的关键在于，AEAD 型加密算法中使用的 Nonce 是通过待加密的明文产生的，这使得两个不同的明文几乎不会产生一样的 Nonce。

4.6.3 磁盘加密

对笔记本电脑和移动电话的存储介质进行加密有一些特殊的要求：加密速度必须快（否则，用户会感受到延迟），而且只能进行原地加密（对于很多设备来说，节省存储空间非常重要）。这意味着加密后消息占据的空间不会变大，需要 Nonce 的 AEAD 型认证加密算法显然不适合这种用途。替代的做法是，使用不支持认证功能的加密方案。

为了抵抗比特翻转攻击，加密大数据块时应该保证一个比特的翻转就会扰乱整个数据块的解密。这样一来，相比于实现攻击目的，攻击者更有可能使设备崩溃。这样的加密算法称为宽分组密码（Wide-block Cipher），也被称为穷人认证（Poor Man’s Authentication）。

Linux 系统和一些 Android 设备使用一种包装了 ChaCha 密码的 Adiantum 式宽分组密码来加密磁盘数据。早在 2019 年，谷歌公司对这个密码算法就进行了标准化。尽管如此，大多数设备使用的磁盘加密算法都不太理想：Windows 系统和苹果系统都使用一种不支持认证的 AES-XTS 算法，而且该算法不属于宽分组密码。

4.6.4 数据库加密

加密数据库中的数据是一件棘手的事情。加密数据库的目的是防止数据库数据泄露，因此用于加密和解密数据的密钥必须存储在远离数据库服务器的地方。另外，客户端查询数据的方式也会十分受限。

最简单的解决方法是使用透明数据加密（Transparent Data Encryption，TDE），即仅仅对选定列进行加密。尽管这样做需要验证附加数据，以确保所加密数据的行和列未被篡改，但是在某些情况下这种算法相当实用。如果不对行列号进行验证，那么加密的内容就可以随意调换。此外，透明数据加密仍然无法在加密的条件下搜索数据，所以查询数据时，不能加密要获取的列值。

可搜索加密（Searchable Encryption）是一个旨在研究加密条件下检索数据的领域。目前，密码学家已经提出了许多不同的可搜索加密方案，但几乎没有一种算法是完美的。不同的方案具有不同级别的“可搜索性”，相应地它们支持的安全等级也不同。例如，索引盲化方案只允许进行精确匹配搜索，而保序加密和显序加密只允许对加密结果进行排序。这类方案的安全性确实需要仔细考虑，并在安全级别和搜索能力之间权衡。

4.7 本章小结

- 对称加密是一种可以保证数据机密性的密码学原语，其安全性依赖于密钥的保密性。
- 出于安全性考虑，对称加密的密文需要被认证（也称为认证加密），否则无法检测密文是否被篡改。
- 利用基于对称加密的消息认证码可以构造认证加密。在实践中，最好使用支持附加数据的一体式认证加密算法，误用这种算法的概率很低。
- 只要通信双方有共同的对称密钥，他们就可以用认证加密算法去隐藏通信内容。
- AES-GCM 算法和 ChaCha20-Poly1305 算法是最流行的 AEAD 型算法。当今，很多流行的应用都采用了这两种认证加密算法的其中之一。
- 重复使用 Nonce 会破坏 AES-GCM 算法和 ChaCha20-Poly1305 算法的认证性。AES-GCM-SIV 之类的认证加密方案可以防止 Nonce 误用，这主要是因为加密密钥时不需要 Nonce 来确保其随机性。
- 实用密码学的应用场景总是很受限，因此 AEAD 型认证加密算法并不能满足所有应用。例如，该算法不适合数据库加密和磁盘加密，针对这些应用场景需要构造新的密码算法。

第 5 章　密钥交换

本章内容：

- 密钥交换的定义以及用法；
- DH 密钥交换与 ECDH 密钥交换；
- 使用密钥交换协议需要注意的安全问题。

现在，我们开始学习非对称密码（也称为公钥密码）。我们学习的第一个非对称密码原语是密钥交换。顾名思义，密钥交换是一个通信双方交换密钥并建立共享密钥的过程。例如，Alice 和 Bob 各自向对方发送自己的公钥，然后双方通过计算得到共享密钥，最后将共享密钥作为认证加密算法的密钥。

警告：

正如本书引言所提到的那样，非对称密码相比对称密码涉及的数学问题更多；因此，对于一些读者来说，接下来的章节会有点儿困难。但不要泄气！本章的内容将有助于读者理解其他密码原语。

注意：

阅读本章之前，请先阅读第 3 章“消息认证码”和第 4 章“认证加密”。

5.1　密钥交换的定义

让我们考虑这样一个场景：Alice 和 Bob 想要进行秘密通信，但他们此前却从未通信过。这就是密钥交换协议常见的应用场景。

为了确保通信内容的机密性，Alice 可以使用第 4 章介绍的认证加密原语。在使用认证加密之前，Bob 与 Alice 需要知道一个相同的对称密钥，所以 Alice 可以生成一个对称密钥并将其发送给 Bob，他们将这个密钥当作认证加密算法的密钥。但如果一个敌手窥探到他们的通信过程并截获到 Alice 与 Bob 的对称密钥，那么敌手可以对 Alice 和 Bob 的所有通信内容进行解密！这就是密钥交换算法对 Alice 和 Bob 至关重要的原因。通过使用密钥交换协议，通信双方可以安全地获得一个对称密钥，而敌手却无法知道这个对称密钥。

密钥交换开始时，Alice 和 Bob 都使用密钥生成算法生成一对密钥，即私钥和公钥。然后，双方将各自的公钥发送给对方。此处的公钥是敌手可以观察到的信息，但不会暴露双方私钥或者共享密钥。最后，Alice 使用 Bob 的公钥和她自己的私钥来计算出一个共享密钥。类似地，Bob 可以使用他的私钥和 Alice 的公钥来生成相同的共享密钥。该过程如图 5.1 所示。

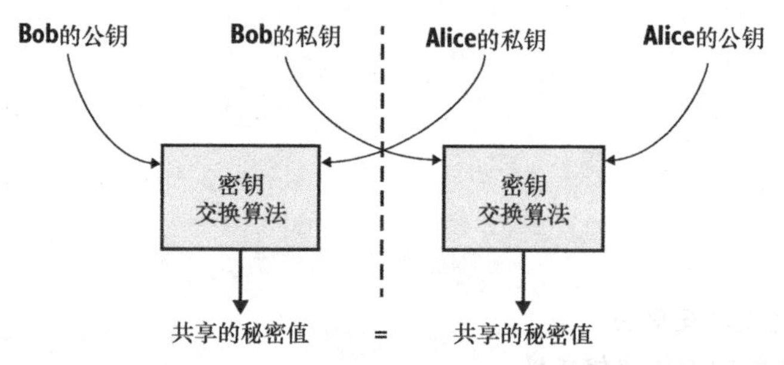

图 5.1　密钥交换算法提供这样的接口：该接口以对方的公钥和己方的私钥为输入，生成共享密钥

到目前为止，我们已经从宏观上了解了密钥交换的工作原理，那如何使用密钥交换协议解决刚才所提场景中的问题呢？通信开始前双方通过密钥交换算法生成一个共享密钥，并将其用作认证加密原语的密钥。由于任何中间人（Man-In-The-Middle）敌手都无法获得相同的共享密钥，因此无法对通信内容进行解密。详细说明如图 5.2 所示。

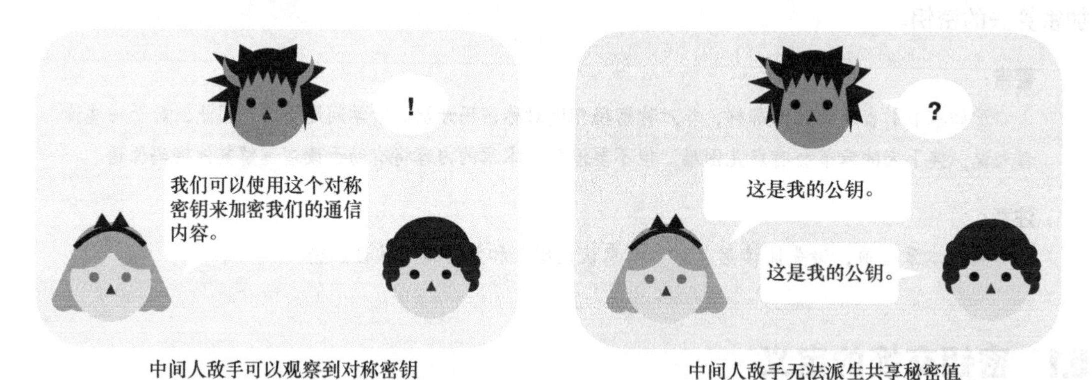

图 5.2　密钥交换使得通信双方能生成相同的共享密钥，且中间人敌手通过被动地观察密钥交换的过程无法生成相同的共享密钥

需要注意的是，这里提到的中间人属于被动敌手，被动敌手只对通信信道进行窃听，而不会修改通信双方发送的内容，而主动敌手会介入密钥交换的过程并冒充成通信双方。在主动敌手攻击中，Alice 和 Bob 将分别与中间人进行密钥交换，并且双方都以为自己同对方生成同样的共享密钥。这之所以成为可能，是因为上述场景中的通信双方都无法验证对方公钥的合法性，即密钥交换过程未经验证！攻击过程如图 5.3 所示。

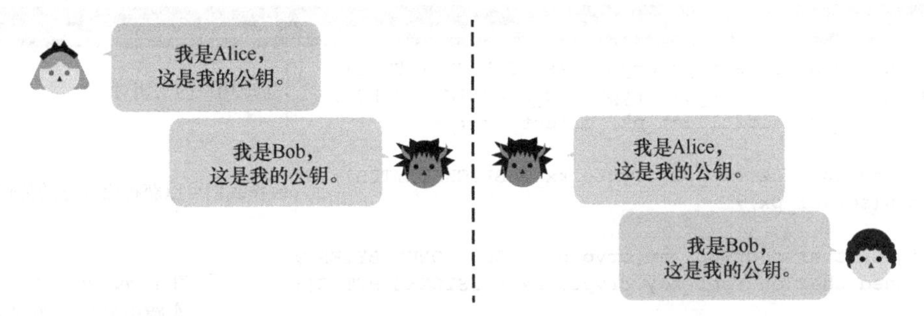

图 5.3　未经验证的密钥交换易受到主动敌手攻击。攻击者只需要冒充连接双方并执行两次单独的密钥交换即可实现攻击

我们用另一个场景来引入认证密钥交换的概念。想象一下，我们有一个可为用户提供时间信息服务的服务器，但我们不希望时间信息在传输过程中遭到中间人敌手的篡改。最好的办法是使用第 3 章学到的消息认证码算法对收到的消息进行认证。消息认证码算法需要一个密钥，因此服务器只需生成一个密钥并以物理方式共享给所有用户。但是，如此一来任何用户都拥有服务器与其他人共享的密钥，这意味着当服务器与某一用户通信时，任何用户都有可能成为中间人敌手。为每个用户设置不同的共享密钥可以有效地防止这种攻击，但现实应用中其效果不尽如人意。因为对于每个想要使用服务的新用户，服务器都需要以物理方式与用户共享新的消息认证码算法密钥。这已经耗费大量的服务器资源，而服务器的主要工作是响应大量的时间信息请求。

密钥交换可以解决上述问题！服务器可以生成用于密钥交换的密钥对，并将公钥发送给新用户，这就是认证密钥交换。由于用户知道服务器的公钥，因此主动敌手无法在密钥交换的过程中冒充服务器。但恶意用户可以作为客户端与服务器进行密钥交换，这是因为客户端没有经过认证。顺便说一下，当通信双方都进行认证时，这个过程称为相互认证的密钥交换。

一个服务器面对多个客户端的情况十分常见，当用户数量增加时，密钥交换原语在单服务器多客户端场景中可扩展性很强。但如果在多服务器多用户的场景下，密钥交换原语的可扩展性就较弱！互联网就是一个很好的例子。互联网中有许多浏览器会与许多网站进行安全通信。想象一下，如果我们必须将浏览器可能访问的网站的公钥编码到硬件中，那么当互联网上出现新的网站时，我们该如何与它们建立安全信道呢？

如果密钥交换算法没有与数字签名结合使用，那么它的可扩展性往往比较差。在第 7 章中，我们就将了解到数字签名的定义，以及利用它增加通信系统中参与者信任度的方法。密钥交换算法十分重要，但在实践中却很少直接使用，它通常充当更复杂协议的基础模块。话虽如此，在某些情况下，密钥交换协议自身仍然可以发挥作用（例如，我们之前提到的只存在被动敌手的场景）。

接下来，让我们通过一个例子了解密钥交换协议的实际应用方法。libsodium 是一个广泛应用的 C/C++密码库，使用 libsodium 执行密钥交换协议的示例如代码清单 5.1 所示。

代码清单 5.1 C语言实现密钥交换协议

```
unsigned char client_pk[crypto_kx_PUBLICKEYBYTES];
unsigned char client_sk[crypto_kx_SECRETKEYBYTES];
crypto_kx_keypair(client_pk, client_sk);

unsigned char server_pk[crypto_kx_PUBLICKEYBYTES];
obtain(server_pk);

unsigned char decrypt_key[crypto_kx_SESSIONKEYBYTES];
unsigned char encrypt_key[crypto_kx_SESSIONKEYBYTES];

if (crypto_kx_client_session_keys(decrypt_key, encrypt_key,
    client_pk, client_sk, server_pk) != 0) {
    abort_session();
}
```

生成用户的密钥对

假设我们可以获得服务方的公钥

在 libsodium 库中，按照实践中最佳的实现方式派生两个对称密钥

用户用自己的私钥和服务器的公钥执行密钥交换协议

如果公钥格式不正确，函数将返回错误

libsodium 库对开发人员隐藏了很多细节，同时还公开了安全的接口。在本例中，libsodium 库使用了 X25519 密钥交换算法，接下来会介绍更多关于该算法的内容。在本章的其余部分中，我们将了解密钥交换算法的不同标准，以及密钥交换算法的底层工作过程。

5.2 Diffie-Hellman（DH）密钥交换

1976 年，Whitfield Diffie 和 Martin E.Hellman 撰写了一篇关于 Diffie-Hellman（DH）密钥交换算法的开创性论文，论文题目为“New Direction in Cryptography”。DH 算法是第一个密钥交换算法，也是第一个得到形式化描述的公钥密码算法。在本节中，我们将学习该算法涉及的数学知识，解释其工作原理，最后讨论该算法可在应用程序中使用的标准。

5.2.1 群论

DH 密钥交换算法基于数学中的群论，群论也是当今大多数公钥密码的基础。出于这个原因，我们将在本章花一些时间了解群论的基础知识。本节会尽可能用浅显的语言来描述这些算法的工作过程，但有些数学知识仍需要我们深入学习。

我们首先需要了解什么是群。群的本质如下。

- 一组元素的集合。
- 在这些元素上定义的特殊二元运算（如 + 或 ×）。

如果这个集合以及在集合上定义的运算满足某些性质，我们就可以得到一个群。一旦拥有一个群，我们就可以做一些神奇的事情，稍后将仔细介绍这一点。请注意，DH 算法在乘法群中运行，乘法群意味着定义在集合上的二元运算是乘法。因此，对于接下来讨论的示例，其运算都发生在乘法群上。此外，文中有时会省略 × 符号（例如，将 $a \times b$ 写成 ab）。

接下来我们对群进行更加准确的定义。要使集合及其运算成为一个群，需要满足以下性质。（图 5.4 以直观的方式说明了这些性质，这将有利于我们掌握这一新概念。）

- **封闭性**：群中两个元素运算的结果仍是集合中的元素。例如，对于群中的两个元素 a 和 b，$a \times b$ 也是群中的元素。
- **结合律**：多个元素同时进行运算时，可以按任何顺序执行运算。例如，对于群元素 a、b 和 c，$a(bc)$和$(ab)c$ 运算得到的是相同的群元素。
- **单位元**：群中有且仅有一个元素是单位元，单位元与群中任一元素运算时都不会改变该元素。例如，我们在乘法群中将单位元定义为 1，那么对于任何群元素 a，都有 $a \times 1 = a$。
- **逆元**：群中的元素均有逆元，群元素及其逆元的运算结果等于单位元。所有的群元素都存在逆元。例如，对于任何群元素 a，都存在一个逆元素 a^{-1}（也写为 $\frac{1}{a}$），使得 $a \times a^{-1} = 1$（也写为 $a \times \frac{1}{a} = 1$）。

封闭性

群中任意的两个元素a和b，$a \times b$也在群中

结合律

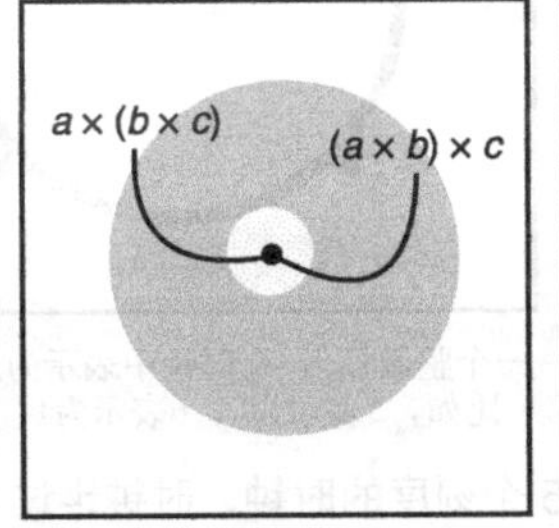

对于群中任意的三个元素a、b和c，$a \times (b \times c) = (a \times b) \times c$

单位元

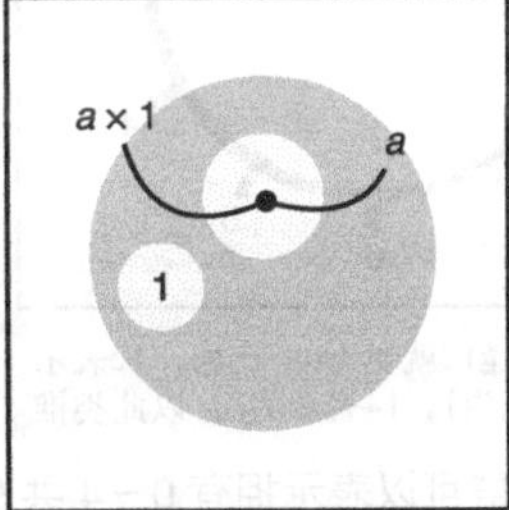

对于群中任意一个元素，它与群的单位元之间的关系满足$a \times 1 = a$

逆元

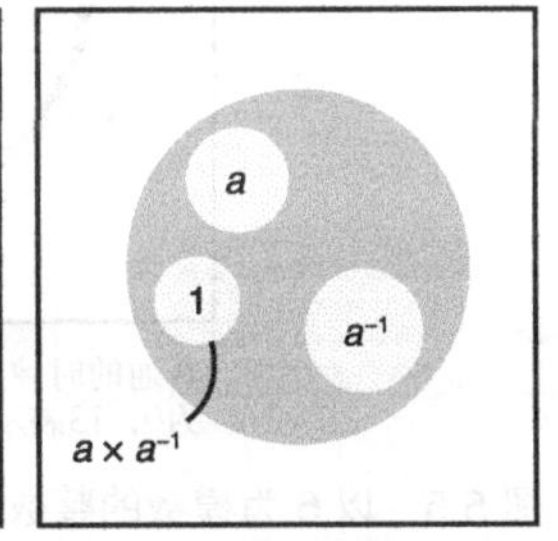

对于群中任意元素a以及它的逆元a^{-1}，这两个元素的乘积满足$a \times a^{-1} = 1$

图 5.4 群的 4 个性质：封闭性、结合律、单位元、逆元

上述对群的描述可能有点抽象，我们可以通过 DH 密钥交换算法理解群在现实中的应用。首先，DH 密钥交换算法使用一个正整数集合$\{1,2,3,4,\cdots,p-1\}$，其中 p 是素数，1 是单位元。不同的标准对素数 p 的选择有不同的规定，但直观地说，它必须是一个大素数才能保证算法的安全。

素数

一个数是素数说明它只能被 1 或自身整除。素数包括 2、3、5、7、11 等。素数在非对称密码中无处不在！幸运的是，我们有高效的算法来找到大素数。为了加快生成素数的速度，大多数加密库会用伪素数（有很高的概率是素数）来代替素数。然而，这种伪素数生成算法曾多次被攻破，其中“臭名昭著”的事件之一是 2017 年发现的 ROCA 漏洞，该漏洞导致超过 100 万台设备将错误的素数用于密码应用程序。

其次，DH 密钥交换算法使用模乘这种特殊运算。在解释模乘的定义之前，我们需要先了解模运算的定义。简而言之，模运算通过不断地消去模数，最终得到一个小于模数的值。例如，如果将模数设为 5，则超过 5 的数字模 5 就会重新从 1 开始增加。例如，6 模 5 等于 1，7 模 5 等于

2，以此类推。（我们也把 5 记为 0，但由于它不在乘法群中，所以不必太关心它。）

借助欧几里得除法等式和除法余数，我们就可以构造模运算的数学等式。以数字 7 为例，将其除以 5 的欧几里得除法写成 $7 = 5 \times 1 + 2$，其中余数是 2。然后我们说 $7 = 2 \bmod 5$（有时写为 $7 \equiv 2 \pmod 5$）。这个方程可理解为 7 与 2 模 5 同余。类似地，

- $8 = 1 \bmod 7$；
- $54 = 2 \bmod 13$；
- $170 = 0 \bmod 17$。

我们常用时钟来描述模运算概念，如图 5.5 所示。

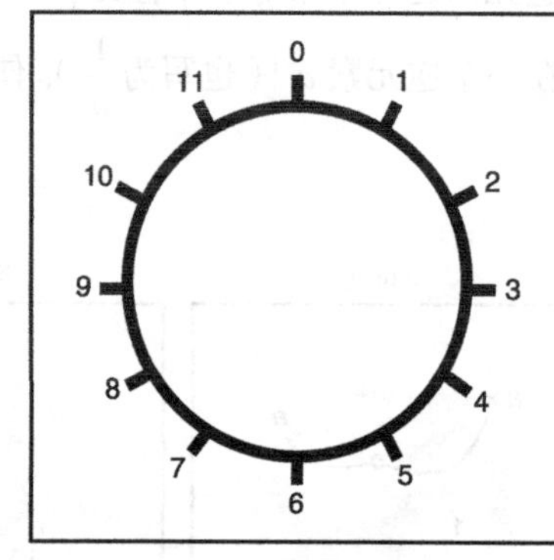

普通的时钟逢12就变为0。比如，12表示为0，13表示为1，14表示为2，以此类推

一个整数模5，在时钟中表示为逢5变为0。比如，5表示为0，6表示为1，以此类推

图 5.5 以 5 为模数的整数群可以表示拥有 0~4 共 5 个刻度的时钟，时钟走过 4 后就重置为 0。因此，5 表示为 0，6 表示为 1，7 表示为 2，8 表示为 3，9 表示为 4，10 表示为 0，以此类推

有了模运算的概念，自然而然可以在群上定义模乘的概念。以下面的乘法为例：

$$3 \times 2 = 6$$

根据模运算，我们知道 6 与 1 模 5 同余，因此可以将上述等式改写为：

$$3 \times 2 = 1 \bmod 5$$

注意，上述等式还表明了 3 与 2 在模数下互为逆元。我们可以将其表示为：

$$3^{-1} = 2 \bmod 5$$

在不引起误解时，本书有时会忽略模数部分（此处为 mod 5）。

注意：

若正整数模一个素数的结果构成一个集合时，只有 0 没有逆元。（比如，无法找到一个元素 b，使得 $0 \times b = 1 \bmod 5$。）这就是我们不将 0 作为群元素的原因。

现在我们拥有一个群，它包括一个由正整数构成的集合 $\{1,2,3,4,\cdots,p-1\}$ 以及定义在这个集合上的模乘运算，其中 p 是一个素数。我们构造的群也恰好满足如下性质。

■ 交换性：模乘运算中元素的顺序可交换。例如，给定两个群元素 a 和 b，则 $ab = ba$。具有此性质的群通常称为伽罗瓦群。

■ 有限域：伽罗瓦群比普通群拥有更多的性质，并且在群上定义了加法运算。

根据上述第二条性质，在群上定义的 DH 算法也称为有限域 DH（Finite Field Diffie-Hellman，FFDH）算法。如果理解群的定义，那么子群的定义也就呼之欲出。子群是原始群的子集，与原始群类似，对子群也满足封闭性、结合律、单位元、逆元 4 个性质。

循环子群是一种可由一个生成元（或称为基）生成的群。生成元通过自身多次相乘来生成循环子群的所有元素。例如，在模数为 5 的前提下，生成元 4 可生成由 1 和 4 构成的子群：

■ $4 \bmod 5 = 4$；
■ $4\times4 \bmod 5 = 1$；
■ $4\times4\times4 \bmod 5 = 4$（返回原处）；
■ $4\times4\times4\times4 \bmod 5 = 1$。

注意：

可将 $4\times4\times4$ 写为 4^3。

若群的模数是素数，则群中每个元素都是群的某个子群的生成元。这些子群的元素个数可以不相等，群的元素个数也称为群的阶。详细说明如图 5.6 所示。

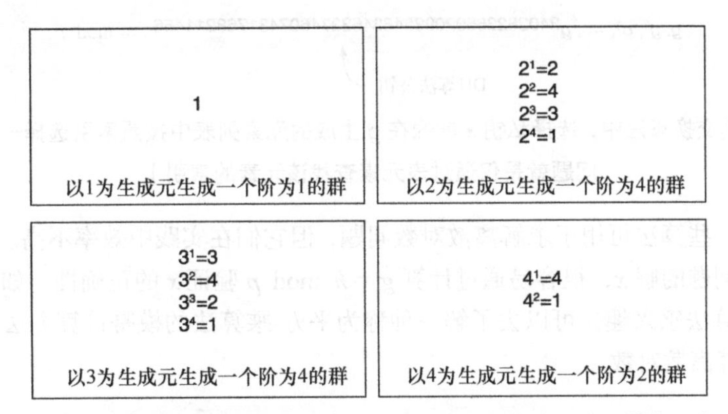

图 5.6 模 5 乘法群的所有子群。这些子群中都包含 1（即单位元），并且具有不同的阶（元素的个数不同）

目前，我们已知道：

■ 群是一个定义了二元运算的集合，这些二元运算满足某些性质（封闭性、结合律、单位元、逆元）；

■ DH 算法在伽罗瓦群（一个具有交换性的群）中运行，该群由一组小于某个素数的正整数集合以及模乘构成；

■ 在 DH 算法用到的群中，每一个群元素都是某个子群的生成元。

群是许多密码原语的核心。如果想了解其他密码原语的工作原理，那么需要对群论有基本的了解。

5.2.2 离散对数问题：DH 算法的基础

DH 密钥交换算法的安全性基于群上的离散对数问题，该问题是公认的困难问题。本节将介绍离散对数问题。

对于一个模数为 5 的群，选定群的一个生成元 3 并随机选择一个群元素 2，求解 $2 = 3^x \bmod 5$ 中未知的 x 就是在求解离散对数问题。因此，群中的离散对数问题计算的是生成元生成某个群元素时需要与自身相乘的次数。这是一个重要的概念，请务必花些时间思考离散对数问题。

在上述的例子中，我们可以轻易猜出 x 的值是 3（$2 = 3^3 \bmod 5$）。但如果我们选择一个更大的模数，问题就变得十分困难了。这就是 DH 问题困难的原因。我们之前学习 DH 算法生成密钥对的方法如下。

（1）所有参与者协商使用一个大素数 p 和一个生成元 g 作为公共参数。

（2）每个参与者随机产生一个数 x 作为私钥。

（3）每个参与者通过计算 $g^x = h \bmod p$ 生成自身的公钥 h。

基于离散对数问题的困难性，没有人可以从用户的公钥中推测出对应的私钥，如图 5.7 所示。

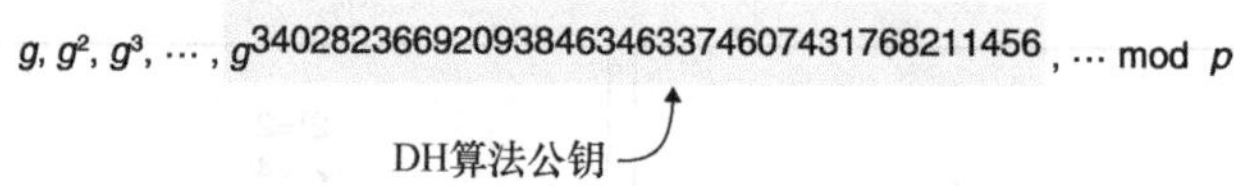

$$g, g^2, g^3, \cdots, g^{340282366920938463463374607431768211456}, \cdots \bmod p$$

DH算法公钥

图 5.7 在 DH 密钥交换算法中，选择私钥 x 就像在 g 生成的元素列表中按照索引选择一个元素（离散对数问题就是仅通过表元素查找该元素的索引）

虽然目前有一些算法可用于求解离散对数问题，但它们在实践中效率不高。另一方面，如果给定了离散对数问题的解 x，很容易通过计算 $g^x = h \bmod p$ 验证 x 的正确性。如果读者对解决离散对数问题的新算法感兴趣，可以去了解一种称为平方-乘算法的模幂计算方法，它通过逐比特遍历 x 高效地计算离散对数。

注意：

与密码学中的其他原语一样，仅通过猜测找到问题的答案并非不可能。但通过选择足够大的参数（在 DH 密钥交换算法中是一个大的素数），可以将猜测到正确答案的可能性降低到忽略不计。这意味着，即使经过数百年的随机尝试，恰好猜到正确结果的概率在统计学上仍然接近于 0。

如何将上述的所有数学知识应用在 DH 密钥交换算法中呢？可以想象下面的场景：

- Alice 有一个私钥 a 及其对应的公钥 $A = g^a \bmod p$；
- Bob 有一个私钥 b 及其对应的公钥 $B = g^b \bmod p$。

Alice 可以根据 Bob 的公钥和自身的私钥计算双方的共享密钥 $B^a \bmod p$，Bob 也可以进行类似的操作，计算 $A^b \bmod p$ 。显而易见，双方最终会得到相同的结果：

$$B^a = g^{ba} = g^{ab} = A^b \bmod p$$

这就是 DH 密钥交换算法的神奇之处。对于观察者而言，仅获得通信双方的公钥 A 和 B，无法计算 $g^{ab} \bmod p$ 。接下来，我们将了解在实际应用程序中 DH 密钥交换算法的使用方式和现有的 DH 密钥交换协议标准。

计算性 DH 问题和判定性 DH 问题

顺便说一句，在理论密码学中，根据 $g^a \bmod p$ 和 $g^b \bmod p$ 无法计算 $g^{ab} \bmod p$ 称为计算性 DH（Computational Diffie-Hellman，CDH）假设。它容易与假设性更强的判定性 DH（Decisional Diffie-Hellman, DDH）假设混淆，后者表示对于集合{0,1,2,3,⋯,q−1}中的元素 a、b、c，根据 $g^a \bmod p$、$g^b \bmod p$ 以及 $g^c \bmod p$，无法区分 $g^c \bmod p$ 是密钥交换的结果（即 $g^{ab} \bmod p$），还是群中一个随机元素。这两个假设常用于构建各种各样的密码学算法。

5.2.3 DH 密钥交换标准

根据 DH 密钥交换算法的工作原理，算法参与者需要协商一个素数 p 和群生成元 g 作为公共参数。本小节将介绍 DH 密钥交换算法实际应用中选择公共参数的方法以及现有的不同标准。

首先，应该选择尽可能大的素数 p。由于 DH 密钥交换算法的安全性基于离散对数问题的困难性，因此对离散对数问题的最佳攻击直接影响到 DH 算法的安全性。离散对数问题攻击算法的任何进展都会削弱 DH 算法的安全性。随着时间的推移，我们对攻击进展的速度及其对安全性的影响程度已有足够的了解。目前，在实践中，常将 p 设置为 2048 比特的素数。

注意：

一般来说，许多机构和组织都给出了相应的密码算法参数的推荐长度。相关总结来自研究机构或政府机构（如法国国家网络安全局、美国国家标准与技术研究院和德国联帮信息安全办公室）编制的权威文件。这些权威文件中的建议虽然并不总是一致的，但它们推荐的参数尺寸基本保持一致。

在过去，许多密码程序库和软件通常将生成的参数编码到硬件中。而这种做法有时导致算法很脆弱，甚至完全可以被攻破。2016 年，有人发现主流的命令行工具 Socat 在一年前将默认的 DH 群更改为一个不安全的 DH 群，这引发了一个问题：这是一个无意的错误还是故意设置的后门。按照我们以往的经验，使用标准化的群参数是为了预防某些攻击的有效手段，但这在 DH 群却是个例外。在 Socat 问题出现后的几个月内，Antonio Sanso 在阅读 RFC 5114 时发现，该标准指定的 DH 群参数也不安全。

由于上述的问题，较新的协议和密码库都更倾向于选择椭圆曲线 DH 算法（Elliptic Curve Diffie-Hellman，ECDH），或者使用更安全的标准（如 RFC 7919）中定义的群参数。目前的最佳做法是使用 RFC 7919 中定义的群，这些群的阶和安全性均不同。例如，ffdhe2048 是一个模数为 2048 比特的素数、生成元为 2 的群，其中素数 p 的取值如下：

p = 32317006071311007300153513477825163362488057133489075174588434139269806834136210002792056362640164685458556357935330816928829023080573472625273554742461245741026202527916572972862706300325263428213145766931414223654220941111348629991657478268034230553086349050635557712219187890332729569696129743856241741236237225197346402691855797767976823014625397933058015226858730761197532436467475855460715043896844940366130497697812854295958659597567051283852132784468522925504568272879113720098931873959143374175837826000278034973198552060607533234122603254684088120031105907484281003994966956119696956248629032338072839127039

注意：

通常选择 2 作为生成元，因为计算机使用简单的左移（<<）指令非常高效地实现了乘 2 计算。

群的阶通常是 $q=(p-1)/2$。这意味着私钥和公钥的大小都在 2048 比特左右，这样的密钥长度已经足够大（例如，与 128 比特的对称密钥相比）。5.3 节中我们使用椭圆曲线上定义的群，可以令 DH 算法使用更短的密钥实现相同的安全性。

5.3 基于椭圆曲线的 DH 密钥交换算法

DH 算法可以在不同类型的群中实现，而不仅仅是模数为素数的乘法群。椭圆曲线是数学中经常研究的一种曲线，它也可以构成一个群。这个想法在 1985 年由尼尔·科布利茨（Neal Koblitz）和维克多·米勒（Victor S.Miller）提出，但直到 2000 年，基于椭圆曲线的密码算法开始标准化时，这一想法才被采纳。

应用密码学领域很快接受椭圆曲线密码（Elliptic Curve Cryptography，ECC），因为它的密钥长度比上一代公钥密码更短。与 DH 算法中推荐的 2048 比特参数相比，ECDH 算法的参数只需要 256 比特。

5.3.1 椭圆曲线的定义

我们首先需要了解椭圆曲线在算法中的作用。椭圆曲线不过是曲线的一种，它包含的坐标 x 和 y 满足如下方程：

$$y^2+a_1xy+a_3y=x^3+a_2x^2+a_4x+a_5$$

其中 a_1、a_2、a_3、a_4 和 a_5 是常数。当今实际应用的大多数曲线的方程可简化为短 Weierstrass 方程：

$$y^2=x^3+ax+b$$

其中，$4a^3+27b^2\neq 0$。

虽然有两种类型的曲线（二元曲线和特征曲线 3）无法简化为短的 Weierstrass 方程，但这些曲线很少使用，因此在本章的其余部分将使用 Weierstrass 形式表示曲线方程。一个椭圆曲线以及曲线上随机选取的两个点如图 5.8 所示。

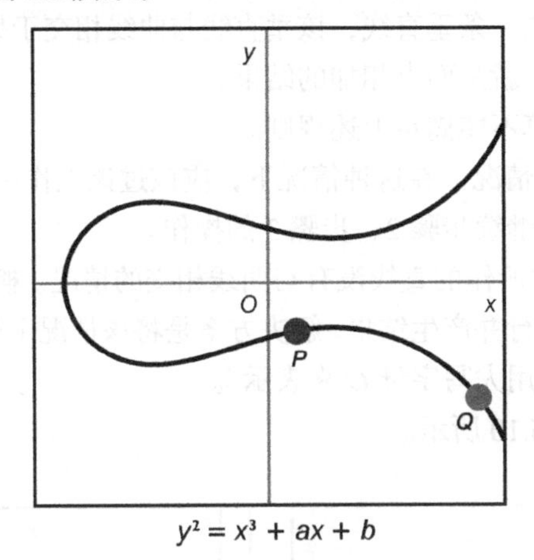

图 5.8　由方程定义的椭圆曲线示例

人们在对椭圆曲线的研究过程中发现可以基于椭圆曲线构造一个群。从那时起，在这些群上实现 DH 算法也变得十分简单。本节将以非常直观的方式解释椭圆曲线密码底层的原理。

椭圆曲线上的群通常定义为加法群，有别于 5.2 节定义的乘法群，它定义在群上的运算是加法，通常表示为 +。

注意：

在实践中使用加法符号或乘法符号表示群运算并不重要，这只是个人偏好的问题。虽然大多数密码学算法都使用乘法符号，但有关椭圆曲线的文献都使用加法符号，因此本书中提到椭圆曲线群时将用加法符号来表示群运算。

这次，我们在定义群元素之前先定义群运算。群的加法运算定义如图 5.9 所示。

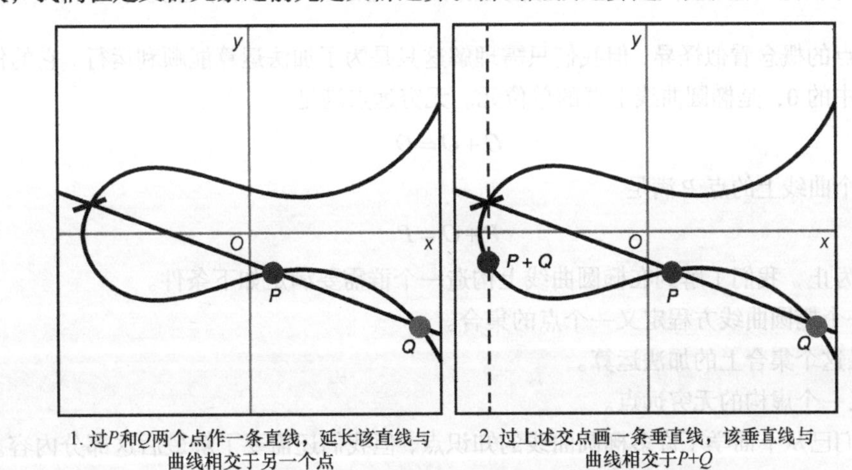

图 5.9　利用几何方法在椭圆曲线的点上定义加法操作

（1）过两个参与运算的点做一条直线，延长该直线与曲线相交于另一个点。

（2）过步骤 1 的新交点画一条垂直线，该垂直线与曲线相交于另一点。

（3）步骤 2 产生的新交点就是两点相加的结果。

在两种特殊情况下，运算不能满足上述规则。

- 某个点与自身相加的情况。在这种情况下，应该过该点作一条与曲线相切的直线（而非过两点作直线）后再继续步骤 2、步骤 3 的操作。
- 步骤 1（或步骤 2）中所作的直线没有与曲线相交的情况。椭圆曲线上的加法需要在这种特殊的情况下也能运行并产生结果。解决方案是将该情况下的结果定义为一个虚构的点，称为无穷远点（通常用大写字母 O 来表示）。

上述两种特殊情况如图 5.10 所示。

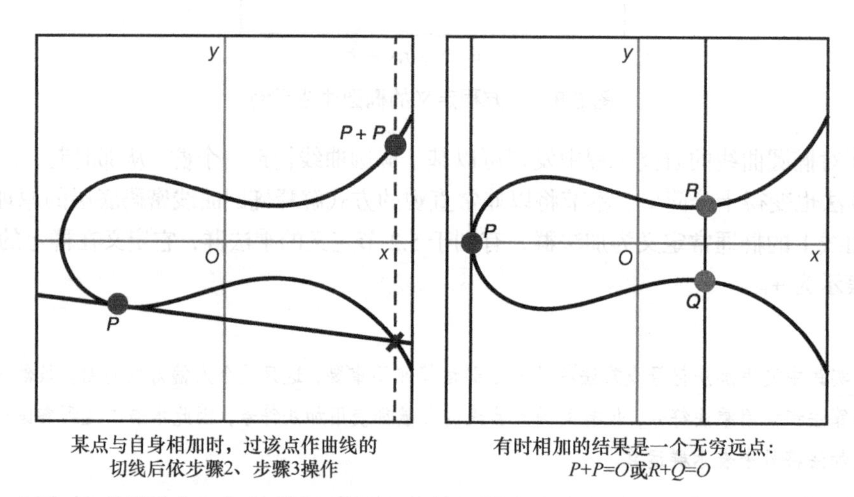

图 5.10 在图 5.9 的基础上，定义了椭圆曲线上某点自加以及两个点相加产生无穷大点 O 的运算结果

无穷远点的概念看似怪异，但我们只需理解这只是为了加法运算能顺利运行。它的作用类似于加法运算中的 0，是椭圆曲线上群的单位元。无穷远点满足：

$$O+O=O$$

对于任意一个曲线上的点 P 满足

$$P+O=P$$

到目前为止，我们了解到在椭圆曲线上构造一个群需要满足如下条件。

- 由一个椭圆曲线方程定义一个点的集合。
- 定义这个集合上的加法运算。
- 定义一个虚构的无穷远点。

虽然我们已从上面学了许多椭圆曲线的知识点，但我们还需要了解最后这部分内容。椭圆曲线密码的运算作用在之前讨论的有限域群上。实际上，这意味着坐标的值只能选取集合

$\{1,2,\cdots,p-1\}$中的元素，其中 p 是一个大素数。因此，理解椭圆曲线密码时，我们脑中浮现的应该是图 5.11 所示的右图。

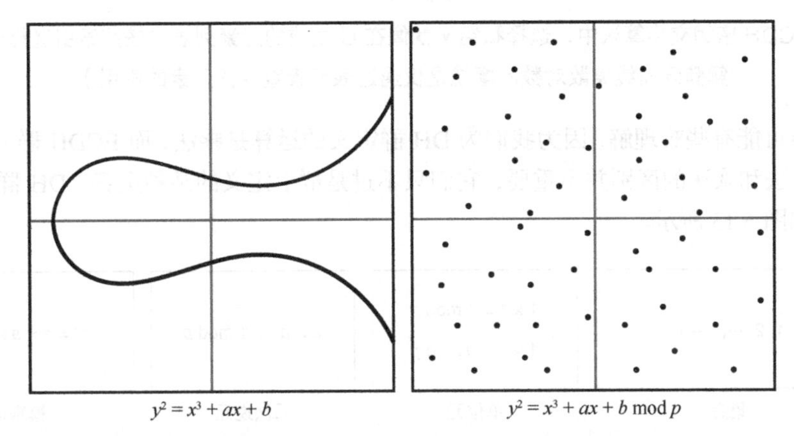

图 5.11　椭圆曲线密码在实践中用坐标系下的椭圆曲线表示，该椭圆曲线的方程需要模大素数 p。这意味着椭圆曲线群中使用的群看起来更像右图而非左图

至此，我们可以对椭圆曲线群进行密码学设计，如同之前在模素数 p 的乘法群上实现 DH 密钥交换算法一样。那么我们如何用椭圆曲线上定义的群来实现 DH 算法呢？首先了解离散对数问题在椭圆曲线群中的定义形式。

取一个点 G，定义加法为将其自身相加 x 次生成另一个点 P。我们可以把它写成 $P = G + \cdots + G$（x 个 G 相加）或者简写为 $P = [x]G$，读作 G 的 x 倍。椭圆曲线离散对数问题（Elliptic Curve Discrete Logarithm Problem，ECDLP）是在只知道 P 和 G 的情况下求解 x。

注意：

我们称$[x]G$为标量乘法，因为在这类群中，x 通常被称为标量。

5.3.2　ECDH 密钥交换算法的实现

现在我们构造一个椭圆曲线群，就可以在这个群上实现 DH 密钥交换算法。产生 ECDH 算法密钥对的方法如下。

（1）所有参与者协商一个椭圆曲线方程、一个有限域（最有可能是一个素数）和一个群生成元 G（在椭圆曲线密码中通常称为基点）。

（2）每个参与者生成一个随机数 x 作为自身的私钥。

（3）参与者各自生成自己的公钥$[x]G$。

基于 ECDLP 的困难性，攻击者无法仅从公钥恢复其对应的私钥，如图 5.12 所示。

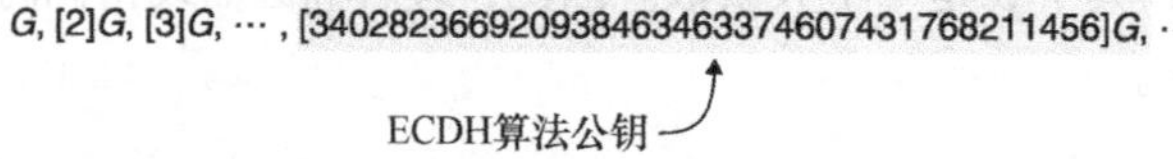

$G, [2]G, [3]G, \cdots, [340282366920938463463374607431768211456]G, \cdots$

ECDH算法公钥

图 5.12 在 ECDH 密钥交换算法中，选择私钥 x 就像在 G 生成的元素列表中按照索引选择一个元素（求解椭圆曲线离散对数问题就是仅通过表元素查找该元素的索引）

上述内容可能有些难理解，因为我们为 DH 群定义的运算是乘法，而 ECDH 群上定义的运算是加法。但加法和乘法的区别并不重要，它们只不过是群上定义的某种运算。DH 群和 ECDH 群之间的比较如图 5.13 所示。

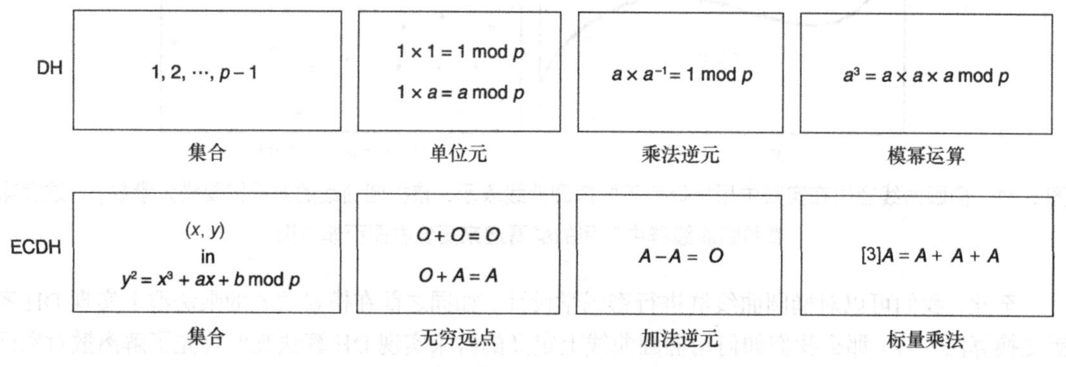

图 5.13 DH 群与 ECDH 群之间的比较

现在我们可以确信，对于密码学来说唯一重要的事情是，拥有一个定义了某种运算的群，并且这个群上的离散对数问题很困难。最后，DH 群和 ECDH 群中离散对数问题之间的差异如图 5.14 所示。

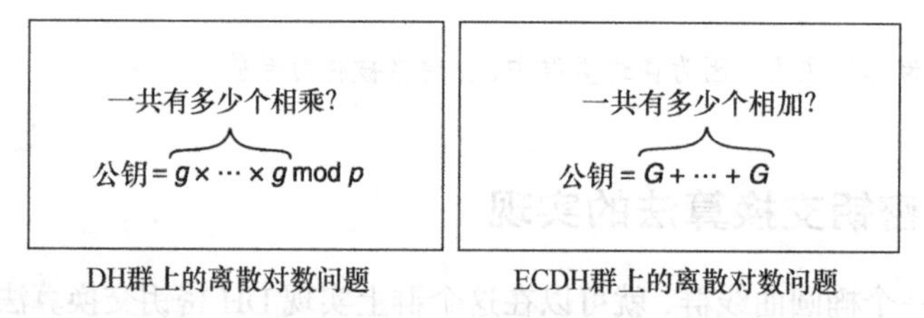

图 5.14 模大素数的离散对数问题与椭圆曲线密码中的离散对数问题的比较。两者都与 DH 密钥交换算法相关，因为它们的安全性都依赖于从公钥中恢复私钥的困难性

可见 ECDH 群与 DH 群是不同的。正是由于这些差异，使得已知的针对 DH 算法的最有效的攻击（称为 Index Calculus 算法或数域筛选攻击）在 ECDH 群上不起作用。这就是 ECDH 算法的参数在相同安全级别下比 DH 算法的参数小得多的主要原因。

现在我们已经完成了理论学习，可以开始定义 ECDH 密钥交换算法。想象如下场景。

- Alice 拥有私钥 a 以及公钥$[a]G$。

- Bob 拥有私钥 b 以及公钥$[b]G$。

Alice 可以根据 Bob 的公钥以及自身的私钥 a 计算共享密钥$[a]B$。Bob 也可以使用类似的计算得到$[b]A$。很明显，双方最终计算出相同的结果：

$$[a]B = [a][b]G = [ab]G = [b][a]G = [b]A$$

任何被动敌手都无法仅通过观察公钥来生成共享密钥，这与 DH 密钥交换算法相同。接下来我们讨论 ECDH 标准相关的问题。

5.3.3 ECDH 算法的标准

> 自从 1985 年首次提出椭圆曲线密码以来，它一直保持着强大的性能。美国、英国、加拿大等国家都相继使用椭圆曲线密码系统，以保护政府内部和政府之间的机密信息。
>
> ——美国国家安全局（NSA）（“The Case for Elliptic Curve Cryptography”，2005）

ECDH 算法的标准化相当混乱。许多标准化机构致力于将不同的曲线制定为标准，并随后引发对哪一个曲线更安全、更有效的辩论。Daniel J.Bernstein 主导的大量研究指出，NIST 制定的许多标准化曲线并不安全，这类不安全的曲线的漏洞可能只有 NSA 知道。

> 我不再相信标准中给出的常数。因为我认为 NSA 联合工业界操纵了这些标准。
>
> ——Bruce Schneier（“The NSA Is Breaking Most Encryption on the Internet”，2013）

如今，实际使用的大部分曲线都遵循 SEC 和 RFC7748 两个标准，大多数应用程序也都固定使用两条曲线：P-256 和 Curve25519。在本小节的其余部分中，我们将讨论这些曲线。

2000 年 NIST FIPS 186-4 首次将“数字签名标准”（Digital Signature Standard）规定为签名标准，它包含的附录中规定了 ECDH 算法中使用的 15 条曲线。其中 P-256 是使用最广泛的曲线。该曲线也在 2010 年以 secp256r1 之名在高效密码标准（Standards for Efficient Cryptography，SEC）第 2 版的“椭圆曲线域参数建议”（Recommended Elliptic Curve Domain Parameters）中发布。P-256 可由短 Weierstrass 方程表示如下：

$$y^2 = x^3 + ax + b \bmod p$$

其中，$a = -3$，$b = 41058363725152142129326129780047268409114441015993725554835256314039467401291$，$p = 2^{256} - 2^{224} + 2^{192} + 2^{96} - 1$。

该椭圆曲线群的阶 $n = 115792089210356248762697446949407573529996955224135760342422259061068512044369$，这意味着在内群中有 n 个点（包含无穷远点）。

群的基点为 $G = (48439561293906451759052585252797914202762949526041747995844080717082404635286, 36134250956749795798585127919587881956611106672985015071877198253568414405109)$。

该曲线提供 128 比特密钥。对于其他需要 256 比特安全性的应用（例如，具有 256 比特密钥的 AES），则可以使用 SEC 标准中的 P-521 曲线。

P-256 曲线是否可信？

有趣的是，P-256 以及其他在 FIPS 186-4 标准中定义的曲线都是由种子生成的。就 P-256 而言，种子是一个已知的字符串：

0xc49d360886e704936a6678e1139d26b7819f7e90

这个字符串的选择本应该能够证明算法在设计上不存在后门。而不幸的是，FIPS 186-4 标准并未对 P-256 曲线种子选取做出明确解释，我们只知道该标准直接以参数形式指定了该种子。

出版于 2016 年的 RFC 7748，也称为《安全椭圆曲线》（*Elliptic Curves for Security*），规定了两条曲线：Curve25519 和 Curve448。Curve25519 曲线提供的安全级别大约为 128 比特，而 Curve448 曲线提供的安全级别大约为 224 比特，它可以避免不断强化的椭圆曲线攻击算法带来的威胁。这里我们只讨论 Curve 25519，它是由方程定义的蒙哥马利曲线：

$$y^2 = x^3 + 486662x^2 + x \bmod p$$

其中 $p = 2^{255} - 19$。

Curve25519 的阶 $n = 2^{252} + 27742317777372353535851937790883648493$，使用的基点是 $G = (9, 14781619447589544791020593568409986887264606134616475288964881837755586237401)$。

ECDH 算法与 Curve25519 的结合通常称为 X25519。

5.4 小子群攻击以及其他安全注意事项

当今，我们常使用的是 ECDH 算法而非 DH 算法，这是因为 ECDH 算法的密钥更短、已知的有效攻击更少、实现方式的质量更高，以及椭圆曲线受到的标准化更好（这与 DH 群令人眼花缭乱的标准相反）。最后一点很重要！使用 DH 群会面对不安全的标准（如前面提到的 RFC 5114）、过于宽松的协议（许多协议，如 TLS 的旧版本，不强制 DH 群的选择）以及使用不安全的自定义 DH 群（如前面提到的 Socat 问题）等潜在威胁。

如果必须使用 DH 算法，那么要确保遵守标准。前面提到的标准使用安全素数作为模数，即形式为 $p = 2q + 1$ 的素数，其中 q 也是一个素数。关键是，这种形式的群只有两个子群：一个阶为 2 的小群（由−1 生成）和一个阶为 q 的大群。（顺便说一句，这是我们能得到的最好结果，因为 DH 算法中存在没有素数阶群的情况。）小子群的稀缺性可以避免小子群攻击（稍后将详细介绍此攻击）。使用安全素数能够构造安全的群有两个原因：

- 模素数 p 的乘法群的阶是 $p-1$；
- 模素数 p 的乘法群的子群的阶是原始群阶的因子。

因此，模安全素数的乘法群的阶是 $p - 1 = (2q + 1) - 1 = 2q$，它的因子只有 2 和 q，即子群的阶只能是 2 或 q。在这类群中，由于没有足够多的小子群可用，因此可以抵抗小子群攻击。小子群攻击是一种对密钥交换算法的攻击，如果小子群的个数过多，攻击者可以通过发送多个无效公钥使私钥逐比特泄露，其中无效公钥是小子群的生成元。

例如，攻击者选择−1（−1 作为生成元生成一个阶为 2 的子群）作为公钥发送给算法参与者，算法参与者会使用攻击者发来的公钥以及自身的私钥计算共享密钥。由于算法参与者只需对小子群的生成元（攻击者的公钥）进行模幂运算，其中幂的次数就是私钥，因此共享密钥在子群{1,−1}中。随后根据算法参与者应用共享密钥的事实，攻击者可以猜出该共享密钥，并从中获取算法参与者私钥的信息。

上述示例中，若私钥为偶数，则共享密钥为1；若私钥为奇数，则共享密钥为−1。这样一来，攻击者就可以得知私钥的最低有效位的信息。此外，将许多不同阶的子群用于攻击可以让攻击者有更多机会获取私钥信息，直至恢复整个密钥。该问题如图 5.15 所示。

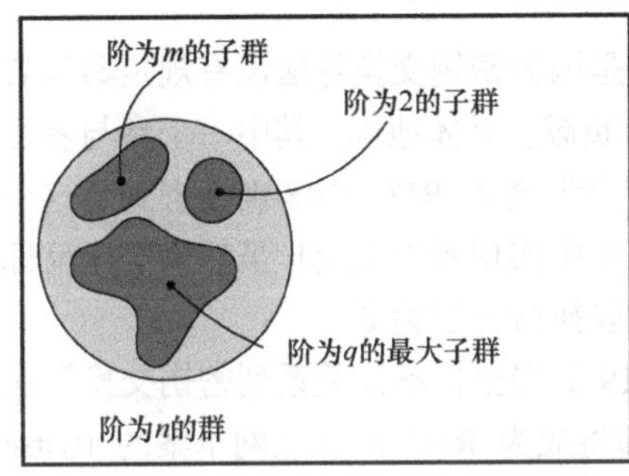

1. 一个阶为n的群可以有许多阶不同的子群

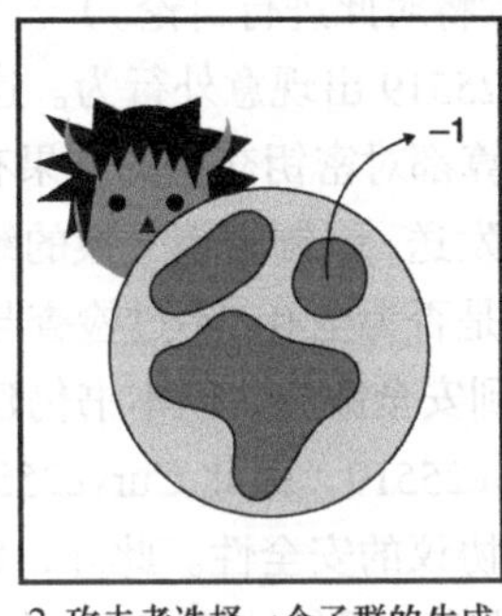

2. 攻击者选择一个子群的生成元作为自身的公钥

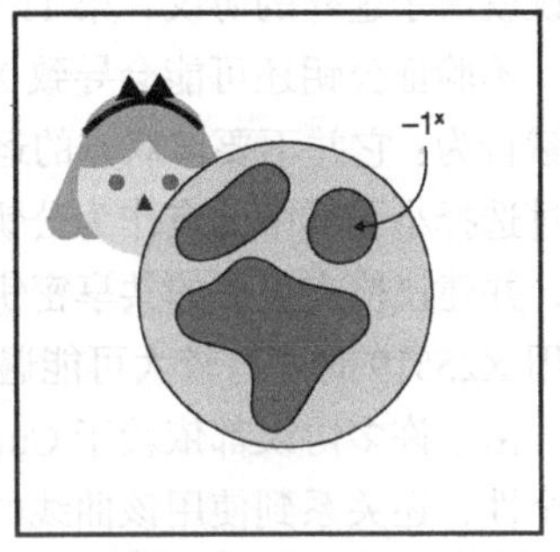

3. 根据密钥交换算法，参与者用敌手的公钥以及自身私钥计算共享密钥，该共享密钥是子群中的元素

图 5.15　拥有子群多的 DH 群更容易被小子群攻击攻破，通过选择小子群的生成元作为公钥，攻击者可以逐比特恢复私钥信息

虽然验证接收到的公钥是否在正确的子群中可以有效抵抗小子群攻击，但并非所有的算法都这样做。2016 年，研究人员分析了 20 种不同的 DH 算法实现，发现它们竟然都没有验证公钥的正确性（请参阅 Valenta 等人的文章“Measuring small subgroup attacks against Diffie-Hellman”）。因此选择包含公钥验证的 DH 算法实现十分重要。我们对公钥进行模幂运算，其中幂的次数是某个小子群的阶，若得到的结果是群的单位元，则可说明该公钥属于该小子群。

另一方面，椭圆曲线只允许素数阶的群。也就是说，椭圆曲线群没有小子群（除了由单位元生成的阶为 1 的子群），因此可以抵抗小子群攻击。不过，2000 年 Biehl、Meyer 和 Muller 发现无效曲线攻击可以对素数阶椭圆曲线群发起小子群攻击。

无效曲线攻击背后的思想如下。首先，使用短 Weierstrass 方程 $y^2 = x^3 + ax + b$（如 NIST 的 P-256）表示的椭圆曲线群的标量乘法与 b 无关。这意味着攻击者可以找到除 b 之外与上述方程式相同的其他曲线，且其中一些曲线有许多小子群。攻击的方法如下：攻击者在另一条曲线中的小子群中选择一个点，并将其发送到目标服务器。服务器用自身的私钥与给定点执行标量乘法，从而实现在不同的曲线上执行密钥交换。这个缺点使得小子群攻击在椭圆曲线群上重新成为可能，即使在素数阶椭圆曲线群上也是如此。

很明显，解决这个问题的方法还是验证公钥。通过检查公钥是否满足非无穷远处点的限制，并将接收到的坐标代入曲线方程以检查其是否满足方程，可以有效抵御无效曲线攻击。遗憾的是，

2015 年，Jager、Schwenk 和 Somorovsky 在 “Practical Invalid Curve Attacks on TLS-ECDH” 中指出，一些流行的 ECDH 算法实现中没有执行公钥检查。本书建议使用 ECDH 算法时选择 X25519 密钥交换算法，因为该算法的设计（考虑了无效曲线攻击）、实现方式以及对定时攻击的抵抗力均优于其他算法。

Curve25519 曲线不是一个素数阶群。该曲线有两个子群：一个阶为 8 的小子群和用于 ECDH 算法的大子群。除此之外，原始设计没有规定需要验证接收到的公钥，而且密码学库中也没有实现这些检查。这导致不同类型的协议由于使用原语的方式不规范产生许多问题。（矩阵消息传递协议就属于这样的协议，第 11 章将对此进行讨论。）

不验证公钥还可能会导致 X25519 出现意外行为。这是因为密钥交换算法没有规定参与者的贡献行为：它并不要求双方的运算都对密钥交换的结果有贡献。具体地说，其中一个参与者可以通过选择小子群中的点作为公钥发送，强制密钥交换的结果为全 0。RFC 7748 确实提到了这个问题，并建议检查生成的共享密钥是否为全 0，不过检查与否由实现者来决定！虽然只有违反标准使用 X25519 时才有较大可能遇到安全威胁，但本书仍建议执行公钥验证。

由于许多协议都依赖于 Curve25519，因此 Curve25519 的安全性不仅关系到密钥交换算法的安全性，还关系到使用该曲线的协议的安全性。此外，即将成为 RFC 的互联网草案的 Ristretto 是一种在 Curve25519 中添加额外编码层的结构，它能有效地模拟生成素数阶曲线。由于 Ristretto 简化了一些密码学原语（这些原语往往想要使用 Curve25519 却苦于没有可用的素数阶域）的安全假设，因此获得广泛的关注。

5.5　本章小结

- 没有验证的密钥交换算法不仅可以实现双方生成一致的共享密钥，还可以防止任何被动敌手根据公开信息生成该共享密钥。
- 认证的密钥交换算法可防止主动敌手伪装成其中一个参与方，而相互认证的密钥交换算法可防止主动敌手伪装成协议的实际参与方。
- 拥有对方的公钥就可以执行认证的密钥交换算法，但有时算法不能进行良好的扩展。不过认证的密钥交换算法与数字签名（参见第 7 章）的结合将给我们展示更多的应用场景。
- DH 密钥交换算法是第一个提出的密钥交换算法，目前仍使用广泛。
- 推荐使用的 DH 算法标准是 RFC 7919，该标准中包括几个可供选择的参数。推荐参数中最小的尺寸是 2048 比特的素数。
- ECDH 算法的密钥尺寸比 DH 小得多。为了实现 128 比特的安全性，DH 算法需要 2048 比特的参数，而 ECDH 算法只需要 256 比特的参数。
- ECDH 算法使用最广泛的曲线是 P-256 和 Curve25519。两者都实现了 128 比特的安全性。而在同样的标准中，P-521 和 Curve448 两条曲线都能实现 256 比特的安全性。
- 无效的公钥是引起许多安全问题的根源，因此验证公钥的有效性十分重要。

第6章　非对称加密和混合加密

本章内容：

- 用非对称密码加密密钥；
- 用混合加密技术加密数据；
- 非对称加密和混合加密标准。

在第4章中，我们学习了对称密码中的认证加密算法。该类算法的局限性在于通信双方必须共享同一密钥。本章通过引入非对称加密技术来消除认证加密算法的这一局限性。非对称加密原语可以在不知道对方解密密钥的情况下，使用加密密钥对发送给对方的数据进行加密，并确保对方可以解密。此前我们已经了解到，对称加密只能使用一个对称密钥加密消息，而非对称加密算法有一对公私钥，并用公钥加密消息。

通过学习本章内容，大家将会知道非对称加密也存在局限性，这主要表现在它允许加密的数据长度有限并且加密效率也不高。本章通过将非对称加密和认证加密技术结合起来形成混合加密（Hybrid Encryption），消除这两类算法各自的缺点。

注意：

在学习本章之前，必须先阅读认证加密（见第4章）和密钥交换（见第5章）这两部分内容。

6.1　非对称加密简介

首先，让我们先了解非对称加密算法加密消息的方式。非对称加密也称为公钥加密（Public Key Encryption）。本节主要介绍此类密码学原语的性质。现在，让我们通过加密邮件这个实际场景来了解对称加密。

所有的电子邮件都是“明文”发送的，邮件发送者和邮件服务提供商都可以阅读邮件的内容。这样的邮件系统确实不太安全！那么如何提供更安全的邮件服务呢？我们可能会想到使用AES-GCM这类第4章中的密码原语。为了使用该算法，我们需要事先和每个向我们发送邮件的人共享一个对称密钥。

习题

与通信的每一方都共享相同的密钥是一种非常糟糕的做法，请说明其原因。

然而，我们无法事先知道谁会给我们发邮件。另外，随着向我们发送加密邮件人数的增加，生成和交换新对称密钥也会变成一种非常烦琐的操作。借助非对称加密技术，我们可以有效避免这样的麻烦。非对称加密允许任何知道我们公钥的人向我们发送加密邮件。然而，只有拥有私钥者才能完成解密，即只有我们可以解密已加密的邮件。用非对称加密算法加密消息的过程如图 6.1 所示。

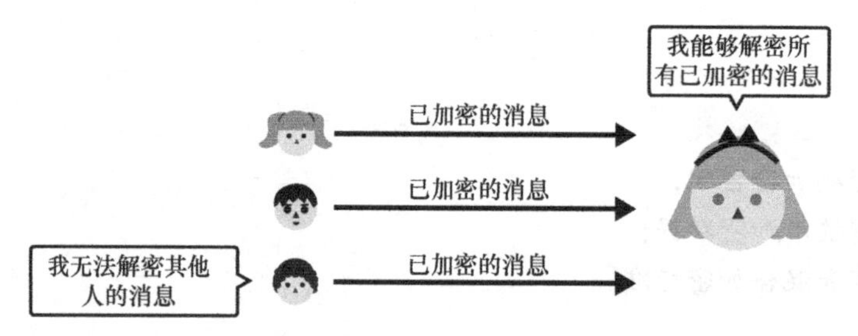

图 6.1 利用非对称加密技术，任何人都可以使用 Alice 的公钥加密发向她的消息。由于只有 Alice 拥有该公钥对应的私钥，所以只有 Alice 可以解密这些消息

在非对称加密原语初始化时，首先需要使用密钥生成算法产生一个密钥对。与密码算法的其他初始化函数一样，密钥生成算法也以安全参数为输入。安全参数的含义是密钥尺寸有多大。一般来讲，密钥越长，密码算法就越安全。图 6.2 展示了密钥生成过程。

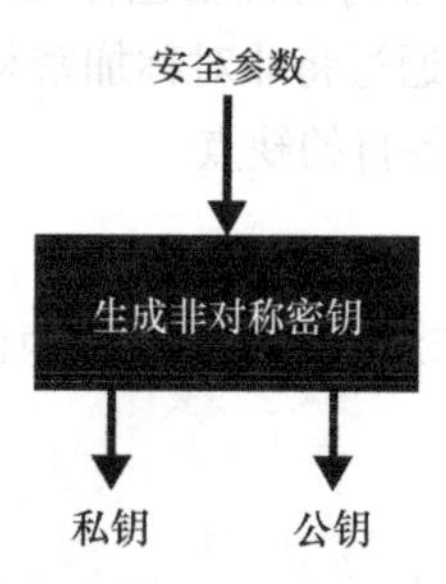

图 6.2 在使用非对称加密之前，首先需要生成一个密钥对。输入不同的安全参数，算法可以生成不同安全强度的密钥

密钥生成算法生成的密钥对由两部分组成，即允许公开的公钥和必须保密的私钥。类似于其他密码原语的密钥生成算法，我们也需要向非对称密钥对生成算法输入一个安全参数。任何人都可以使用这个公钥加密消息，而只有私钥拥有者才可以解密已加密消息，该过程如图 6.3 所示。与认证加密算法的解密过程一样，如果密文本身不合法，解密就会失败。

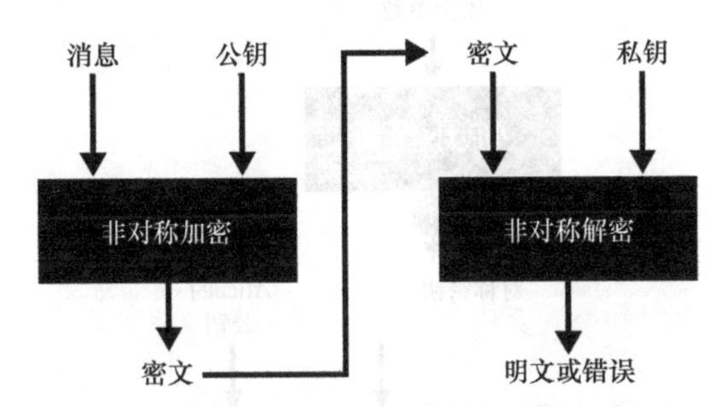

图 6.3 非对称加密算法允许使用接收者的公钥加密消息。接收者可以用公钥对应的私钥解密密文

需要注意的是，到现在为止，我们还没有考虑认证性问题。考虑如下情形：

- 任何人都可以使用 Alice 的公钥加密发向她的消息；
- Alice 无法知道是谁向她发了这条消息。

现在，假设我们可以通过某种方法安全地获得 Alice 的公钥。在第 7 章中，我们会了解在现实协议中解决上述认证性问题的方法。此外，我们还会学习通过密码学方式确定与我们通信的就是 Alice 本人。之后我们就会了解到，只需对发送的消息进行签名即可实现认证。

让我们进入 6.2 节内容，了解非对称加密在实践中的具体使用方式，以及在实践中很少利用它加密消息的原因。

6.2 实践中的非对称加密和混合加密

我们可能会认为仅仅使用非对称加密技术就足以保证电子邮件安全。实际上，非对称加密算法允许加密的消息长度是有限的。与对称加密相比，非对称加密和解密的速度相当慢。这主要是因为对称加密的操作是面向比特的，而非对称加密的操作常涉及大量复杂的数学运算。

本节先介绍非对称加密的局限性及在实践中的具体用途，再介绍解决非对称加密局限性的方法。本节分为两个部分，分别介绍非对称加密的两种主要用途。

- 密钥交换——使用非对称加密技术进行密钥交换是非常自然的。
- 混合加密——非对称加密可加密的消息长度严重限制了它的实际用途。为了加密更长的消息，我们将会学习更有价值的混合加密原语。

6.2.1 密钥交换和密钥封装

非对称加密可以用于密钥交换。执行密钥交换时，首先生成一个对称密钥，然后用 Alice 的公钥加密该对称密钥（该过程称为密钥封装），该过程如图 6.4 所示。

Alice 收到密文后，通过解密密文来获得对称密码密钥。之后，我们和 Alice 之间便有了共享密钥。完整过程如图 6.5 所示。

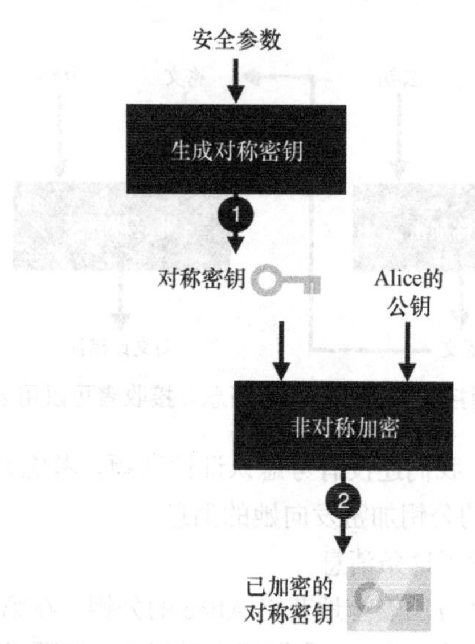

图 6.4 为了用非对称加密实现密钥交换原语，(1) 我们需要先生成一个对称密钥，(2) 然后用 Alice 的公钥加密这个对称密钥

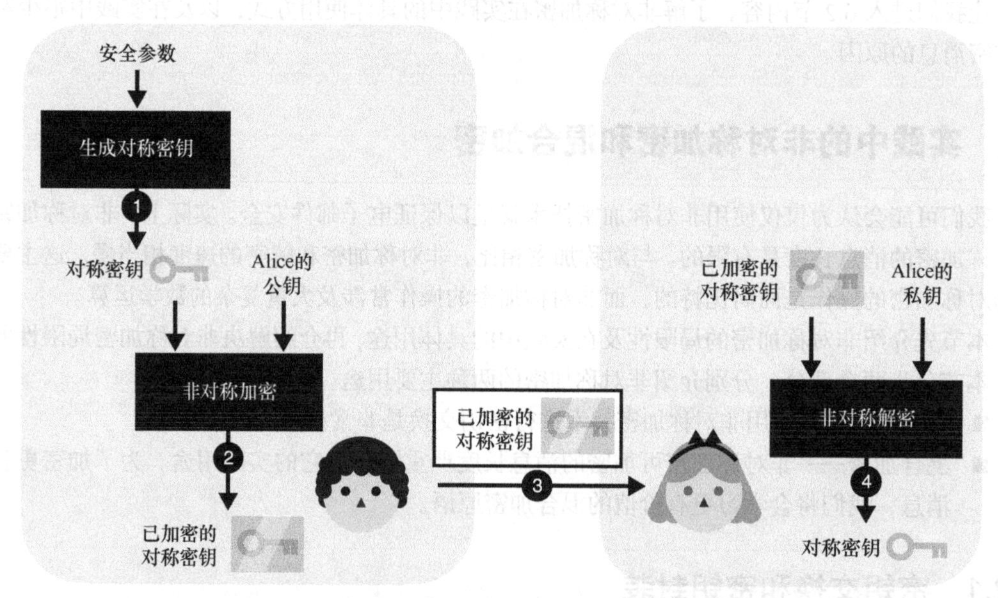

图 6.5 为了用非对称加密实现密钥交换原语，(1) 我们首先会生成一个对称密钥，(2) 再用 Alice 的公钥加密该对称密钥，(3) 之后，把加密后的对称密钥发送给 Alice，(4) 她可以使用相应的私钥解密密文，获得对称密钥。最终，我们和 Alice 都获得共享密钥。任何人仅仅通过观察加密的对称密钥无法获得这个共享密钥

在许多网络协议中，RSA 算法是利用非对称加密进行密钥交换的常用算法。如今，使用 RSA 算法进行密钥交换的协议越来越少。取而代之的是使用基于椭圆曲线的 ECDH 协议进行密钥交

换。这主要是因为基于 RSA 算法的密钥交换协议标准及其实现存在诸多漏洞，以及 ECDH 算法的参数尺寸相对较小。

6.2.2 混合加密

在实践中，非对称加密算法仅能加密长度不超过特定上限的消息。例如，RSA 算法允许加密的明文长度上限取决于密钥对生成期间设定的安全参数。更具体地说，非对称加密算法允许的明文长度上限与 RSA 算法模数的大小有关。当前，我们广泛使用的安全参数（模数的长度为 4096 位）允许加密的消息最大长度大约为 500 个 ASCII 字符（这是一条相当短的消息）。因此，大部分的应用会采用混合加密技术，它允许加密的最大消息长度等价于认证加密算法的消息长度上限。

在实践中，混合加密和非对称加密有着一致的接口（见图 6.6）。我们用公钥加密消息，拥有该公钥对应私钥的人可以解密密文。两类加密方式的主要区别在于允许加密的消息长度上限。

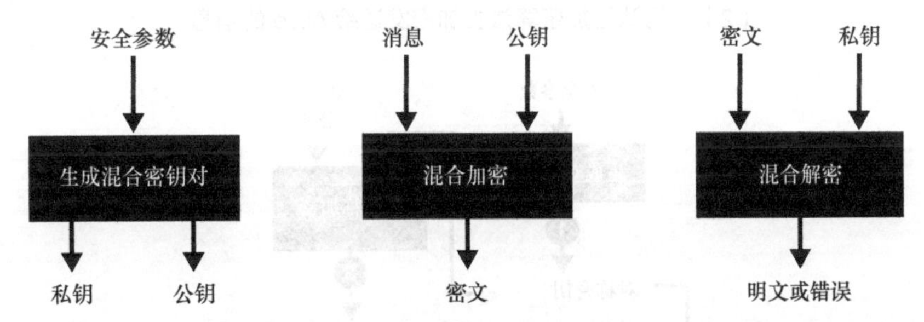

图 6.6 除允许加密的消息最大长度不同外，混合加密和非对称加密有相同的接口

实质上，混合加密是非对称加密原语和对称加密原语的组合。具体来说，混合加密相当于先与消息接收者执行非交互式的密钥交换协议，然后使用认证加密算法对消息进行加密和认证。

警告：

在混合加密中，我们可能会使用简单的对称加密算法而非使用认证加密算法去加密消息。然而，对称加密算法不能验证已加密消息是否被篡改。这也是我们在实践中不提倡单独使用对称加密算法加密消息的原因（参见第 4 章内容）。

现在，让我们一起来了解混合加密技术的原理。如果要加密一个发送给 Alice 的消息，首先要生成一个对称密钥，并把该密钥当作认证加密算法的密钥，之后用认证加密算法加密要发送的消息，如图 6.7 所示。

即使 Alice 收到了加密的消息，在没有对称密钥的情况下，她也无法解密消息。我们该如何向 Alice 提供这个对称密钥？答案是使用非对称加密技术，即用 Alice 的公钥加密该对称密钥。该过程如图 6.8 所示。

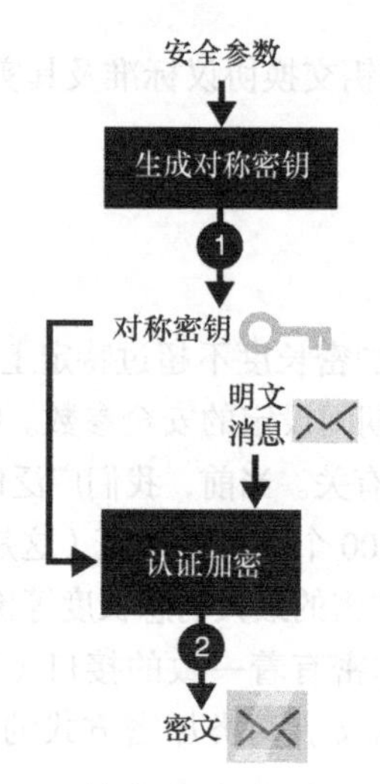

图 6.7 使用混合加密技术加密发送给 Alice 的消息时，（1）我们先为认证加密算法生成一个对称密钥，（2）再用认证加密算法去加密发送给 Alice 的消息

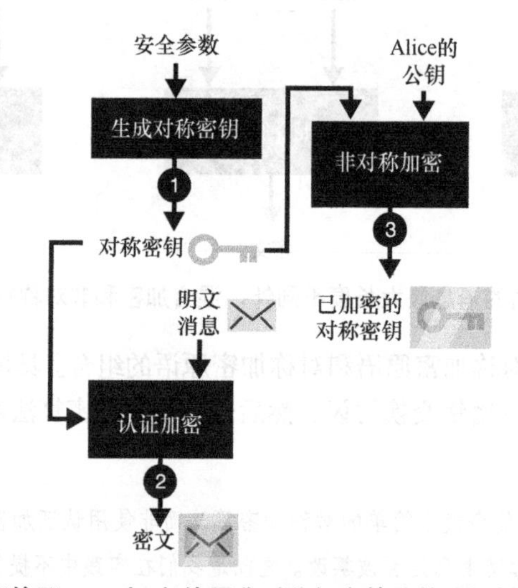

图 6.8 紧接图 6.7，（3）使用非对称加密算法的公钥加密对称密钥

最终，我们可以将这两个密文都发送给 Alice，它们分别为：

- 用非对称加密算法加密的对称密钥；
- 用对称加密算法加密的消息。

收到上面两个密文后，Alice 通过私钥解密获得对称密钥，再用对称密钥解密已加密的消息。整个过程如图 6.9 所示。

这就是我们使用这两种密码原语的最佳方式：混合使用非对称加密算法和对称加密算法，并用对称加密算法去加密数据。我们常称混合加密算法中第一部分的非对称加密算法为密钥封装机制（Key Encapsulation Mechanism，KEM），称第二部分中的对称加密算法为数据封装机制（Data Encapsulation Mechanism，DEM）。

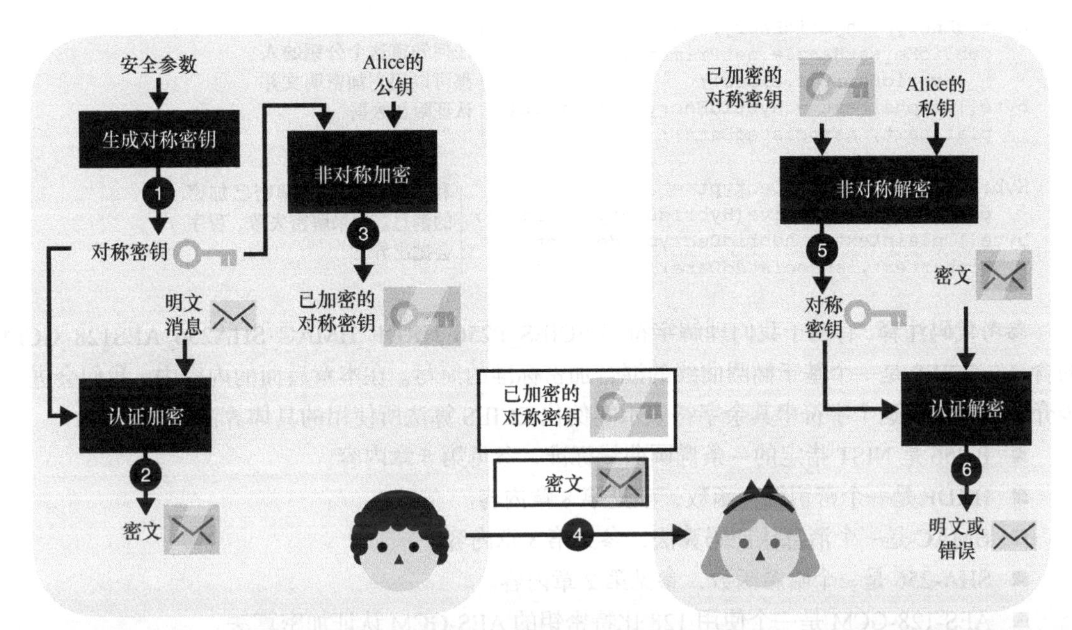

图 6.9　紧接图 6.8，（4）将加密的对称密钥和消息发送给 Alice 后，（5）Alice 先用私钥解密已加密的对称密钥，（6）再用对称密钥去解密已加密的消息。注意：如果中间人攻击者在第（4）步对通信信道传输的消息进行篡改，第（5）步和第（6）步都会出错

从 6.3 节起，我们将会了解各种各样的非对称加密和混合加密算法（标准）。在进入 6.3 节之前，让我们看一个密码学库中混合加密的使用示例。在该例子中，我们使用 Tink 密码程序库。Tink 由谷歌的密码学家开发，该库的目标是支持本公司和其他外部公司开发大型的密码学应用。由于 Tink 项目规模庞大，因此开发人员在设计上进行精心选择，只向使用者暴露必要的函数，从而达到防止开发人员误用加密原语的目的。另外，Tink 库还支持多种编程语言，如 Java（参见代码清单 6.1）、C++、Objective-C 和 Go 语言。

代码清单 6.1　用 Java 语言实现混合加密

```
import com.google.crypto.tink.HybridDecrypt;
import com.google.crypto.tink.HybridEncrypt;
import com.google.crypto.tink.hybrid.HybridKeyTemplates
➥.ECIES_P256_HKDF_HMAC_SHA256_AES128_GCM;
import com.google.crypto.tink.KeysetHandle;

KeysetHandle privkey = KeysetHandle.generateNew(      为一个具体的混合加密实例
  ECIES_P256_HKDF_HMAC_SHA256_AES128_GCM);            生成密钥
```

```
KeysetHandle publicKeysetHandle =
   privkey.getPublicKeysetHandle();                 获得公钥

HybridEncrypt hybridEncrypt =
   publicKeysetHandle.getPrimitive(                  任何知道这个公钥的人
      HybridEncrypt.class);                          都可以用它加密明文并
byte[] ciphertext = hybridEncrypt.encrypt(           认证附加数据
   plaintext, associatedData);

HybridDecrypt hybridDecrypt =                         利用附加数据去解密已加密
   privkey.getPrimitive(HybridDecrypt.class);        的消息。如果解密失败，程序
byte[] plaintext = hybridDecrypt.decrypt(            会抛出异常
   ciphertext, associatedData);
```

参考代码注释，有助于我们理解字符串 ECIES_P256_HKDF_HMAC_SHA256_AES128_GCM 的含义：ECIES 是一个基于椭圆曲线的混合加密标准的简写。在本章后面的内容中，我们会进一步介绍该算法。这个字符串其余字符表示实例化 ECIES 算法所使用的具体算法。

- P-256 是 NIST 指定的一条椭圆曲线标准，参见第 5 章内容。
- HKDF 是一个密钥派生函数，参见第 8 章内容。
- HMAC 是一个消息认证码算法，参见第 3 章内容。
- SHA-256 是一个哈希函数，参见第 2 章内容。
- AES-128-GCM 是一个使用 128 比特密钥的 AES-GCM 认证加密算法。

想知道这些算法是如何结合在一起的吗？在 6.3 节和 6.4 节，我们将学习两个广泛应用的标准：RSA 非对称加密和 ECIES 混合加密。

6.3 RSA 非对称加密的优缺点

现在，让我们一起了解非对称加密算法对应的标准。从历史上看，这两种密码原语都没有经受住密码分析人员的严谨分析，密码分析者在这些算法相关的标准和实现中都发现了许多漏洞和弱点。这就是本章先介绍非对称加密算法 RSA 并且不建议使用它的原因。本章剩余部分将介绍可以使用的非对称加密实际标准。

6.3.1 教科书式 RSA 算法

在本小节中，我们将了解 RSA 公钥加密算法以及它的标准化历程。这有助于我们理解其他基于 RSA 算法的非对称加密方案的安全性。

RSA 算法自 1977 年首次发布以来，受到了相当多的批评。一种流行的说法是 RSA 算法太容易理解和实现，因此许多人尝试亲自实现该算法，这导致很多协议在实现上存在弱点。这是一个有趣的论断，但是这种论断忽略了一些事实。不仅教科书式的 RSA 算法是不安全的，一些标准中的 RSA 算法也出现被攻破的情况！若想知道 RSA 算法在实现上总出现弱点的原因，我们还得

先了解它的工作原理。

还记得我们在第 5 章提到的模数为素数 p 的乘法群吗？这个群由正整数组成：

$$1,2,3,4,\cdots,p-1$$

我们将这些数中的一个当作消息。当 p 足够大（比如为 4096 位）时，消息可以包含多达 500 个字符。

注意：

对于计算机来说，消息既可以看作由一系列的字节组成，也可以解释为一个数字。

我们已经知道，通过计算一个数字的幂可以生成其他数字，而这些数字可以构成一个子群，如图 6.10 所示。

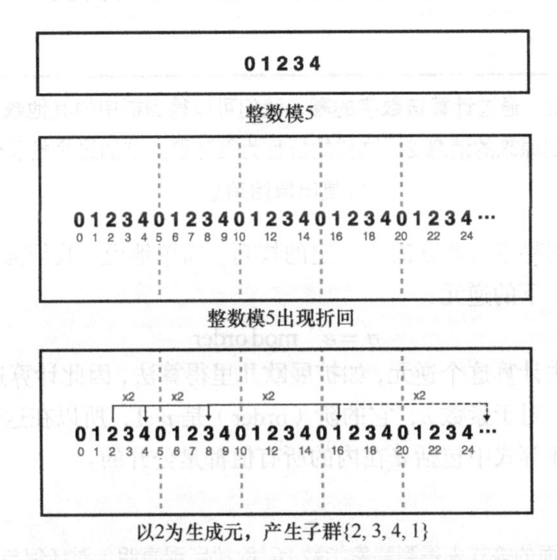

图 6.10 模素数 5 的整数被划分成不同的子群。挑选一个元素作为生成元（比如 2），通过计算它的幂可以得到一个子群。对于 RSA 算法而言，子群的生成元就是消息

当定义 RSA 算法的加密函数时，子群的概念非常有用。为了描述加密过程，我们公开一个指数 e 和素数 p（实际上，不要求 p 一定是素数）。当加密消息 m 时，我们可以执行如下计算：

$$c = m^e \bmod p$$

例如，当取 $e=2$、$p=5$ 时，加密 $m=2$：

$$c = 2^2 \bmod 5 = 4$$

这就是 RSA 算法的加密原理。

注意：

通常，为了快速加密，我们会选择一个较小的公开指数 e。历史经验表明，在一些标准和实现中，常将公开指数 e 设置为 65537。

现在，我们掌握了一种可以让他人向我们发送加密消息的方法。然而，我们怎么才能解密这些已加密的消息呢？我们可以注意到，如果继续对生成元求幂，我们可能会得到原始的数字（见图6.11）。

这给我们实现解密提供了思路：找出恢复到原始生成元需要对密文求幂的次数。假定这样的幂次已知，我们称它为秘密指数 d。如果我们收到密文 c：

$$c = m^e \bmod p$$

通过计算 c 的 d 次幂，我们可以恢复出原始消息 m：

$$c^d = (m^e)^d \bmod p = m \bmod p$$

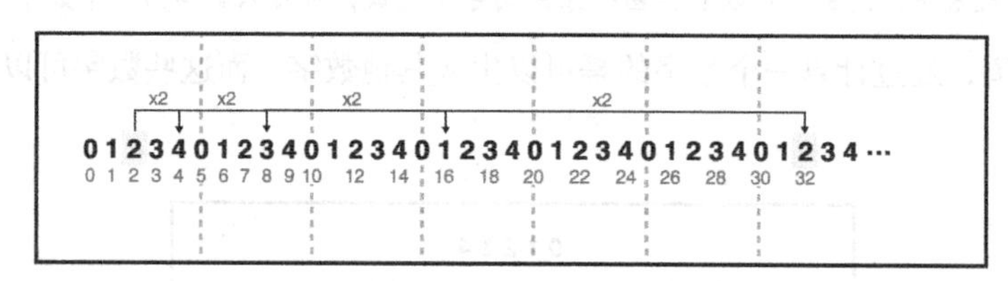

图6.11 假定消息是数字2。通过计算该数字的幂，我们可以得到群中的其他数字。如果对它进行足够多次的求幂，我们就可以得到原来的消息2。这样的群称为循环群。群的这个性质使得通过对密文求幂可以恢复出原始消息

从数学上来看，找到秘密指数 d 需要一定的技巧。简单地说，我们需要获得公开指数 e 在模群阶（群中元素的个数）下的逆元：

$$d = e^{-1} \bmod \text{order}$$

我们有高效的算法去计算这个逆元，如扩展欧几里得算法，因此计算逆元并不是难事。但是，我们还需要知道群的阶。对于素数 p，它的阶（order）是 $p-1$，所以在这种情况下计算秘密指数比较容易。这是因为上述等式中包括 d 在内的所有值都是公开的。

欧拉定理

我们如何通过计算前面的等式来得到秘密指数 d？欧拉定理表明，对任何与 p 互素的 m 有：

$$m^{\text{order}} = 1 \bmod p$$

其中，order 表示模 p 整数乘法群中元素的个数。这意味着，对于任意整数乘法：

$$m^{1+\text{multiple}\times\text{order}} = m \times (m^{\text{order}})^{\text{multiple}} \bmod p = m \bmod p$$

因此，我们要计算的等式等价于：

$$m^{e\times d} = m \bmod p$$

上述等式可进一步写成：

$$e \times d = 1 + \text{multiple} \times \text{order}$$

可以重写成：

$$e \times d = 1 \bmod \text{order}$$

由定义可知，d 是 e 在模 order 下的逆元。

通过隐藏群的阶，我们可以防止其他人利用公开指数计算出秘密指数。RSA 算法就巧妙地

利用了这一思想：如果我们使用的模不是素数，而是两个素数的乘积 $N=p\times q$，那么只要不知道 p 和 q，我们就不容易计算出乘法群的阶。

RSA 类型群的阶

欧拉函数 $\Phi(N)$会返回与 N互素的数的个数，基于该函数，我们可以计算出模 N的乘法群的阶。例如，5 和 6 是互素的，因为能够整除这两个数的整数只有 1。而 10 和 15 却不是互素的，这是因为 1 和 5 都是它们的公因子。一个模为 $N=p\times q$ 的 RSA 乘法群的阶为：

$$\Phi(N)=(p-1)\times(q-1)$$

当然，如果 N的因子分解未知，那么计算模 N乘法群的阶是非常困难的。

综上所述，RSA 算法的工作原理可以概括如下。

（1）密钥生成。

- 生成两个大素数 p 和 q。
- 随机选择一个公开指数 e，或者将公开指数 e 设置为固定值，如 $e=65537$。
- 公钥由公开指数 e 和公开的模 $N=p\times q$ 组成。
- 生成秘密指数 $d=e^{-1}\bmod(p-1)(q-1)$。
- 私钥就是秘密指数。

（2）加密消息 m：计算 $m^e \bmod N$。

（3）解密密文 c：计算 $c^d \bmod N$。

RSA 算法的实际工作原理如图 6.12 所示。

图 6.12 RSA 算法通过对消息执行模 $N=p\times q$ 的 e 次幂运算来加密消息，通过对密文执行模 N 的 d 次幂运算解密出原始消息

我们常说 RSA 算法依赖因子分解问题（Factorization Problem）。当 p 和 q 未知时，任何人都无法计算出模 N 的乘法群的阶。因此，当公开指数 e 已知时，没有人可以计算出秘密指数 d。这类似于基于离散对数的 DH 算法，如图 6.13 所示。

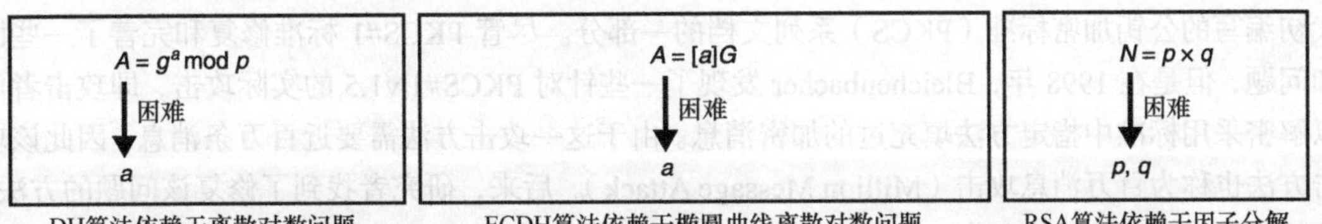

图 6.13 DH 算法、ECDH 算法和 RSA 算法是依赖于 3 个不同数学困难问题的非对称密码算法。问题的困难性意味着，当用较大的参数实例化这些问题时，我们没有高效的算法可以解决它们

因此，教科书式 RSA 算法需要模一个合数 $N=p\times q$，其中 p 和 q 均为大素数，且需要保密。现在，我们已了解 RSA 算法的工作原理。接下来，让我们来进一步了解 RSA 算法在实践中不安全的原因，以及标准中的 RSA 算法如何变得安全。

6.3.2 切勿使用 PKCS#1 v1.5 标准中的 RSA 算法

我们已经了解教科书式 RSA 算法的基本原理。不过，该算法是不安全的。在了解安全版本的 RSA 算法之前，让我们看看在使用该算法的过程中应该避免哪些问题。

不建议直接使用教科书式 RSA 算法的原因有许多。例如，当加密的消息取值较小（$m=2$）时，恶意敌手可以加密取值在 0～100 的所有消息。通过观察已加密消息是否与这些数值中的某个密文相匹配，我们很容易得出密文对应的消息取值。

在 RSA 算法的相关标准中，通过将消息扩展成很大的值，从而使这种类型的暴力攻击失效。具体来说，就是利用非确定性填充方法将消息扩展到算法允许的最大长度。例如，在 PKCS#1 v1.5 标准中，填充消息的方式就是向消息添加一些随机字节，如图 6.14 所示。

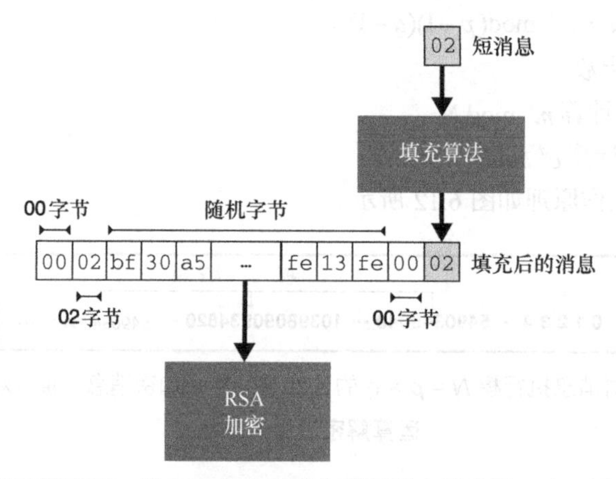

图 6.14 PKCS#1 v1.5 标准指定了一种在加密前对消息进行填充的方法。为了避免暴力攻击，必须向消息末尾添加一些随机字节，同时要求填充方法必须是可逆的（保证解密后可以移除填充）

PKCS#1 标准实际上是第一个基于 RSA 算法的标准，该标准属于 RSA 公司在 20 世纪 90 年代初编写的公钥加密标准（PKCS）系列文档的一部分。尽管 PKCS#1 标准修复和完善了一些已知问题，但是在 1998 年，Bleichenbacher 发现了一些针对 PKCS#1 v1.5 的实际攻击，即攻击者可以解密采用标准中指定方法填充过的加密消息。由于这一攻击方法需要近百万条消息，因此该攻击方法也称为百万消息攻击（Million Message Attack）。后来，研究者找到了修复该问题的方法。然而，近年来，重复发生着一件有趣的事情：类似的问题每次被修复后，研究者们就会再次发现新的攻击方法，完全消除这种攻击变成一件不可能实现的事。

适应性选择密文攻击

在理论密码学中，Bleichenbacher 发现的百万消息攻击属于典型的适应性选择密文攻击（Adaptjve Chosen Ciphertext Attack，CCA2）。CCA2 意味着攻击者可以提交任意 RSA 密文（选择的密文），敌手通过观察不同密文对解密的影响，并根据先前的观察继续执行攻击（自适应部分）。在密码学安全证明中，CCA2 常用于刻画敌手行为。

为了理解百万消息攻击奏效的原因，我们需要知道 RSA 算法的密文具有可延展性：我们可以修改 RSA 算法的密文，同时还能保证解密成功。如果获得密文 $c = m^e \bmod N$，我们就可以生成如下密文：

$$3^e \times m^e = (3m)^e \bmod N$$

解密该密文，我们可以得到如下明文：

$$((3m)^e)^d = (3m)^{e \times d} = 3m \bmod N$$

在本示例中，我们将原始消息乘 3，但在实践中我们可以对原始消息乘任何数。在实践中，必须严格定义消息的格式（会对消息进行填充），如果直接对密文进行修改，可能会造成密文解密后无法保持正确格式。然而，有时也会出现例外，即对密文的恶意修改不会破坏消息的格式。

Bleichenbacher 正是利用这一性质对 PKCS#1 v1.5 中定义的 RSA 算法进行百万消息攻击的。这种攻击方式的执行过程是：先截获并修改已加密消息，再将其发送给解密者。通过观察解密者是否可以解密消息（即填充格式是否有效），我们可以得到消息范围。由于明文的前两个字节是 0x0002，我们知道解密结果小于某个值。通过迭代执行该过程，我们可以逐步缩小消息范围，直到得到最终的消息。

尽管 Bleichenbacher 的攻击方法影响深远，但是有很多安全系统仍在使用 PKCS#1 v1.5 标准中的 RSA 算法。作为一名安全顾问，我发现许多应用程序容易遭受这种攻击。因此，使用该算法时一定要小心！

6.3.3 非对称加密 RSA-OAEP

1998 年，PKCS#1 标准的 2.0 版本正式发布，该标准中包含一个称为最优非对称加密填充（Optimal Asymmetric Encryption Padding，OAEP）的 RSA 算法填充方法。与 PKCS#1 v1.5 标准不同，此版本中的 OAEP 方案不易受到百万消息攻击。因此，该版本指定的 RSA 算法标准更加安全。现在，让我们一起了解 OAEP 的工作原理，以及它能防御百万消息攻击的原因。

与大多数密码算法一样，RSA 的 OAEP 方案也有一个密钥生成算法。该算法以一个安全参数为输入，如图 6.15 所示。

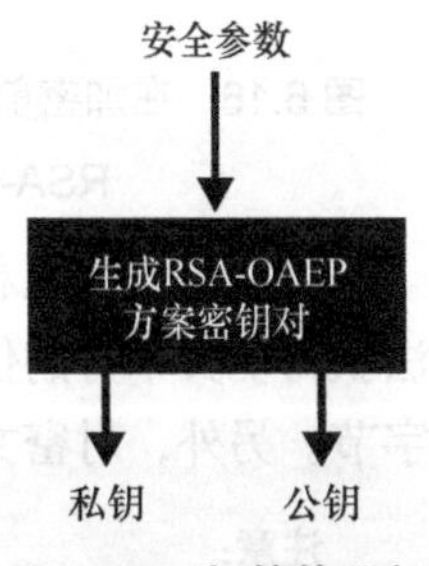

图 6.15 与其他公钥加密算法类似，RSA-OAEP 算法需要先生成一个密钥对。之后，该公私钥对可用于该密码学原语的其他算法

RSA-OAEP 算法的密钥生成算法以一个安全参数为输入。与 Diffile-Hellman 算法一样，RSA-OAEP 算法涉及的所有运算都是模一个大整数下的运算。当谈到 RSA 算法时，常用模数的比特长度度量其安全性。这种做法与先前评估 DH 算法安全性的做法十分类似。

目前，大多数安全指南声称模数在 2048 和 4096 比特之间才能提供 128 比特的安全性。然而，鉴于这些指南的安全性评估方法千差万别，许多应用程序都保守地将模数的长度设为 4096 比特。

注意：

我们知道 RSA 算法的模数不是一个大素数，而是两个大素数的乘积 $N=p\times q$。若模数取 4096 比特，密钥生成算法会生成两个长度近似于 2048 比特的大素数 p 和 q。

在执行加密前，算法会先对消息进行填充，再用一些随机数与已填充消息进行混合。然后，用 RSA 算法对预处理过的消息进行加密。解密密文的过程与加密过程刚好相反，如图 6.16 所示。

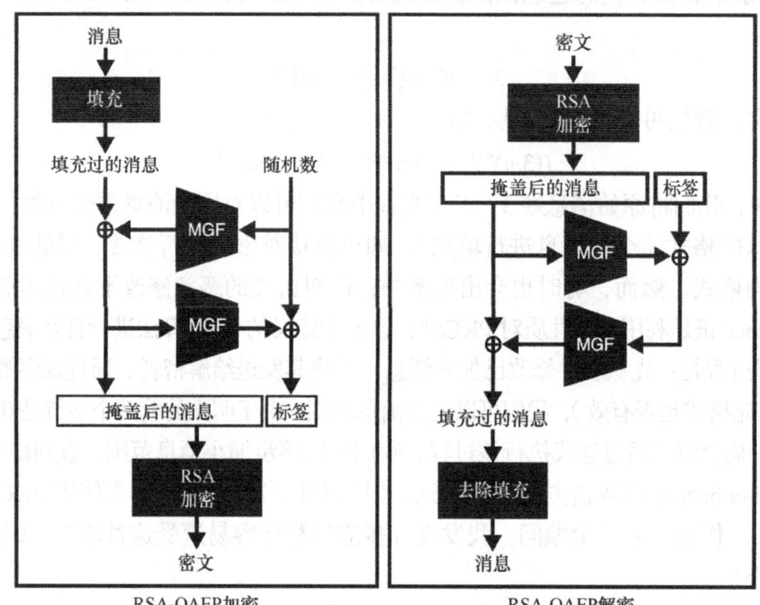

图 6.16　在加密前，RSA-OAEP 算法会将消息和随机数进行混合。该混合结果在解密后是可逆的。RSA-OAEP 算法的核心是一个可增大和减小输入长度的随机掩码生成函数

将已填充消息和随机数混合后，RSA-OAEP 算法可以确保即便密文泄露一些信息，敌手也无法获得明文本身的任何信息。的确如此，为了剔除 OAEP 方案的填充，我们需要获得填充的所有字节。另外，对密文的任何修改将会产生不正确的明文格式，因此百万消息攻击失效。

注意：

明文自检特性使攻击者很难根据密文生成一个格式正确的可解密密文。OAEP 填充方案正是提供了这种明文自检机制使百万消息攻击方法不再有效。

在 OAEP 填充方案内部，MGF（Mask Generation Function）表示掩码生成函数。在实践中，MGF 是一种可扩展输出函数（eXtendable Output Function，XOF）。在第 2 章中，我们已经学过这类函数。MGF 早于 XOF 出现，它们的基本结构都是反复计算输入数据和一个计数器的哈希值。OAEP 填充方案的工作原理如图 6.17 所示。

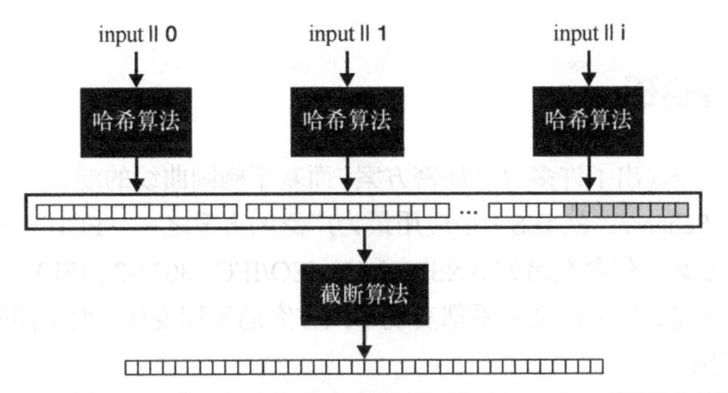

图 6.17 MGF 以任意长度的数据为输入产生任意长度的伪随机输出。该函数通过迭代计算输入数据和计数器的哈希值，并将哈希值拼接在一起，得到所需长度的输出

Manger 填充预言机攻击

在 OAEP 标准发布的第 3 年，James Manger 发现了针对 OAEP 方案的时序攻击方法。这种攻击方法与 Bleichenbacher 的百万消息攻击十分类似，且只在 OAEP 方案没有正确实现时才有效。事实上，与 PKCS#1 v1.5 标准相比，OAEP 标准的安全实现更加简单，因此 OAEP 方案在实现上的弱点也更少。

进一步来说，OAEP 方案也并不完美。在随后的几年里，密码学家相继构造出一些更好的方案，并且也对它们进行了标准化。RSA-KEM 算法就属于其中之一，该算法具有更高的安全性，而且其安全实现也更加简单。这个算法的原理如图 6.18 所示。

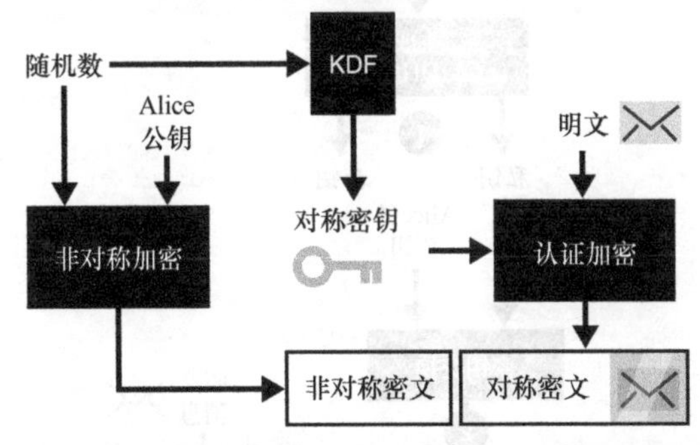

图 6.18 RSA-KEM 是一个利用 RSA 算法加密随机数的方案。该方案无须对消息进行填充。通过将随机数输入 KDF 算法，产生对称密钥。之后，我们可以使用对称加密算法加密和认证消息

值得注意的是，RSA-KEM 方案用到密钥派生函数（Key Derivation Function，KDF）。KDF 属于另外一种密码学原语，也可以用 MGF 和 XOF 代替该函数。在第 8 章，我们会深入了解 KDF。

当今的许多协议和应用仍在使用不安全的 PKCS#1 v1.5 方案或安全的 OAEP 方案；不过，越来越多的协议不再使用基于 RSA 算法的非对称加密算法，它们倾向于使用 ECDH 密钥交换算法和混合加密算法。这种现象很好理解，ECDH 算法的公钥尺寸更小，该协议的安全实现也相对简单。

6.4　混合加密 ECIES

目前，密码学家已经提出了许多混合加密方案，而基于椭圆曲线的混合加密标准（Elliptic Curve Integrated Encryption Scheme，ECIES）是应用最为广泛的方案之一。ECIES 方案指定 ECDH 算法为密钥交换协议，该方案已包含在诸如 ANSI X9.63、ISO/IEC 18033-2、IEEE 1363a 和 SECG SEC 1 之类的标准中。不幸的是，每个标准似乎都实现了该方案的不同变体，而不同密码程序库对该混合加密的实现也存在差别。

鉴于这一原因，同一混合加密方案能在实现上保持一致的情形很少出现。尽管这种情况十分令人不悦，但是知道混合加密方案在实现上面临的问题也很重要。如果参与某一协议的所有实现者使用完全相同的实现，并给出混合加密方案详细实现文档，那么所实现协议就不会有问题。

ECIES 方案的工作原理类似于 6.2 节提到的混合加密方案。两个混合加密方案的不同之处在于 KEM 部分的实现，6.2 节提到混合加密方案使用非对称加密算法进行密钥交换，而 ECIES 方案使用 ECDH 算法进行密钥交换。下面让我们来看看 ECIES 方案的详细执行过程。

首先，在加密消息前，我们需要运行 ECDH 算法完成密钥交换，即使用 Alice 的公钥和己方的私钥生成一个临时共享密钥。之后，将共享密钥当作 AES-GCM 这类认证加密算法密钥，对发向 Alice 的消息进行加密。整个过程如图 6.19 所示。

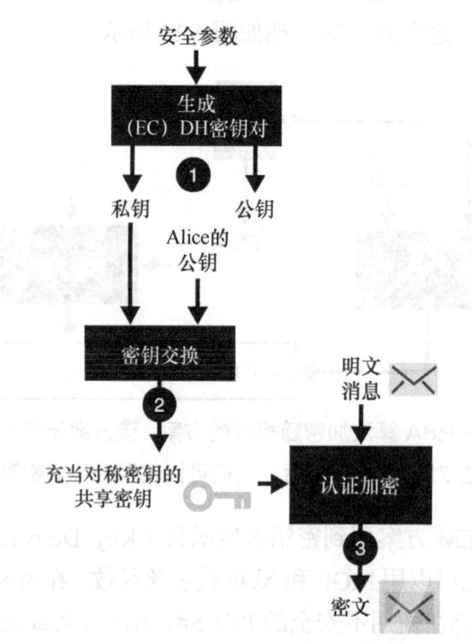

图 6.19　为了使用混合加密方案 ECDH 加密一个发送给 Alice 的消息，（1）需要先生成一个临时的（EC）DH 密钥对。（2）之后，用 Alice 的公钥和己方的私钥生成临时共享密钥。（3）将共享密钥作为对称加密算法密钥，对发送给 Alice 的消息进行认证加密

加密完消息后，将临时公钥和密文一起发送给 Alice。Alice 先用收到的临时公钥和自己的私钥进行密钥交换，生成共享密钥。然后，用这个共享密钥解密密文，恢复出原始消息。如果消息在传输过程中遭到篡改，解密就会出现错误。图 6.20 给出该过程的完整示意。

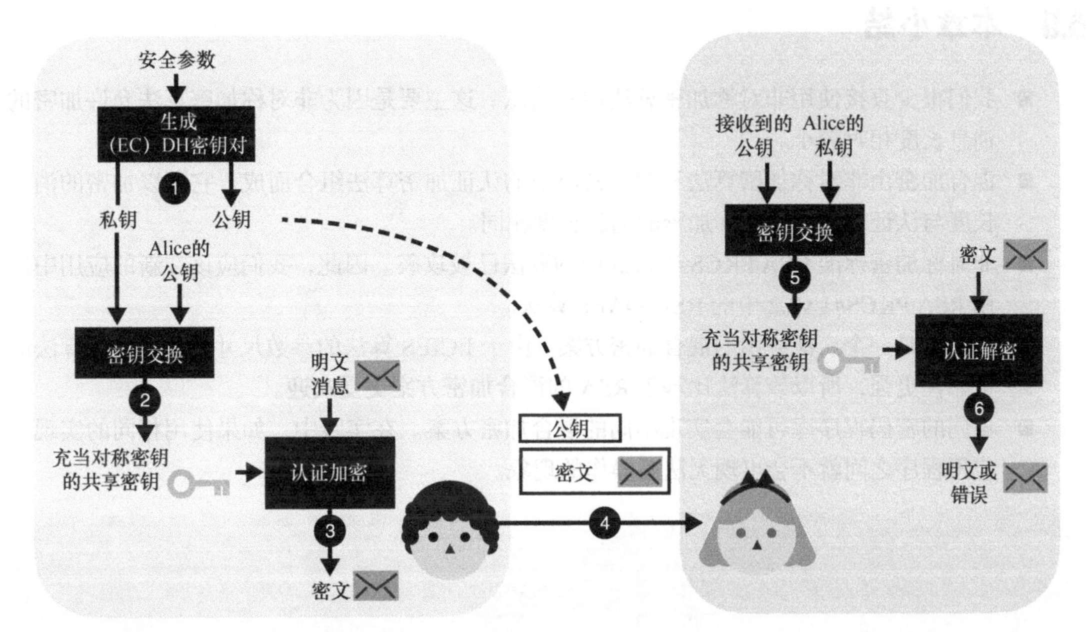

图 6.20 紧接图 6.19，（4）当己方将临时公钥和密文发给 Alice 后，（5）Alice 可以使用自己的私钥和接收到的公钥执行密钥交换，生成共享密钥。（6）最终，她将共享密钥当作认证加密算法的密钥去解密密文，恢复出原始消息

这就是 ECIES 方案的工作原理。ECIES 方案还存在一个基于 DH 密钥交换协议的变种。该变种算法称为 IES，其工作原理与 ECIES 方案一样，但很少有人使用 IES 混合加密算法。

消除密钥交换输出中的偏差

值得注意的是，图 6.20 所示是 ECIES 方案执行过程的简化版。大多数认证加密原语都要求其使用的对称密钥是均匀随机的。正是因为密钥交换协议输出的密钥是非均匀随机分布的，我们才会用 KDF 和 XOF 进一步处理生成的共享密钥。在第 8 章中，我们会对此有更深入的讲解。

非均匀随机意味着，共享密钥的比特分布在统计上存在 0 多于 1 或者 1 多于 0 的情形。例如，共享密钥的前几个比特总是为 0。

上述方案中将密钥交换协议由 ECDH 变为 DH，就相当于得到一种新的混合加密标准。在第 7 章中，我们将学习数字签名原语，它是本书第一部分中介绍的最后一个公钥密码算法。

习题

为什么不能直接将密钥交换的输出当作对称密码算法的密钥?

6.5 本章小结

- 我们很少直接使用非对称加密算法加密消息。这主要是因为非对称加密算法允许加密的消息长度相对较小。
- 混合加密由非对称加密算法和对称密码中的认证加密算法组合而成，它可以加密的消息长度与认证加密算法允许加密的消息长度相同。
- 非对称加密标准 RSA PKCS#1 v1.5 中的算法已被攻破。因此，我们应该在新的应用中使用 RSA PKCS#1 v2.2 中的 RSA-OAEP 算法。
- ECIES 是一个广泛应用的混合加密方案。由于 ECIES 算法的参数尺寸较小，并且算法的可靠性更强，所以该算法比基于 RSA 的混合加密方案更受欢迎。
- 不同的密码程序库可能会实现不同的混合加密方案。在实践中，如果使用相同的实现，应用程序之间就不会出现无法互操作的现象。

第7章　数字签名与零知识证明

本章内容：

- 密码学数字签名的概念以及零知识证明；
- 现有的密码学数字签名算法的标准；
- 数字签名的相关细节及避免误用其的方法。

本章我们将学习一种功能强大且应用普遍的密码学原语——数字签名。简单地说，数字签名的作用类似于现实生活中在支票和合同上的签名。当然数字签名是一种密码学技术，相比手写签名，它提供了更多的安全保证。

当数字签名应用在各种各样的协议中时，它会让这些协议具有更加强大的功能。在本书的第二部分，我们将多次遇到数字签名。本章将介绍数字签名的概念、数字签名在现实世界中的使用方法以及现代数字签名算法的标准。最后，我们将讨论使用数字签名时需要注意的安全问题和误用数字签名的危害。

注意：

密码学中的签名通常表示数字签名或签名方案。本书将交替使用这两个术语。

阅读本章之前，需要先学习：

- 第2章；
- 第5章；
- 第6章。

7.1　数字签名的定义

通过学习第1章内容，我们知道数字签名与现实生活中的签名非常相似。该密码学原语是在直观上很容易理解的密码原语之一。

- 只有签名者本人可以对任意消息生成签名。

■ 任何人都可以验证签名者对消息的签名。

在非对称密码领域，我们很容易想到数字签名的这种非对称性实现方式。签名方案通常由 3 种不同的算法组成。

■ 密钥对生成算法：签名者使用该算法生成新的私钥和公钥（公钥可以共享出去）。
■ 签名算法：该算法以私钥和消息为输入，输出消息的签名。
■ 验证算法：该算法以公钥、消息以及消息的签名为输入，输出验证结果（通过或不通过）。

有时我们也将私钥称为签名密钥，将公钥称为验证密钥。上述 3 种算法的原理如图 7.1 所示。

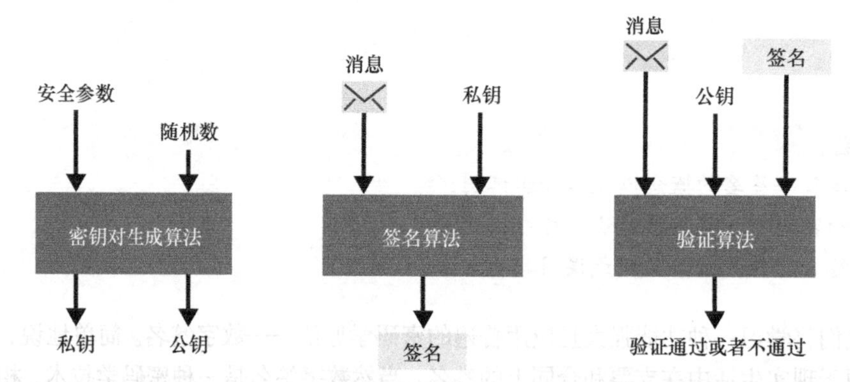

图 7.1 与其他公钥密码算法一样，签名方案首先需要通过密钥对生成算法生成密钥对，该算法要求输入安全参数和一些随机数。然后，在签名算法中输入私钥和消息生成签名，在验证算法中输入公钥、消息以及消息的签名对签名进行验证。任何没有私钥的人都无法伪造出可以通过验证的签名

那么为什么数字签名应用如此广泛呢？这是因为数字签名可以用于验证消息的来源以及完整性。

■ 来源：如果这个消息中包含某个人的签名，那么说明该消息源于这个人。
■ 完整性：如果有人篡改了消息，签名就会失效。

注意：

虽然数字签名的这两个性质都属于认证性，但通常认为它们是两个不同的性质：来源认证性和消息认证性（或完整性）。

在某种意义上，数字签名类似于我们在第 3 章中学习的消息认证码（MAC）算法。但与 MAC 算法不同的是，数字签名可以让我们以不对称的方式验证消息：参与者可以在不知道私钥或签名密钥的情况下验证消息是否被篡改。接下来，我们将学习数字签名算法在实践中的使用方式。

习题

正如我们在第 3 章中学到的，MAC 算法生成的认证标签必须在固定时间内完成验证，以避免时序攻击。那么数字签名需要在固定时间内完成验证吗？

7.1.1 现实应用中计算和验证签名的方法

首先，让我们来看一个实际的例子。在代码清单 7.1 中，我们使用著名的 Python 库 pyca/cryptography 来实现签名方案。代码清单 7.1 中的代码的功能是，先简单地生成一个密钥对，然后使用私钥对消息进行签名，最后使用公钥来验证消息的签名。

代码清单 7.1 使用 Python 实现签名的生成以及验证

```
from cryptography.hazmat.primitives.asymmetric.ed25519 import (
    Ed25519PrivateKey          <-- 使用流行的 Ed25519 数字签名算法
)

private_key = Ed25519PrivateKey.generate()      | 先生成私钥，再生成公钥
public_key = private_key.public_key()           |

message = b"example.com has the public key 0xab70..."  | 以私钥为输入，运行签名算法对消
signature = private_key.sign(message)                  | 息进行签名

try:
    public_key.verify(signature, message)       | 以公钥以及消息为输
    print("valid signature")                    | 入，运行验证算法对
except InvalidSignature:                        | 签名进行验证
    print("invalid signature")
```

正如我们前面所说的那样，数字签名使得许多协议在现实世界中的可扩展性更强。我们将在 7.1.2 小节的示例中理解数字签名提高协议可扩展性的方法。

7.1.2 数字签名应用案例：认证密钥交换

第 5 章和第 6 章介绍了协议双方进行密钥交换的两种方式。在这些章中，我们也了解到密钥交换对于协商共享密钥非常有用，而共享密钥可以在后续用于认证加密算法，实现对通信过程的保护。然而，主动敌手可以轻易伪装成密钥交换的双方，因此密钥交换并没有完全解决在两个参与者之间建立安全连接的问题。数字签名算法可以解决中间人伪装成密钥交换双方的问题。

假设 Alice 和 Bob 正试图在彼此之间建立一个安全的通信通道，且 Bob 知道 Alice 的验证密钥。那么，Alice 可以使用签名密钥来向 Bob 认证自己的公钥：Alice 生成密钥交换的密钥对，使用自己的签名密钥对用于密钥交换的公钥进行签名，然后 Alice 将用于密钥交换的公钥及其签名一起发送给 Bob。Bob 可以使用已知的 Alice 的验证密钥去验证签名是否有效，验证通过后就可以使用 Alice 的密钥交换公钥来执行密钥交换。

我们将上述的密钥交换过程称为认证密钥交换（Authenticated Key Exchange）。如果 Bob 验证签名后发现签名无效，他就可以认为有主动敌手干预密钥交换过程。认证密钥交换的过程如图 7.2 所示。

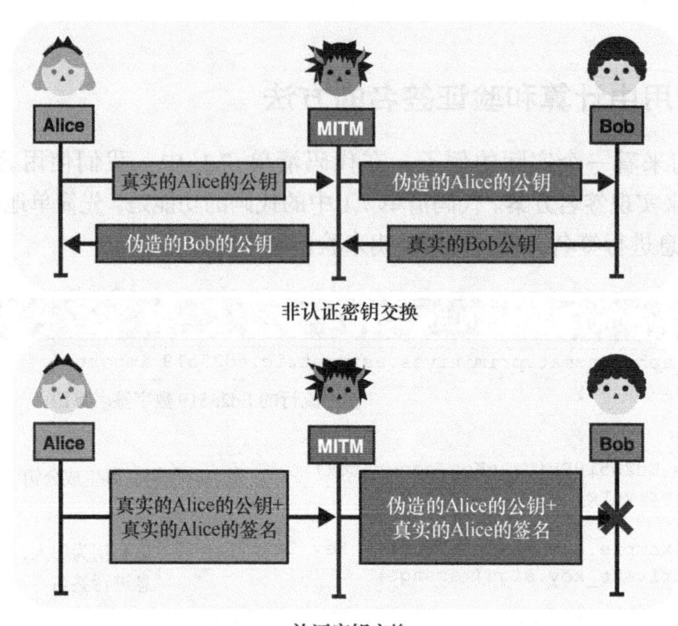

图 7.2 第一张图（上方的图）表示非认证密钥交换，这在主动敌手存在的场景中是不安全的，攻击者可以将通信双方的公钥都换成自己的公钥，从而伪装成通信双方。第二张图片（下方的图）表示认证密钥交换，在密钥交换开始时，Alice 通过对自己的公钥进行签名实现对公钥的认证。由于中间人攻击者篡改过消息后，签名将无法通过 Bob（知道 Alice 的验证密钥）的验证，因此 Bob 可以在签名验证失败时终止密钥交换

注意，在本例中，认证密钥交换中只对一方进行认证：虽然主动敌手不能伪装成 Alice，但却可以伪装成 Bob。如果交换双方都经过认证（Bob 对他的交换公钥进行签名），则该过程称为相互认证的密钥交换（Mutually-Authenticated Key Exchange）。不过到目前为止，数字签名对密钥交换的帮助还不明显。因为我们似乎只是将无法相信 Alice 的密钥交换公钥的问题转化成无法相信 Alice 的验证密钥的问题。7.1.3 小节将介绍认证密钥交换在实际中的使用方式，这将更有意义。

7.1.3 数字签名的实际用法：公钥基础设施

在信任可传递的假设下，数字签名将变得更加强大。简而言之，如果你相信我，而我相信 Alice，那么你就可以相信 Alice。

信任的传递性使得系统中的信任关系得到极大地扩展。想象一下，假设我们信任某些权威机构及其验证密钥。那么，假设该权威机构对某些消息进行签名，比如 Charles 或者 David 的公钥信息等，我们就可以选择相信这个签名与消息的映射关系！这种映射称为公钥基础设施（Public Key Infrastructure，PKI）。例如，当我们尝试与 Charles 进行密钥交换，且他声称自己的公钥是 3848 时，可以通过检查我们信任的权威机构是否对类似“Charles 的公钥是 3848…”的消息进行

签名来验证 Charles 的公钥的真实性。

PKI 在实践中的一个应用是 Web PKI。浏览器每天都通过 Web PKI 对我们与网站的密钥交换过程进行认证。Web PKI 可以简化如下（见图 7.3）过程：当我们下载浏览器时，它附带了一些内置在浏览器中的验证密钥。此验证密钥与一个权威机构相关联，该机构负责对成千上万个网站的公钥进行签名，以便网络用户可以信任这些公钥，而不必知道权威机构的存在。而用户不能观察到的是，这些网站在获得它们公钥的签名之前，必须向权威机构证明它们确实拥有自己所声称的域名。（事实上，浏览器信任许多权威机构而不仅只有一个。）

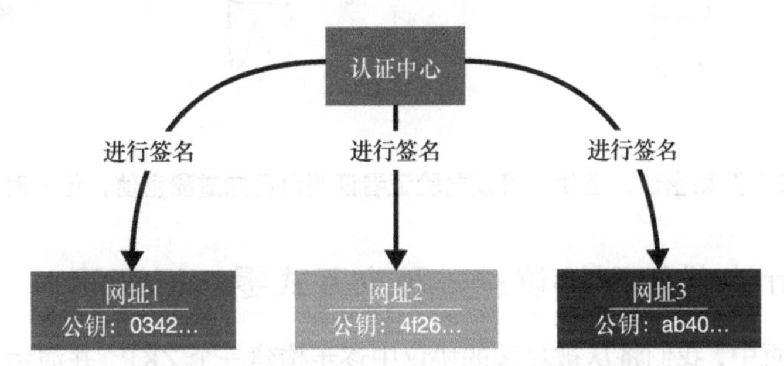

图 7.3　在 Web PKI 中，浏览器相信权威机构可以证明某个域名确实对应于某个公钥。安全访问网站时，浏览器可以通过验证权威机构的签名来验证网站公钥的真实性（即公钥不是来自某些中间人敌手）

在本节中，我们从宏观上了解了数字签名。接下来让我们更深入地了解签名的工作原理。不过在此之前，我们还需要了解零知识证明（Zero-Knowledge Proof，ZKP）的相关知识。

7.2　零知识证明：数字签名的起源

在密码学中，了解数字签名工作原理的最好方法是了解它的起源。因此，让我们花点儿时间简要介绍一下零知识证明（ZKP），然后重新讨论数字签名。

想象一下，Peggy 想向 Victor 证明自己拥有一些信息。例如，Peggy 想证明她知道某个群元素的离散对数。换句话说，对于一个给定的 Y 以及群生成元 g，Peggy 想要证明她知道一个 x，满足 $Y=g^x$。

当然，最简单的解决方案是 Peggy 把 x（称为见证）发送给 Victor。这就是一个简单的知识证明，但如果 Peggy 不想让 Victor 得到这个 x，这个方案就不适用了。

注意：

从理论上讲，如果在一个协议中 Peggy 能向 Victor 证明她知道某个证据，我们就说该协议是完备的。如果 Peggy 不能用协议来证明她确实知道某个见证，那么这个方案就不实用。

在密码学中，我们最感兴趣的是不会将证据泄露给验证者的知识证明，这种证明称为零知识证明，其原理可参考图 7.4。

图 7.4 通过直接公开秘密值，证明者可以向验证者证明自己知道秘密值，但同时也暴露了秘密值

7.2.1 Schnorr 身份识别协议：一种交互式零知识证明

在接下来的几页中，我们将从被攻破的协议中逐步构建一个 ZKP，并演示 Peggy 如何证明自己知道 x 而不透露 x。

密码学中处理这类问题的典型方法是使用一些随机值来“隐藏”见证（例如，通过加密）。但我们所做的不仅仅是隐藏：我们还想证明这个见证确实存在。要做到这一点，我们需要一种代数方法来隐藏见证。一个简单的解决方案是将随机生成的值 k 与见证相加：

$$s = k + x$$

然后，Peggy 可以将隐藏了见证的 s 和随机值 k 一起发送给 Victor。如果仅仅如此，Victor 没有理由相信 Peggy 确实把见证隐藏在了 s 中。因为如果 Peggy 不知道见证 x，那么 s 可能只是一些随机值，而 Victor 并无法区分隐藏了 x 的值与随机值。因此 Victor 还需要知道见证 x 隐藏在 g 的指数中，即他需要知道 $Y = g^x$。

为了判断 Peggy 是否真的知道见证,Victor 可以检查 Peggy 给他的值是否与他所知道的相符，而且这必须在 g 的指数中进行（因为见证就隐藏在指数中）。换句话说，Victor 可以检查下面两个数字是否相等：

$$g^s = g^{k+x}$$

$$Y \times g^k = g^x \times g^k = g^{k+x}$$

这个方案的思想是，只有知道见证 x 的人才能构造出满足这个等式的“盲”证据 s。因此，这是知识的证明。该 ZKP 方案的描述如图 7.5 所示。

但这个方案存在一个问题，显然它是不安全的！事实上，由于隐藏见证 x 的等式只有一个未知项（x 本身），因此 Victor 仅通过移项就可以求出 x 值：

$$x = s - k$$

为了解决这个问题，Peggy 可以把随机值 k 隐藏起来！这一次，Peggy 将随机值 k 隐藏在 g

的指数中（而不是把它与另一个随机值相加），以确保 Victor 的等式仍然有效。

$$R = g^k$$

我将证明我知道一个数<math>，它满足$Y=g^x \bmod p$。
这是一个随机值k。
这是一个隐藏了秘密值<math>的证据$s=k+x$。
通过计算$g^s=Y\times g^k$，我可以相信，你确实知道<math>。

图 7.5 为了向 Victor 证明自己知道证据 x，Peggy 将 x 隐藏（将其与随机值 k 相加），并将隐藏了 x 的见证发送给 Victor

这样一来，Victor 就无法获得 k 的值（基于第 5 章提到的离散对数问题的困难程度），也就无法恢复 x 的值。不过他依然可以验证 Peggy 是否知道 x 的值！Victor 只需要检查 $g^s = g^{k+x} = g^k \times g^x$ 与 $Y \times R = g^k \times g^x$ 是否相等。我们构造 ZKP 的第二次尝试如图 7.6 所示。

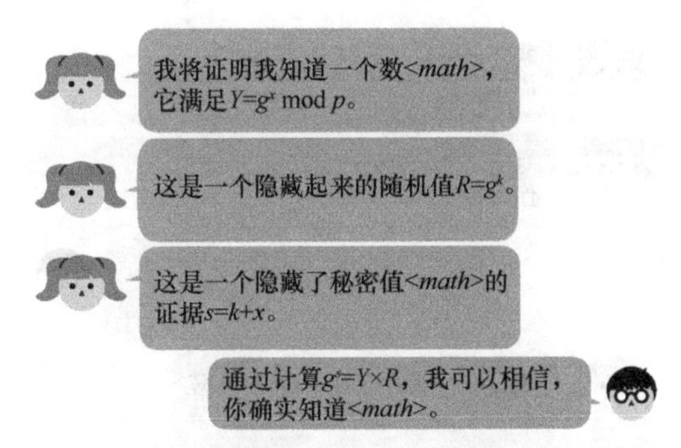

图 7.6 为了使知识证明的过程不透露见证本身，验证人可以用随机值 k 隐藏见证 x，再将随机值 k 隐藏在指数中

我们的方案还有最后一个问题，那就是 Peggy 会作弊。她可以在不知道 x 的情况下让 Victor 相信她知道 x！她所要做的就是颠倒她计算证明的步骤。Peggy 首先生成一个随机值 s，然后根据 s 计算 R 值：

$$R = g^s \times Y^{-1}$$

Victor 验证时计算 $Y \times R = Y \times g^s \times Y^{-1}$，可以得到与 g^s 相等的结果，因此相信 Peggy 拥有见证 x。（这种使用逆运算来计算一个值的技巧也用于密码学中的许多攻击。）

注意：

从理论上讲，如果 Peggy 不能作弊（说明如果 Peggy 不知道 x，那么她就不能欺骗 Victor），我们说这个方案是“可靠的”。

如果要确保 ZKP 方案是可靠的，Victor 必须能够确保 Peggy 通过 R 来计算 s，而不是通过 s 计算 R。为此，Victor 使协议具有交互性。

（1）Peggy 必须对随机值 k 做出承诺，以确保 Peggy 以后无法更改 k 的值。

（2）在收到 Peggy 的承诺后，Victor 在协议中引入了他自己的一些随机数。他生成一个随机值 c（称为挑战），并将其发送给 Peggy。

（3）然后，Peggy 可以根据随机值 k 和挑战 c 计算她隐藏了见证 x 的承诺。

注意：

我们在第 2 章中已经学习了承诺方案，承诺方案使用了哈希函数对一个值做出承诺，稍后揭示该值时该承诺可以证明前后两个值的一致性。但是基于哈希函数的承诺方案不允许我们对隐藏值进行有趣的运算。不过，我们可以简单地将随机值放到生成元（g^k）的指数上，以此作为该随机值的承诺。

由于 Peggy 在没有 Victor 的挑战 c 的情况下无法执行最后一步操作，而 Victor 在没有看到随机值 k 的承诺的情况下不会将挑战 c 发送给 Peggy，因此 Peggy 不得不使用 k 来计算 s。最后构成的协议（见图 7.7）通常称为 Schnorr 身份识别协议。

图 7.7　Schnorr 身份识别协议是一个交互式 ZKP，它满足了完备性（Peggy 可以证明她知道一些见证 x）、可靠性（Peggy 不知道见证 x 时无法证明她知道 x）、零知识性（Victor 对见证 x 一无所知）

所谓的交互式 ZKP 方案通常包含 3 个步骤（承诺、挑战和证明），在文献中通常被称为 Sigma 协议，有时写成 Σ（Sigma 的希腊字母表示方法）协议。那么这与数字签名有什么关系呢？

注意：

Schnorr 身份识别协议运行在诚实验证者零知识（Honest Verifier Zero-Knowledge，HVZK）模型下：如果验证者（Victor）不诚实并且没有随机选择挑战 c，那么他可以得到见证 x 的一些信息。一些更强的 ZKP 方案可以确保即使在验证者是恶意的情况下知识证明也是零知识的。

7.2.2　数字签名作为非交互式零知识证明

上述的交互式 ZKP 的问题在于它是交互式的，而现实世界中人们通常不希望协议是交互式的。交互式协议增加了一些不可忽略的开销，因为它需要双方发送多条消息（通过网络），并在参与双方不同时在线时会增加无法限制的延迟。因此，应用密码学领域几乎不使用交互式 ZKP。

但这并不说明之前的讨论毫无意义！1986 年，Amos Fiat 和 Adi Shamir 提出了一项技术，该技术可以轻松地将交互式 ZKP 转换为非交互式 ZKP。这项技术（称为 Fiat-Shamir 启发式或 Fiat-Shamir 转换）的关键是让证明者以他们无法控制的方式自己计算挑战。

这项技术的实现方法是，由证明者计算发送和接收的所有消息的哈希值（我们称之为脚本），这个哈希值可以视为交互式协议中的挑战。如果哈希函数的输出与随机数无法区分（即哈希函数的输出看起来是随机的），那么它可以成功地模拟验证者的角色。

Schnorr 在上面的基础之上又注意到任何信息都可以计算哈希值！例如，对一条消息计算哈希值。这样一来，我们得到的不仅是一个能证明我们知道某个见证 x 的证据，还是对一个与证据相关联（指在密码学上的关联）的消息的承诺。换句话说，如果证据是正确的，那么只有知道见证（此处见证成为签名密钥）的人才能对该消息做出承诺。

那就是签名！数字签名就是非交互式 ZKP。将 Fiat-Shamir 转换应用于 Schnorr 身份识别协议，我们就可以得到 Schnorr 签名方案，如图 7.8 所示。

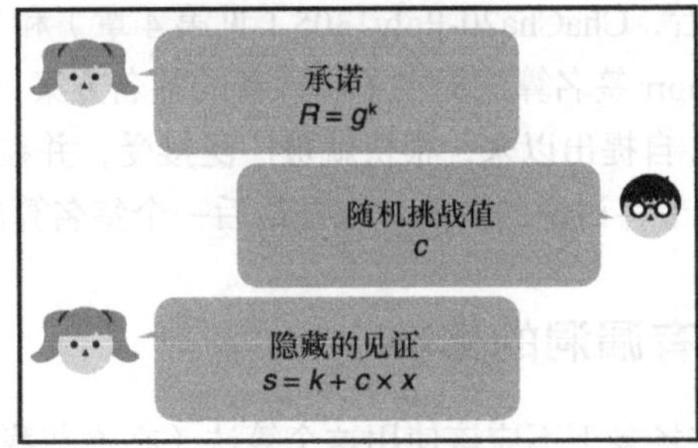

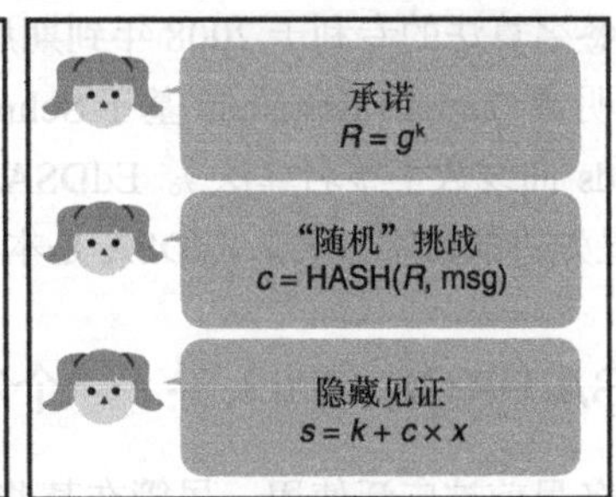

图 7.8　左边的协议是 Schnorr 身份识别协议，它是一个交互式协议。右边的协议是 Schnorr 签名方案，它是 Schnorr 身份识别协议的非交互式版本（其中证明者用脚本的哈希值来代替验证者的挑战消息）

总而言之，Schnorr 签名本质上是两个值，R 和 s，其中 R 是对某个秘密随机值的承诺（通常称秘密值为 nonce，因为它需要对每个签名都是唯一的），s 是通过承诺 R、私钥（见证 x）和消息计算的值。接下来，让我们了解一些现代签名算法标准。

7.3　签名算法的标准

与其他密码原语一样，数字签名也有许多标准，而且有时很难选择具体要使用的标准。这也是本节要讨论的核心问题！好在签名算法的类型与密钥交换算法相似：有基于模大整数运算的算法，如 Diffie-Hellman（DH）和 RSA，也有基于椭圆曲线的算法，如椭圆曲线 DH（ECDH）。

阅读本节之前请读者确保自己充分理解了第 5 章和第 6 章中的算法，因为我们要在这些算法的基础上构造签名算法。有趣的是，提出 DH 密钥交换算法的论文也提出了数字签名的概念（但没有给出解决方案）：

> 为了开发一种能够用某种纯数字通信形式取代现有书面合同的系统，我们必须找到一种与书面签名具有相同性质的数字形式的签名。任何人都可以很容易地识别签名的真实性，但除了合法签名人之外，其他人都不可能出示有效签名。我们将此类技术统称为单向认证。由于任何数字数据都可以精确复制，因此真正的数字签名必须使任何人都可以在不被察觉的情况下识别其真伪。
>
> ——Diffie 和 Hellman（"New Directions in Cryptography"，1976）

一年后（1977 年），第一个签名算法（称为 RSA 签名算法）与 RSA 非对称加密算法（第 6 章讨论了该算法）一起提出。RSA 签名是我们将学习的第一个签名算法。

1991 年，NIST 为了避开使用 Schnorr 签名算法的专利提出了数字签名算法（DSA）。DSA 是 Schnorr 签名算法的一个奇怪变体，它在没有安全性证明的情况下就发布了（尽管到目前为止还没有发现任何攻击）。该算法发布后被广泛采用，但很快被其椭圆曲线版本——ECDSA（椭圆曲线数字签名算法）所取代，其原因与 ECDH 因其密钥较小而取代 DH（见第 5 章）是一样的。ECDSA 是本节将要讨论的第二个数字签名算法。

Schnorr 签名算法的专利于 2008 年到期后，ChaCha20-Poly1305（见第 4 章）和 X25519（见第 5 章）的发明者 Daniel J.Bernstein 基于 Schnorr 签名算法提出了一种新的签名方案，称为 EdDSA（表示 Edwards 曲线数字签名算法）。EdDSA 自提出以来，很快就被广泛接受，并在实用密码学上被认为是最先进的数字签名。EdDSA 是本节将讨论的第 3 个也是最后一个签名算法。

7.3.1 RSA PKCS#1 v1.5：一个有漏洞的标准

RSA 签名目前被广泛使用，尽管在某些场景下不应该使用这个算法（在本节我们会看到因滥用 RSA 签名算法引起的许多安全问题）。这是因为该算法是第一个被标准化的签名方案，而现实世界中的应用程序很难更新到更优的算法。在学习实用密码学的过程中很可能会遇到 RSA 签名，因此我们不得不解释它的工作原理及其广泛接受的标准。此外，如果读者在第 6 章中对 RSA 加密的工作原理有较好的理解，那么理解本小节的内容应该很容易，因为 RSA 签名与 RSA 加密的使用方式刚好相反。

- 在签名过程中，我们使用私钥（而非公钥）对消息进行加密，加密的结果是签名（一个群中的随机元素）。
- 在验证过程中，我们使用公钥（而非私钥）对签名进行解密，如果解密的结果是原始的密文，说明这个签名是有效的。

注意：

实际应用中通常是对消息的哈希值计算签名，因为哈希值占用的空间较少（RSA 只能对小于其模数的消息进行签名）。签名的结果用一个大整数表示，以便用于数学运算。

假设我们的私钥是一个秘密的指数值 d，公钥是一个公开的指数值 e，公开的模数是 N，我们可以通过如下方式计算签名和验证签名。

- 计算签名：$\text{signature} = \text{message}^d \bmod N$。
- 验证签名：计算 $\text{signature}^e \bmod N$ 并比较它与 message 是否相等。

上述过程的直观描述如图 7.9 所示。

RSA加密方案

RSA签名方案

图 7.9 如果要使用 RSA 签名算法，我们只需执行与 RSA 加密算法的相反操作：签名时使用秘密的指数值对消息进行幂运算，验证签名时使用公开的指数值对签名进行幂运算，对比运算的返回值与初始消息即可知道签名是否有效

之所以可以通过 RSA 加密算法构造 RSA 签名算法，是因为只有知道秘密指数值 d 的人才能生成消息的签名。而且，与 RSA 加密一样，RSA 签名算法的安全性与大整数分解问题的难度密切相关。

那么将 RSA 用于签名的标准是什么呢？它与 RSA 加密算法遵循相同的模式。

- PKCS#1 v1.5 文档对用于加密算法的 RSA 进行了宽松的标准化，该文档还规范化了 RSA 签名算法（但没有安全证明）。
- 然后，PKCS#1 v2 文档将一个结构更好的 RSA 算法（称为 RSA-OAEP）指定为标准。PKCS#1 v2 文档同时也将更优的 RSA-PSS 指定为标准（具有安全性证明）。

我们在第 6 章谈到了 RSA PKCS#1 v1.5。该文档中标准化的签名方案与加密方案几乎相同。对消息进行签名时，首先使用我们选择的哈希函数计算消息的哈希值，然后根据 PKCS#1 v1.5 规定的签名填充方式（类似于同一标准中的加密填充方式）对哈希值进行填充。接下来，用秘密的指数值对填充后的哈希值进行加密。此过程如图 7.10 所示。

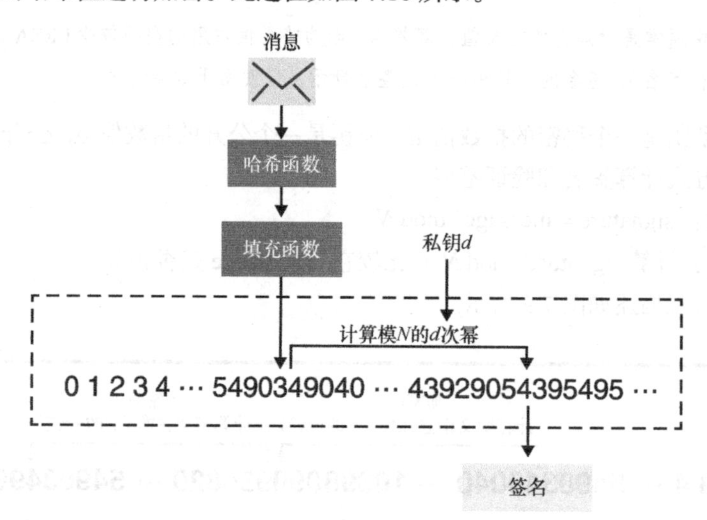

图 7.10 用于签名的 RSA PKCS#1 v1.5 标准。对消息进行签名时，首先计算消息的哈希值，然后根据 PKCS#1 v1.5 规定的填充方式对哈希值进行填充。最后一步是在模 N 下计算填充后哈希值的 d（秘密的指数值）次幂。对签名进行验证时，只需在模 N 下计算签名的 e（公开的指数值）次幂，并验证输出的结果是否与填充的哈希值相等

RSA 拥有许多含义

请注意，不要被与 RSA 相关的各种术语弄糊涂了。RSA 可以指一种非对称加密原语，也可以指一种签名原语。除此之外，RSA 还可以表示由 RSA 的提出者创建的公司。当我们提到 RSA 加密时，大多数人都会想到 RSA PKCS#1 v1.5 和 RSA-OAEP 方案。当提到 RSA 签名时，大多数人都会想到 RSA PKCS#1 v1.5 和 RSA-PSS 方案。

想必上述的内容会让读者感到困惑，尤其是 PKCS#1 v1.5 标准。虽然 PKCS#1 v1.5 中有官方名称来区分加密和签名算法（RSAES-PKCS1-v1#5 加密算法，RSASSA-PKCS1-v1#5 签名算法），但实际中很少看到人们使用这些名称。

我们在第 6 章提到 RSA PKCS#1 v1.5 标准的加密算法容易受到攻击，而且很不幸，该种攻击对 RSA PKCS#1 v1.5 标准的签名算法也同样奏效。1998 年，Bleichenbacher 发现对 RSA PKCS#1 v1.5 标准的加密算法的攻击后，他决定研究针对签名标准的攻击。2006 年，Bleichenbacher 对 RSA PKCS#1 v1.5 的签名标准进行了一次签名伪造攻击，这是针对签名算法的最严重攻击类型之一。攻击者可以在不知道私钥的情况下伪造签名！与直接破坏加密算法不同，伪造签名攻击是对算法具体实现的攻击，安全的签名方案（根据规范）必须抵抗签名伪造攻击。

只要算法实现的漏洞很容易避免并且不会影响其他的实现方式，在算法实现上出现漏洞就没有算法本身的漏洞那么糟糕。不过，2019 年的研究表明，许多 RSA PKCS#1 v1.5 签名算法的开源实现都存在这种漏洞，并以错误的方式实现了该标准（参见 Chau 等人的 “Analyzing Semantic

Correctness with Symbolic Execution: A Case Study on PKCS#1 v1.5 Signature Verification”)。Bleichenbacher 进行的签名伪造攻击也因为各种算法实现中出现的不同漏洞产生了不同变体。

然而，RSA PKCS#1 v1.5 的签名标准仍然被广泛使用。在出于向后兼容的原因而必须使用此算法时，我们一定要注意上述问题。尽管如此，这并不能说明 RSA 签名是不安全的。接下来我们将继续对 RSA 签名进行更深入的探讨。

7.3.2　RSA-PSS：更优的标准

较新的 PKCS#1 v2.1 标准对 RSA-PSS 算法进行了标准化，标准中还包含 RSA-PSS 算法的安全性证明（与之前 PKCS#1 v1.5 中标准化的签名方案不同）。新的签名方案的工作原理如下。

- 使用 PSS 编码算法对消息进行编码。
- 使用 RSA 签名对编码后的消息进行签名（与之前 PKCS#1 v1.5 中标准化的签名方案相同）。

PSS 编码算法有点儿复杂，它类似于 OAEP（最优非对称加密填充）。PSS 算法的流程如图 7.11 所示。

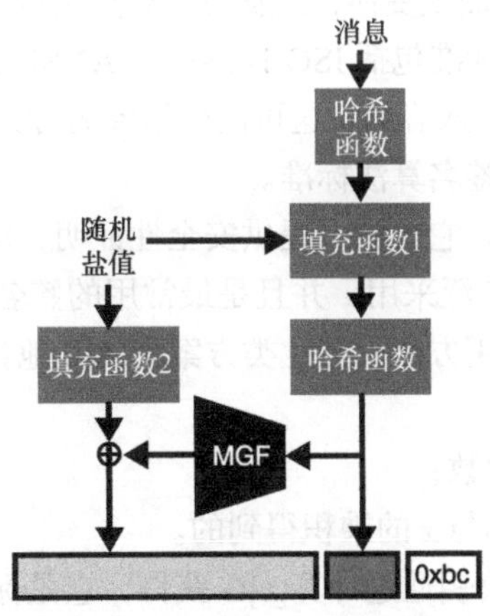

图 7.11　RSA-PSS 签名方案首先使用掩码生成函数（Mask Generation Function，MGF）对消息进行编码，就像第 6 章学习的 RSA-OAEP 算法一样，然后以常规的 RSA 签名方式对其进行签名

验证 RSA-PSS 算法生成的签名时，只需在模 N（公开模数）下计算签名的 e（公钥）次幂后反编码即可。

PSS 的可证明安全性

PSS（表示概率签名方案）是可证明安全的，即任何人都不能在不知道私钥的情况下伪造签名。RSA-PSS 的安全性证明并不是直接证明“如果 RSA 是安全的，那么 RSA-PSS 就是安全的”这一结论，相反，它证明的是该结论的逆否命题：如果敌手可以攻破 RSA-PSS 算法，那么敌手也可以攻破 RSA 算法。这是密码学中证明某种结论的常用方法。当然，这个结论只有在 RSA 是安全的情况下才有效，因此我们必须在证明中先假设 RSA 是安全的。

我们在第 6 章中还谈到了 RSA 加密的第 3 种算法（称为 RSA-KEM 算法）——一种更简单的算法，虽然没有人使用过这种算法，但它也被证明是安全的。有趣的是，RSA 签名也经历过类似 RSA 加密的发展历史，RSA 签名有一个非常简单的算法，但几乎无人使用，它被称为全域哈希（Full Domain Hash，FDH）。FDH 的工作原理是先计算消息的哈希值，然后使用 RSA 对消息的哈希值进行签名（将摘要表示为一个数字）。

尽管 RSA-PSS 算法和 FDH 算法都提供了安全性证明，并且在算法实现时不容易出错，但现今的大多数协议仍然使用 RSA PKCS#1 v1.5 进行签名。这是另一个由于算法没有得到普遍认同而导致算法更新缓慢的例子。由于较旧的算法实现必须与较新的算法实现配合使用，因此很难完全删除或替换旧算法。想一想不更新应用程序的用户、不提供软件新版本的供应商、无法更新的硬件设备等，我们就可以理解这个问题了。接下来，让我们了解最新的数字签名算法。

7.3.3 椭圆曲线数字签名算法

本小节我们将学习椭圆曲线数字签名算法（Elliptic Curve Digital Signature Algorithm，ECDSA），它是 DSA 的一种椭圆曲线变体，其发明初衷只是避免使用 Schnorr 签名的专利。许多标准中都规定了签名方案，这些标准包括 ISO 14888-3、ANSI X9.62、NIST 的 FIPS 186-2、IEEE P1363 等。但是并非所有标准都是兼容的，这可能会给签名方案的使用带来问题，因为想要进行交互的应用程序必须使用相同的签名算法标准。

ECDSA 的缺点和 DSA 一样，它也没有提供安全性证明，但 Schnorr 签名却提供了安全性证明。尽管如此，ECDSA 已经被广泛采用，并且是最常用的签名方案之一。在本小节中，我们将学习 ECDSA 的工作原理以及使用方法。与此类方案中的其他算法一样，ECDSA 几乎总是根据相同的公式生成公钥：

- 私钥是随机生成的一个大数；
- 公钥是通过计算群生成元与 x 的乘积得到的。

具体来说，在 ECDSA 中，公钥通过计算 $[x]G$ 获得，它是标量 x 与基点 G 的标量乘积。

加法还是乘法？

在椭圆曲线中，我们常使用加法符号表示群运算（根据椭圆曲线的语法，将标量放在括号里），但是如果想使用乘法表示法，我们也可以写为 public_key = G^x。这些差异在实践中并不重要。大多数情况下，加密协议并不关心群的基本性质，它们往往使用乘法表示群运算，但在基于椭圆曲线群定义的协议更倾向于使用加法表示群运算。

与 Schnorr 签名相同，计算 ECDSA 签名时需要的输入也为待签名消息的哈希值 $H(m)$、私钥 x 和唯一的随机数 k。ECDSA 产生的签名包含 r 和 s 两个整数，其计算方式如下：

- r 是 $[k]G$ 曲线的横坐标；
- $s=k^{-1}(H(m)+xr) \bmod p$。

ECDSA 签名的验证过程输入是：验证方需要计算相同消息的哈希值 $H(m)$、签名者的公钥以

及签名值 r 和 s。签名验证流程如下：

- 计算$[H(m)s^{-1}]G+[rs^{-1}]$public_key；
- 验证上述运算得到的点的横坐标是否与签名值中的 r 相等。

很明显，ECDSA 签名与 Schnorr 签名有一些相似之处。随机数 k 有时被称为 nonce，因为它是只能使用一次的数字，而且由于它必须保密，有时也称其为临时密钥。

注意：

此处必须重申一个问题：k 永远不能重复使用，它必须是不可预测的！否则，恢复私钥将变得十分简单。

通常，nonce（k 值）会由密码学库在后台生成，但有时也会由算法调用方来提供。而由算法调用方提供 nonce 正是产生安全风险的原因。例如，在 2010 年，索尼的 Playstation 3 被发现在使用 ECDSA 时应用了重复的 nonce，从而导致私钥的泄露。

注意：

另一种更不易察觉的风险是，如果 nonce（k 值）不是均匀随机选取的（比如能够预测 nonce 的前几位），那么仍然存在能够立即恢复私钥的有效攻击（格攻击算法）。理论上，我们称这些类型的密钥检索攻击为完全攻破攻击（因为它攻破了整个方案！）。这样的完全攻破攻击在实践中是非常罕见的，往往使得 ECDSA 以出乎意料的方式被攻破。

出于上述原因，许多人尝试寻找避免 nonce 重复使用的方法。例如，RFC 6979 指定了一个确定性 ECDSA 方案，该方案基于消息和私钥生成一个 nonce。这种做法使得同一消息的两次签名使用的 nonce 是相同的，因此会产生两个相同的签名（不过这显然不会产生安全问题）。

ECDSA 中经常使用的椭圆曲线与 ECDH 密钥交换算法（见第 5 章）经常使用的曲线几乎相同，但有一个例外：Secp256k1 曲线。Secp256k1 曲线在《高效密码群标准》(Standards for Efficient Cryptography Group，SECG）的第二节“Recommended Elliptic Curve Domain Parameters”中定义。由于我们在第 5 章中提到的 NIST 曲线缺乏信任的问题，在比特币决定使用 Secp256k1 曲线而不使用更为流行的 NIST 曲线后，Secp256k1 曲线就获得了很多关注。

Secp256k1 是 Koblitz 类型的椭圆曲线，该曲线是一条参数受到约束的椭圆曲线，它实现了对椭圆曲线上某些操作的优化。这个椭圆曲线表示为如下等式：

$$y^2=x^3+ax+b$$

其中 a 固定为 0，b 固定为 7，x 和 y 是集合$\{0,1,2,3,\cdots,p-1\}$中的元素，p 定义为：

$$p=2^{192}-2^{32}-2^{12}-2^8-2^7-2^6-2^3-1$$

这定义了一个素数阶群，就像 NIST 曲线一样。现在我们有了一个有效公式，可以计算椭圆曲线上点的数量。Secp256k1 曲线中点的数量（包括无穷远处的点）是下面的素数值：

115792089237316195423570985008687907852837564279074904382605163141518161494337

我们使用一个固定坐标的点 G 作为生成元（或者基点），该点的横纵坐标如下：

$x = 55066263022277343669578718895168534326250603453777594175500187360389116729240$

$y = 32670510020758816978083085130507043184471273380659243275938904335757337482424$

尽管如此，如今 ECDSA 主要使用 NIST 的曲线 P-256（有时称为 Secp256r1；注意它与 Secp256k1 的命名区别）。接下来，让我们看看另一个广受欢迎的签名方案。

7.3.4 Edwards 曲线数字签名算法

接下来我们介绍本节的最后一个签名算法，Edwards 曲线数字签名算法（Edwards-curve Digital Signature Algorithm，EdDSA）。在 NIST 和美国政府机构公布的曲线存在信任问题的背景下，Daniel J.Bernstein 于 2011 年提出 EdDSA。从 EdDSA 的名称看起来似乎表示它与 ECDSA 一样基于 DSA，但其实不是。由于 Schnorr 签名的专利在 2008 年初到期，因此 EdDSA 实际上是基于 Schnorr 签名构造的。

EdDSA 的一个特殊之处在于，该方案不要求每次签名都使用全新的随机数。EdDSA 是确定性的。这使得该算法非常有吸引力，因此自提出以来，许多协议和标准都相继采用该算法。

EdDSA 有望纳入 NIST 即将更新的 FIPS 186-5 标准（截至 2021 年初仍为草案）。目前的官方标准是 RFC 8032，它定义了可以用于 EdDSA 的两条不同安全级别的曲线。这两条曲线属于扭曲的 Edwards 曲线（是一种在实现时可以进行有效优化的椭圆曲线）。

- Edwards25519 是基于 Daniel J.Bernstein 提出的 Curve25519（见第 5 章）设计的。由于这种类型的椭圆曲线可以进行优化，因此 Edwards25519 的曲线操作在实现上比 Curve25519 更快。但由于这种类型的曲线是在 Curve25519 之后提出的，因此基于 Curve25519 的密钥交换曲线 X25519 并没有从中受益。与 Curve25519 一样，Edwards25519 的安全级别达到 128 比特。
- Edwards448 是基于 Mike Hamburg 提出的 Ed448-Goldilocks 曲线设计的，它的安全级别达到 224 比特。

实际上，实例化 EdDSA 时通常使用的是 Edwards25519 曲线，将这个实例化的算法称为 Ed25519（使用 Edwards448 曲线的 EdDSA 实例简称为 Ed448）。EdDSA 生成的密钥与现有的其他方案略有不同。EdDSA 不直接生成签名密钥，而是首先生成一个密钥并用它派生实际的签名密钥和 nonce 密钥。这个 nonce 密钥很重要，它会以确定性的方式生成每个签名所需要的 nonce。

注意：

不同的密码学库会采用不同的方式存储签名密钥和 nonce 密钥，有些库将它们存储成一个密钥，而另外一些库则单独存储这两个密钥。当了解这一点后，再遇到 Ed25519 密钥被存储为 32 字节或 64 字节（取决于所使用的实现）的情况，我们就不会感到困惑了。

计算签名时，EdDSA 首先计算 nonce 密钥（nonce key）与待签名消息的哈希值作为 nonce 值。算法之后的执行过程类似于 Schnorr 签名，其流程如下。

（1）计算 nonce：nonce 值为 HASH(*nonce key* || message)。

（2）计算 R 值：R 值（也即承诺值 commitment）为[nonce]G，其中 G 是群的基点。

（3）计算挑战：挑战值为 HASH(commitment || *public key* || message)。

（4）计算证据：证据 S 为 nonce + challenge × *signing key*。

最终的签名是(R, S)。EdDSA 的签名流程如图 7.12 所示。

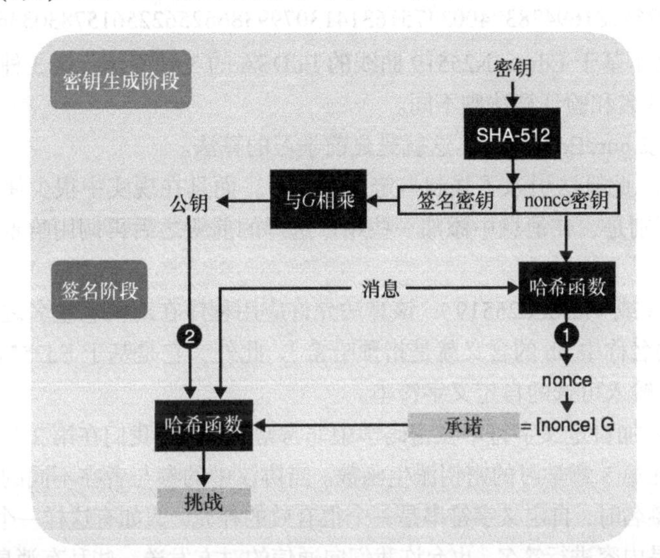

图 7.12　EdDSA 的密钥生成算法生成一个密钥，然后用它派生另外两个密钥。算法生成的第一个密钥是实际的签名密钥，该签名密钥可用于生成公钥；算法生成的另一个密钥是 nonce 密钥，用于在签名时确定性地生成 nonce。EdDSA 签名与 Schnorr 签名类似，不同之处在于（1）EdDSA 用 nonce 密钥和消息确定性地生成 nonce，以及（2）签名者的公钥包含在挑战中

我们还需要知道从 nonce 密钥和给定消息中确定性地生成 nonce（或临时密钥）的方法。上述做法使得对两个不同的消息签名时使用的 nonce 也是不相同的，巧妙地防止了签名者由于重用 nonce，导致泄露密钥的问题（ECDSA 可能会出现这种问题）。对同一消息进行两次签名使用的是相同的 nonce，也会产生两次相同的签名。不过这显然不会产生安全问题。签名可通过计算以下两个值进行验证：

$$[S]G$$

$$R + [\text{HASH}(R \,\|\, \textit{public key} \,\|\, \text{message})]\ \textit{public key}$$

如果上面两个值相等，则说明签名是有效的。这就是 Schnorr 签名的工作原理，区别仅仅是 EdDSA 使用椭圆曲线群，并且使用加法符号表示群运算。

Ed25519 算法是应用最广泛的 EdDSA 实例，它指定使用 Edwards25519 曲线以及 SHA-512 哈希函数。Edwards25519 曲线上的所有点均满足以下等式：

$$-x^2 + y^2 = 1 + d \times x^2 \times y^2 \bmod p$$

其中，d 是一个大整数，其值如下：

37095705934669439343138083508754565189542113879843219016388785533085940283555

变量 x 和 y 是在模大素数 p 下的值，该大数表示为 $2^{255}-19$（与 Curve25519 中使用的素数相同）。基点 G 的坐标如下：

$x = 15112221349535400772501151409588531511454012693041857206046113283949847762202$

$y = 46316835694926478169428394003475163141307993866256225615783033603165251855960$

RFC 8032 定义了基于 Edwards25519 曲线的 EdDSA 的 3 种变体。这 3 种变体都使用相同的密钥生成算法，但签名和验证算法则不同。

- Ed25519（或 pureEd25519）：这就是之前学习的算法。
- Ed25519ctx：此算法引入了强制自定义字符串，而且在现实中很少使用。它与上一个算法唯一的区别是，在消息中添加一些用户选择的前缀之后再调用哈希函数计算消息的哈希值。
- Ed25519ph（或 HashEd25519）：该算法允许应用程序在对消息签名之前对其进行预哈希化（该算法名称中 ph 的含义就是指预哈希）。此外，它是基于 Ed25519ctx 算法构造的，允许调用方输入可选的自定义字符串。

在密码方案中添加自定义字符串在密码学中非常常见，正如我们在第 2 章中看到过的一些哈希函数，以及即将在第 8 章学习的密钥派生函数。当协议中的参与者在不同的上下文中使用相同的密钥对消息进行签名时，自定义字符串是一个很有效的补充。假如有这样一个应用程序，它允许我们使用私钥对交易内容进行签名，也允许我们向通信的对方发送一些私有消息的签名。如果我们把一个看似交易的信息当作秘密消息进行签名并发送给敌手 Eve，他就无法区分签名对应的两种不同类型的有效负载，敌手 Eve 可能会尝试将私人信息的签名当作有效交易信息重新发布。

Ed25519ph 算法的提出完全是为了满足对大消息签名的需求。正如我们在第 2 章中学到的，哈希函数通常提供一组“init()、update()、finalize()”接口，允许连续地计算数据流的哈希值，而不必将整个输入数据保存在内存中。

到目前为止，本章已经介绍完现实世界中常用的签名算法。接下来，让我们看看在使用这些签名算法时，可能会出现的误用情况。但首先我们需要回顾一下。

- RSA PKCS#1 v1.5 算法仍在广泛使用，但该算法在实现上很容易出现错误，它的许多实现已被攻破。
- RSA-PSS 算法具有安全性证明，易于实现，但由于新的基于椭圆曲线的方案性能更好，因此采用该算法的应用程序也比较少。
- ECDSA 是 RSA PKCS#1 v1.5 的主要竞争对手，它在实现时主要使用 NIST 的 P-256 曲线，但在“加密货币”领域它主要使用 Secp256k1 曲线。
- Ed25519 是基于 Schnorr 签名方案构造的，已被广泛采用，与 ECDSA 相比它更易于实现。Ed25519 不要求每次签名都选择新的随机值。我们应该尽量使用该算法。

7.4 签名方案特殊性质

签名方案可能具有许多特殊的性质。虽然这些性质在大多数协议中可能并不重要，但在设计更复杂和非常规的协议时，如果没有意识到这些“陷阱”，最终可能会导致协议出现安全漏洞。本章末尾将重点介绍数字签名中已知的安全问题。

7.4.1 对签名的替换攻击

数字签名不能唯一标识一个密钥或消息。

——Andrew Ayer（“Duplicate Signature Key Selection Attack in Let’s Encrypt”，2015）

替换攻击，也称为重复签名密钥选择（Duplicate Signature Key Selection，DSKS），这种攻击对 RSA PKCS#1 v1.5 算法和 RSA-PSS 算法也都奏效。DSKS 攻击有两种变体。

- 密钥替换攻击：给定一个签名以及消息，敌手可以找到新的密钥对或公钥，使得给定的签名和消息能够通过验证。
- 消息密钥替换攻击：给定一个签名，敌手可以找到新的密钥对或公钥，使得给定签名与一个新消息能够通过验证。

第一种攻击要求消息和签名不变；第二种攻击只要求签名不变。这两种攻击的过程如图 7.13 所示。

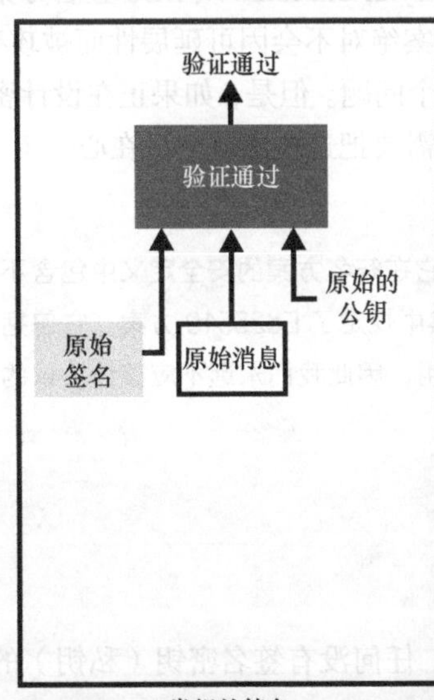

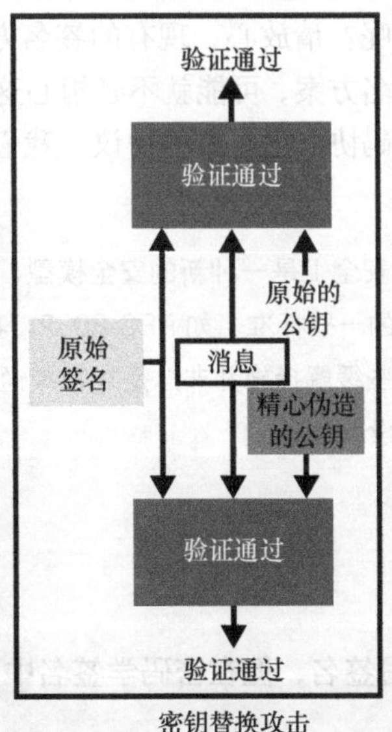

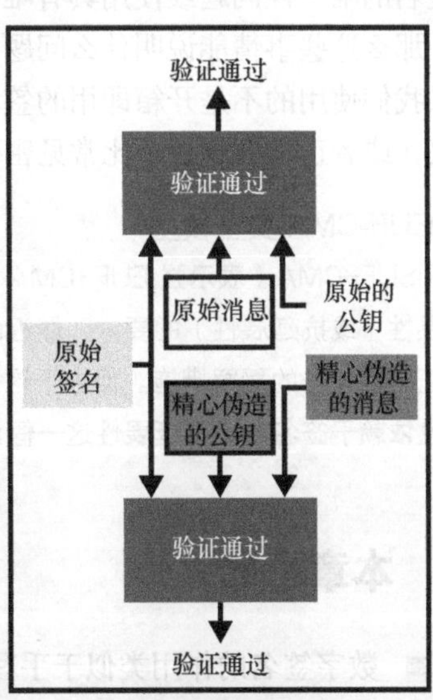

图 7.13 RSA 等签名算法容易受到密钥替换攻击，大多数密码算法使用者都不希望发生这样的事情。密钥替换攻击允许敌手获取某个消息的签名，并创建新的密钥对来验证原始签名。密钥替换攻击有一种称为消息密钥替换攻击的变体，它允许攻击者生成一个新的密钥对和一个能够使得原始签名通过验证的新消息

自适应选择消息攻击下的存在不可伪造性（Existential Unforgeability under Adaptive Chosen Message Attack，EUF-CMA）

替换攻击是理论密码学和应用密码学之间存在不同的典型表现。在密码学中通常使用EUF-CMA模型分析签名的安全性，该模型表示自适应选择消息攻击下的存在不可伪造性。在这个模型中，我们生成一个密钥对，然后敌手向我们询问对多个任意消息的签名。当敌手获取签名后，如果能够在某个时间点生成一个有效的签名，而且该签名对应的消息是敌手之前没有询问过的，那么敌手获胜。不过，EUF-CMA模型似乎并没有涵盖特殊的攻击情况，并且没有考虑到像替换这样隐蔽的威胁。

7.4.2 签名的可延展性

> 2014年2月，曾经最大的比特币交易所MtGox关闭并申请破产，声称攻击者利用延展攻击来耗尽其账户。
>
> ——Christian Decker和Roger Wattenhofer（“Bitcoin Transaction Malleability and MtGox”，2014）

大多数签名方案都是可延展的：给定一个有效的签名，敌手可以修改该签名，使其成为不同的但仍然有效的签名。虽然敌手不知道签名密钥是什么，但却可以设法生成一个新的有效签名。

不可延展性并不要求签名一定是唯一的：签名者通常可以为同一条消息生成不同的签名。可验证随机函数（我们将在第8章中看到）之类的构造依赖于签名的唯一性，因此这些构造必须解决签名的唯一性问题或使用具有唯一性的签名方案（如Boneh-Lynn-Shacham或BLS签名方案）。

那么这些事情能说明什么问题呢？请放心，现有的签名方案绝对不会因可延展性而被攻破，如果我们使用的不是开箱即用的签名方案，可能就不必担心这个问题。但是，如果正在设计密码协议，或者正在实现一个比常见密码协议更复杂的协议，我们需要把这些细节牢记在心。

强EUF-CMA安全模型

SUF-CMA（表示强EUF-CMA安全）是一种新的安全模型，它在签名方案的安全定义中包含不可延展性（或抗延展性）的要求。最近的一些标准，如RFC 8032，其中规定了Ed25519方案，它包括针对延展性攻击的缓解措施。但由于这些缓解措施并非总是存在或通用，因此我们永远不应该让协议的安全性依赖于签名的不可延展性这一假设。

7.5 本章小结

- 数字签名的作用类似于手写签名，但在密码学签名中，任何没有签名密钥（私钥）的人都无法伪造数字签名。
- 数字签名可用于验证来源（例如，密钥交换的一方）以及提供可传递的信任（如果我信任Alice，而Alice信任Bob，那么我可以信任Bob）。

- 零知识证明（ZKP）允许证明人证明自己知道某一特定信息（称为“证据”），而无须透露该信息。签名可以被视为非交互式 ZKP，因为在签名操作期间，它们不要求验证方在线。
- 我们可以使用的签名算法标准有如下几种。
  - RSA PKCS#1 v1.5 算法目前被广泛使用，但由于该方案在实现上很容易出现漏洞，因此并不推荐使用该方案。
  - RSA-PSS 算法是一个更好的签名方案，它更易于实现，并且具有安全性证明。不过，由于它的椭圆曲线变体支持更短密钥，因此 RSA-PSS 算法现在并不流行。
  - 目前最流行的签名方案是基于椭圆曲线的 ECDSA 和 EdDSA 算法。ECDSA 算法常使用 NIST 的 P-256 曲线实现，EdDSA 算法常使用 Edwards25519 曲线（该方案与曲线的结合称为 Ed25519 方案）实现。
- 如果以非常规方式使用签名算法，则签名算法的某些性质可能会带来安全问题。
  - 始终避免消息的签名者不明确的问题，因为某些签名方案容易受到密钥替换攻击。敌手可以生成一个新的密钥对，用于验证给定消息已经存在的签名，或者生成一个新的密钥对和一条新消息，用于验证给定的签名。
  - 不要依赖于签名的唯一性。首先，在大多数签名方案中，签名者可以为同一消息创建任意数量的签名。其次，大多数签名方案是可延展的，这意味着敌手可以获取签名并为同一消息生成另一个有效签名。

第 8 章　随机性和秘密性

本章内容：

- 随机性的定义及其重要性；
- 获得强随机性及产生秘密信息的方法；
- 随机性的隐患。

本章是第一部分的最后一章。在第二部分，我们将学习一些在现实中广泛应用的协议。在进入本书第二部分之前，我们还要重点介绍一个知识点，即随机性。

我们已经注意到，在密码学的算法（除哈希函数外）中，密钥、Nonce、初始向量（IV）、大素数生成等都会涉及随机性这个概念。当生成这些密码学信息时，我们总是假定随机数来源于一个神奇的黑盒子。这并非反常之事。在密码学白皮书中，通常用一个顶部带美元符号的箭头（$\overset{\$}{\leftarrow}$）来表示随机性。但在某个时刻，我们的心头会有这样的疑问“这种随机性究竟来自何方？”

本章将给出随机性在密码学中的准确定义。本章还会告诉我们在现实世界中产生密码算法所需随机性的方法。

注意：

在阅读本章内容之前，需要先阅读第 2 章“哈希函数”和第 3 章“消息认证码”这两章的内容。

8.1　随机性的定义

每个人都知道随机性这个概念，但是对随机性的理解存在较大差别。无论是掷骰子还是买彩票，最终结果都会呈现出随机性。我第一次意识到随机性时年龄还很小。当时我在按计算器上的 RAND 按钮，每次按下都会产生不同的数字。这件事情一直困扰着我。尽管那时我对电子学知之甚少，但我意识到这个计算器在产生随机数方面存在一些局限性。当我把 4 和 5 加在一起时，肯定有一些电路会做数学运算并给出结果。但是，当按下 RAND 按钮时会发生什么呢？随机数从哪里来？我无法弄清楚它的本质。

在花了一些时间之后，我找到了问题的正确答案，并知道计算器实际上在以作弊的方式产生随机数！计算器内部硬编码了大量的随机数，当按下 RAND 按钮时，它会逐一显示这些随机数。这些随机数列表现出良好的随机性，这意味着如果观察得到的随机数，我们会发现 1 和 9、1 和 2（以此类推）出现的次数几乎一样多。这些随机数列模拟了均匀分布（Uniform Distribution），这些数字出现的概率几乎相同。

在安全类和密码学应用中，随机数表现出的随机性必须不可预测。当然，没有人会将这些计算器产生的"随机数"用于任何与安全相关的应用中。通常，我们会从不可预测的物理现象中提取密码学应用所需的随机数。

例如，掷骰子的结果就很难预测（即便掷骰子是一个确定的过程）。如果知道所有的初始条件（如骰子投掷方式、骰子本身特性、空气摩擦、桌子的抓地力等），我们或许可以预测抛掷结果。也就是说，所有这些因素对最终结果的影响很大，以至于对初始条件的微小变动都会影响最终的投掷结果。若某种结果对其初始条件极端敏感，我们称之为混沌现象。这也是超过一定天数之后无法准确预测天气情况的原因。

在访问 Cloudflare 公司的加利福尼亚州总部时，我无意间拍到下面这张照片（图 8.1）。LavaRand 是一面摆着熔岩灯的墙，而每个熔岩灯的外观都像凝固的蜡一样，呈现出不可预测性。在墙前放置一个摄像头，获得这些熔岩灯的图像，就可从中提取出一些随机字节。

图 8.1　形状呈现出随机性的熔岩灯

通常，应用程序会利用操作系统来获取其所需的随机性，而操作系统会利用其所运行的软硬件设备来收集随机性。随机性的常见来源（也称为熵源）可能是硬件中断时间（如鼠标移动时间间隔）、软件中断时间、硬盘寻道时间等。

熵源

在信息论中，熵用来度量一系列数字或者数据包含的随机性大小。这个术语是克劳德·香农（Claude Shannon）创造的，他提出了熵的计算公式。数列越表现出不可预测性，熵值公式计算结果就会越大（熵值为0表示完全可预测）。我们对熵值及其计算公式并不感兴趣，但在密码学中，我们会经常听到“此数列具有的熵值较低”（意味着它是可预测的）或“此数列具有的熵较高”（意味着它是不可预测的）。

通过观察，我们会发现在计算机里中断和其他事件都无法产生很大的随机性；当设备启动时，这些事件往往表现出高度可预测性，同时这些设备也很容易受到外部因素的影响。今天，越来越多的设备使用额外的传感器和硬件辅助设备来提供更好的熵源。这些硬件随机数发生器通常被称为真随机数发生器（True Random Number Generator，TRNG），它们利用外部不可预测的物理现象（如热噪声）来获取随机性。

通常，从这些设备获得的噪声都不会有很好的随机性，有时它们甚至不能提供足够的熵。例如，从噪声源获得的随机比特有较大的概率是0，或者连续好多比特都一样。因此，必须从多个随机噪声源提取随机信息，才能获得足够的随机性，并将其应用于密码学算法。例如，我们可以用哈希函数计算每个噪声源输出的摘要，并将这些摘要进行异或运算，最终得到密码算法所需的随机信息。

这是获得随机性的完整过程吗？答案是否定的。从噪声中提取随机性是一个相当缓慢的过程。对于一些需要快速产生大量随机数的应用程序而言，提取随机性操作可能会成为应用程序的性能瓶颈。在8.2节中，我们将介绍操作系统及一些应用程序提升随机数生成速度的方法。

8.2 伪随机数发生器

在密码学中，随机性无处不在。然而，并非只有密码学大量用到随机数。例如，像ls这样的简单Unix命令也用到随机性！如果程序中的bug被利用，就可能对系统造成毁灭性的后果。因此，二进制软件试图使用各种技巧抵御底层攻击。地址空间布局随机化（Address Space Layout Randomization，ASLR）就是这些技术中的一种，该技术会在进程每次运行时用随机数随机化进程的内存布局。另一个应用随机数的例子是，网络协议TCP每次会在创建连接时使用随机数来产生不可预测的数字序列，达到阻止连接劫持攻击的目的。在实际应用环境中，我们往往希望知道安全系统的随机性有多强。

在8.1节中，我们了解了这样一个事实：获取不可预测的随机数是一个缓慢的过程。这主要是因为通过熵源产生噪声的速度往往很慢。考虑到这个因素，操作系统常用伪随机数发生器（Pseudorandom Number Generator，PRNG）来产生随机数，从而提高随机数生成效率。

注意：

为了区分密码学和非密码学用途的PRNG，密码学用途的PRNG有时也称为CSPRNG（Cryptographically Secure PRNG）。在随机数命名这方面，NIST采用与众不同的做法，它将PRNG命名为确定性随机比特发生器（Deterministic Random Bit Generator，DRBG）。

通常，伪随机数发生器需要一个初始的秘密信息，常称之为种子（Seed），我们可以从多个不同的熵源中提取出这样的种子，然后用伪随机数发生器快速生成大量随机数。利用伪随机数发生器生成随机数的过程如图 8.2 所示。

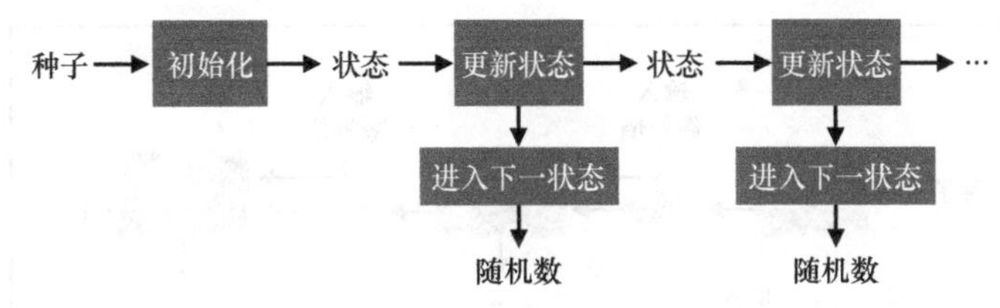

图 8.2　伪随机数发生器基于种子来生成随机数列。如果两次输入的种子相同，伪随机数发生器会产生两个完全一样的随机数列。根据随机数发生器的已有输出，任何人都无法恢复出它的内部状态。因此，仅仅通过观察已产生的随机数来预测将要产生的随机数或恢复先前已产生的随机数也是不可能的

密码学伪随机数发生器常有如下特性。

- 确定性。如果两次输入的种子相同，那么伪随机数发生器会产生两个完全一样的随机数列。这不同于先前讨论的不可预测的随机性。一旦知道伪随机数发生器使用的种子，那么它所产生的随机序列就变得完全可预测。这就是我们称这样的随机性为伪随机性的原因，也正因为如此，伪随机数发生器才变得非常高效。
- 与真随机不可区分。在实践中，我们无法区分伪随机数发生器输出的随机数和从均匀分布中选择的随机数。因此，仅仅通过观察伪随机数发生器生成的随机数无法恢复其内部状态。

第二种特性非常重要。伪随机数发生器可以有效模拟从真随机分布中均匀挑选一个数的过程，这意味着集合中每个数被选中的概率都相同。例如，当伪随机数发生器生成的随机数为 8 字节时，则整个随机数集合由所有可能的 8 字节数构成，并且每个 8 字节的数都有相同的概率成为伪随机数发生器的下一个输出。

此外，许多伪随机数发生器还满足一些其他的安全性质。当攻击者知道伪随机数发生器某时刻的内部状态，但无法恢复出伪随机数发生器先前生成的随机数时，则称这样的伪随机数发生器满足前向保密性（Forward Secrecy），如图 8.3 所示。

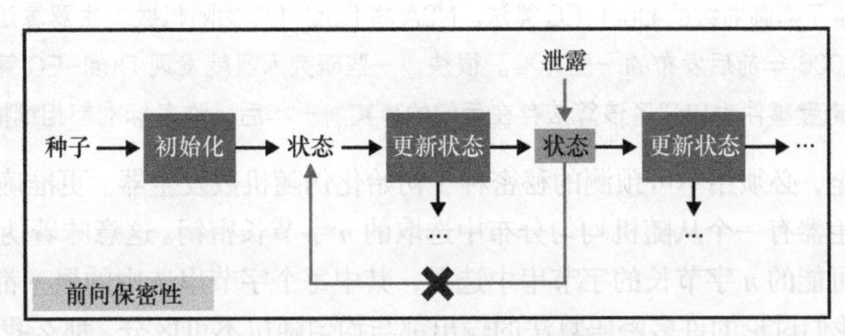

图 8.3　即使已知伪随机数发生器某时刻的内部状态，仍无法恢复出其先前产生的随机数，我们称这样的伪随机数发生器具有前向保密性

获得伪随机数发生器的状态意味着可以确定它接下来生成的所有伪随机数。为了防止这种情况，一些伪随机数发生器引入周期性“愈合”机制，即重置伪随机数发生器的种子，向其注入新的熵。这种属性称为后向保密性（Backward Secrecy），如图 8.4 所示。

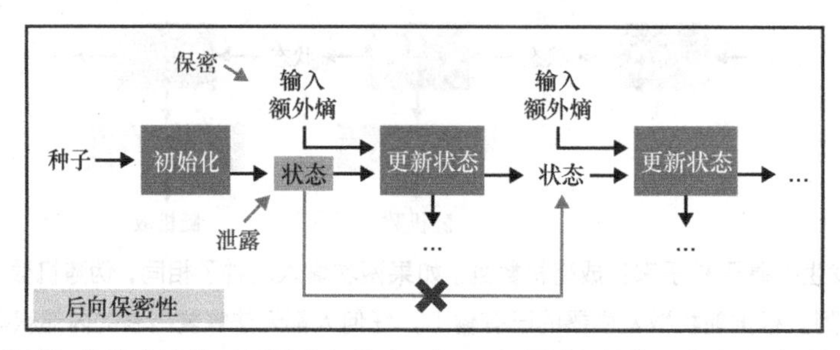

图 8.4 即使已知伪随机数发生器某时刻的内部状态，仍无法预测出其接下来产生的随机数，我们称这样的伪随机数发生器具有后向保密性。只有在伪随机数发生器的状态泄露之后立即将新的熵注入才能保证后向保密性

注意：

前向保密性和后向保密性概念非常容易混淆。阅读本节后，我们可能会产生这样的疑惑：前向保密性应该称为后向保密性，而后向保密性才应该称为前向保密性。为了区别这两个概念，我们有时也称后向保密性为未来保密性（Future Secrecy）。

如果用符合要求的种子初始化伪随机数发生器，则它可以快速产生大量能够用于密码学的随机数。显然，我们不能把一个可预测的数字或一个取值很小的数字当作伪随机数发生器的种子。伪随机数发生器意味着我们可以采用一些密码方法快速将适当大小的秘密扩展成数十亿个这样的秘密。大多数安全类应用程序不直接从噪声中提取随机数，而是将提取来的随机数作为伪随机数发生器的种子，然后在需要随机数时，用伪随机数发生器生成随机数。

Dual-EC 算法后门

如今，大多数伪随机数发生器都是基于启发式方法构造的。这是因为基于数学困难问题（如离散对数问题）构造的随机数发生器速度太慢，几乎没有实用价值。一个“臭名昭著”的伪随机数算法例子就是，NSA 发明的基于椭圆曲线的 Dual-EC 算法。NSA 将 Dual-EC 伪随机数发生器算法推行到各种标准中，如 NIST 在 2006 年前后发布的一些标准。很快，一些研究人员就发现 Dual-EC 算法存在后门。后来，2013 年的斯诺登事件也印证了该算法存在后门的事实。一年后，许多标准都相继撤销了该算法。

为了确保安全，必须用不可预测的秘密种子初始化伪随机数发生器。更准确地说，我们可以认为伪随机数发生器有一个从随机均匀分布中选取的 n 字节长密钥。这意味着伪随机数发生器的密钥应该从所有可能的 n 字节长的字节串中选择，其中每个字节串选中的概率都一样。

在本书中，我们讨论的许多密码算法的输出都与均匀随机不可区分。那么我们可以使用这些算法来生成随机数吗？这或许是个好主意。哈希函数、可扩展输出函数、分组密码、流密码和消息认证码算法可用于生成随机数。在理论上，哈希函数和消息认证码算法的输出都不能保证与真随机不可区分，但在实践中我们认为这两类算法的输出与真随机不可区分。此外，像密钥交换和签名这样的非对称算法的输出无论是在理论上还是在实践中都不是与真随机不可区分的。因此，需要用哈希函数处理上述算法的输出，最后把得到的哈希值当作实际输出。

事实上，由于大多数的机器硬件都支持 AES 算法，因此，我们通常把 AES-CTR 算法当作随机数发生器。此时，对称密码的密钥是该随机数发生器的种子，算法输出的密文就是随机数（明文是一个无限长的全 0 字符串）。在实践中，为了提供前向和后向保密性，实际的构造可能会更加复杂。现在，我们已经为学习 8.3 节内容储备了足够多的知识，8.3 节将会告诉我们在实践中获取随机性的具体方法。

8.3 获取随机性的方法

我们已经知道了操作系统为其程序提供安全随机数所需的 3 个要素。

- 噪声源。操作系统中原始的随机数来自不可预测的噪声源，常见的噪声源有设备温度、鼠标移动位置。
- 清洗和混合。虽然原始随机数的随机性可能很差，但是操作系统会对各个噪声源的输出进行清洗，将得到的输出混合在一起，以产生一个高质量的随机数。
- 伪随机数发生器。前两个要素会产生一个高质量的随机数，但执行起来非常耗时。我们可以将前两个步骤产生的随机数当作伪随机数发生器的种子，用伪随机数发生器快速生成大量随机数。

本节将解释操作系统把这 3 个要素结合在一起构成随机数发生器的底层原理，以及操作系统为应用程序开发人员提供的随机数发生器接口。操作系统允许我们通过公开函数进行系统调用，从而从系统内置的随机数发生器中获得随机数。实际上，系统调用的背后是一个由噪声源（熵源）、清洗和混合以及伪随机数发生器组成的系统，如图 8.5 所示。

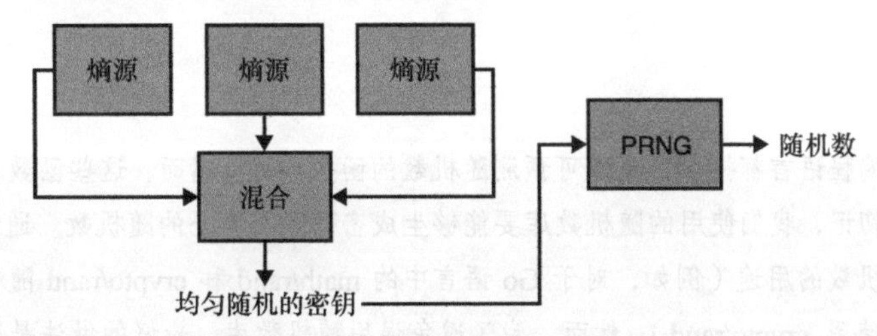

图 8.5 操作系统生成随机数的过程可以概括为：将不同噪声源的熵混合在一起，获得一个随机数，再将该随机数当作伪随机数发生器的种子

根据操作系统和可用硬件的不同，这 3 个要素的实现方式可能也会有所不同。2021 年，Linux 系统采用的伪随机数发生器是基于 ChaCha20 流密码算法的，而 macOS 系统则把哈希函数 SHA-1

当作伪随机数发生器。此外，不同的操作系统向开发人员公开的随机数发生器接口也会有所不同。在 Windows 系统上，使用 BCryptGenRandom()系统调用可以产生安全随机数，而在 macOS 和 Linux 系统上，通过读取特殊文件/dev/urandom 可以产生随机数。例如，在 Linux 或 macOS 系统上，我们可以使用 dd 命令行工具从终端读取 16 个随机字节：

```
$ dd if=/dev/urandom bs=16 count=1 2> /dev/null | xxd -p
40b1654b12320e2e0105f0b1d61e77b1
```

如果在设备启动后过早地通过读取/dev/urandom 文件来产生随机数，那么我们得到的随机数可能无法包含足够的熵，即产生的随机数不够随机。像 Linux 和 FreeBSD 等操作系统都提供了一个额外的系统调用 getrandom()，它提供的功能几乎与/dev/urandom 文件一样。如果没有足够的熵可用于初始化 getrandom()内置的伪随机数发生器，getrandom()就会等待系统重置其种子，从而阻止程序继续运行。考虑到这一点，我们建议在生成随机数时首选 getrandom()函数。一个利用 getrandom()生成随机数的 C 语言程序如代码清单 8.1 所示。

代码清单 8.1 用 C 语言获得随机数

```
#include <sys/random.h>

uint8_t secret[16];
int len = getrandom(secret, sizeof(secret), 0);

if (len != sizeof(secret)) {
    abort();

}
```

用随机字节填充字节型数组（注意：每次调用 getrandom()允许获得的随机数最大长度为 256 字节）

最后一个参数 0 表示：调用 getrandom()不会发生阻塞

当函数调用失败，或者返回的随机字节小于期望长度时，表明系统可能发生错误，此时最好的做法就是，让程序退出

需要指出的是，许多编程语言都有自己的标准库和加密库，它们对随机数发生器接口也都进行了更好的抽象。这使我们容易忘记一些细节。例如，我们很容易忘记每次调用 getrandom()函数最多只返回 256 字节长的随机数。因此，我们也应该尽可能地使用编程语言的标准库来生成随机数。

警告：

注意，许多编程语言都提供了生成可预测随机数的函数和库。然而，这些函数和库并不适合用于密码学算法。切记，我们使用的随机数库要能够生成密码学上安全的随机数。通常，库的名称有助于我们辨识随机数的用途（例如，对于 Go 语言中的 math/rand 和 crypto/rand 随机数软件包，我们应该更倾向于使用 crypto/rand）。然而，为了避免误用随机数库，最好的做法是阅读库的用户手册，了解该库的详情。

代码清单 8.2 给出用 PHP 语言生成随机数的方法。这些随机数可用于任何密码学算法。例如，将这些随机数作为认证加密算法的密钥。每种编程语言生成随机数的方式都不同，因此请务必查阅编程语言的帮助文档，找到生成安全随机数的最佳方法。

代码清单 8.2 用 PHP 语言获得随机数

```
<?php
 $bad_random_number = rand(0, 10);      ◁── 产生一个 0~10 的随机整数，rand()函数
                                             产生随机数的速度很快，但是生成的随机
$secret_key = random_bytes(16);  ◁──        数不适合用于密码学
?>          用 16 字节长的随机字节填充内存区，产
            生的随机数可用于密码学算法和协议
```

我们已经知道了在程序中生成安全随机数的方法。现在，让我们思考一下生成随机数时需要注意的事项。

8.4 生成随机数和安全性考虑

请记住，任何基于密码算法构造的协议都需要良好的随机性，一个差的伪随机数发生器可能会导致整个密码协议或算法不安全。我们应该清楚，消息认证码算法的安全性取决于它的密钥的随机性，哪怕一丁点儿的可预测性都会危及 ECDSA 等签名方案的安全性。

到目前为止，我们可能会认为生成随机数只是应用密码学的一个小步骤，但实际上，生成随机数对应用密码学非常重要。随机数误用实际上是造成实用密码学中各种安全问题的主要根源，包括使用非密码学的伪随机数发生器、没有用符合要求的种子初始化伪随机数发生器等，例如用可预测的系统当前时间来初始化伪随机数发生器。

一个随机数误用的例子就是，程序使用用户环境下的函数来生成密码算法所需的随机数，而不是通过系统的内核调用来产生随机数。通常，使用用户自定义的伪随机数发生器会引起不必要的安全性争议，如果使用不当会破坏整个安全系统。OpenSSL 库提供的伪随机数发生器就是一个典型的例子：2006 年，该伪随机数发生器以补丁形式添加到操作系统中，导致使用这个伪随机数发生器生成密钥的 SSL 和 SSH 协议极易受到攻击。

> 移除补丁代码后会对 OpenSSL 库中的伪随机数发生器种子重置过程产生影响。具体来说，OpenSSL 库不再向初始种子中混入随机数，而是只将当前进程的 ID 当作随机种子。而在 Linux 系统上，默认的进程 ID 可取的最大值为 32768，致使伪随机数发生器使用的种子随机性很差。
>
> ——H. D. Moore（“Debian OpenSSL Predictable PRNG Toys”，2008）

考虑到这些因素，建议尽量使用操作系统提供的随机数生成接口，避免使用用户自定义的随机数生成函数。在大多数情况下，编程语言标准库和一些著名的密码学程序库就足以提供我们所需的随机性。

> 开发人员在日常编写代码时需要注意：对于一些基础的算法，不能在已有最佳实践的情况下，自定义新的最佳实践[①]。
>
> ——Martin Boßlet（“OpenSSL PRNG is Not (Really) Fork-safe”，2013）

① 译者注：不建议开发人员亲自实现已有的密码算法（伪随机数发生器），这容易引发安全问题。

不幸的是，即便本书给出再多的建议，在实践中开发者仍可能误用随机数发生器。随机性是确保各类密码算法安全的根源，任何疏忽都可能导致系统易受攻击。为了确保安全，请牢记如下几种情形。

- 进程分叉。当使用用户定义的伪随机数发生器接口时，进程分叉会生成新的子进程，而这个子进程会复制其父进程的伪随机数发生器状态。这会导致两个进程自此之后产生完全一样的随机数列。因此，当程序中出现进程分叉操作后，正确的做法是用新的种子重新初始化伪随机数发生器。
- 在虚拟机中复制状态。当使用系统内置的伪随机数发生器时，复制伪随机数发生器的状态可能会引发错误。这样的情况在虚拟机中可能会出现。如果虚拟机的整个状态被保存起来，那么虚拟机的每个实例也都会从此状态开始运行，这可能会导致它们产生一样的随机数列。尽管很多操作系统和虚拟机管理程序已经修复了该问题，但是最好的做法是，在运行需要随机数的应用程序前，检查虚拟机系统是否存在这样的问题。
- 早期启动熵。用户与设备的交互过程是噪声的主要产生源。在用户操作设备的过程中，操作系统不存在收集不到熵的问题，但是在嵌入式设备和无外设系统中，要想在系统启动时收集到高质量熵，我们还需要克服许多的困难。历史经验表明，一些设备在启动时往往以相似的方式从系统中收集初始噪声，导致伪随机数发生器获得相同的种子，最终生成相同的随机数序列。

> Linux 系统在启动初期存在一个熵漏洞，此时 urandom 文件产生的随机数是完全可预测的。当我们禁用那些无外设系统和嵌入式设备的不可用熵源时，Linux 系统的伪随机数发生器在每次启动时都会产生相同的可预测随机字节流。
>
> ——Heninger 等（“Mining Your Ps and Qs: Detection of Widespread Weak Keys in Network Devices”，2012）

在系统启动过程中，应用程序几乎不会用到随机数。如果确实需要用到随机数，我们可以从另一台已用高质量熵初始化过的机器上获得需要的熵，如通过调用 getrandom()接口或从文件/dev/urandom 中获取需要的熵。不同的操作系统都为用户提供了获取随机数的方法，我们可以通过阅读它的参考手册来解决生成随机数过程中遇到的各种问题。

真随机数发生器为我们提供了另一种生成不可预测随机数的方案。例如，英特尔的新型 CPU 都内置了一种特殊的硬件芯片，我们可以从该芯片的热噪声中提取随机性。在程序中，我们可以用 RDRAND 指令获取这样的随机性。

对 RDRAND 指令的分歧

有趣的是，由于用户担心英特尔硬件芯片留有后门，所以伪随机数发生器指令 RDRAND 一直备受争议。当前，大多数操作系统都将 RDRAND 当作熵源，并将它与其他可贡献熵的随机源混合在一起使用。一个随机源以“贡献”的方式与其他随机源混合时，说明该随机源不能决定最终生成的随机数。

习题

将不同熵源的输出通过异或操作混合在一起。试问为什么不以“贡献”的方式混合随机源?

为了避免在安全协议中误用随机数，我们应该尽量少用那些依赖随机数的密码算法。例如，在第 7 章中我们会看到，ECDSA 算法要求每次签名时必须生成一个随机的 Nonce，而 EdDSA 则没有这样的要求。另一个示例是第 4 章提到的 AES-GCM-SIV 算法，如果该算法重复使用同一个 Nonce 不会发生严重的安全问题，而在 AES-GCM 算法中，重复使用同一个 Nonce 会泄露认证密钥，导致密文的完整性无法得到保障。

8.5 公开的随机性

到目前为止，我们主要讨论了秘密信息的随机性，即生成私钥所需的随机性。有时我们不需要考虑机密性，此时允许随机性是公开的。在本节中，我将简要介绍一些获得这种公开随机性的方法。我们将公开随机性分为如下两种：

- 一对多——我们想为其他应用产生随机性；
- 多对多——一组参与者想共同产生随机性。

首先，假设我们想以一种许多参与者都可以验证的方式生成随机数列。换句话说，该随机数列应该具备不可预测性，随机数列的生成者在数列输出后也无法在不被察觉的情况下改变随机数列。现在，假设我们有一个基于密钥对和消息生成唯一签名的签名方案。基于该签名方案，利用可验证随机函数（Verifiable Random Function，VRF）能使我们以可验证的方式获得随机数，其原理如图 8.6 所示。

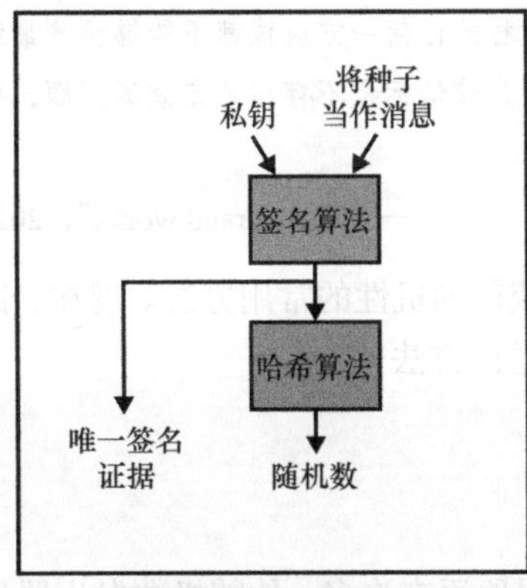

基于VRF的随机数生成

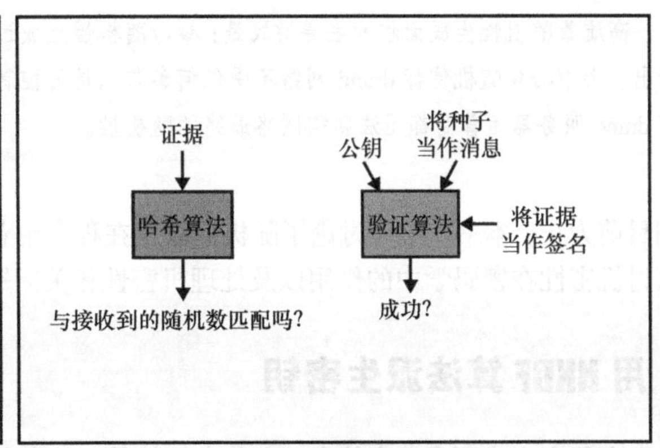

基于VRF的随机数验证

图 8.6 基于公钥密码，我们可以使用 VRF 生成可验证的随机数。为了生成一个这样的随机数，我们可以先使用数字签名算法（如 BLS 签名）对一个种子进行签名，再计算该签名的哈希值，并将这个哈希值当作公开随机数输出。为了验证最终的随机数，并确保种子签名的哈希值是一个随机数，我们可以利用签名算法来验证种子签名的合法性

可验证随机数的生成过程具体如下。

（1）生成签名算法的公私钥对，将验证签名合法性的公钥公开，同时还要公开种子。

（2）为了生成公开随机数，需要对公开种子进行签名并计算签名的哈希值。哈希值就是公开的随机数，签名就是该随机数的证据。

（3）为了验证该随机数，任何人都可以计算签名的哈希值，并比较其是否与公开的随机数相同，同时利用验证密钥检查公开种子是否合法。

将公开种子当作计数器，我们可以使用这种构造产生许多随机数。由于签名的唯一性和公开种子的确定性，签名者无法生成不同的随机数。

习题

像 BLS（参见图 8.6 和第 7 章内容）这样的签名方案会为同一消息生成唯一的签名。然而，ECDSA 和 EdDSA 为消息生成的签名则不唯一。思考这两类算法为什么会有这样的不同?

为了解决这个问题，网络草案（现已称为 RFC 文档）已对实现 VRF 的方法进行标准化。在某些场景下（例如，彩票游戏），参与者可能希望随机决定中奖者。此时，VRF 的作用是产生一致的可验证随机性，我们也称这样的可验证随机性为去中心化随机信标。在这个过程中，允许协议的某些参与者不参与生成随机性。通常，我们会使用前面提到的 VRF 构造去中心化随机信标，而不会使用门限型分布式单密钥签名算法构造这样的信标。分布式密钥意味着密钥被分割后由所有参与者共同持有，只有超过门限数量的签名者对消息进行了签名，才能为消息生成一个唯一且有效的签名。这是本书第一次提及分布式密钥这一概念，因此听起来可能有点儿令人困惑。稍后，我们会在本章学习更多分布式密钥的相关知识。

目前，去中心化随机信标 drand 受到广泛关注，该信标由多个组织和大学共同构建。

> 高质量随机性生成面临的主要挑战是：参与随机性生成过程的任何一方应该都不能够预测最终输出。去中心化随机信标 drand 网络不受任何参与成员的控制。该信标也不存在单点故障问题，任何 drand 服务器运营商都无法影响网络最终的随机性。
>
> —— “How drand works”，2021

到目前为止，本书广泛地讨论了随机性以及在程序中获得随机性的常用方法。现在，让我们继续探讨机密性在密码学中的作用以及处理机密性相关问题的方法。

8.6 用 HKDF 算法派生密钥

从一个秘密生成更多秘密信息（也称密钥拉伸）的密码原语有许多，伪随机数发生器只是这些算法中的一种。实际上，从一个秘密派生更多秘密信息在密码学中很常见，我们通常称这个过程为“密钥派生”。下面让我们深入学习密钥派生算法。

除了下面列出的一些不同点以外，密钥派生函数（Key Derivation Function，KDF）和伪随机数发生器有许多共同点。两种原语的不同之处如图 8.7 所示。

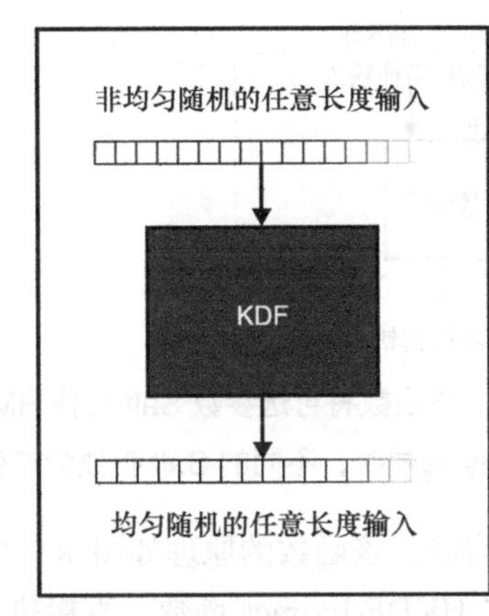

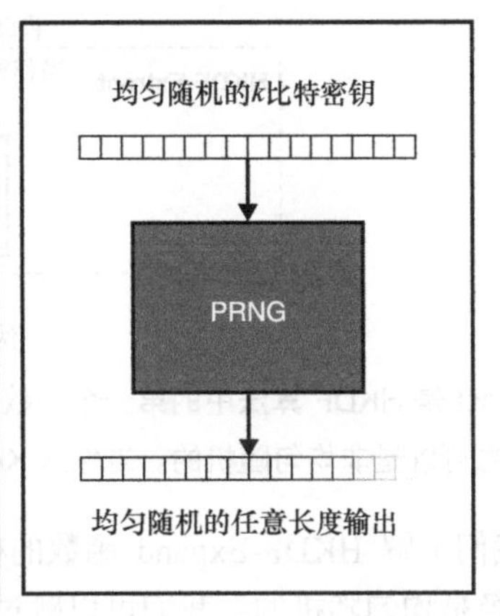

图 8.7 密钥派生函数和伪随机数发生器非常相似。两者的主要差别在于：密钥派生函数不要求输入的秘密信息完全随机，它只要求秘密信息中包含足够高的熵，此外也不要求密钥派生函数产生太多的输出

- 密钥派生函数不要求秘密信息均匀分布，但要保证秘密信息中包含足够高的熵。密钥交换协议的输出就包含很高的熵，但是其输出在统计上存在偏差（参见第 5 章），因此密钥派生函数可以使用密钥交换的输出来生成更长的秘密信息。
- 密钥派生函数常用于要求协议参与者能多次派生相同密钥的场景。从这个意义上说，密钥派生函数是确定性的算法，而伪随机数发生器可以通过频繁地注入更多的熵来提供后向保密性。
- 通常，不会使用密钥派生函数来产生大量的随机数。实际上，密钥派生函数多用于派生数量有限的密钥。

当前，最常用的密钥派生函数是基于 HMAC 算法的 HKDF。在第 3 章中，我们已学过 HMAC 算法。HKDF 算法是基于 HMAC 实现的，该算法的完整描述参见 RFC 5869。鉴于 HMAC 算法支持使用不同的哈希函数进行实例化，所以我们也可用不同的哈希函数实例化 HKDF 算法，当然最常用的哈希函数是 SHA-2。HKDF 算法由如下两个函数组成。

- HKDF-Extract ()：消除秘密输入中的统计偏差，产生均匀随机秘密信息。
- HKDF-Expand ()：产生任意长度的均匀随机输出。与伪随机数发生器一样，该函数要求输入的秘密信息必须均匀随机，因此该函数常在 HKDF-Extract 函数执行后才会被调用。

首先，让我们来了解 HKDF-Extract 函数，该函数的工作原理如图 8.8 所示。从技术上讲，经过哈希函数处理后输入的字节串会变得均匀随机（通常认为哈希函数的输出与均匀随机不可区分），而 HKDF 函数会接收一个称为盐值（Salt）的额外输入，因此它具有更强的随机化能力。与口令哈希算法一样，可以用不同的 Salt 来区分同一协议中不同的 HKDF-Extract 函数用法。不过，Salt 参数是可选的，如果不输入该参数，算法会将该参数设置为全 0 的字节串。但在实践中，我们建议使用 Salt 参数。HKDF 算法不要求 Salt 参数保密，该算法允许敌手在内的任何人知道该参数。HKDF-Extract 在随机化输入时并没有使用哈希函数，而是使用 HMAC 来随机化输入，HMAC 算法恰好有一个接收两个参数的接口。

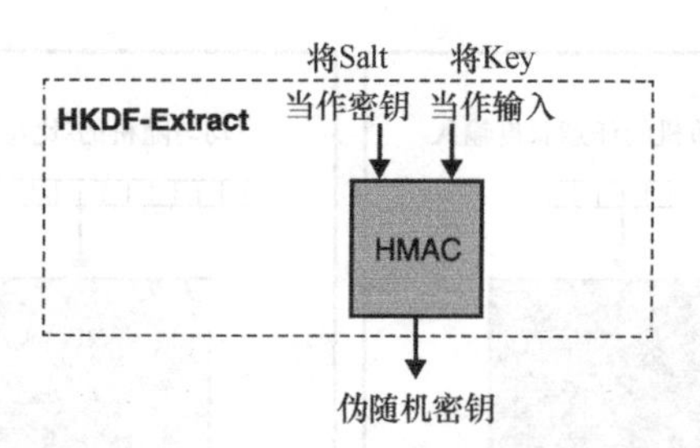

图 8.8 HKDF-Extract 是 HKDF 算法中的第一个函数。该函数将可选参数 Salt 当作 HMAC 算法的密钥，输入的秘密信息可以是非均匀随机的。当输入 Key 相同时，不同的 Salt 参数会产生不同的输出

接下来，让我们了解 HKDF-Expand 函数的构造，该函数的原理如图 8.9 所示。如果图 8.8 中输入的 Key 已经是均匀随机的，我们可以跳过 HKDF-Extract 函数，直接执行 HKDF-Expand 函数。

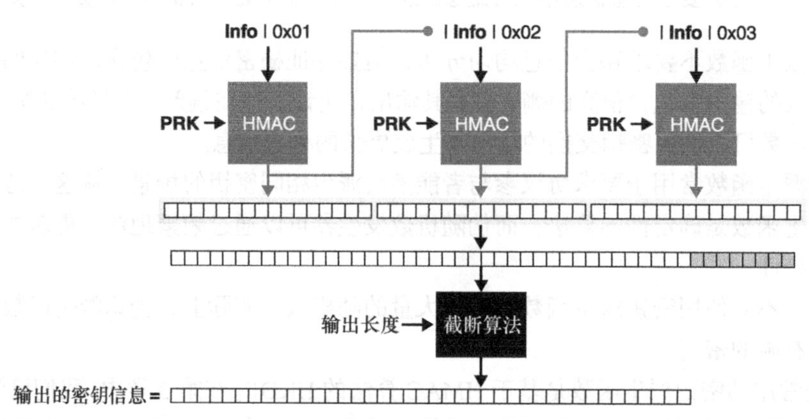

图 8.9 HKDF-Expand 是 HKDF 算法中包含的第二个函数。该函数以一个称为 Info 的字节串和均匀随机的秘密值为输入。给定相同的秘密输入，使用的 Info 字节串不同会产生不同的输出。该函数的输出长度由 length 参数决定

与 HKDF-Extract 函数一样，HKDF-Expand 函数也有一个称为 Info 的额外可选参数。Salt 参数旨在为同一协议内多次调用 HKDF 提供域分离，而 Info 参数主要用于区分依赖于 HKDF 的协议版本。当然，我们还可以指定 HKDF 的输出长度，但请记住 HKDF 与伪随机数发生器不同，它的设计初衷不是生成大量的随机数。HKDF 允许产生的输出长度与其使用的哈希函数有关。更准确地说，如果 HKDF 使用的哈希函数为 SHA-512（输出的哈希值长度为 512 比特），对于给定的输入 Key 和 Info 字节串，HKDF 的最大输出不能超过 512 × 255 比特，即 16320 字节。

除输出长度不同外，以相同的参数调用 HKDF 会产生内容相同的输出，只是这些输出被截断为不同的长度，如图 8.10 所示。该性质称为输出相关性（Related Output）。请牢记 HKDF 的这一性质。

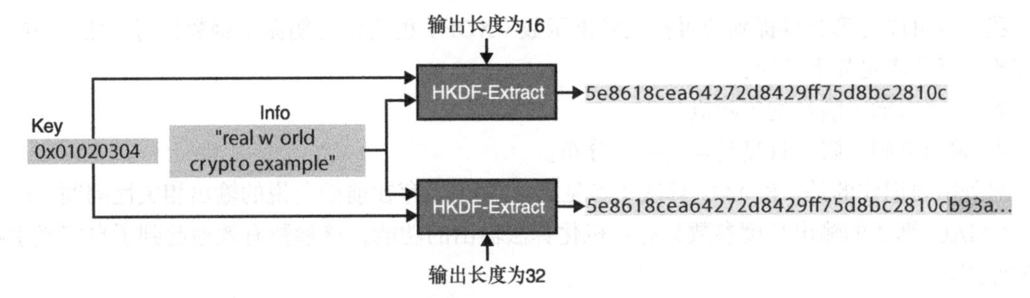

图 8.10　HKDF 具有输出相关性。这意味着将输出长度参数设置为不同的值时，HKDF 只是将相同的输出内容截断为要求的长度

在许多密码学库中，库的开发者常将 HKDF-Extract 函数和 HKDF-Expand 函数组合在一起，如图 8.11 所示。在使用密码学库提供的 HKDF 算法之前，建议先阅读密码库提供的帮助手册。

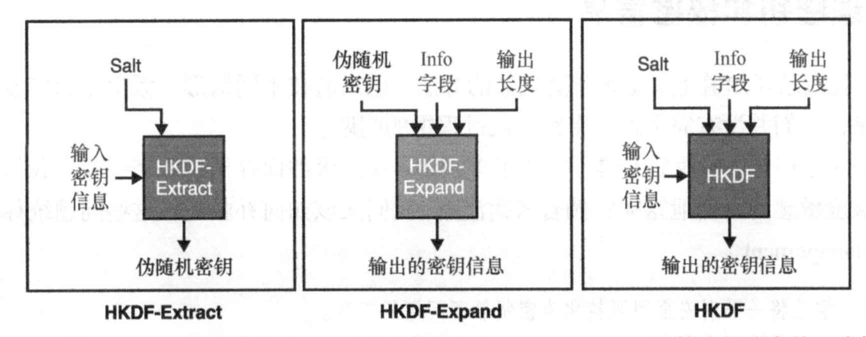

图 8.11　在密码学库中，开发者常将 HKDF 设计成一个由 HKDF-Extract 函数（从秘密输入中提取随机信息）和 HKDF-Expand 函数（生成任意长度的输出）组成的独立函数

从单个秘密信息派生多个秘密信息的函数并非只有 HKDF。另一种派生秘密信息的“平凡”方法是使用哈希函数。哈希函数不要求输入均匀随机，但会产生均匀随机的输出。哈希函数的这一性质使其非常适用于派生秘密信息。不过，哈希函数也存在诸多缺陷，它的接口不支持域分离（无自定义字符串参数），同时它的输出长度还是固定的。在实践中，最好的做法就是用 KDF 算法替代哈希函数。然而，一些常用的密码算法确实是使用哈希函数来派生秘密信息的。例如，在第 7 章中，我们会看到 Ed25519 签名方案用 SHA-512 算法从 256 比特长的密钥中派生出两个 256 比特长的密钥。

HKDF 和哈希函数能产生随机输出吗？

从理论上讲，哈希函数的性质并不能保证其输出是均匀随机的，其性质仅仅表明它满足抗碰撞性、抗第一原像性和抗第二原像性。在现实世界中，我们会将哈希函数当作随机预言机（参见第 2 章内容）的一种实现，因此我们常假设它的输出是均匀随机的。这与消息认证码算法十分类似，从理论上来说，该算法并不能产生均匀随机的输出，但是在实践中，我们默认它的输出是均匀随机的。这就是基于 HMAC 算法构造 HKDF 的原因。在本书的剩余部分，我们假定常见的哈希函数（SHA-2、SHA-3）和消息认证码算法（HMAC、KMAC）产生的输出都是随机的。

我们也可以把第2章提到的可扩展输出函数（XOF）也当作密钥派生函数！请记住，一般可扩展输出函数满足如下性质：

- 不要求输入满足均匀随机分布；
- 输出空间无限大且满足均匀随机分布。

另外需要记住的是，KMAC 算法（参见第3章）不存在前面所说的输出相关性问题。事实上，KMAC 算法的输出长度参数具有随机化算法输出的功能，该参数有效地起到了自定义字符串的作用。

最后，还有一种派生密钥的特殊情形，即基于熵值较低的输入来派生密钥。例如将口令作为输入，因为相比于128比特长的密钥，口令明显更容易猜测（口令本身较短）。基于口令的密钥派生函数利用口令哈希函数（第2章）来派生密钥。

8.7 管理密钥和秘密信息

现在，我们已经知道生成密码学随机数的方法，也知道在不同情形下派生密钥应该使用哪种算法。但是，我们并没有完全解决密钥生成过程中的问题。

为了使用密码算法，我们不得不生成很多密钥。我们该如何存储这些密钥呢？我们又该如何防止这些极度敏感的密钥泄露呢？倘若密钥泄露，我们又该如何补救呢？这些问题统称为密钥管理（Key Management）。

> 密码学是将一系列安全问题转化为密钥管理问题的工具。
>
> ——Lea Kissner（2019）

虽然许多系统选择将密钥保留在使用它们的应用程序中，但这并不一定意味着在发生安全问题时应用程序没有追索权。为了防范那些可能泄露密钥的问题，大多数高安全性的应用程序都会采用如下两种深度防御技术。

- 密钥更新。通过设定密钥的失效日期，并定期用新密钥替换旧密钥，可以起到避免密钥泄露的作用。密钥有效期设置得越短，或者说密钥更新越频繁，就可以更快地替换敌手可能已经知道的密钥。
- 密钥撤销。只进行密钥更新还远不能保障系统的安全性，有时我们想在得知密钥泄露的第一时间就撤销密钥。因此，一些系统允许我们在使用密钥之前查询密钥是否已被撤销（在第9章中，我们会了解更多有关密钥撤销的知识）。

自动化的密钥更新和撤销对于成功使用这两种深度防御技术来说至关重要。此外，我们还可以将密钥和特定的用途进行绑定，从而降低密钥泄露带来的危害。例如，我们可以将应用程序中使用的两个公钥分别称为公钥1（仅用于签名交易）和公钥2（仅用于密钥交换）。这样一来，即便公钥2关联的私钥泄露也不会对签名交易造成影响。

如果不想将密钥留在设备的存储介质内，我们可以采用抵抗密钥提取之类的解决方案。在第

13 章基于硬件的密码技术中我们可以了解更多这方面的内容。

最后需要注意的一点是，代理密钥管理的方法有很多。这种情况经常出现在提供密钥存储或密钥链的移动操作系统上，该系统不仅会存储密钥，甚至还会执行一些密码学操作！

在云服务上运行的应用程序有时需要访问云密钥管理服务。这些服务允许应用程序委托创建密钥和执行密码操作，并会采用多种方法来防御这些密钥和密码操作可能遭受的攻击。然而，与基于密码学硬件的解决方案一样，如果应用程序受到破坏，它仍然能够对委托服务执行任何类型的请求。

注意：

世界上没有灵丹妙药，我们应该不断地提出新的密钥泄露检测和应对策略。

密钥管理是一个难题，超出了本书的范围，所以我们不会过多地讨论这个话题。在 8.8 节中，我将介绍一些试图避免密钥管理问题的密码技术。

8.8　分布式门限密码技术

密钥管理是一个复杂的研究领域，由于该领域既不存在可供用户参考的最佳实践，也没有完全可信赖的工具可用，因此研究密钥管理可能会是一件令人苦恼的事情。幸运的是，密码学存在一些减轻密钥管理负担的方法。我想介绍的第一个方法是秘密分享（Secret Sharing）。秘密分享是指将秘钥拆分为多个份额，并允许将这些份额分发给系统的参与者。这里说的秘密可以是对称密钥、签名算法私钥之类的任何秘密信息。

通常情况下，一个称为分派者的人会生成秘密，然后将该秘密拆分成多个份额并在删除该秘密之前把这些秘密份额分发给所有参与者。著名的秘密分享方案由 Adi Shamir 提出，该方案也称为 Shamir 秘密分享（Shamir's Secret Sharing，SSS）。Shamir 秘密分享方案的过程如图 8.12 所示。

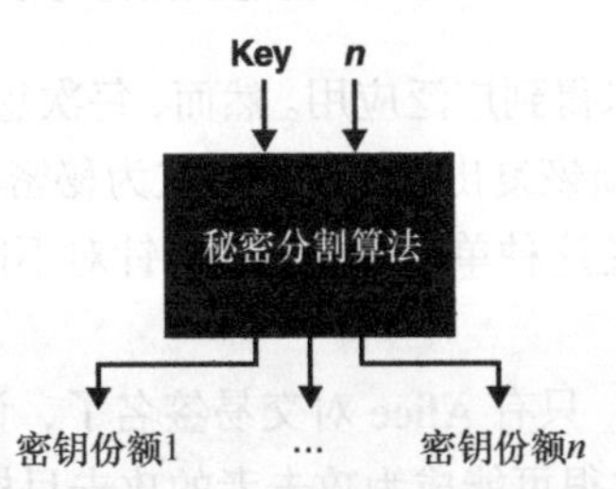

图 8.12　给定密钥 Key 和份额数量 n，Shamir 秘密分享方案可以创建 n 个与原密钥大小相同的部分密钥

当需要使用原始秘密执行某些密码学操作（加密、签名等）时，每个秘密份额的持有者需要将它们各自的份额返还给分派者。基于这些秘密份额，分派者可以恢复出原始秘密。由于获得秘密的单个份额对于恢复出原始秘密没有任何帮助，所以这样的方案不但可以阻止攻击者发起以单个用户为目标的攻击，还会迫使攻击者在恢复出原始秘密之前必须对所有参与者发起攻击，该过

程如图 8.13 所示。

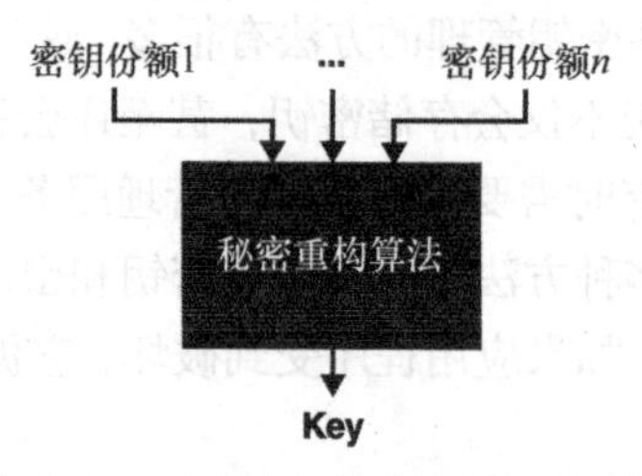

图 8.13 Shamir 秘密分享方案将秘密分成 n 个份额，因此它要求拥有秘密的 n 个份额才能恢复出原始秘密

该方案背后的数学原理并不难理解！让我们来简单解释该方案的思想。

想象二维空间内的一条秘密随机直线，将直线表示为 $y=ax+b$。让两个参与者分别持有该直线的一个随机点，他们两个可以联合起来恢复出这条直线。该方案可推广到任意次数的多项式，相应地我们可将秘密分成任意数量的份额，其原理如图 8.14 所示。

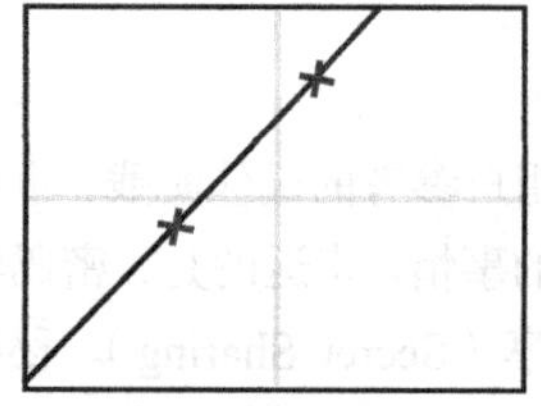

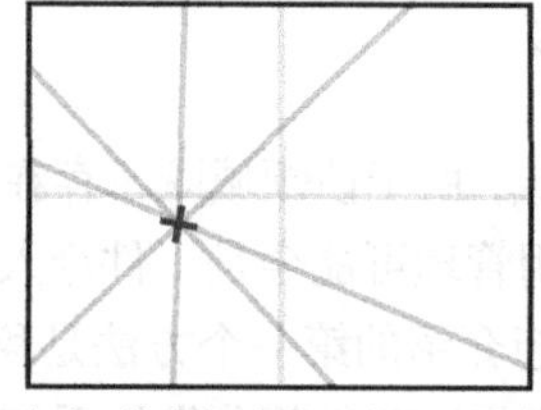

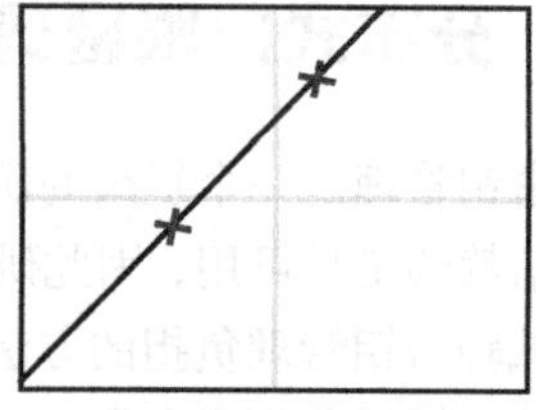

图 8.14 Shamir 秘密共享方案背后的思想是，将定义曲线的多项式视为秘密，而把曲线上的随机点视为部分秘密（秘密份额）。要恢复出 n 次多项式形式的曲线，我们至少需要知道曲线上的 $n+1$ 个点。例如，对于一次多项式 $f(x)=3x+5$，需要 2 个点 $(x,f(x))$ 才能恢复出该多项式，而对于二次多项式 $f(x)=5x^2+2x+3$，需要 3 个点才能恢复出该多项式

由于简单易懂，秘密共享技术得到广泛应用。然而，每次想将该秘密当作密码算法的密钥时，必须将各个份额收集起来才能重新恢复出原始秘密。这为秘密泄露创造了新的可能，从而使我们再次回到单点失效模式。为了避免这种单点故障问题，针对不同的场景我们可以使用不同的密码技术。

例如，假设有这样一个协议，只有 Alice 对交易签名了，该交易才被认为是合法的。这种要求会给 Alice 带来很大负担，她也很可能成为攻击者的攻击目标。为了减轻 Alice 被攻击的压力，我们可以将协议改为必须由包括 Alice 在内的 n 个人同时对交易进行签名，该交易才被认为是合法的。此时，攻击者必须同时伪造交易的 n 个签名，才能使该笔交易被接受！这种密码系统称为多重签名方案，其在“加密货币”领域应用非常广泛。

不过，平凡的多重签名方案比普通签名方案会多一些额外开销。事实上，在所给示例中，交易的大小会随着所需的签名次数呈线性增长。为了解决这个问题，一些签名方案（如 BLS 签名

方案）可以将多个签名压缩为单个签名。这种特性称为签名聚合（Signature Aggregation）。一些多重签名方案通过将 n 个公钥聚合为单个公钥，从而实现压缩签名大小的目的。这种技术称为分布式密钥生成（Distributed Key Generation，DKG）。该技术属于密码学中安全多方计算领域的研究内容，第 15 章将会介绍一些安全多方计算相关的内容。

分布式密钥生成技术允许 n 个参与者在不知道其他参与者私钥的情况下通过协作计算出一个公钥。如果想对消息进行签名，那么各个参与者可以使用他们各自持有的私钥份额协作生成消息的签名，同时他们还可以使用先前创建的公钥来验证签名的合法性。在这样的情况下，参与者都不需要传输私钥，因此避免了 Shamir 秘密分享方案的单点故障问题。在第 7 章中我们已经学过 Schnorr 签名，Schnorr 签名的分布式密钥生成方案原理如图 8.15 所示。

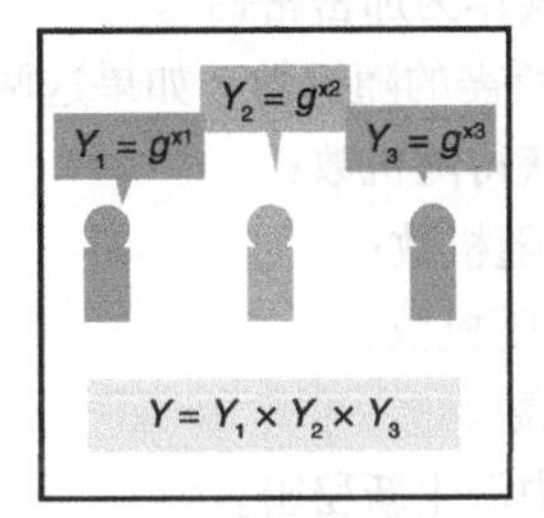

Y表示聚合后的公钥

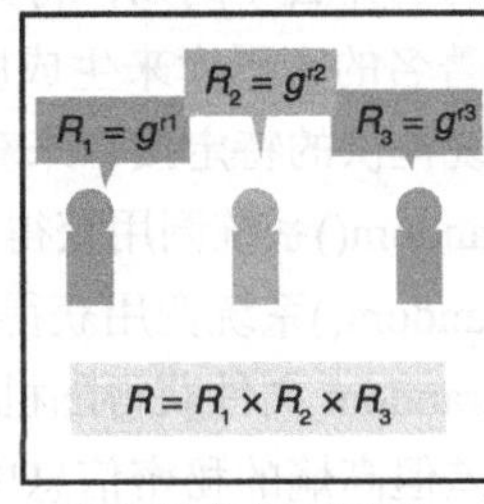

R通过分布式方式产生

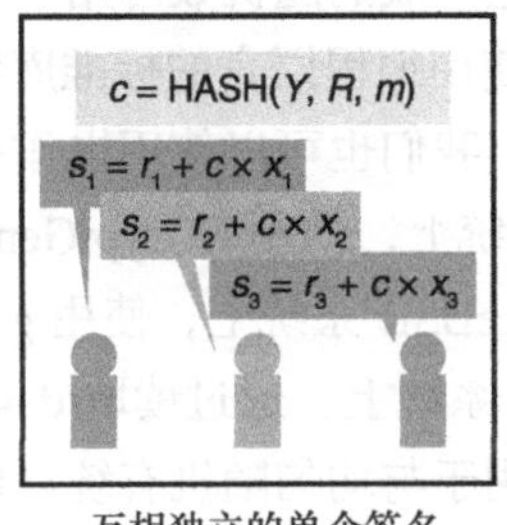

互相独立的单个签名

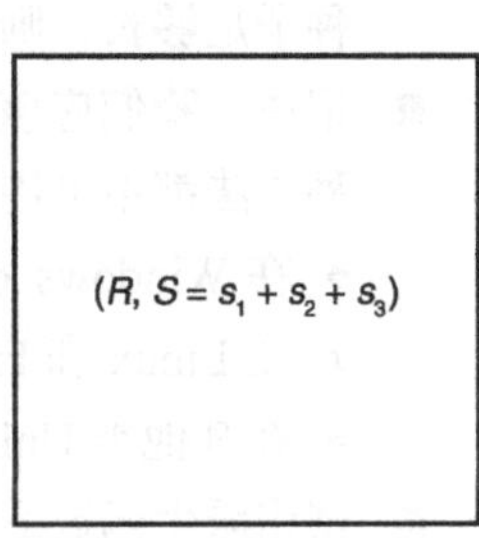

聚合后的签名

图 8.15　Schnorr 签名方案可以转换成一个去中心化的分布式密钥生成方案

最后，需要注意如下要点。

- 对于前面提到的每个方案，如果 n 个参与者中有 m（门限值）个参与者参与，方案也能保证其正确性。现实世界中的大多数系统都必须具备容忍大量恶意或不活跃参与者的能力，因此这一性质非常重要。
- 这些方案可以与其他非对称密码算法一起使用。例如，使用门限加密方案，一群参与者可以以非对称的方式解密密文。

图 8.16 汇总了前面所给的示例。

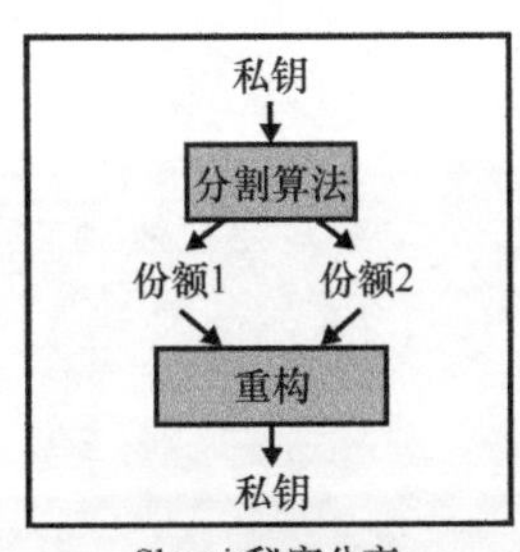

Shamir秘密分享

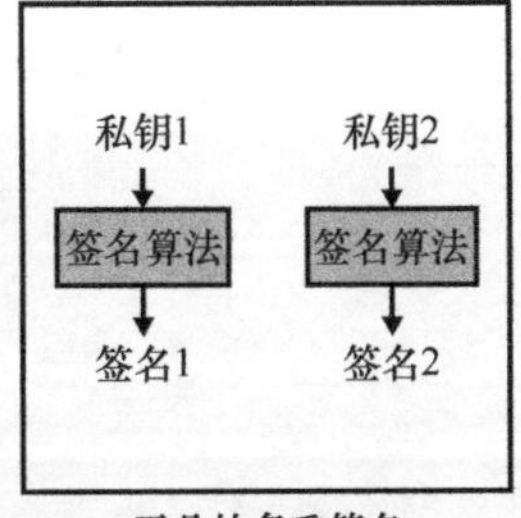

平凡的多重签名

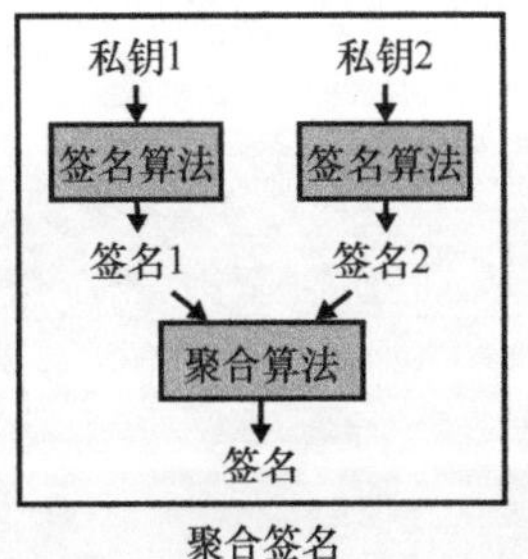

聚合签名

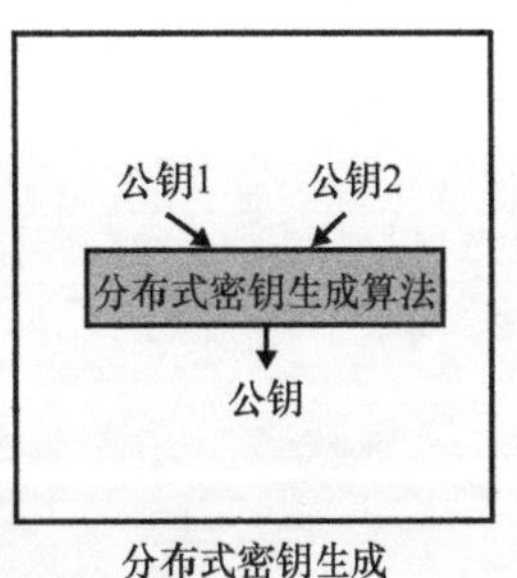

分布式密钥生成

图 8.16　现有技术可以总结为：将对一个参与者的信任分割成对多个参与者的信任

门限方案提供了一种新的密钥管理范式，是一门值得完善和发展的技术。目前，NIST 有一个门限加密小组，该小组不仅负责组织与门限方案相关的研讨会，同时还将长期致力于标准化门限方案原语和协议。

8.9 本章小结

- 若从集合中选取任意一个元素的概率都相同，则该集合中的元素服从均匀分布。
- 熵是一个度量字节串随机性程度的指标。熵值越高，表明字节串分布越均匀；熵值越低，则越容易猜测和预测字符串。
- 伪随机数发生器是一种以均匀随机种子为输入并生成任意长度随机数的算法。如果这个种子足够长，则它生成的随机数可用于密码学算法（例如，将其作为加密密钥）。
- 记住，我们应该使用编程语言的标准库和著名的密码库来生成所需的随机数。如果这两种方法都不可用，我们也可以使用操作系统提供的特定接口来获得随机数：
  - 在 Windows 系统上，使用 BCryptGenRandom()系统调用获得随机数；
  - 在 Linux 和 FreeBSD 系统上，使用 getrandom()系统调用获得随机数；
  - 在其他类 Unix 系统上，通过读取/dev/urandom 文件获得随机数。
- 密钥派生函数适用于与均匀随机有统计偏差但高熵的秘密信息中派生新秘密。
- HKDF 是一个基于 HMAC 算法的密钥派生函数。该密钥派生函数有着广泛的应用。
- 密钥管理旨在保护密钥等秘密信息的机密性。密钥管理主要包括安全存储密钥、主动终止和更换密钥、处理密钥泄露等事项。
- 为了减轻密钥管理者的负担，可以将系统的信任关系从一个参与者转换到多个参与者身上。

第二部分

协议：密码学的核心作用

现在，我们开始学习本书的第二部分内容，该部分将会用到我们在第一部分所介绍的大部分内容。如果我们把从第一部分学到的密码原语当作原料，就可以将第二部分内容当作食谱。我们需要学习的食谱有许多！古典密码学主要关注对通信内容的加密，然而现代密码学的应用范围非常广泛，而且我们也不可能了解密码学的全部用途。

在第 9 章、第 10 章和第 11 章中，主要介绍密码学的常见应用场景，以及如何应用密码学解决现实世界面临的安全问题。换句话说，就是了解密码学如何加密通信内容，以及如何对协议中的参与者进行认证。在某种程度上来讲，这就是密码学的核心作用。协议参与者的数量可多可少。因此，我们会发现，现实世界中的密码学必须在安全性与效率之间权衡。对于不同情景下的同一种问题，我们也会采用不同的解决方案。

第 12 章和第 13 章主要介绍两个正在迅速发展的密码学领域："加密货币"和硬件密码学。大多数关于密码学的图书都忽略了"加密货币"这个话题。而硬件密码学这个话题也经常被密码学类图书所忽略；通常，密码学家都认为他们提出的原语和协议是在可信环境中执行的，而现实情况是可信的环境几乎不存在。硬件密码学能减少安全执行密码操作的限制，并且当攻击者在物理上靠近加密操作的实体时为密码操作提供安全保证。

第 14 章和第 15 章介绍密码学的前沿知识，即目前还没有实现但未来可能实现的密码技术，以及当前该领域的发展状况。我们将在第 14 章中学习后量子密码，这可能会成为一个非常有价值的密码学领域，这主要取决于人类能否发明可扩展的量子计算机。量子计算机是一种基于量子物理学的新型计算范式，可能会彻底改变密码学的发展方向，甚至可能会使现有的密码算法都变得不再安全。在第 15 章中，我们将了解"下一代密码技术"。目前，这类密码技术尚未出现在具体应用中，但随着研究的深入以及效率的提升，它们会被越来越多应用程序开发者采用，因此我们可能会在不久的将来频繁地看到这些技术。

最后，本书的第 16 章讨论现实世界中一些关于密码学与伦理道德的问题。

第9章　安全传输

本章内容：

■ 安全传输协议；

■ 传输层安全（Transport Layer Security，TLS）协议；

■ Noise 协议框架。

当今密码学最重要的用途可能就是加密通信，毕竟密码学的目标就是实现安全通信。为此，应用程序通常不直接使用单独的密码原语（如认证加密），而是使用由多种密码原语组合在一起的复杂协议，这些协议称为安全传输协议。

本章我们将学习广泛应用的安全传输协议：传输层安全（TLS）协议。我们还将简单了解其他的安全传输协议以及它们与 TLS 的不同之处。

9.1 SSL 和 TLS 协议

首先我们通过一个场景来理解传输协议（用于主机之间加密通信的协议）的重要之处。当我们在浏览器中输入一个网址，并按下“Enter”键，浏览器将会通过多种协议连接到 Web 服务器并检索我们请求的页面。这些协议中就包括超文本传输协议（Hypertext Transfer Protocol，HTTP），浏览器通过 HTTP 告诉 Web 服务器自己想要检索的页面。HTTP 的格式可读性较强，这意味着在没有其他工具的辅助下，也可以理解网络上的 HTTP 消息。但这还不足以让浏览器与 Web 服务器通信。

HTTP 消息会被封装到 TCP 帧消息中，其中，TCP 帧是在传输控制协议（Transmission Control Protocol，TCP）中定义的消息。TCP 是一个二进制协议，它的可读性差，我们需借助其他工具来理解 TCP 帧中各字段的含义。而 TCP 消息会由互联网协议（Internet Protocol，IP）进一步封装，其后 IP 消息还会使用其他协议继续进行封装。以上协议统称为网际互连协议套件，由于详细介绍此内容的图书已经有很多，所以本书不深入讨论这些协议。

回到刚才提到的场景中，我们需要讨论通信过程中的机密性。任何一个被动敌手都可以观察和读取浏览器的请求和 Web 服务器的响应。更糟糕的是，主动敌手还可以篡改消息以及更改消息的发送顺序。这种攻击会对通信机密性造成严重威胁。

想象一下，如果消息在这样的信道传输，那么每次上网购物时，我们的信用卡信息都会泄露；每次登录网站时，敌手都可以轻易获取我们的账号和密码；每次与朋友通信时，我们的私人照片和信息都会被窃取。这十分令人害怕，因此在20世纪90年代，TLS协议的前身，即安全套接字层（Secure Socket Layer，SSL）协议诞生了。SSL协议可以在许多场景中使用，但它最早应用于浏览器与Web服务器的安全通信。SSL 协议最开始与 HTTP 结合使用，将 HTTP 扩展到超文本传输安全协议（Hypertext Transfer Protocol Secure，HTTPS）。HTTPS可以保护浏览器与许多服务器之间的通信。

9.1.1 从SSL到TLS的转化

虽然SSL协议并非唯一可用于保护Web安全的协议，但它确实引人注目，并且经过时间的验证成为事实上的标准。不过，SSL协议在第一个版本和最新的版本之间，做出了很多调整。由于协议中使用了不安全的设计和加密算法，SSL的所有版本（最后一个版本是SSL v3.0）都能被攻破（RFC 7457中总结了针对SSL协议的许多攻击）。

SSL 3.0之后，该协议正式移交给因特网工程任务组（Internet Engineering Task Force，IETF），该组织负责发布征求意见（Request For Comment，RFC）标准。之后，SSL协议改名为TLS协议，1999年TLS 1.0随RFC 2246发布。2018年，RFC 8446中规定TLS协议的最新版本——TLS 1.3。TLS 1.3不同于SSL，它源于业界和学术界之间的紧密合作。然而，现今由于服务器更新缓慢，互联网中仍然有许多不同版本的SSL协议和TLS协议在运行。

注意：

SSL协议和TLS协议这两个名词经常混淆。前者现在被称为TLS协议，但许多文章甚至密码学库仍然选择使用SSL协议。

TLS协议已经不仅仅用于保护网络安全，还在许多不同的场景以及不同类型的应用程序和设备中作为安全通信协议。因此，本章中关于TLS协议的内容不仅适用于访问网站的场景，而且适用于任何需要两个应用程序之间进行安全通信的场景。

9.1.2 TLS的实际应用

为了理解TLS的实际应用，首先要定义一些术语。在TLS协议中，进行安全通信的双方称为客户端和服务器。TLS协议与其他网络协议（如TCP或IP）的工作方式相同：客户端是发起连接的人，服务器是等待连接的人。创建一个TLS客户端需要两部分参数。

- 配置参数：客户端设置了自身支持的SSL协议和TLS协议版本、用于保护通信的加密算法以及客户端对服务器进行身份验证的方式等。
- 目标服务器的信息：需要获取的信息至少包括一个IP地址和一个端口，对于Web服务器而言，通常还需要一个完全限定域名（比如example.com）。

给定上述两个参数，客户端向服务器发起连接以生成安全会话，双方可以使用这个安全会话信道共享加密消息。在某些情况下，安全会话可能会中断，导致连接创建失败。例如，如果攻击者篡改安全连接中传输的信息，或者服务器的配置与客户端不兼容（稍后将详细介绍），那么客户端与服务器端将无法建立安全会话。

TLS 协议中服务器的操作通常更简单，它只需要使用与客户端相同的配置。然后，服务器只需等待客户端发起连接请求，再建立安全会话信道。实际上，客户端可通过代码清单 9.1 所示的代码使用 TLS 协议（以 Go 语言为例）。

代码清单 9.1 用 Go 语言演示在客户端使用 TLS 协议

```
import "crypto/tls"

func main() {
    destination := "google.com:443"     <- 完全限定域名和服务器端口（433 是 HTTPS 的默认端口号）
     TLSconfig := &tls.Config{}         <- 空的 config 表示默认的配置
     conn, err := tls.Dial("tcp", destination, TLSconfig)
    if err != nil {
        panic("failed to connect: " + err.Error())
    }
    conn.Close()
}
```

那么客户端如何确定与它建立连接的确实是目标服务器，而非冒名顶替的敌手呢？默认情况下，使用 Go 语言实现 TLS 协议时，客户端使用操作系统的配置对 TLS 服务器进行身份验证（后续我们将详细了解 TLS 协议中实现身份验证的方法）。在服务器端使用 TLS 协议也非常简单，如代码清单 9.2 所示。

代码清单 9.2 用 Go 语言演示在服务器端使用 TLS 协议

```
import (
    "crypto/tls"
    "net/http"
)

func hello(rw http.ResponseWriter, req *http.Request) {
    rw.Write([]byte("Hello, world\n"))
}

func main() {
    config := &tls.Config{
        MinVersion: tls.VersionTLS13,     | 保证 TLS 1.3 服务器安全的最低版本的 TLS 协议
    }

    http.HandleFunc("/", hello)     <- 一个显示“Hello, world”的页面

    server := &http.Server{          | 运行 HTTPS 时，服务器在 8080 端口上启动
        Addr: ":8080",
        TLSConfig: config,
    }
```

```
    cert := "cert.pem"
    key := "key.pem"
    err := server.ListenAndServeTLS(cert, key)
     if err != nil {
        panic(err)
     }
}
```

一些包含证书和私钥的.pem 文件（稍后将对此进行详细介绍）

Go 语言及其标准库在内部已经为我们封装了许多实现细节。不幸的是，并非所有编程语言的标准库都提供易于使用的 TLS 实现方式，而且也并非所有 TLS 的实现都选择安全的参数作为默认配置！因此，根据标准库的不同，TLS 服务器的配置有时很复杂。在 9.2 节中，我们将了解 TLS 协议的内部工作原理及其不同之处。

注意：

TLS 协议运行在 TCP 之上。为了确保 UDP（User Datagram Protocol，用户数据报协议）连接的安全性，我们可以使用 DTLS（D 代表数据报，即 UDP 消息），它与 TLS 协议非常相似。因此，我在本章中没有讨论 DTLS 协议。

9.2 TLS 协议的工作原理

正如之前提到的，如今 TLS 协议是保证应用程序之间安全通信的现实标准。在本节中，我们将了解更多关于 TLS 协议的底层工作原理及其在实践中的使用方式。本节对于学习 TLS 协议的正确使用方式以及大多数安全传输协议的工作原理非常有用。此外，我们还能了解到重新设计或重新实现此类协议的困难（并且被强烈反对）之处。

宏观来看，TLS 协议可以分为下面的两个阶段，如图 9.1 所示。

- 握手阶段：两个参与者协商并创建一个安全通信连接。
- 安全通信阶段：两个参与者的通信内容是加密的。

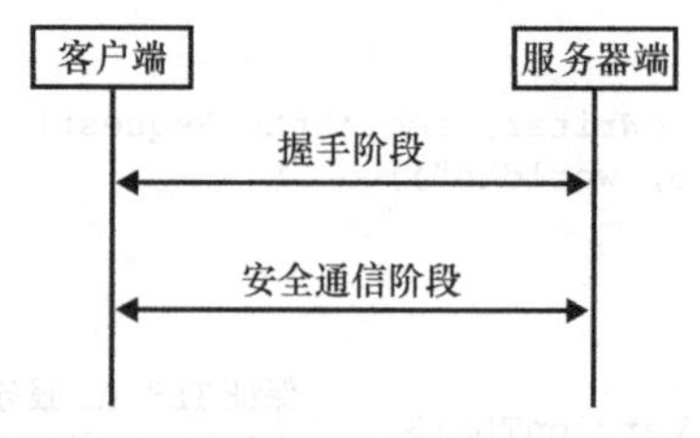

图 9.1 宏观来看，TLS 协议首先在握手阶段创建安全连接。之后，参与者可以进行安全通信

根据第 6 章介绍的混合加密，我们应该对上述两个步骤的工作原理有以下直观的理解。

- 握手阶段的核心是密钥交换。握手结束时，参与双方就生成共享的对称密钥集合。
- 安全通信阶段是参与双方之间传输密文的过程。此阶段使用认证加密算法和握手阶段生成的密钥集合来加密消息。

大多数安全传输协议都是这样运行的，它们有趣的部分往往是握手阶段。接下来，让我们看看握手阶段的工作流程。

9.2.1 TLS 协议的握手阶段

TLS 协议（以及大多数传输安全协议）可以分为两个部分：握手阶段和安全通信阶段。在本小节我们将首先了解握手阶段的四项内容。

- 协商：TLS 协议是高度可配置的，客户端和服务器都使用协商好的 SSL 和 TLS 版本以及加密算法作为通信过程的配置参数。握手的协商阶段旨在找到客户端和服务器之间可选配置参数的共同点，以确保连接的双方是对等的。
- 密钥交换：握手阶段的核心是两个参与者之间的密钥交换。使用何种密钥交换算法是客户端与服务器协商过程中要确定的事项之一。
- 认证：正如我们在第 5 章密钥交换了解到的那样，中间人攻击者可以轻易模拟密钥交换过程中的任何一方，因此，密钥交换必须经过认证。例如，浏览器必须能够确保自身是在与 google.com 通信，而非与互联网服务提供商（Internet Service Provider，ISP）通信。
- 会话恢复：由于浏览器经常重复连接到同一个网站，如果每次都进行密钥交换可能产生高昂的计算代价，并且会降低用户体验，因此，TLS 协议中集成了无须重复密钥交换即可快速跟踪安全会话的机制。

这是一个详尽的列表！让我们马上开始学习第一项内容。

1．协商：选择什么样的协议版本和密码算法？

TLS 协议之所以复杂，绝大程度上是因为协议中需要协商的内容往往有很多种选择。而协商阶段的不完善也是过去 TLS 协议出现许多问题的根源。像 FREAK、LOGJAM、DROWN 等攻击可以利用旧版本协议的弱点来破坏新版本协议的运行（有时甚至在服务器不支持旧版本协议时也能实现攻击！）。虽然并非所有协议都有很多版本或允许协商不同的算法，但 SSL/TLS 协议是为 Web 系统设计的，因此，SSL/TLS 协议需要一种方法来保持 Web 系统对更新速度较慢的旧客户端和服务器的后向兼容性。

今天在 Web 系统上经常发生这样的情况：用户的浏览器可能是最新的版本，并且支持 TLS 1.3，但是用户访问一些旧网页时，网页背后的服务器可能只支持 TLS 1.2 或 1.1（或更旧的版本）。反之亦然，许多网站必须支持较旧的网页访问，也就是要支持较旧版本的 TLS 协议（因为一些用户仍然使用旧版 TLS 协议）。

旧版本的 SSL 协议和 TLS 协议是否安全？

除了 TLS 的 1.2 和 1.3 版本以外，SSL 和 TLS 协议的大多数版本都存在安全问题。那么为何不能只支持最新版本（TLS 1.3）而不再使用旧版本协议呢？原因是有些公司需要为一些无法轻易更新协议的老客户提供服务。因此，许多密码学库为了安全地支持旧版本协议，尝试把一些已知攻击的防御措施移植到旧版本的协议上。不幸的是，这些防御措施往往由于过于复杂而难以正确实施。

例如，为了抵抗 Lucky13 和 Bleichenbacher98 这样著名的攻击，安全研究人员多次尝试在 TLS 协议的实现过程中修复其弱点，却还是发现这些攻击能攻破已优化的协议。虽然在实现上修复弱点可以弱化对旧版本 TLS 协议的许多攻击，但本书不建议继续使用旧版本协议，因为 2021 年 3 月，IETF 发布了 RFC 8996，即“弃用 TLS 1.0 和 TLS 1.1”，正式声明要弃用 TLS 协议的旧版本。

开始协商时，客户端向服务器发送第一个请求（称为 ClientHello）。ClientHello 包含一系列客户端支持的 SSL 和 TLS 协议版本、客户端可以使用的密码算法套件，以及一些关于握手阶段的剩余步骤或应用程序的更多信息。密码算法套件包括如下内容。

- 一种或者多种密钥交换算法：TLS 1.3 中可以选择的密钥交换算法包括使用 P-256、P-384、P-521、X25519、X448 等曲线的 ECDH 算法，以及 RFC 7919 中定义的 FFDH 算法。ECDH 算法和 FFDH 算法相关的内容我们在第 5 章都已经了解过。旧版本的 TLS 协议还提供了 RSA 密钥交换算法（第 6 章中有详细介绍），不过最新版本的 TLS 协议已移除了这个算法。
- 两种（握手的双方选择各自的算法）或者多种数字签名算法：TLS 1.3 可选的数字签名算法包括 RSA PKCS#1 v1.5 算法、新推出的 RSA-PSS 算法，以及 ECDSA 和 EdDSA 等较新的椭圆曲线算法。我们在第 7 章已对此做过介绍。请注意，数字签名算法是通过哈希函数指定的，在协商的过程中需要选择数字签名算法使用的哈希算法，例如 RSA-PSS 算法可以使用 SHA-256 或 SHA-512 函数实现。
- HMAC 和 HKDF 算法使用的一个或多个哈希函数：TLS 1.3 规定了 SHA-256 和 SHA-384 两个可选的哈希函数，它们都是 SHA-2 哈希函数族的实例（第 2 章对此有介绍）。此处选择的哈希函数与数字签名算法使用的哈希函数无关。HMAC 和 HKDF 两个算法分别在第 3 章和第 8 章中有过介绍。
- 一个或者多个认证加密算法：可选的认证加密算法包括具有 128 或 256 比特密钥的 AES-GCM、ChaCha20-Poly1305。我们在第 4 章中已了解上述所有算法。

接下来，服务器用 ServerHello 消息进行响应，该消息包含上述 4 种类型的算法（即服务器选定的密钥交换算法、数字签名算法、哈希函数以及认证加密算法），它们是服务器根据客户端支持的密码算法进行选择的结果。图 9.2 描述了上述响应过程。

如果服务器在客户端发来的算法列表中找不到自身支持的算法，那么它将中止连接。不过在某些情况下，服务器不必中止连接，而是要求客户端提供更多信息。为此，服务器会回复 HelloRetryRequest 消息，向客户端询问缺少的信息。然后，客户端会重新发送 ClientHello 消息，这一次添加了新请求的信息。

2. TLS 以及前向安全的密钥交换算法

密钥交换的过程是 TLS 握手阶段中最重要的部分！没有这个过程，双方就无法生成对称密钥。但要进行密钥交换，客户端和服务器必须先交换各自的公钥。

图 9.2　客户端首先向服务器发送自己支持的密码算法列表，之后服务器在可选的密码算法中选定自己要使用的算法并告知客户端

在 TLS 1.2 及以前的版本中，只有在客户端和服务器双方协商好密钥交换算法后才能开始密钥交换。而算法的协商发生在协商阶段。因此 TLS 1.3 尝试通过同时进行协商和密钥交换来优化密钥交换的流程：客户端推测性地选择一个密钥交换算法，并在第一条消息（ClientHello）中发送自己对应于该算法的公钥。如果客户端没有正确预测服务器选择的密钥交换算法，则客户端转而使用协商好的算法，并向服务器发送包含正确公钥的新 ClientHello 消息。下面的步骤直观描述上述流程。两个不同版本的 TLS 协议的密钥交换流程差异如图 9.3 所示。

（1）客户端使用 TLS 1.3 的协议，向服务器发送 ClientHello 消息以说明自己支持 X25519 和 X448 密钥交换算法，并附加客户端自身的 X25519 算法公钥。

（2）服务器并不支持 X25519 算法，只能支持 X448 算法。因此，服务器向客户端发送 HelloRetryRequest 消息，告诉客户端自己只能支持 X448 密钥交换算法。

（3）客户端重新发送 ClientHello 消息，将自己的 X448 算法公钥告知服务器。

（4）握手结束。

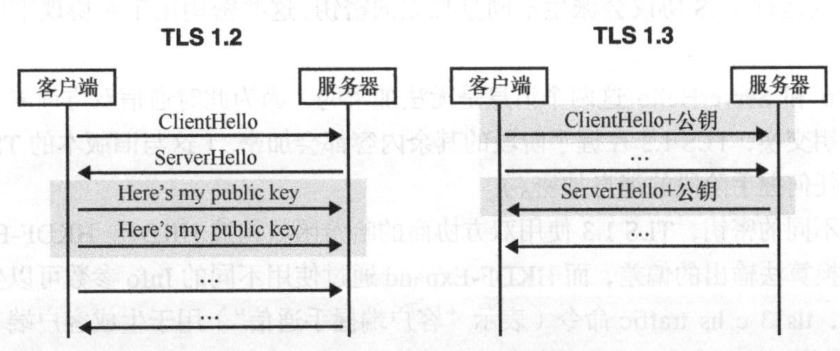

图 9.3　在 TLS 1.2 中，客户端在发送公钥之前必须等待服务器选择要使用的密钥交换算法。而在 TLS 1.3 中，客户端会推测服务器可能采用的密钥交换算法，并在第一条消息中发送一个（或多个）对应于该算法的公钥，从而可以避免额外的交互

TLS 1.3 中有许多诸如此类的优化方法，这对 Web 来说非常重要。由于在现实世界中，许多人连接网络时都会出现网络不稳定或缓慢的情况，因此尽量减少非应用程序所需的通信次数非常重要。此外，在 TLS 1.3 中（与旧版本的 TLS 协议不同），每次密钥交换算法生成的密钥都是临时的。对于每个新会话，客户端和服务器都会生成新的密钥对，然后在密钥交换完成后立即将其删除。这为密钥交换提供了前向保密性：如果客户端或服务器的长期密钥泄露了，那么只要每次都安全地删除会话临时私钥，攻击者就无法解密之前的会话，因为每次会话都是用临时密钥加密的。

我们假设 TLS 服务器每次与客户端执行密钥交换算法时都使用同样的私钥，那么一旦服务器的私钥泄露，攻击者将可以生成之前的会话临时密钥从而获取之前的会话内容。通过执行临时的密钥交换算法，并在握手结束后立即删除私钥，服务器可以抵御此类攻击。该攻击过程如图 9.4 所示。

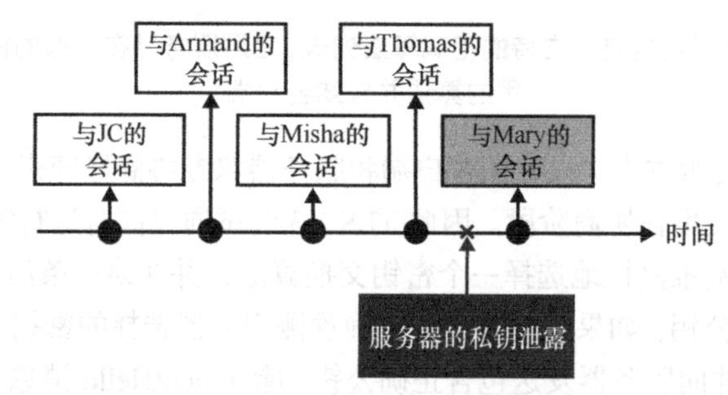

图 9.4　在 TLS 1.3 中，每个会话都从临时密钥交换开始。如果服务器在会话的某个时间点出现私钥泄露的事件，并不会泄露之前的会话内容

习题

在某些时间点泄露服务器的私钥将带来毁灭性的灾难，因为中间人攻击者将能够解密之前记录的所有会话。思考一下这是怎么发生的。

通信双方交换临时的公钥后，就会开始执行密钥交换算法生成对称密钥。在 TLS 1.3 中，在不同的时间点运行 TLS 协议会派生不同且独立的密钥，这些密钥用于对协议不同阶段的内容加密。

ClientHello 和 ServerHello 这两个消息是无法加密的，因为此时通信双方尚未交换公钥。一旦双方完成密钥交换，TLS 1.3 在握手阶段的其余内容都会加密。（这与旧版本的 TLS 协议不同，旧版本没有对任何握手阶段的消息加密。）

为了派生不同的密钥，TLS 1.3 使用双方协商的哈希函数构造 HKDF。HKDF-Extract 可以消除任何密钥交换算法输出的偏差，而 HKDF-Expand 通过使用不同的 Info 参数可以生成不同的派生密钥。例如，tls13 c hs traffic 命令（表示“客户端握手通信”）用于生成客户端与服务器的握手阶段的对称密钥；tls13 s ap traffic 命令（表示“服务器应用通信”）用于生成客户端与服务器的安全通信阶段的对称密钥。但请记住，未经验证的密钥交换算法是不安全的！接下来，我们将了解 TLS 协议解决这个问题的方法。

3. TLS 认证以及 Web 公钥基础设施

协商和密钥交换结束后，握手阶段会继续往下进行。接下来进行 TLS 协议认证过程。根据我们在第 5 章中了解的知识，在密钥交换过程中，攻击者可以轻而易举地拦截密钥交换过程的消息并伪装成密钥交换的一方或双方。在本节中，我们将了解浏览器通过密码算法验证服务器身份真实性的方法。不过，在这之前，我们还需要对握手的整个阶段做一些补充。TLS 1.3 协议的握手阶段实际上分为 3 个不同的阶段（见图 9.5）。

（1）密钥交换：此阶段的消息内容包含 ClientHello 和 ServerHello 消息，双方在这个阶段进行协商并执行密钥交换算法。此阶段之后的所有消息（包括握手消息）都将加密传输。

（2）服务器参数协商：此阶段中的消息内容包含服务器其他需要协商的数据。这些协商数据不必包含在 ServerHello 中，并且可以根据上一个阶段协商的结果进行加密。

（3）认证：此阶段的消息内容包括服务器和客户端双方的认证消息。

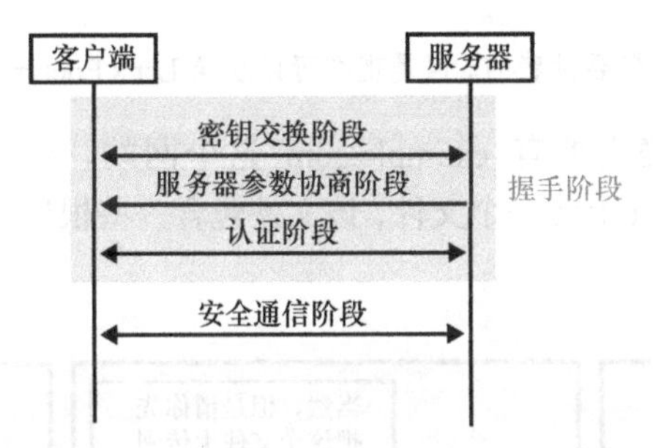

图 9.5 TLS 1.3 协议握手阶段分为 3 个阶段：密钥交换阶段、服务器参数协商阶段，以及认证阶段

在 Web 系统上，TLS 协议中的认证通常是单向的。例如，只有浏览器才能验证 google.com 是否确实是 google.com，但 google.com 不会验证浏览器的身份（或者说至少这个步骤不会作为 TLS 协议的一部分）。

相互认证的 TLS 协议

对客户端的认证通常委托给 Web 的应用程序层来完成，最常见的方式是通过发送一个表单要求提交客户端的身份凭证。也就是说在 TLS 协议中，服务器可以在服务器参数协商阶段请求认证客户端的身份。当 TLS 协议连接的双方都经过认证时，我们称之为相互认证的 MTLS（Mutually-authenticated TLS）协议。

认证客户端与认证服务器的方式相同，对客户端的认证可能发生在认证服务器后的任何时间点（例如，在握手或安全通信阶段）。

当浏览器连接到 google.com 时，它如何验证自己是否是在与真实的 google.com 进行握手呢？答案是使用 Web 公钥基础设施（PKI）。

在第 7 章学习数字签名时，我们了解了公钥基础设施的概念，此处将简单地重新介绍这个概念，这对理解 Web 的工作原理非常重要。Web PKI 包含两部分内容。首先，浏览器必须信任一组证书认证机构（Certification Authority，CA）的根公钥。通常，浏览器会使用一组硬编码的公钥或由操作系统提供的可信公钥。

Web PKI

在 Web 系统中，世界各地有数百个由不同的公司和组织独立运行的 CA。这样一个系统分析起来相当复杂，这些 CA 有时还可以对中间 CA 的公钥进行签名，而中间 CA 也有权对网站的公钥进行签名。因此，像证书认证机构/浏览器论坛（CA/Browser 论坛）这样的组织会强制执行规则来决定新组织能否加入可信公钥集，或者当组织不再受信任后将其从可信公钥集中删除。

其次，想要使用 HTTPS 的网站必须要从上述可信的 CA 中获取证书（即对用于验证签名的公钥本身进行签名）。为此，网站拥有者（或者网站管理员）必须向 CA 证明他们拥有一个特定的域。

注意：

过去，网站获取证书是需要付费的。但是现在可以从像 Let's Encrypt 这样的 CA 免费获取证书。

为了证明网站拥有者确实拥有 example.com 这个网站，CA 可能会要求网站拥有者在 example.com/some_path/file.txt 上传一个文件，该文件包含一些根据请求生成的随机数。这个交互的过程如图 9.6 所示。

图 9.6 为了证明网站的拥有者确实拥有 example.com，CA 会要求网站拥有者将一个指定的文件上传到指定的地址，如果网站拥有者确实完成了指定操作，则 CA 相信 example.com 确定属于网站拥有者

在此之后，CA 可以对网站的公钥进行签名。由于 CA 的签名有效期通常长达数年，因此这种公钥也称为长期公钥（与临时公钥相反）。更具体地说，CA 实际上并不对公钥进行签名，而是对证书进行签名（稍后将对此进行详细介绍）。证书中包含长期公钥，以及一些附加的重要元数据，如网页的域名。

服务器为了向浏览器证明自己确实是 google.com，需要在 TLS 协议握手阶段向浏览器发送一个证书链。这个证书链包括如下内容。

- 服务器自己的叶子证书，其中包含网站的域名（例如 google.com）、网站的长期公钥以及 CA 对这些内容的签名。
- 一条 CA 证书链，该 CA 证书链包含的 CA 证书从为 google.com 签名的 CA 证书开始，到最后一个由根 CA 证书签名的 CA 证书结束。

图 9.7 形象地描述了上述内容。

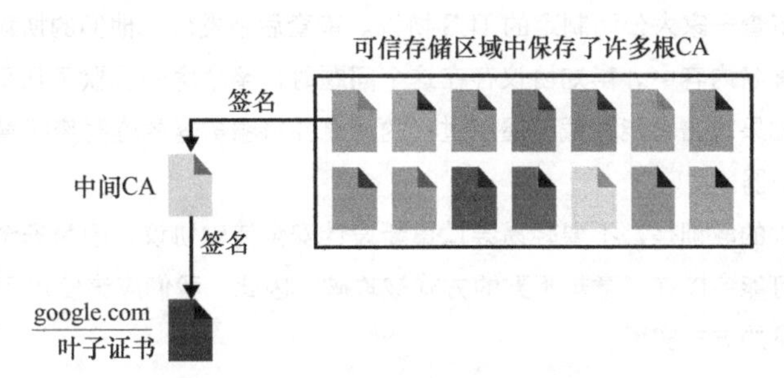

图 9.7 Web 浏览器只需信任一个相对较小的根 CA 集合即可信任整个 Web 系统。这些 CA 存储在所谓的可信存储区中。为了让浏览器信任网站，网站的叶子证书必须由这些 CA 之一进行签名。有时根 CA 只对中间 CA 进行签名，而中间 CA 又对其他中间 CA 或叶子证书进行签名。这就是 Web PKI 的基本原理

若服务器也要求认证客户端，则双方都要在 TLS 协议消息中包含自己的证书链。此后，服务器使用自己通过认证的长期密钥对对所有已接收和先前发送的握手消息进行签名，并将其放入 CertificateVerify 消息中。该流程如图 9.8 所示，其中只包含客户端对服务器进行认证的过程。

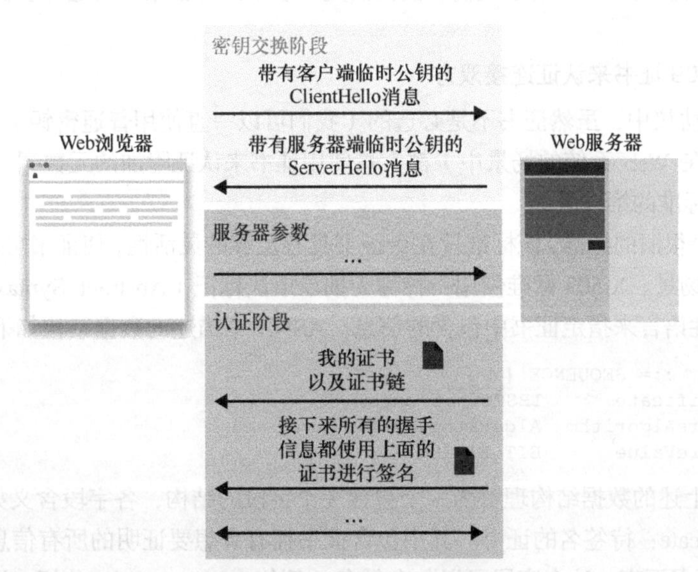

图 9.8 握手的认证部分从服务器向客户端发送证书链开始。证书链从叶子证书［证书包含网站公钥和附加元数据（如域名）］开始，到浏览器信任的根证书结束。每个证书都包含一个来自证书链中上一个节点证书的签名

通过 CertificateVerify 消息中的签名，服务器可以向客户端证明到目前为止交互信息的完整性。如果没有此签名，中间人攻击者可以截获服务器的握手消息，并把 ServerHello 消息中包含的服务器临时公钥替换掉，从而成功地伪装服务器。思考一下，CertificateVerify 签名是如何防止攻击者通过替换临时公钥来成功伪装服务器呢？

故事时间

几年前，我受聘审查一家大公司制定的 TLS 协议。审查后我发现，他们的协议在生成签名时竟然没有将临时密钥包含在签名内容中。得知协议存在这个问题时，整个房间沉默了几乎一分钟。毫无疑问，这是一个重大错误：如果攻击者能够截获握手过程的消息并将服务器的临时密钥替换为自己的密钥，那么他可以轻易伪装服务器。

这件事给我们最大的教训是，不要轻易尝试重新设计安全传输协议，因为安全传输协议很难做到完美，历史证明了它们可能会以许多意想不到的方式被攻破。因此，我们应该使用 TLS 这类成熟的协议，并确保协议基于更常见的方式实现。

最后，正式结束握手时，连接的双方都必须在认证阶段发送一条 Finished 消息。Finished 消息包含 HMAC 算法生成的认证标签，其中 HMAC 算法使用会话中协商好的哈希函数来实例化。客户端和服务器通过 Finished 消息告诉对方，“这些是我在握手过程中按顺序发送和接收的所有消息”。如果有中间人攻击者截获和篡改握手阶段的消息，那么双方都可以检测到攻击者的存在并及时中止连接。由于某些握手模式并没有使用签名来确保握手阶段消息的完整性，所以 Finished 消息非常重要（稍后将对此进行详细介绍）。

在进入握手阶段的下一个阶段之前，让我们先看看 X.509 证书，它是许多密码协议的重要组成部分。

4．使用 X.509 证书来认证连接双方

在 TLS 1.3 协议中，虽然证书不是必选的（我们可以一直使用普通密钥），但许多应用程序和协议（不仅是在 Web 系统的场景中）都大量使用证书来认证附加的元数据。现实中使用的证书是 X.509 证书标准的第 3 版。

X.509 是一个很旧的标准，该标准旨在令证书具有足够的灵活性，使证书可以用于电子邮件、Web 系统等多种场景。X.509 标准使用一种称为抽象语法标记（Abstract Syntax Notation One，ASN.1）的描述性语言来指定证书中包含的信息。ASN.1 中描述的数据结构如下：

```
Certificate  ::= SEQUENCE {
    tbsCertificate       TBSCertificate,
    signatureAlgorithm   AlgorithmIdentifier,
    signatureValue       BIT STRING }
```

我们可以把上述的数据结构理解为一个包含 3 个字段的结构，各字段含义如下。

- tbsCertificate：待签名的证书。其中包含证书拥有者想要证明的所有信息。对于 Web 服务器的证书而言，这个字段可以包含域名（例如 google.com）、公钥、证书到期日期等。
- signatureAlgorithm：用于对证书签名的签名算法。

■ signatureValue：CA 对该证书的签名。

习题

实际上的证书 tbsCertificate 中并不包含 signatureAlgorithm 和 signatureValue 的值。这是为什么呢？

如果想要查看 X.509 证书中的内容，我们可以首先使用 HTTPS 连接到任何一个网站，然后利用浏览器提供的工具查看服务器发送的证书链，相关示例如图 9.9 所示。

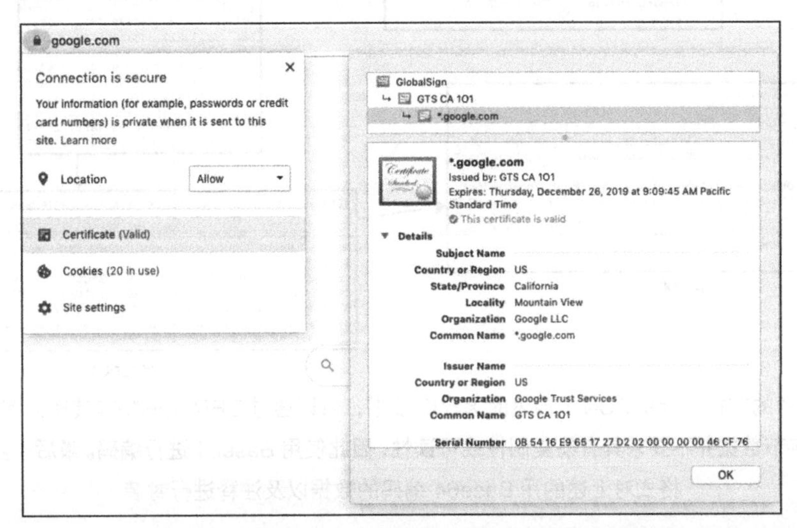

图 9.9　我们可以使用 Chrome 的证书查看器来查看谷歌服务器发送的证书链。根 CA 是 Global Sign，我们的浏览器信任这个 CA。接下来，浏览器会信任一个名为 GTS CA 101 的中间 CA，因为它的证书包含来自 GlobalSign 的签名。那么反过来，由于谷歌的叶子证书（即*.google.com，例如 mail.google.com 等网站的有效证书）中包含来自 GTS CA 101 的签名，所以访问谷歌的浏览器也会信任谷歌服务器

查看 X.509 证书时我们会发现它是以.pem 文件的形式保存的，.pem 文件中包含一些用 Base64 编码的数据，以及解释这些数据含义的注释。下面的代码段是证书在.pem 文件中的内容：


```
-----BEGIN CERTIFICATE-----
MIIJQzCCCCugAwIBAgIQC1QW6WUXJ9ICAAAAAEbPdjANBgkqhkiG9w0BAQsFADBC
MQswCQYDVQQGEwJVUzEeMBwGA1UEChMVR29vZ2xlIFRydXN0IFNlcnZpY2VzMRMw
EQYDVQQDEwpHVFMgQ0EgMU8xMB4XDTE5MTAwMzE3MDk0NVoXDTE5MTIyNjE3MDk0
NVowZjELMAkGA1UEBhMCVVMxEzARBgNVBAgTCkNhbGlmb3JuaWExFjAUBgNVBAcT
[...]
vaoUqelfNJJvQjJbMQbSQEp9y8EIi4BnWGZjU6Q+q/3VZ7ybR3cOzhnaLGmqiwFv
4PNBdnVVfVbQ9CxRiplKVzZSnUvypgBLryYnl6kquh1AJS5gnJhzogrz98IiXCQZ
c7mkvTKgCNIR9fedIus+LPHCSD7zUQTgRoOmcB+kwY7jrFqKn6thTjwPnfB5aVNK
dl0nq4fcF8PN+ppgNFbwC2JxX08L1wEFk2LvDOQgKqHR1TRJ0U3A2gkuMtf6Q6au
3KBzGW6l/vt3coyyDkQKDmT61tjwy5k=
-----END CERTIFICATE-----
```


如果对 BEGIN CERTIFICATE 和 END CERTIFICATE 中间用 Base64 编码的内容进行解码，则会得到一个根据可分辨编码规则（Distinguished Encoding Rule，DER）进行编码的证书。DER

是一种确定性二进制编码，用于将 X.509 证书的内容转换为字节。对于初学者来说，这些编码方式很容易混淆，但我们可以通过图 9.10 所给的示例来区分它们。

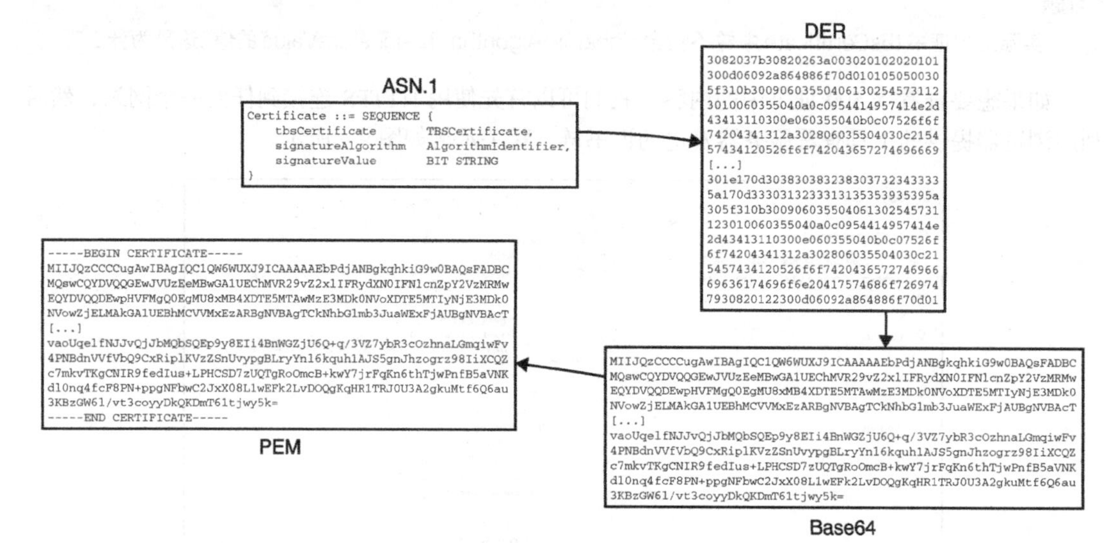

图 9.10　左上角的方框表示用 ASN.1 描述的 X.509 证书，可以通过 DER 编码将其转换为字节以便进行签名。由于这些字节数据并不要求具有易复制性或可读性，因此使用 Base64 进行编码。最后一步是按照 PEM 格式对上述的用 Base64 编码的数据以及注释进行封装

DER 编码后的数据只能以字节形式表示。在 ASN.1 中描述的字段名（如 tbsCertificate）在经过 DER 编码后会丢失。因此，如果不知道原始证书在 ASN.1 的描述下各字段真正的含义，那么对 DER 编码的数据进行解码将不能得到任何有效的证书信息。OpenSSL 是一个十分方便的命令行工具，可以帮助我们将 DER 编码的证书解码和翻译为可读性较强的内容。例如，如果我们下载了 google.com 的证书，就可以通过以下代码在终端中输出证书的内容。

```
$ openssl x509 -in google.pem -text
Certificate:
    Data:
        Version: 3 (0x2)
        Serial Number:
            0b:54:16:e9:65:17:27:d2:02:00:00:00:00:46:cf:76
        Signature Algorithm: sha256WithRSAEncryption
        Issuer: C = US, O = Google Trust Services, CN = GTS CA 1O1
        Validity
            Not Before: Oct 3 17:09:45 2019 GMT
            Not After : Dec 26 17:09:45 2019 GMT
        Subject: C = US, ST = California, L = Mountain View, O = Google LLC,
CN = *.google.com
        Subject Public Key Info:
            Public Key Algorithm: id-ecPublicKey
                Public-Key: (256 bit)
                pub:
```

```
            04:74:25:79:7d:6f:77:e4:7e:af:fb:1a:eb:4d:41:
            b5:27:10:4a:9e:b8:a2:8c:83:ee:d2:0f:12:7f:d1:
            77:a7:0f:79:fe:4b:cb:b7:ed:c6:94:4a:b2:6d:40:
            5c:31:68:18:b6:df:ba:35:e7:f3:7e:af:39:2d:5b:
            43:2d:48:0a:54
        ASN1 OID: prime256v1
        NIST CURVE: P-256
[...]
```

虽然对 X.509 证书的应用已经很成熟，但 X.509 证书的安全性依然颇具争议。2012 年，一个研究团队将验证 X.509 证书的代码实现戏称为“世界上最危险的代码”。这是因为根据 DER 编码的数据在解码的过程中很容易出现错误，而 X.509 证书的复杂性使得解码的错误可能会给使用证书的系统带来安全风险。因此，本书建议如非必要，在任何应用程序中都不要使用 X.509 证书。

5. TLS 中的预共享密钥和会话恢复（或如何减少非必要的密钥交换操作？）

密钥交换的通信代价高昂，而且有时这并不是必要的流程。例如，对于两台只与对方连接的主机，我们并不想为了它们的安全通信而专门使用 PKI，因为这增加了系统管理的开销。为此，TLS 1.3 协议提供了一种通过预共享密钥（Pre-Shared Key，PSK）技术避免这种开销的方法。PSK 就是客户端和服务器共享的密钥，基于这个共享密钥可以派生会话的对称密钥。

在 TLS 1.3 协议中，PSK 技术的握手原理是客户端在 ClientHello 消息中公布自己支持的 PSK 标识符列表。如果服务器在该列表中找到自己支持的 PSK 标识符，它可以将该标识符写入 ServerHello 消息中，只要双方同意使用 PSK 就不需要进行密钥交换。由于这种做法省略了认证阶段，因此使得握手结束时的 Finished 消息对于防止中间人攻击非常重要。

客户端随机和服务器端随机

临时公钥可以令会话内容具有随机性，如果没有临时公钥，可能导致每次握手结束时产生相同的对称密钥。而在不同的会话中使用不同的对称密钥非常重要，因为我们不希望攻击者找到不同会话之间的联系。更糟糕的是，由于不同会话之间加密的消息往往是不同的，这可能导致 nonce 重用（参见第 4 章），从而给会话安全性带来极大威胁。

为了减少 nonce 重用的情况，在 TLS 协议中，ClientHello 和 ServerHello 产生的每个消息都有一个随机字段（字段的名称通常为 client random 和 server random），每个新会话产生时都会随机生成这样一个域。在 TLS 协议中，这些随机值用于派生对称密钥，因此可以有效地为每次新的连接生成随机的对称密钥。

PSK 技术还可以用于会话恢复（Session Resumption）。会话恢复是指重新使用旧的会话或连接中的秘密值。如果浏览器已经连接到 google.com，并且已经完成了验证证书链、执行密钥交换算法、协商共享密钥等流程。当浏览器在几分钟或几小时后再次访问 google.com 时，同样的操作需要再次执行，这无疑增加了通信开销。TLS 1.3 协议可以在成功执行握手操作后生成 PSK，该 PSK 可以在后续连接中使用，这避免了频繁地执行整个握手的操作。

如果服务器想要使用会话恢复的功能，它可以在安全通信阶段的任何时间点向客户端发送 New Session Ticket 消息。服务器可以通过多种方式创建 New Session Ticket 消息。例如，服务器可以根据数据库中有关 PSK 的信息向客户端发送 PSK 的标识符。当然这不是创建 New Session Ticket 消息的唯一方法，但由于会话恢复机制相当复杂，而且大多数情况下它都不是必需的，因此本章将不再过多地讨论这个问题。接下来，让我们看看 TLS 协议中最简单的部分，即通信过程中消息的加密方法。

9.2.2　TLS 1.3 中加密应用程序数据的方法

当握手阶段开始并生成对称密钥之后，客户端和服务器可以对交互过程中的应用数据进行加密。此外，TLS 还可以确保通信过程抵御重放攻击和重新排序攻击！为此，认证加密算法使用的 nonce 会从一个固定值开始，每次发送一个新的消息就让 nonce 值加 1。如果消息被重放或重新排序，则接收方会发现当前的 nonce 值与预期的 nonce 值不同，于是无法成功解密。一旦发生这种情况，连接就会终止。

隐藏明文的长度

根据我们在第 4 章中学到的知识，有些加密算法并不能隐藏消息的长度。TLS 1.3 协议允许在加密之前用任意数量的 0 比特填充应用数据，并记录填充数据的配置信息，从而有效地隐藏消息的真实长度。尽管如此，消除附加噪声之后再进行统计攻击依然是可行的，因此减少针对明文长度的攻击并不容易。当必须满足这个安全属性时，应该参考 TLS 1.3 协议中的相关规范。

在 TLS 1.3 协议中，只要服务器允许，客户端可以在 ClientHello 消息之后就发送加密数据，这些作为应用数据的一部分，即浏览器不必等到握手结束后才开始发送应用数据。这种机制称为早期数据或 0-RTT（表示零往返时间）。这种机制只能与预共享密钥组合使用，因为预共享密钥可以在 ClientHello 和 ServerHello 消息交互之后就确定下来。

注意：

在 TLS 1.3 协议标准的开发过程中，0-RTT 机制就引起了很大争议，因为攻击者可以在 0-RTT 数据之后重放一个 ClientHello 消息。这就是为什么 0-RTT 机制只能用于可以安全重放的应用数据的加密。

对于 Web 服务器而言，浏览器的每个 GET 查询都是幂等查询，即 GET 查询只能检索数据而不能更改服务器端的状态（这与 POST 查询不同）。当然，不排除在某些情况下应用程序有很大的权限，可以更改服务器的状态。因此，当有其他数据发送机制可用时，建议不要使用 0-RTT 机制。

9.3　Web 加密技术发展现状

目前，标准化机构正在推动实现新的 Web 加密技术，并建议弃用旧版本的 SSL 和 TLS 协议。但是由于网络中存在一些比较旧的客户端和服务器，因此许多密码学库和应用程序都会继续支持较旧版本的协议（有些甚至支持 SSL 3 协议！）。这让标准化机构的工作举步维艰，而且协议版本众多也意味着漏洞的数量会有很多，因此必须在系统中维护许多复杂的安全防御措施。

警告：

实践证明，使用 TLS 1.3 协议（和 TLS 1.2 协议）是安全且最佳的选择。使用任何较低版本的 TLS 协议之前都需要咨询专家，并且必须仔细考虑如何避免已知漏洞。

默认情况下，浏览器仍然使用 HTTP 连接到 Web 服务器，而且网站仍然需要手动请求 CA 以获取证书。根据目前的协议，Web 系统中的数据不可能全部是加密数据。

浏览器默认使用 HTTP 传输数据，但采用这种方式建立的连接是不安全的，会引发一系列的安全问题。目前的解决方法是，当用户使用 HTTP 访问某个 Web 服务器时，该网站通常将用户访问的页面重定向到使用 HTTPS 访问的页面。Web 服务器通常还会通知浏览器在后续连接中使用 HTTPS。这是通过一个称为 HTTP 严格传输安全性（HTTP Strict Transport Security，HSTS）的 HTTPS 响应头来实现的。即便如此，由于发起连接的是客户端，因此除非在浏览器的地址栏输入 https，否则客户端与网站的第一个连接仍然不受加密技术保护，并且还可能因为攻击者拦截报文导致无法重定向到 https 连接的网站。

此外，NTP（用于获取当前时间）和 DNS（用于获取域名对应的 IP 地址）等其他 Web 协议目前大多没有对通信内容加密，因此容易受到中间人攻击。虽然有些研究正在努力改善现状，但这些研究都聚焦于针对特定攻击载体的防御。

CA 的恶意行为也会给 TLS 协议用户带来安全威胁。如果今天 CA 决定为服务器拥有的域和它的公钥签署证书，那么如果 CA 是一个中间人敌手，它就可以伪装成真正的服务器接受用户的访问。对于客户端来说，最简单的解决方案是不使用 Web PKI（使用自己的 PKI），或者固定使用特定证书或公钥。

证书或公钥固定技术是指将服务器的证书（通常指证书的哈希值）或公钥直接硬编码到客户端代码中的技术。如果服务器提供的证书或者证书中的长期公钥与客户端硬编码的证书和公钥不一致，那么客户端将在握手的认证阶段中止连接。这种技术通常用于移动应用程序，因为它们能够确切地知道自己需要连接的服务器公钥或证书（而浏览器有无数个可能连接的服务器）。但是，硬编码证书和公钥不能适用于所有的情况，因此还存在另外两种机制可以处理恶意证书。

- 证书撤销：顾名思义，这表示 CA 可以撤销证书并通知浏览器证书的撤销情况。
- 证书监控：这是一个相对较新的系统，它会强制 CA 公开每个由它签名的证书。

证书撤销机制的提出并非一蹴而就。针对恶意 CA 的第一个解决方案是证书撤销列表（Certificate Revocation List，CRL），它是 CA 维护的一张保存已撤销证书的列表，列表中的证书都是无效的。CRL 的问题在于，随着时间推移这个列表将变得很大，而且需要经常进行检查。

后来在线证书状态协议（Online Certificate Status Protocol，OCSP）取代了 CRL，OCSP 是一个简单的 Web 界面，用户可以在上面查看证书是否已被吊销。OCSP 也有自己的问题：它要求 CA 提供一个能够响应 OCSP 请求的高可用性服务；用户访问 Web 网站时的流量信息会泄露给 CA；浏览器通常忽略超时的 OCSP 请求（为了不影响用户体验）。当前的解决方案是使用 OCSP 绑定来优化 OCSP：网站负责向 OCSP 查询 CA 证书的签名状态，并在 TLS 握手过程中将 OCSP 的响应附加在自己的证书后发送给客户端。上述 3 种针对 CA 恶意行为的解决方案如图 9.11 所示。

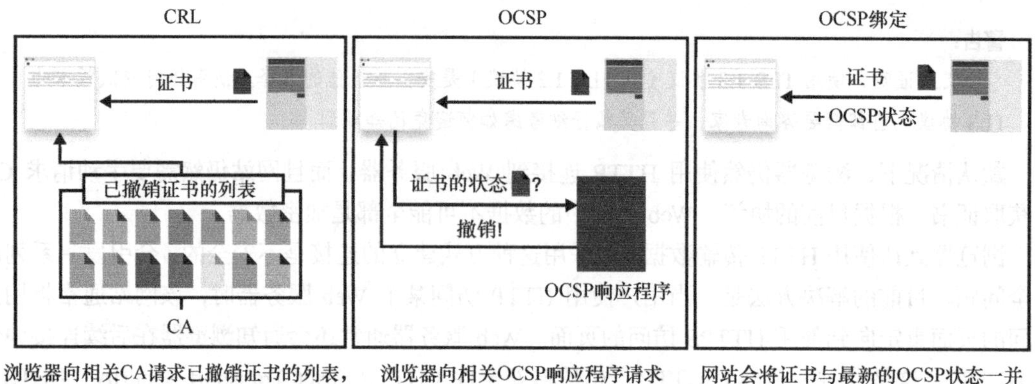

图 9.11 网络上的证书撤销有 3 种流行的解决方案：CRL、OCSP、OCSP 绑定

证书撤销的功能只有当证书遭到破坏的时候才有用武之地（尤其是对相较于万维网规模很小的系统而言）。证书撤销具有类似汽车安全带的安全功能，虽然在大多数情况下都是无用的，但在极少数情况下却至关重要。这就是安全领域常说的“纵深防御”。

注意：

对于 Web 系统而言，实践证明证书撤销是一个很重要的机制。2014 年出现的 Heartbleed 漏洞成为 SSL 和 TLS 协议在历史上最具破坏性的漏洞之一。该漏洞源于在 SSL/TLS 协议流行实现（OpenSSL）中发现了缓冲区溢出漏洞（读取超过数组长度上限的数据），从而使任何人都可以向任何 OpenSSL 服务器发送精心设计的消息，这些消息会导致服务器将自己内存中的数据返回给客户端，而这些数据通常包含长期私钥。

然而，如果 CA 确实有恶意的倾向，它可以选择不撤销恶意证书或不公开恶意证书。这是由于我们盲目地相信数量众多的 CA 不会有恶意行为。为了大规模解决这个问题，谷歌在 2012 年提出了证书透明化的方案。证书透明化背后的想法是强制 CA 将自己颁发的每个证书添加到一个庞大的证书日志中，供所有人查看。这样一来，对于无法证明自身存在于证书日志中的证书，Chrome 之类的浏览器会拒绝接收。这种透明性也使得服务器可以检查 CA 是否为服务器的域颁发了错误的证书（对同样的域，除了该服务器请求过的证书，不应该有其他证书）。

还有一点需要注意的是，证书透明化依赖于监控自己域日志的管理人员能够在事后识别出恶意证书，而且 CA 还必须反应迅速，一旦检测到错误颁发的证书就将其撤销。在极端情况下，浏览器有时会将行为不端的 CA 从可信存储中删除。因此，证书透明化不如证书或公钥固定功能强大，因为后者还可以减少 CA 的错误行为。

9.4 其他安全传输协议

现在我们已经了解了 TLS 协议，它是最流行的通信加密协议。但 TLS 不是唯一的安全传输协议，不过，虽然还有许多安全传输协议我们还未曾了解，但可能已经在日常生活中使用过这些协议了。这些协议中大多数都与 TLS 有着类似的工作原理，只不过它们是为特定的场景而设计的。例如，以下 3 种情况。

- 安全外壳（Secure Shell，SSH）协议：一种为不同主机上的远程终端提供安全连接的常用协议。
- Wi-Fi 保护接入（Wi-Fi Protected Access，WPA）协议：一种将设备连接到私有网络接入点或互联网常用协议。
- IPSec 协议：IPSec 是最常用的虚拟网络协议（Virtual Network Protocol，VNP）之一，用于将不同的私有网络连接在一起。公司和企业用该协议来连接不同的办公网络。该协议属于在 IP 层工作的协议，通常存在于路由器、防火墙和其他网络设备中。另一种常用的 VNP 协议是 OpenVNP，它直接使用 TLS 协议来实现私有网络的连接。

所有这些协议都实现了类似 TLS 协议的握手和安全通信的流程，并在 TLS 协议的基础之上加入个性化的设计。当然，基于 TLS 来设计新的协议有时也会出现安全问题，例如，一些 Wi-Fi 协议已被攻破。为了保证本章内容的完整性，接下来将讲解 Noise 协议框架。Noise 协议是 TLS 协议的一种更符合当前应用场景的替代品。

9.5 Noise 协议框架：TLS 新的替代方案

由于受到很多关注，TLS 现在已经相当成熟并且成为大多数场景的必选方案。然而，由于历史原因、向后兼容性约束和总体复杂性，使用 TLS 的应用程序会增加大量的开销。因为在实际应用场景中，我们并不需要用到 TLS 提供的所有功能。接下来学习的 Noise 协议框架就是一个更好的解决方案。

Noise 协议框架省去了握手阶段的所有协商，从而减小了 TLS 的运行时复杂性。Noise 协议是一种不产生分支的线性协议。这与 TLS 不同，TLS 可以有许多不同的运行路径，具体取决于不同的握手消息中包含的信息。Noise 协议的作用是让协议运行时所有的复杂度都可以在协议设计阶段就确定下来。

开发人员使用 Noise 协议框架时必须先根据特定的应用程序将框架实例化，这就是 Noise 称为协议框架而不是协议的原因。因此，开发人员必须先决定要使用何种加密算法、连接的哪一方需要经过认证、是否使用 PSK 技术等，然后实现该协议并将其转化为一系列严格定义的消息。不过，如果以后需要更新协议，并且希望同时保持与旧设备的向后兼容性，那么更新协议就会成为棘手的问题。

9.5.1 Noise 协议框架中不同的握手模式

Noise 协议框架提供了不同的握手模式。每个握手模式通常有一个名称，以便开发人员辨认该模式包含的内容。例如，IK（Immediate Known）握手模式表示客户端的公钥作为握手内容的一部分发送给服务器（即 I，意思为立即），并且客户端预先知道服务器的公钥（即 K，意思为知道)。一旦确定了握手模式,使用该模式的应用程序就不会执行其他的握手模式。这恰好与 TLS 协议相反,因此 Noise 协议框架可以在实践中成为一种简单的线性协议。

本小节的其余部分将使用一种称为 NN 的握手模式来解释 Noise 协议的工作方式。NN 握手模式中的两个 N 表示双方都没有进行认证,这显然是不够安全的,不过却有利于我们理解 Noise 协议。用 Noise 协议中的专业术语来说,NN 模式的符号表示为:

```
NN:
  -> e
  <- e, ee
```

每行表示一个消息模式,箭头指示消息传递的方向。每个消息模式都由一系列标识符号(这里只有两个:e 和 ee)构成,用于指示连接双方需要做的操作。

- -> e:这表示客户端必须生成临时密钥对并将公钥发送给服务器,而服务器必须保存接收到的临时公钥。
- <- e, ee:这表示服务器必须生成一个临时密钥对并将公钥发送给客户端,然后使用客户端的临时密钥(第一个 e)和它自己的临时密钥(第二个 e)作为输入运行 DH 密钥交换算法。同时,客户端也必须接收服务器的临时公钥,并运行类似的 DH 密钥交换算法。

注意:

Noise 协议将提前定义好的标识符号进行组合来表示不同类型的握手模式。例如,s 标识符表示静态密钥(长期密钥的另一种表述)而非临时密钥,并且 es 标识符表示两个协议参与者必须使用客户端的临时密钥和服务器的静态密钥来执行 DH 密钥交换算法。

此外,在每个消息模式(在例子中是 -> e 和<- e, ee)的末尾,发送方还可以传输一些有效负载数据。如果在第一个消息模式(-> e)之前就已经进行过 DH 密钥交换,则可以对有效负载数据进行加密和认证。在握手结束时,两个参与者都会生成一组对称密钥,并开始加密通信(类似于 TLS 协议)。

9.5.2 Noise 协议的握手过程

Noise 协议的一个特殊之处在于它会不断地验证握手记录。为了实现这一点,协议参与双方需要维护两个变量:哈希值(h)和链接密钥(ck)。协议参与者发送或接收的每个握手消息都会与前一个 h 值一起作为哈希函数的输入。详细过程如图 9.12 所示。

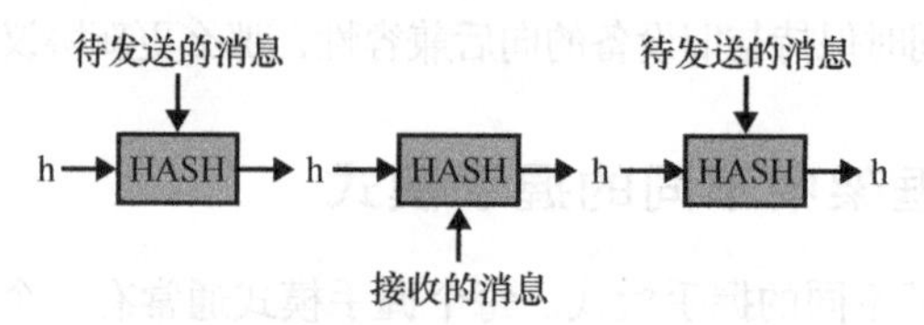

图 9.12 在 Noise 协议框架中,连接的双方都保存握手期间发送和接收的所有消息的摘要 h。当发送消息并使用 AEAD 算法进行加密时,当前 h 值将用作附加数据,以便对此前的握手内容进行认证

在每个消息模式的末尾，使用 AEAD 算法（第 4 章中有详细介绍）对（可能为空的）有效负载数据进行加密。发生这种情况时，接收方会使用 AEAD 消息的附加数据字段认证 h 的值。因此，Noise 协议可以不断地验证连接的两侧观察到的消息的顺序和消息收发的顺序是否相同。

此外，每次完成 DH 密钥交换（握手过程中可能会发生多次密钥交换）之后，算法的输出值将与之前的 ck 一起作为 HKDF 的输入，然后 HKDF 将输出一个新的 ck 和一组新的对称密钥，用于对后续消息进行认证和加密。详细过程如图 9.13 所示。

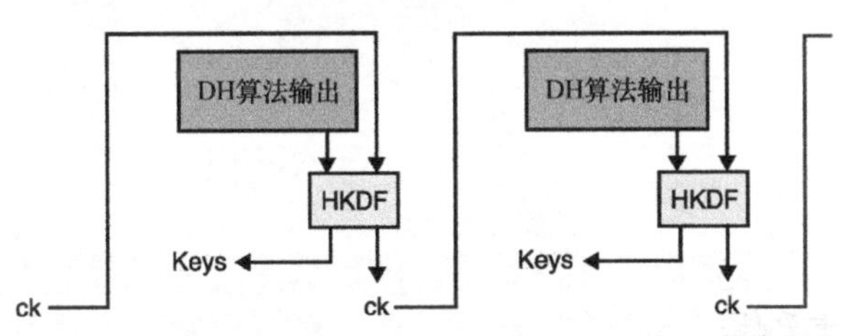

图 9.13 在 Noise 协议框架中，连接双方都保存 ck。每次执行 DH 密钥交换之后，将其输出值与 ck 一起作为 HKDF 的输入，并生成后续协议中要使用的新 ck 和新加密密钥

这使得 Noise 成为一个运行起来很简单的协议：没有分支，并且连接双方都只进行必要的操作。Noise 协议在密码库中的实现也非常简单，总共只有几百行代码，相比实现 TLS 协议的几十万行代码少了很多。虽然 Noise 协议框架的使用更加复杂，开发人员需要了解 Noise 协议框架的工作原理才能将其集成到应用程序中，但它依然是 TLS 协议的一个强有力的替代品。

9.6 本章小结

- 传输层安全（TLS）协议是一种对两个主机之间的通信进行加密的安全传输协议。该协议的前身是安全套接字层（SSL）协议，现在依然有人称其为 SSL。
- TLS 协议运行在 TCP 之上，用于保护浏览器、Web 服务器、移动应用程序等之间的日常连接。
- TLS 协议有一个称为数据报传输层安全（Datagram Transport Layer Security，DTLS）协议的变体，它可以保护 UDP 的会话。
- TLS 协议以及其他大多数传输安全协议都有握手阶段（进行安全协商）和安全通信阶段（使用握手阶段生成的密钥对通信加密）。
- 为了避免由于过度信任 Web PKI 带来的安全威胁，应用程序在使用 TLS 协议时只可以使用固定的特定证书和公钥进行安全通信。
- 作为一种纵深防御措施，系统可以采用证书撤销（删除受损证书）和监视（检测受损证书或 CA）机制。
- 由于 Noise 协议框架相比 TLS 协议更加简单而且实现的代码量少，因此可以使用 Noise 协议框架作为 TLS 协议的替代方案。
- 如果要使用 Noise 协议框架，开发人员必须在设计协议时就确定使用哪种握手模式。因此，该协议比 TLS 协议简单、安全，但它的灵活性较差。

第 10 章　端到端加密

本章内容：

- 端到端加密及其重要性；
- 各种各样的邮件加密方法；
- 端到端加密正在改变消息传输方式。

第 9 章通过 TLS 和 Noise 协议等向读者介绍了安全传输的具体实现。此外，第 9 章还详细说明了 Web 系统上的信任源：成百上千个 Web 浏览器和操作系统信任的 CA。虽然这个由互不知道彼此的参与者组成的复杂系统并不完美，但到目前为止，它在实现人与人之间的安全信息交换中发挥了重要作用。

在实用密码学领域，我们面临的核心问题就是，找到信任他人（即信任他人的公钥）的方法，并且要求该方法具有很好的可扩展性。有位著名密码学家曾经说过，“对称密码的问题已经解决”，他意在表达对称密码一直都受到极大的关注。这种说法在很大程度上来说是正确的。当前的通信加密系统基本上不存在任何安全问题，我们对加密算法的安全性持有很强的信心。当谈到加密相关问题时，我们面临的大多数工程挑战并非源于算法本身，主要问题变成：Alice 和 Bob 是谁？如何证明他们的身份？

密码学家提供了许多不同的信任解决方案，这些解决方案的实用性具体取决于它应用于何种系统。在本章中，我们会学习一些用户与应用之间建立信任的方法。

10.1　为什么使用端到端加密

本节的内容是“为什么使用端到端加密？”，而没有介绍“什么是端到端加密？”。这是因为端到端加密不仅仅是一个密码协议。端到端加密是一种在敌手存在条件下保证两个（或多个）参与者安全通信的技术。我们以一个简单的例子引入端到端加密：Alice 想向 Bob 发送一条消息，同时要保证消息传输过程中没有任何人能获得该消息。如今，有许多诸如电子邮件之类的通信应用程序使用户之间的通信变得非常便捷，然而这些应用中很少对消息进行加密。

我们可能会有这样的疑问：在这些应用中使用 TLS 协议不就可以保证通信安全吗？从理论上讲，TLS 协议确实可以实现消息的安全传输。在第 9 章中，我们已经了解到 TLS 协议在安全通信领域中广泛应用。不过，端到端加密是一种与实际通信实体密切相关的技术。相比之下，TLS 协议最常用于存在"中间人"服务器的安全系统（见图 10.1）。在这些系统中，TLS 协议仅用于保护中央服务器与用户之间的通信，但允许服务器查看传输的所有消息。实际上，应用程序运行时必须将这些中央服务器部署于用户之间，因此服务器也是协议的可信第三方。也就是说，我们必须信任系统的这些服务器，只有这样才能相信协议是安全的（剧透警告：像这种依赖中央服务器的协议不是一个完美的安全协议）。

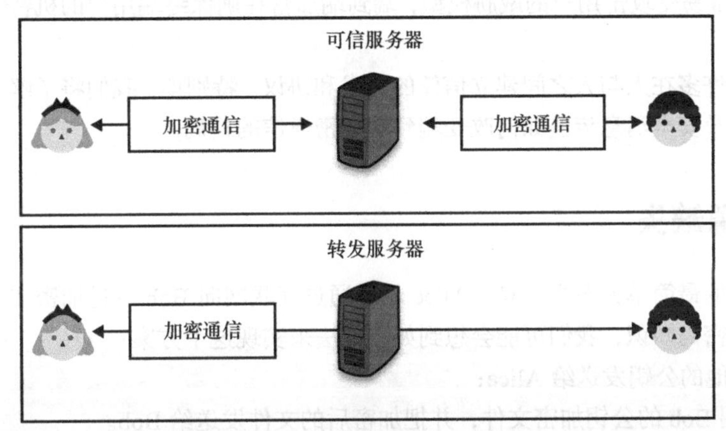

图 10.1　在大多数系统中，可信服务器的主要作用就是转发用户之间发送的消息（见上图）。安全链接意味着用户与中央服务器之间建立了安全信道，但是中央服务器仍能看到用户的消息。在端到端加密协议（见下图）中，发送者会加密发送给接收者的所有消息，从而防止任何中间服务器观察到明文消息

在实践中，还存在一些拓扑结构更糟糕的协议。用户和服务器之间的通信链路上可能存在许多网络节点，其中一些节点可能是通信流量检测机器（也称为中间盒）。即便数据流是加密的，一些中间盒仍会结束 TLS 协议连接，然后从该点开始又以明文形式将流量转发出去，或者通过启动新的 TLS 协议连接将消息转发至下一个节点。结束 TLS 连接有时也是有利的，如更好地过滤流量，从而平衡由于地理位置或者靠近数据中心带来的连接量不均衡的现象。不使用 TLS 连接时流量的可见点会增多，这会增加协议可能受到攻击的点位。有时，终止 TLS 连接是出于恶意目的，如拦截、记录和监视流量。

2015 年，人们发现联想公司在其销售的笔记本电脑上预安装定制版的 CA（参见第 9 章）和特定软件。这些特定软件使用联想的 CA 限制 HTTPS 连接，实现将广告注入网页的目的。更令人担忧的是，为了拦截和观察网络连接上传输的内容，世界上许多国家或地区的政府也会重定向互联网流量。2013 年，爱德华·斯诺登（Edward Snowden）公开了大量美国国家安全局（NSA）的机密文件，这些文件显示许多政府（不仅仅是美国）通过监听互联网电缆流量来监视人们的日常通信。

对于公司来说，它确实有权利也有责任获取和查看用户数据。正如本书多次提到的那样，如果公司频繁出现违规和类似黑客的行为，那么会对公司的信誉造成严重破坏。从法律的角度来看，像《通用数据保护条例》（General Data Protection Regulation，GDPR）这样的法律规定最终可能会给企业的正常运作带来巨大的成本。比如声名狼藉的美国国家安全信函（National Security Letter，NSL）禁止相关公司和人员提及他们收到过该信函（所谓的禁语令），除非我们没有什么数据需要分享，否则这也会给企业或组织正常的运作带来额外的成本和压力。

最重要的是，对于我们正在使用的一些常见在线应用程序，政府部门可能已经访问或者有权限访问我们在应用中编写或上传的所有内容。根据应用程序的威胁模型（应用程序想要保护的对象）或应用程序最易受攻击用户的威胁模型，端到端加密在确保终端用户的机密性和隐私性方面发挥着重要作用。

本章介绍了许多在人与人之间建立信任的技术和协议。特别地，我们将了解当今邮件加密技术的基本原理以及安全消息传递如何改变端到端加密通信的格局。

10.2 信任源缺失

端到端加密的最简单方案之一是：Alice 希望通过互联网向 Bob 发送加密文件。结合从本书前面章节学到的密码知识，我们可能会想到如下方法来实现这个方案：

（1）Bob 把他的公钥发送给 Alice；

（2）Alice 用 Bob 的公钥加密文件，并把加密后的文件发送给 Bob。

假设 Alice 和 Bob 可以在现实生活中见面的方式来交换公钥，或者假定他们之间存在另外一个可交换公钥的安全信道。如果这种假设成立，我们就说 Alice 和 Bob 之间有一种带外的信任建立方式。但是，事实情况并非如此。类似地，我们可以假设本书中包含一个我的公钥，你可以使用该公钥和指定的电子邮件地址向我发送加密消息。然而，谁敢保证本书编辑没有用她的公钥替换我的公钥呢？

这样的问题也发生在 Alice 身上：如何判断收到的公钥是否真的是 Bob 的公钥？在 Alice 和 Bob 通信信道中间的人可能会篡改他们向对方发送的第一条信息（即己方公钥）。正如我们将在本章中看到的这样，密码学技术无法从根源上解决信任问题。然而，密码技术为解决不同应用场景的信任问题提供了一定程度的辅助作用。密码学无法从根本上解决信任问题的原因在于，我们试图把理论密码协议和现实世界中的人连接起来。

> 保护公钥免受篡改是公钥密钥实践中最困难的一个问题。这是公钥密码技术的致命弱点，解决该问题需要大量复杂的软件技术。
>
> ——Zimmermann 等（“PGP User's Guide Volume I: Essential Topics”，1992）

回到我们刚才探讨的问题：Alice 想向 Bob 发送一个文件，并且假设他们之间没有建立一个可信连接，即他们之间始终存在信任问题。Alice 无法判断给定的公钥是否属于 Bob。这似乎成了鸡生蛋还是蛋生鸡之类的问题。需要指出的是，如果没有恶意的中间人攻击者替换掉 Bob 发向 Alice 第一条消息中的公钥，那么这样的文件传输协议就是安全的。即使获得已加密的文件，攻击者也无法恢复出原始文件。

尽管在这样的场景下我们受到主动中间人攻击的概率并不高，但是依赖于攻击的可能性低来确保协议的安全性并不是密码学协议的最佳实践方式。不幸的是，我们常常以这样的方式应用密码协议。例如，Chrome 附带了它信任的 CA，但我们如何安全地获得 Chrome 呢？如果使用了操作系统的默认浏览器，那么该浏览器会依赖于系统自带的 CA 集。但是，浏览器上的可信证书都来自哪里呢？来自于笔记本电脑吗？而这些笔记本电脑又来自哪里呢？我们很快会发现，这形成了一条无止境的“证书信任链”。在这条链的某个节点，我们必须相信某个信任假设是成立的。

对威胁模型分析时，往往在特定的一层 CA 之后就停止对证书信任源的追溯，不再考虑更远证书的信任问题。基于这样的原因，本章假设存在信任源并且我们可以安全地与之建立信任。所有密码学系统都依赖于信任源，协议的安全性也都建立在信任源可信的基础之上。信任源可以是启动密码协议时使用的密钥和公开参数，也可以是获取它们的带外通道。

10.3 邮件加密的失败案例

电子邮件协议在设计之初就未考虑采用任何加密技术。我们只能归咎于那个将安全当作次要问题的时代。1991 年一款名为 PGP 的邮件加密工具发布后，电子邮件加密开始从理论走向实践。当时，PGP 的创造者菲尔·齐默尔曼（Phil Zimmermann）决定发布 PGP 工具，以回应同年早些时候美国政府提出的一个法案。该法案允许美国政府从任何通信公司和制造商获得所有通信语音和文本数据。菲尔·齐默尔曼在他 1994 年的论文“Why Do You Need PGP ?”中表示：社会对隐私的需求与日俱增，PGP 工具使人们能够掌握自己的隐私，这就是开发这款工具的原因。

1998 年，RFC 2440 文档将该协议标准化为 OpenPGP，大约同一时间内 GNU Privacy Guard（GPG）以开源的形式发布，这引起人们的极大关注。今天，OpenPGP 的主要实现仍然是 GPG，人们可以互换着使用 GPG 和 PGP 这两个术语，它们都表示电子邮件加密协议。

10.3.1 PGP 或 GPG 协议的工作原理

PGP（或 OpenPGP）邮件加密协议的工作原理就是使用混合加密技术（参见第 6 章内容）。最新版的 OpenPGP 定义于 RFC 4880 文档中，其执行过程可以简化为以下步骤。

（1）发送者创建一封邮件，并压缩邮件内容。

（2）在 OpenPGP 的实现中，它会随机生成一个对称密钥，并使用对称加密算法加密已压缩的电子邮件。

（3）用邮件接收者的公钥加密对称密钥（参见第 6 章内容）。

（4）将已加密的对称密钥拼接在已加密消息的后面。这样的数据块会作为电子邮件正文发送给收件人。

（5）解密邮件时，接收者用私钥解密已加密的对称密钥，再用对称密钥解密邮件内容。

值得注意的是，OpenPGP 还定义了对电子邮件签名的方式，实现对发件人身份的验证。通常的做法是，计算明文下电子邮件正文的哈希值，然后利用发件人的私钥对哈希值进行签名。在执行第 2 步加密操作前，会把签名和消息拼接在一起。最后，为了使收件人知道验证签名的公钥，在第 4 步中，发件人会把自身的公钥和加密电子邮件一起发送给收件人。PGP 的工作流程如图 10.2 所示。

习题

为什么选择在加密前对邮件进行压缩？是否可以在加密后对邮件进行压缩？

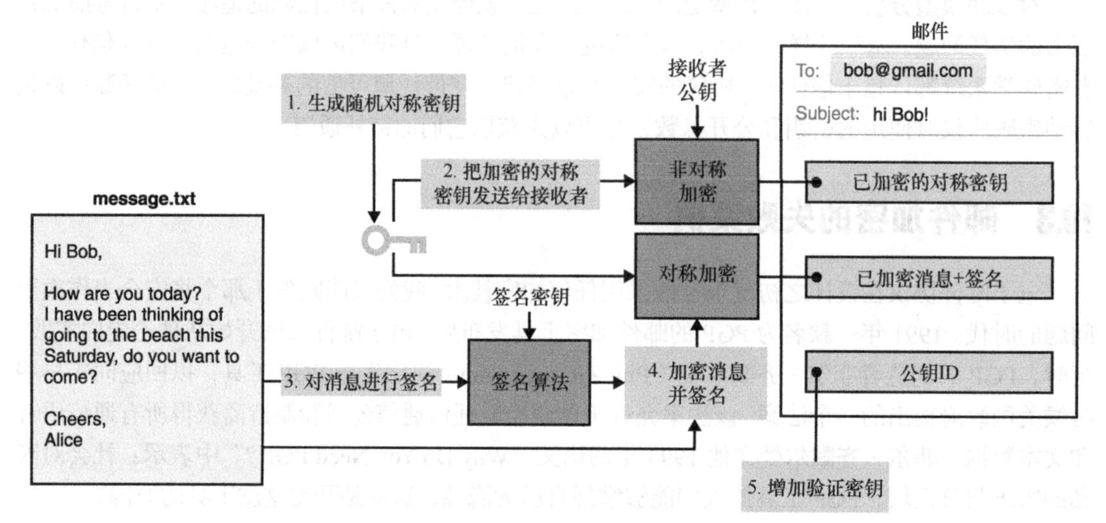

图 10.2　PGP 的目标就是对消息加密和签名。当与电子邮件客户端集成时，该协议不关心邮件的主题或其他元数据是否隐藏

这种设计似乎没有本质上的错误。尽管邮件主题和其他头部信息没有加密，但是 PGP 看上去可以防止中间人攻击者看到邮件内容。

注意：

需要注意的是，通过加密的方法并不是总能隐藏所有的元数据。在有隐私性要求的应用程序中，元数据会破坏隐私，在最坏的情况下，它可以致使匿名特性失效！例如，在端到端加密协议中，我们可能无法解密用户之间传输的消息，但可以知道他们的 IP 地址，发送和接收的消息的长度，通常与谁交谈（他们的社交图谱），等等。隐藏这种类型的元数据需要大量的工程技术。

然而，在实现细节上，PGP 实际上相当糟糕。OpenPGP 标准及其主要实现 GPG 都使用了旧的密码算法，而向后兼容性要求又使这种情况无法得到改善。最关键的问题是加密没有经过认证，这意味着任何截获未签名电子邮件的人都可能在一定程度上篡改加密内容，具体允许的篡改程度取决于协议使用的加密算法。仅凭这个原因，本书就不建议使用 PGP 加密邮件。

PGP 的一个令人惊讶的缺陷来自这样一个事实，即允许签名和加密操作以任何方式组合。2001 年，Don Davis 指出，由于 PGP 允许密码算法随意组合，敌手可以重新加密收到的已签名电子邮件，并将其发送给另一个收件人。这让原来的接收方 Bob 可以向第三方发送 Alice 发送给他的电子邮件，而第三方会认为该邮件是由 Alice 发来的！

与对明文签名相比，对密文签名的做法本身就存在缺陷。例如，敌手可以删除密文附带的签名，然后添加上自己的签名。实际上，敌手可以假装成 Alice，向 Bob 发一封来自 Alice 的电子邮件。图 10.3 中揭示了这两种签名方式存在的问题。

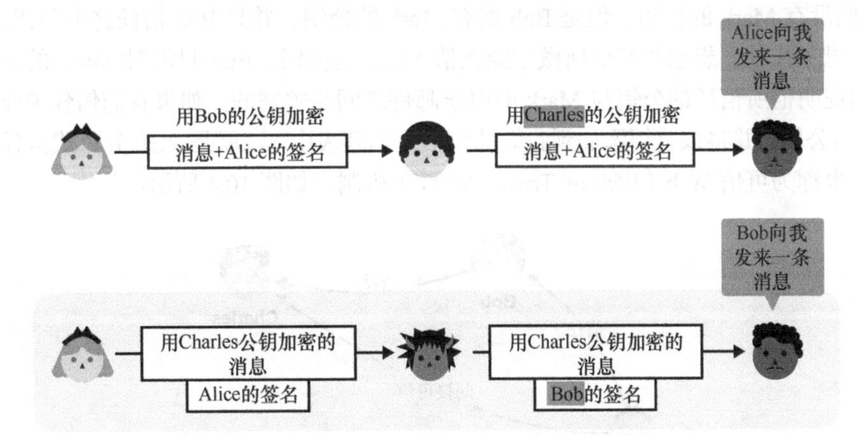

图 10.3 在上图中，Alice 使用 Bob 的公钥对消息和签名进行加密。Bob 可以重加密此消息，并将其发送给 Charles，Charles 可能会认为这个消息本来就是 Alice 发给他的。这就是 PGP 的缺陷。在下图中，Alice 加密了一条发给 Charles 的消息。同时，Alice 还对已加密的消息进行签名，而不是对明文内容进行签名。拦截加密邮件的 Bob 用自己的签名替换掉 Alice 的签名，导致 Charles 认为这是 Bob 写给他的邮件

该算法默认情况下不提供前向保密性。如果无法保证前向保密，那么一旦私钥泄露，就可以用该私钥解密先前发送给我们的所有邮件。通过改变 PGP 密钥可以实现前向保密，但是这个过程操作起来并不简单，例如，用旧密钥对新密钥进行签名。概括起来，PGP 不安全的原因有如下几点：

- PGP 在实现时使用的密码算法过于陈旧；
- PGP 加密邮件时没有采用认证加密算法，因此在不对加密邮件签名的情况下该协议是不安全的；
- PGP 存在设计上的漏洞，即使我们接收到一个已签名的消息，这个消息的目标接收者也不一定是我们；
- PGP 默认情况下不提供前向保密性。

10.3.2 将 Web 系统信任机制扩展到用户之间

为什么我们要在这里讨论 PGP？这是为了介绍关于 PGP 的一些趣事。我们如何获得并信任他人的公钥？这个问题从 PGP 里可以找到答案，即我们信任自己。

“我们信任自己”指的是什么？假设我们已安装 GPG 工具，并决定以邮件形式向朋友发送一些加密消息。首先，必须找到一种能安全获取朋友公钥的方法。例如，与朋友在现实生活中会面，当面把他的公钥记录在纸条上，回家后再将密钥输入笔记本电脑里。现在，我们可以使用 OpenPGP 工具向朋友发送经过签名和加密的消息。然而，这种做法非常不符合实际。对每个邮件的接收人，我们都必须重复执行这个过程吗？答案是我们不必重复这样做。让我们来看下面这个场景：

- 我们已获得 Bob 的公钥，并且信任这个公钥；
- 我们没有 Mark 的公钥，但是 Bob 拥有 Mark 的公钥，并且 Bob 信任这个公钥。

现在，思考片刻，想想我们如何做才能相信 Mark 的公钥。Bob 只需对 Mark 的公钥进行签名，向我们证明他所信任的公钥与 Mark 的电子邮件之间是关联的。如果我们信任 Bob，就可以信任 Mark 的公钥，并将该公钥添加到我们的可信公钥列表中。这就是 PGP 分布式信任概念的核心思想。这也称为可信 Web（Web of Trust，WOT）机制，如图 10.4 所示。

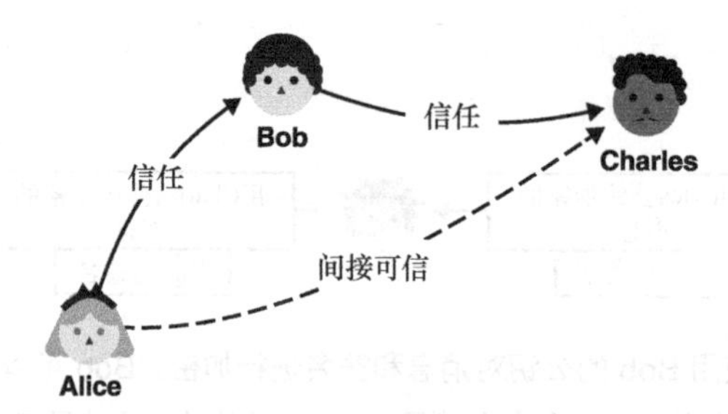

图 10.4 可信 Web 是指用户可以通过数字签名技术传递信任。我们可以看到 Alice 信任 Bob，而 Bob 信任 Charles。基于 Bob 对 Charles 公钥的签名，Alice 可以信任 Charles

有时，我们会看到“密钥聚会”，即人们在现实生活中会面，并对各自的公钥签名。但这种情况大多数出现在角色扮演中，在实践中很少有人借助可信 Web 机制来扩大 PGP 可信圈子。

10.3.3 寻找 PGP 公钥是个难题

PGP 尝试了另一种方法来解决寻找其他用户公钥的问题。这种方法非常简单，即我们将自身的 PGP 公钥和其他人对该公钥的签名发布到一些公共列表中，以证明我们的身份，同时也方便他人找到我们的 PGP 公钥。实际上，这并不能证明我们的身份。原因在于，任何人都可以发布与我们的电子邮件相匹配的公钥和签名。现实中的一些攻击者会故意伪造存储在密钥服务器上的密钥，这可能比单纯监听电子邮件内容更具破坏性。在某些情况下，我们可以放松威胁模型，允许可信的权威机构证明邮箱持有者的身份和公钥。例如，在公司内部，公司的人事部门有管理员工电子邮件的权限。

1995 年，RSA 公司提出了安全的 MIME 协议 S/MIME，其目的是替代已有的 MIME 和 PGP 邮件协议。RFC 5751 文档对 S/MIME 协议进行了标准化，该协议通过公钥基础设施来建立信任，这种信任建立方式与基于 Web 的可信机制不同。信任的建立方式也是 S/MIME 协议与 PGP 的唯一区别。由于许多的公司中不同的职位都有不同的权限，因此有必要使用 S/MIME 等协议来提升内部电子邮件生态系统中的信任机制。

需要注意的是，PGP 和 S/MIME 协议都是建立在简单邮件传输协议（Simple Mail Transfer Protocol，SMTP）基础上的。SMTP 是目前广泛用于收发电子邮件的协议。PGP 和 S/MIME 协议都是在 SMTP 之后才发明的，因此这两个协议与 SMTP 和电子邮件客户端在可集成性上还不够完美。例如，在 PGP 和 S/MIME 协议中，只有电子邮件的正文是加密的，而邮件主题和任何其他的标头信息都是未加密的。与 PGP 一样，S/MIME 协议使用的加密算法也比较陈旧，同时也未采用密码技术的最佳实践。与 PGP 一样，S/MIME 协议也不支持认证加密技术。

最近，对电子邮件客户端中集成这两个协议的研究（Efail: "Breaking S/MIME and OpenPGP Email Encryption using Exfiltration Channels"）表明，大多数协议都容易遭受渗透攻击，即通过观察加密的电子邮件，攻击者可以向收件人发送篡改版本的邮件，从而达到修改邮件内容的目的。

这些缺点可能无关紧要。在全球网络上传输的电子邮件中，大多数人发送和接收的邮件都是未加密的。事实证明，对于非技术用户和高级用户来说，在使用 PGP 加密邮件时需要了解许多 PGP 协议的技术细节和操作流程，这些因素导致 PGP 难以使用。例如，经常看到用户以未加密的形式回复已加密邮件，甚至以明文形式引用已加密邮件的全部内容。最重要的是，常用电子邮件客户端对 PGP 协议的支持度也很差或根本不支持。

> 在 20 世纪 90 年代，我对未来感到兴奋，我梦想着人人都安装 GPG 工具的时代很快就会到来。现在，我仍然对未来感到兴奋，但我想看到一个人人都卸载 GPG 工具的世界。
>
> ——Moxie Marlinspike（"GPG and Me"，2015）

由于这些原因，PGP 工具一直在慢慢失去支持（例如，Go 语言在 2019 年从其标准库中删除了对 PGP 的支持），而越来越多旨在取代 PGP 并解决其可用性问题的密码应用程序也不断被设计出来。如今，加密电子邮件协议很难与 HTTPS 取得一样的成功度和使用率。

> 如果不要求消息的机密性，那么消息将以明文形式传输。默认情况下，电子邮件是一种不包含加密技术的端到端协议。电子邮件的基础传输协议是明文形式的。所有主流电子邮件软件以明文形式传输邮件内容。从某种意义上说，电子邮件系统设计之初就是不加密的。
>
> ——Thomas Ptacek（"Stop Using Encrypted Email"，2020）

10.3.4　PGP 的替代品

我们花了好几页的篇幅来讨论诸如 PGP 之类的协议在实践中失败的原因。虽然这样的协议设计简单，但是其在使用过程中引起的安全问题多到令人惊讶。因此，本书建议不要使用 PGP

加密邮件。虽然加密电子邮件问题仍然悬而未解，但目前正在开发的一些替代方案可以在不同使用场景下用来替代 PGP。

saltpack 是一种与 PGP 协议有类似消息格式的协议，该协议试图修复 PGP 存在的一些缺陷。到 2021 年为止，saltpack 协议的两个主要实现分别是 keys.pub 和 keybase。图 10.5 给出了 keys.pub 工具的界面。

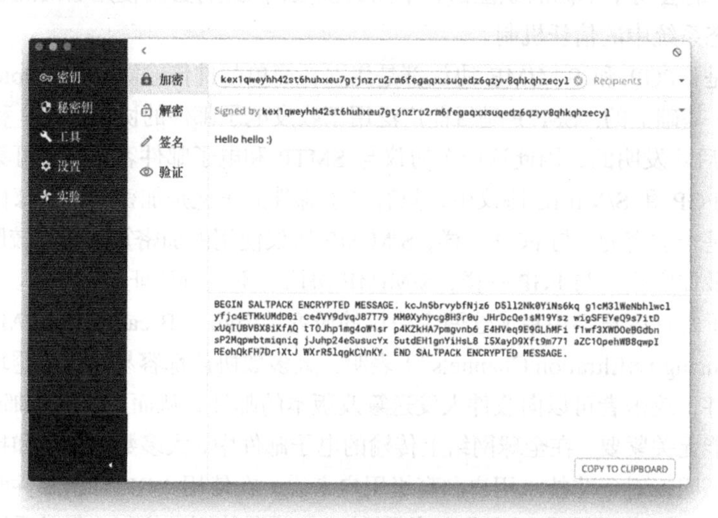

图 10.5 keys.pub 是一个实现 saltpub 协议的本地桌面应用程序。该工具支持导入其他人的公钥，也支持对消息的加密和签名操作

这些实现都避免了基于 Web 可信机制的缺点，它们允许用户在不同的社交网络上广播他们的公钥，从而将他们的身份与公钥关联起来（见图 10.6）。而由于 PGP 出现于社交网络尚未繁荣的时代，因此它不支持这种密钥寻找机制。

图 10.6 keybase 工具的使用者通过 Twitter 社交网络发布他们的公钥。这允许其他用户获得其身份与特定公钥相关联的额外证据

另一方面，当今的大多数安全通信内容都不是一次性消息，这些工具也不再实用。在 10.4 节中，我将重点讨论安全消息传递技术，该领域旨在研究能够取代 PGP 的安全通信协议。

10.4　安全消息传递：现代端到端加密协议 Signal

2004 年，名为“Off-the-Record Communication, or, Why Not To Use PGP”的白皮书介绍了 OTR（Off-the-Record）秘密通信协议。与 PGP 和 S/MIME 协议不同，OTR 协议的目标不在于加密电子邮件，而在于加密聊天会话信息；具体来说，OTR 是一种可扩展消息和状态的聊天协议（Extensible Messaging and Presence Protocol，XMPP）。

OTR 协议的显著特征就是提供可否认性（Deniability），即信息接收者和被动观察者不能把我们发过的消息作为在法庭上的证据。由于我们与收件人共享密钥进行对称身份认证和加密，因此收件方很容易伪造邮件。相比之下，在 PGP 中，消息是经过签名的，因此是不可否认的（Non-repudiable）。但据我所知，协议本身的这些特性都没有在法庭上使用过。

2010 年，基于 Signal 的移动端应用程序 TextSecure 发布。Signal 协议是一种新的安全通信协议。当时，大多数安全通信协议（如 PGP、S/MIME 和 OTR）都属于无中心网络的联邦协议（Federated Protocol）。基于 Signal 的移动端应用程序与传统安全通信协议存在很大差别，如该应用存在中央服务器，并且提供唯一的官方 Signal 客户端。

尽管 Signal 协议不支持与其他服务器的互操作性，但 Signal 协议遵循开放协议标准，许多安全消息传递应用程序也都采用该协议，主要包括 Google Allo（现已失效）、WhatsApp、Facebook Messenger、Skype 等。Signal 确实是一个成功的安全消息传递协议，全球数十亿人都在使用这个协议，这些人包括记者、政府监视的目标，甚至我 92 岁的祖母（我发誓我没有让她安装 Signal 协议）。

Signal 协议试图修复 PGP 中存在的缺陷，因此了解它的工作原理是一件很有趣的事。本节将介绍 Signal 协议的以下特性。

- 我们如何建立比基于 Web 的可信机制更好的信任关系？能否使用端到端加密技术升级现有的社交通信应用？Signal 协议的做法是采用首次使用信任（Trust On First Use，TOFU）方法。TOFU 机制允许用户在第一次通信时盲目地信任其他用户，依靠这种第一次不安全的交换来建立持久的安全通信信道。用户可以在未来的任何时间点通过带外匹配通信双方的会话秘密，自由检查第一次与他们进行信息交换的是否为中间人敌手。
- 在与某人开始对话时，我们该如何升级 PGP 以获得前向保密安全？Signal 协议的第一部分是密钥交换，这与大多数安全传输协议类似，但该协议还有一个称为扩展的三方 Diffie-Hellman（Extended Triple Diffie-Hellman，X3DH）的特殊部分。本节后面会详细讲解 X3DH 协议。
- 我们该怎么升级 PGP，确保每条会话消息都满足前向保密性？这一点对安全通信很重要。用户之间的对话可以跨越数年，而在某个时间点的密钥泄露不应暴露此前多年的通信内容。Signal 协议采用一种叫作对称棘轮（Symmetric Ratchet）的机制解决了这个问题。

- 如果两个用户的会话密钥在某个时间点泄露怎么办？我们就束手无策了吗？用户如何才能从这种不安全的状态恢复至安全通信？Signal 协议引入了一种称为后向泄露安全的新特性，并通过DH棘轮机制解决了这一问题。

接下来让我们开始了解Signal协议吧！首先，我们将学习Signal协议的TOFU机制建立过程。

10.4.1 比Web信任机制更友好：信任可验证

加密电子邮件的失败之处在于，它依赖于PGP和Web可信模型将社交网络转换为安全的社交网络。PGP最初的设计目的是，让人们通过线下会面的方式进行密钥交换，以确认彼此密钥的真实性，但这种做法会带来许多麻烦和不便。如今，人们很少会以这种方式确认彼此的PGP密钥。

在大多数情况下，人们在使用PGP、OTR和Signal等应用程序时会盲目信任他们在第一次连接时看到的密钥，并在未来拒绝任何更改（见图10.7）。这样一来，敌手只能攻击用户之间的第一次连接，因此只有当时恰好处于活跃状态的中间人攻击者才能实施攻击。

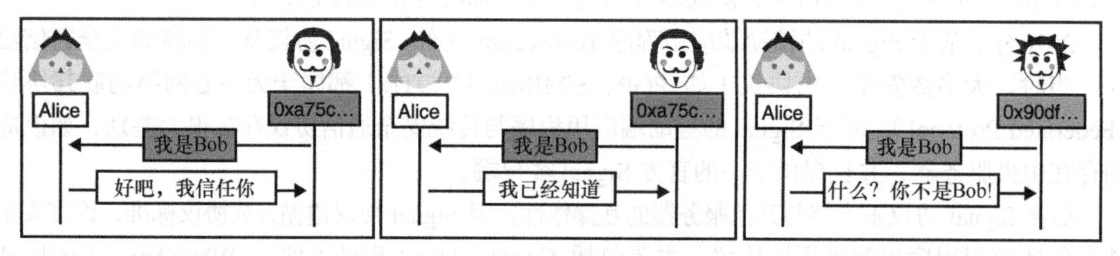

图10.7 TOFU机制允许Alice信任Bob与其的首次连接，但如果Bob在后续的连接中不给出与首次连接相同的公钥，Alice就不信任Bob及其的后续连接。当首次连接被主动中间人攻击的可能性很小时，TOFU模型就变成一种简单有效的信任建立机制。之后，Alice也可以通过不同的渠道验证Bob的公钥和身份之间的关联性

虽然TOFU不是最安全的信任模型，但它是我们当前可用的最好模型，并且其有效性在实践中已经得到证明。例如，SSH协议在初始连接期间信任服务器的公钥（见图10.8），同时拒绝公钥在未来的任何更改。

虽然TOFU机制要求信任首次看到的公钥，但仍然允许用户稍后对公钥进行验证，也允许用户捕获任何非法的连接请求。在现实世界的应用程序中，用户通常会比较公钥的十六进制表示或公钥的哈希值。当然，这种验证是在带外完成的。如果SSH连接遭到破坏，那么验证过程也会受到影响。

注意：

当然，如果用户不验证身份指纹，那么他们可能在不知情的情况下受到中间人攻击。但在大规模执行端到端加密时，现实世界的应用程序必须在安全性和验证代价之间权衡。事实上，基于Web可信机制的端到端加密协议的失败表明，以安全为中心的应用程序也必须兼顾可用性，只有这样才能被广泛采用。

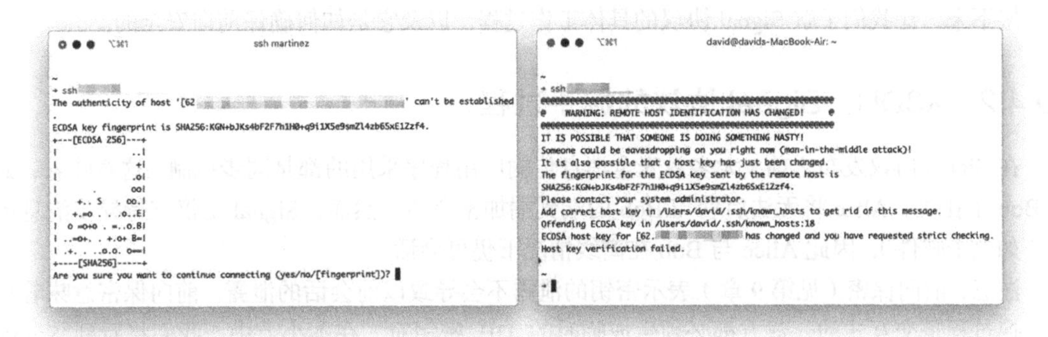

图 10.8　SSH 客户端也使用 TOFU 机制。第一次连接到 SSH 服务器时（参见左图），客户端选择盲目信任 SSH 服务器及其公钥之间的关联关系。如果 SSH 服务器的公钥稍后发生更改（参见右图），SSH 客户端会阻止与 SSH 服务器的任何连接

在 Signal 移动端应用程序中，Alice 和 Bob 通过以下方式计算指纹：

（1）计算 Alice 包含用户名（在 Signal 应用中特指手机号码）前缀的身份密钥的哈希值，并将该哈希值截断为一系列数字；

（2）与 Alice 一样，Bob 也执行这样的操作；

（3）向用户显示的是两个数字序列拼接的结果。

由于身份指纹相对较长，为了便于验证指纹合法性，Signal 应用程序允许使用二维码验证用户身份指纹，如图 10.9 所示。

图 10.9　Signal 移动端应用允许我们通过不同的信道（就像在现实生活中一样）与朋友建立联系，以确保我们和朋友的两个指纹（Signal 称其为安全号码）相匹配，从而使我们可以验证与我们连接的朋友信息的真实性和机密性。以可扫描的格式对信息进行编码的二维码，可以帮助用户很容易地完成这种验证。Signal 应用通常会计算会话密钥的指纹，而不是去计算两个用户公钥的指纹，这样用户只需验证一个字符串是否匹配

接下来，让我们了解 Signal 协议的具体工作过程，以及它是如何确保前向安全的。

10.4.2 X3DH：Signal 协议的握手过程

在 Signal 协议发布之前，大多数安全消息传输应用程序采用的都是同步机制。这意味着，如果 Bob 不在线，Alice 将无法启动与 Bob 的端到端加密会话。然而，Signal 协议支持异步消息传输（如电子邮件），因此 Alice 与 Bob 在离线情况下仍可会话。

注意，前向保密（见第 9 章）表示密钥的泄露不会导致以前会话的泄露。前向保密意味着密钥交换过程是交互式的，双方都必须生成临时的 DH 密钥对。在本小节中，我们将看到 Signal 协议使用非交互式密钥交换技术（一方可处于脱机状态的密钥交换协议）仍能保证前向安全。下面我们开始学习 Signal 协议的密钥交换技术。

为了与 Bob 开始对话，Alice 首先与 Bob 执行密钥交换协议。Signal 协议的密钥交换协议 X3DH 本质上是将 3 个（或更多）DH 密钥交换协议组合为一个协议。但在了解 Signal 协议的工作原理之前，我们需要知道 Signal 使用的 3 种不同类型的 DH 密钥。

- 身份密钥——表示用户身份的长期密钥。如果 Signal 协议仅有身份密钥，那么它将会变成一种类似于 PGP 的协议，同时不能保证前向保密性。
- 一次性预设公钥——为了增加密钥交换的前向保密性，即使新会话的接收者不在线，Signal 协议也会让用户上传多个一次性公钥。用户可以将这些一次性临时公钥预先上传，并在使用之后将它们删除。
- 已签名的预设密钥——事实上到这里为止，我们就能够实现前向安全的消息传输，但存在一种特殊情况。由于用户上传的一次性预设密钥可能会在某个时候用完，因此用户还必须上传用于签名的中期公钥：签名预设密钥。这样一来，如果我们的用户名在服务器上没有更多可用的一次性预设公钥，他人仍然可以使用我们已签名的预设密钥来实现前向保密性。因此，我们必须定期更换已签名的预设密钥（例如，每周更换一次）。

上面这些背景知识足够我们理解 Signal 协议的会话建立过程。图 10.10 给出 Signal 协议的密钥交换过程。

接下来，让我们更深入地探讨上述这些内容。首先，用户通过发送以下信息注册 Signal 应用程序：

- 身份密钥；
- 一个已签名的预设密钥及其签名；
- 定义一次性预设公钥数量。

此时，用户有责任定期更换已签名的预设密钥并上传新的一次性预设密钥，图 10.11 给出了定期更换密钥的流程。

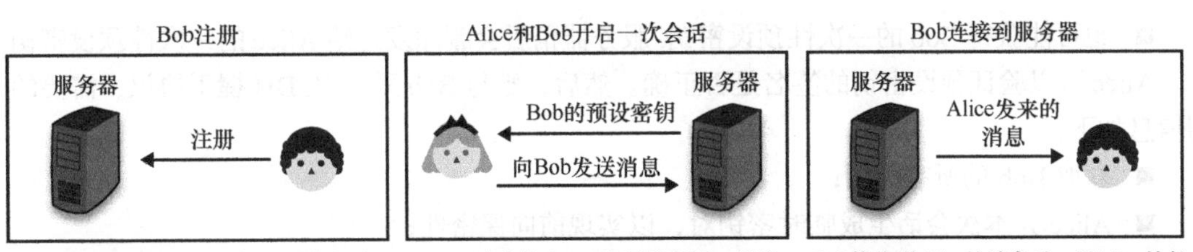

图 10.10 当开始使用 Signal 应用程序时，用户会注册许多的公钥。如果 Alice 想与 Bob 交谈，她首先找到 Bob 的公钥（称为预设密钥包），然后根据 Bob 的公钥，她会执行 X3DH 密钥交换协议，并基于密钥交换协议的输出创建初始会话消息。在收到 Alice 发来的加密消息后，Bob 也执行相同的密钥交换操作，初始化会话过程

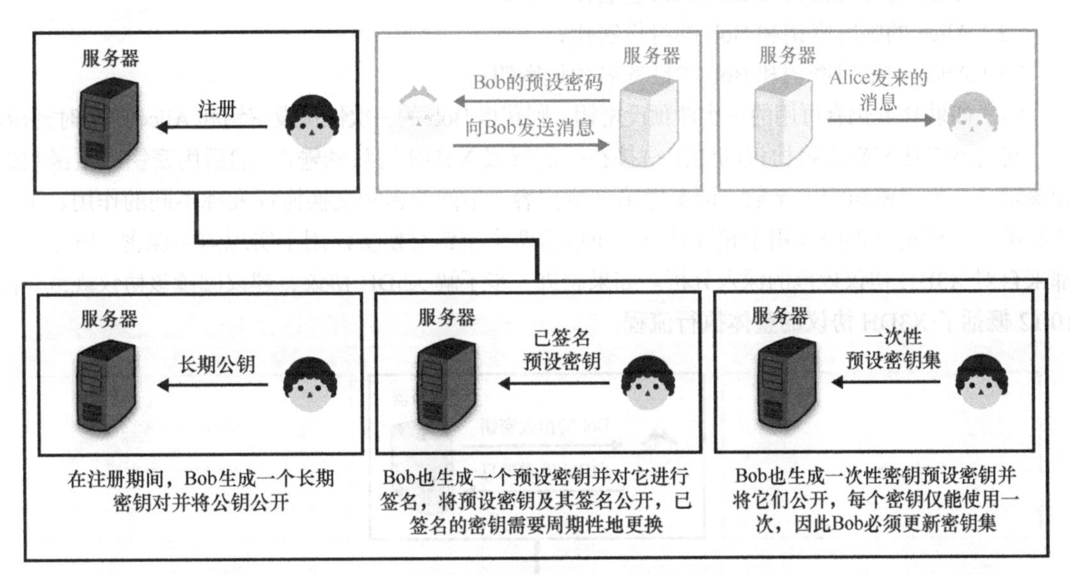

图 10.11 上接图 10.10，用户第一步要做的是，生成多个 DH 密钥对，并将公共部分发送到中央服务器进行注册

注意：

当执行 X3DH 密钥交换时，Signal 协议利用身份密钥对已签名的预设密钥和密钥交换过程传输的密钥进行签名。我在前面提到过，不要将同一个密钥用于不同的目的。然而，Signal 协议的提出者声称，Signal 协议的这种做法应该是没有问题的。但是，这种做法不值得提倡，如果在密钥交换过程和其他密钥协议中共用同一密钥，可能会引发安全问题。

图 10.11 中介绍的步骤执行完之后，重新回到我们的示例中，为了与 Bob 开启会话，Alice 需要提取到以下信息：

- Bob 的身份密钥；
- Bob 当前已签名的预设密钥及其签名；

■ 也可能获得 Bob 的一次性预设密钥(服务器稍后会删除发送给 Alice 的一次性预设密钥)。

Alice 可以验证预设密钥的签名是否正确。然后，她与 Bob 采用 X3DH 握手协议，需要的密钥信息如下：

■ 获取 Bob 的所有公钥；

■ Alice 为本次会话生成临时密钥对，以实现前向保密性；

■ Alice 自己的身份密钥。

然后，Alice 将 X3DH 协议的输出用于之后的协议。这些协议用于加密 Alice 发送给 Bob 的消息（10.4.3 小节会将对此进行详细介绍）。X3DH 协议是一个由 3 个或 4 个（可选）DH 密钥交换协议组成的协议。这些 DH 密钥交换协议需要的密钥信息如下：

（1）Alice 的身份密钥和 Bob 的已签名预设密钥；

（2）Alice 的临时密钥和 Bob 的身份密钥；

（3）Alice 的临时密钥和 Bob 的已签名预设密钥；

（4）如果 Bob 仍有可用的一次性预设密钥，则获得 Bob 的一次性预设密钥和 Alice 的临时密钥。

将这些 DH 密钥交换协议的输出拼接在一起形成 X3DH 协议的输出，然后用密钥派生函数处理该输出。关于密钥派生函数，请参考第 8 章内容。不同的密钥交换协议发挥不同的作用。第一个和第二个密钥交换协议用于相互认证，而最后两个密钥交换协议用于实现前向保密。所有这些都来自对 X3DH 协议规范的深入分析。如果想进一步了解 X3DH 协议，建议阅读该协议规范。图 10.12 概括了 X3DH 协议的整体执行流程。

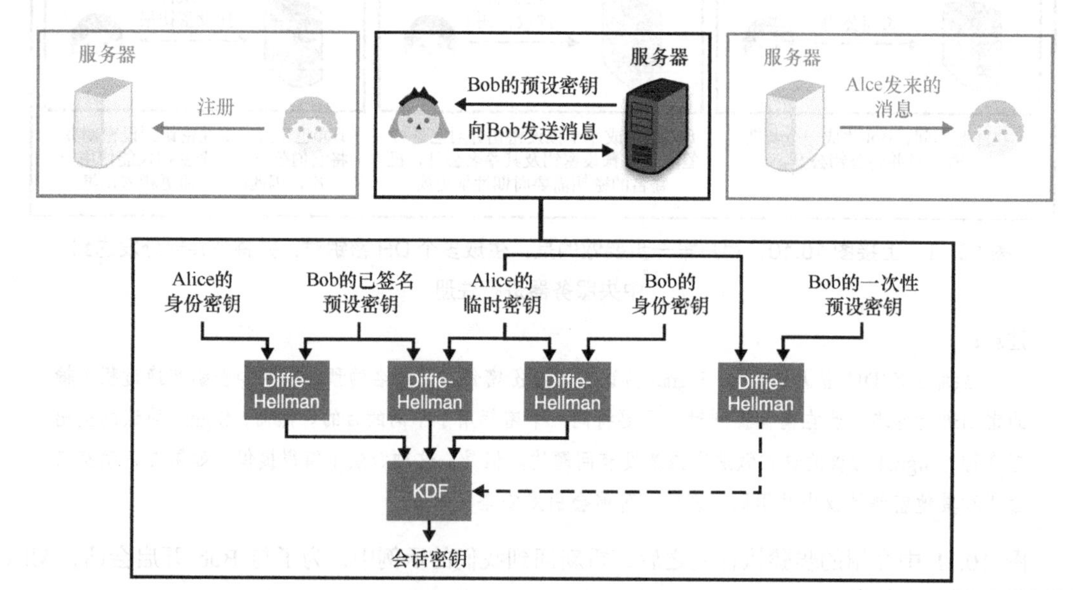

图 10.12　紧接图 10.11，为了向 Bob 发送消息，Alice 获取的内容包含 Bob 的身份密钥、Bob 的已签名预设密钥和可选的 Bob 一次性预设密钥。当使用不同的密钥执行完密钥交换协议之后，将所有的输出连接在一起，并用密钥派生算法对其进行处理，最终的输出用于加密发送给 Bob 的消息

现在，Alice 可以向 Bob 发送她的身份公钥、为开启会话而生成的临时公钥以及其他相关信息（例如她使用 Bob 的哪些一次性预设密钥）。Bob 收到该消息，并与包含在其中的公钥执行同样的 X3DH 密钥交换操作。（出于这个原因，我跳过说明此流程的最后一步。）如果 Alice 使用了 Bob 的某个一次性预设密钥，Bob 就会将这个密钥删除。执行完 X3DH 协议后会发生什么呢？请阅读 10.4.3 小节内容。

10.4.3 双棘轮协议：Signal 握手结束之后的协议

只要两个用户不结束会话，或删除 X3DH 阶段产生的会话密钥，他们的消息传输就可以持续进行。出于这个原因，Signal 协议在设计时就考虑到了 SMS 会话。在此类会话中，一个会话密钥的使用时长可能会以月为单位，因此 Signal 协议引入了在消息级别（相比会话级别粒度更小）上的前向安全性。在本小节中，我们将了解这种协议的安全通信阶段（采用双棘轮协议）的工作过程。

现在，让我们来看一个简单的 Post-X3DH 协议示例。Alice 和 Bob 把 X3DH 协议的输出当作会话密钥，并用该会话密钥加密他们之间输出的消息，如图 10.13 所示。

图 10.13 简单来说，Post-X3DH 协议可以把 X3DH 的输出作为会话密钥，并用该会话密钥加密 Alice 和 Bob 之间传输的消息

不过，在密码学中，我们希望不同用途的密码算法使用不同的密钥。我们可以做的就是，将 X3DH 协议的输出当作 KDF 算法的种子（或作为双棘轮协议的根密钥），进而派生另外两个新的密钥。Alice 用其中的一个密钥去加密发送给 Bob 的消息，而 Bob 用另外一个密钥去加密发送给 Alice 的消息，整个过程如图 10.14 所示。

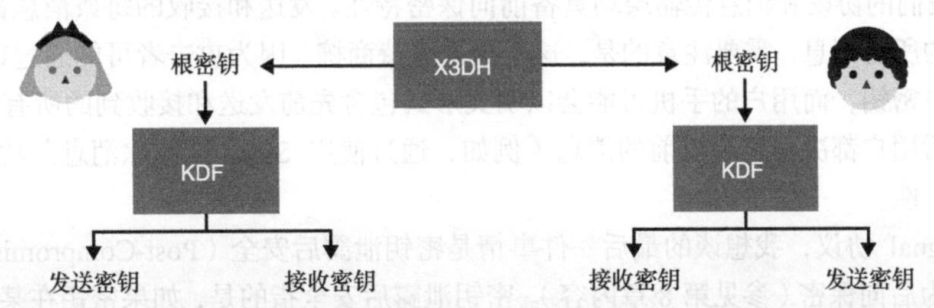

图 10.14 上接图 10.13。Post-X3DH 协议更好的实现方式应该是，利用 KDF 算法派生出两个不同的密钥，然后使用这两个密钥分别去加密 Alice 和 Bob 的消息。注意：Alice 发送消息使用的密钥与 Bob 接收消息使用的密钥相同，而 Bob 发送消息使用的密钥与 Alice 接收消息使用的密钥相同

就安全性而言，这种方法可能已经足够了。但 Signal 协议的文档指出：每个会话的有效时间可能会长达数年。这与第 9 章提到的 TLS 会话有很大的不同。通常，我们认为 TLS 会话是短期的。因此，如果会话密钥被窃取，以前所有的消息记录都可能被解密！

为了解决这个问题，Signal 协议引入了所谓的对称棘轮机制（见图 10.15）。现在，将发送密钥重命名为发送链密钥，但其不直接用于加密消息。当发送消息时，Alice 不断地将该发送链密钥作为单向函数的输入，该函数会生成下一个发送链密钥以及用于本次加密的实际密钥。消息的接收者 Bob 也执行类似的过程，只是他操作的是接收链密钥。因此，泄露某个发送密钥或发送链密钥，攻击者无法恢复先前的发送密钥（该原理也适用于接收密钥或接收链密钥）。

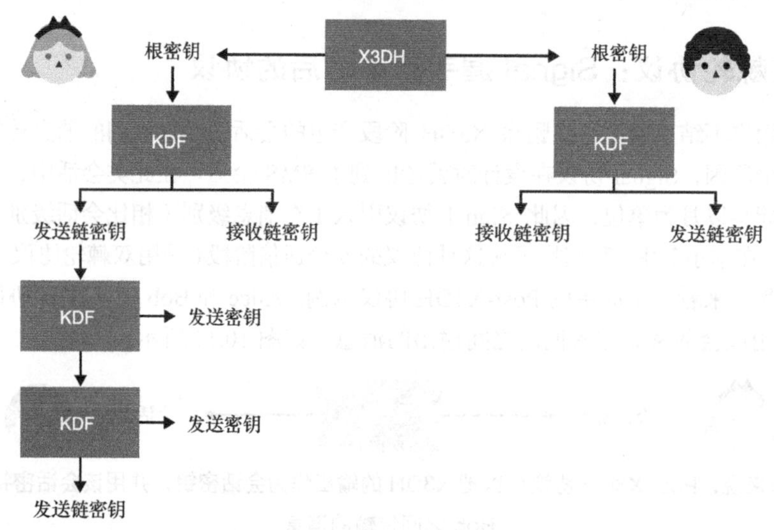

图 10.15　上接图 10.14。在 Post-X3DH 协议中，将首次执行 KDF 算法时产生的输出分别迭代地作为 KDF 算法的输入，分别产生发送和接收消息的密钥链，即通过棘轮的方式让每次发送消息时使用的密钥形成一个密钥链，每次接收消息时使用的密钥形成另一个链密钥，从而让 Signal 协议具备前向保密性。因此，密钥链中某个密钥的泄露不会导致密钥链中先前密钥的泄露

现在，我们的协议和消息传输层均具备前向保密特性。发送和接收的每条消息都会保护以前发送和接收的所有消息。需要注意的是，这个结论有待商榷。因为攻击者可能通过窃取用户的手机来获取用户密钥，而用户的手机可能会以明文形式包含先前发送和接收到的所有消息。不过，如果两个会话用户都决定删除以前的消息（例如，通过使用 Signal“删除消息”功能），则能够实现前向保密性。

关于 Signal 协议，我想谈的最后一件事情是密钥泄露后安全（Post-Compromise Security，PCS），也称为后向保密（参见第 8 章内容）。密钥泄露后安全指的是，如果密钥在某个时候泄露，协议会自行修复，恢复到安全状态。当然，如果攻击者仍然可以访问我们的设备，那么这种修复机制也无法确保协议安全。

密钥泄露后安全的原理是向协议中引入新的熵，而且攻击者无法获得这种熵。当然，协议的对等方必须获得完全一样的新熵。Signal 协议通过临时密钥交换机制向协议引入满足这种条件的熵。为此，Signal 协议会在 DH 棘轮过程中连续执行密钥交换协议。最终，Signal 协议传输的每条消息都带有当前的棘轮公钥信息，整个过程如图 10.16 所示。

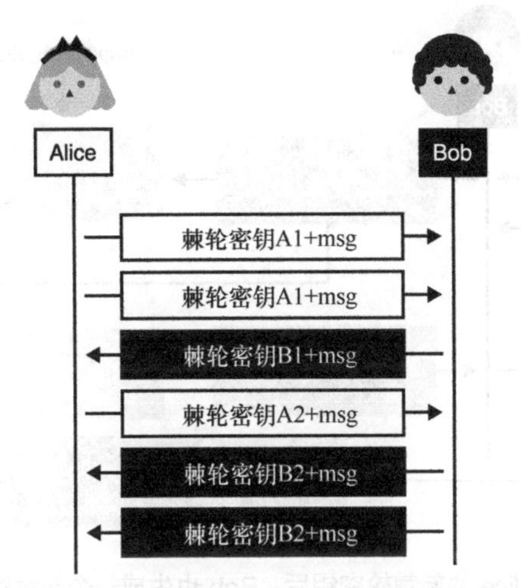

图 10.16　DH 棘轮机制的原理是在发送的每条消息中公布公钥。该棘轮公钥可以与前一个棘轮公钥相同，或者如果参与者决定刷新其棘轮公钥，则他可以公布新的棘轮公钥

当 Bob 发现 Alice 提供了新的棘轮公钥时，他会利用 Alice 的新棘轮密钥和自己的棘轮密钥执行 DH 密钥交换操作。然后，密钥交换协议的输出可以作为对称棘轮密钥，解密接收到的密文。该过程如图 10.17 所示。

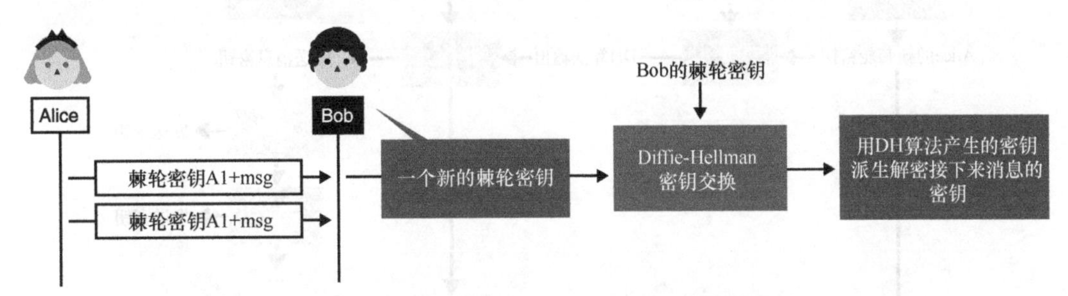

图 10.17　当从 Alice 收到新的棘轮公钥时，Bob 利用 Alice 和自己的棘轮密钥进行密钥交换，以产生解密密钥。这样一来，Bob 就可以解密来自 Alice 的消息

当接收到新棘轮密钥后，Bob 必须做的另一件事是：生成一个新的随机棘轮密钥。Bob 使用新生成的棘轮密钥与 Alice 的新棘轮密钥进行另一次密钥交换，然后他使用新棘轮密钥加密发送给 Alice 的消息，完整过程如图 10.18 所示。

在 Signal 协议的双棘轮规范说明中，称这种反复的密钥交换为“乒乓”机制。

> 当双方轮流更换棘轮密钥对时，会出现“乒乓”行为。如果其中一方的棘轮私钥发生短暂泄露，那么窃听者可能会获得当前的棘轮私钥值。但随着协议继续执行，该私钥最终会被一个未被泄露的私钥所取代。
>
> ——双棘轮规范说明

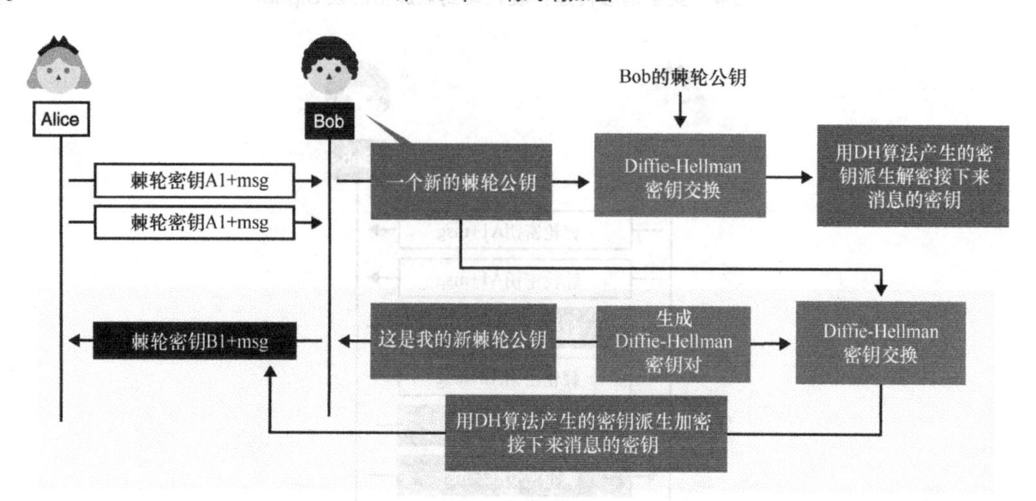

图 10.18 上接图 10.17。收到 Alice 的新棘轮密钥后，Bob 也生成一个新棘轮密钥。这个新的棘轮密钥用于派生加密密钥，并通告 Alice 接下来发送的所有消息都使用该密钥加密（直到从 Alice 收到一个新的棘轮密钥为止）

最终，我们将 DH 棘轮和对称棘轮称为双棘轮机制。用可视化的流程图来描述该机制可能会有点儿复杂，然而本书还是尝试用图 10.19 所示的流程图解释双棘轮机制。

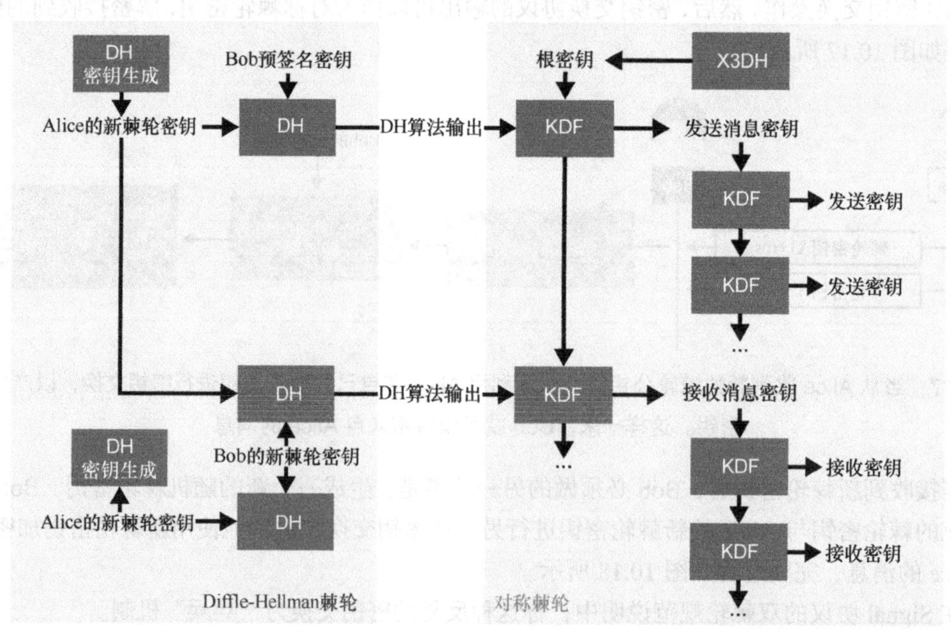

图 10.19 从 Alice 的角度来看，双棘轮机制是 DH 棘轮过程（见左图）和对称棘轮过程（见右图）的简单组合。这种机制给 Post-X3DH 协议提供了后向泄露安全和前向保密性。在 Alice 和 Bob 之间传输的第一条消息中，Alice 还不知道 Bob 的棘轮密钥，因此她将 Bob 预签名的密钥当作棘轮密钥

图 10.19 所示的内容有点儿密集，因此我更鼓励读者阅读 Signal 协议的规范说明。这些规范

提供了对协议的另一种书面解释。

10.5　端到端加密最新进展

如今，用户之间大多都是通过安全传输应用程序进行安全通信的，而很少通过加密电子邮件来传输消息。Signal 是一个应用广泛的安全消息传输协议，该协议已被许多专有应用程序以及开放源代码和联邦协议所采用，例如 XMPP（OMEMO 协议的扩展）和 Matrix 协议（旨在替代 IRC 协议）。另一方面，PGP 和 S/MIME 协议因面临各种各样的攻击进而导致人们对其安全性缺乏信任。

如果想编写一个端到端加密消息传输应用程序，我们该怎么办？不幸的是，这个领域中使用的很多东西都是临时的，为了获得一个功能齐全的安全消息传输系统，我们必须亲自动手实现其涉及的细节。尽管 Signal 协议已公开了很多源代码，但是该协议缺乏完备的帮助文档，这增加了正确使用该协议的难度。幸运的是，Matrix 协议是完全开源的协议，该协议可能更容易集成到我们自己的消息传输应用程序中。这也正是法国政府采用的做法。

在结束本章之前，让我们谈一谈端到端加密领域的一些公开问题和研究热点。例如：

- 消息群发；
- 多设备支持；
- 比 TOFU 协议更安全的协议。

我们先来探讨第一个问题——消息群发（Group Messaging）。目前，尽管不同的应用程序以不同的方式实现了消息群发机制，但研究者们仍在积极研究该技术。例如，Signal 协议可以实现多个客户端之间的群组通信。而服务器只知道这群用户在通信，除此之外，服务器什么也无法获得。这意味着客户端必须针对所有参与者逐一加密并发送消息。这种消息传输方式称为客户端扇出，这也致使客户端的可扩展性很差。例如，当服务器看到 Alice 向 Bob 和 Charles 发送了相同长度的消息时，它可以很容易地猜出群组成员，如图 10.20 所示。

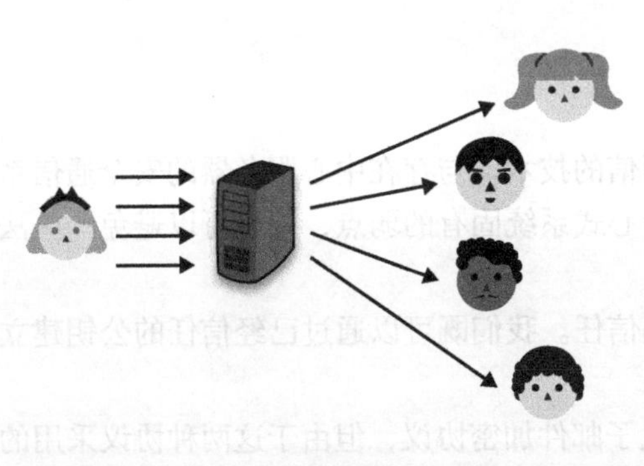

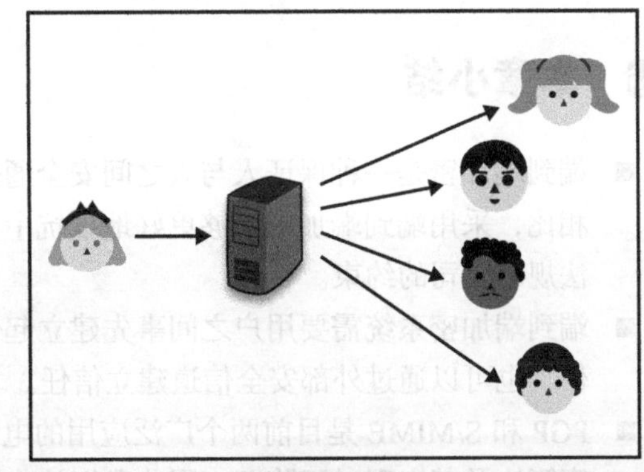

图 10.20　针对群聊场景，有两种端到端加密的解决方案。客户端扇出方法意味着，客户端必须通过已建立的安全信道单独向每个群组成员发送消息。这种方法的优点在于向服务器隐藏了群组成员。服务器扇出方法意味着，服务器会转发发向每个群组成员的消息。这种方法的优点在于减少客户端发送的消息数量

WhatsApp 基于 Signal 协议的变体实现安全消息传输，然而在该协议中服务器知道群组聊天的成员身份。在这个 Signal 变体协议中，允许群组成员向服务器发送单个加密消息，服务器负责将其转发给群组其他成员。这种消息传输方式称为服务器扇出。

群组消息传输的另一个问题是，无法将群组扩展到包含更多成员的情形。为此，最近业界的许多研究者都在研究消息层安全（Messaging Layer Security，MLS）标准，该标准旨在解决大规模安全群组消息传递问题。但距离完成这个标准的制定，研究者们似乎还有很多工作要做。我们可能会产生这样的疑问：在拥有 100 多名参与者的群组聊天中真的有保密性措施吗？

注意：

群组聊天仍然是一个热门研究领域，不同的消息传输方法在安全性和可用性方面有不同的权衡。例如，在 2021 年仍然没有群组聊天协议能够提供转录一致性，该特性用于确保群组聊天的所有参与者能够以相同的顺序看到相同消息。

对多设备的支持并不是直接将现有的实现照搬，也不是针对不同的设备开发不同的实现，通常是把不同的设备当作不同的聊天参与者。TOFU 模型会使处理多设备群组聊天变得相当复杂。在这个模型中，每个设备具有不同的身份密钥，管理这些密钥可能成为一个新的问题。想象这样一个场景：我们必须验证我们每个设备的指纹，同时还必须验证我们每个朋友设备的指纹。例如，Matrix 协议要求用户对自己的设备进行签名。然后，通过验证设备关联的签名，其他用户可以将所有设备视为一个可信任的实体。

最后，值得一提的是 TOFU 模型也不是群组聊天的最好解决方案。该模式的信任建立在我们首次看到的公钥，而且大多数用户以后也不会验证指纹是否匹配。对此，我们能做些什么呢？如果服务器决定用 Bob 冒充 Alice 呢？这是密钥透明研究领域正在努力解决的问题。密钥透明是谷歌提出的一个协议，它类似于第 9 章中谈到的证书透明化。此外，还有基于区块链技术构造群组聊天的方案，在第 12 章中我们会讨论该问题。

10.6 本章小结

- 端到端加密是一种保证人与人之间安全通信的技术。与存在中心服务器的安全通信系统相比，采用端到端加密能够更好地抵抗中心式系统固有的弱点，并且可以避免一些法律法规对公司的约束。
- 端到端加密系统需要用户之间事先建立起信任。我们既可以通过已经信任的公钥建立信任，也可以通过外部安全信道建立信任。
- PGP 和 S/MIME 是目前两个广泛应用的电子邮件加密协议，但由于这两种协议采用的加密算法及其实现过于陈旧，因此我们认为这两种协议都是不安全的。这两种协议与电子邮件客户端的集成度也很差，实践证明，采用这些协议的电子邮件客户端容易受到不同的攻击。

- PGP 使用 Web 信任模型，用户之间通过互相生成公钥签名来建立信任。
- S/MIME 基于公钥基础设施为用户建立信任，该协议常用于公司和大学。

■ saltpack 协议可以替代 PGP。该协议修复了 PGP 存在的诸多问题，并借助社交网络发现他人的公钥。

■ 电子邮件协议在设计之初就没有考虑加密，所以邮件协议始终存在安全问题。另外，现代消息传输协议和应用程序在设计时都内置端到端加密技术，因此可以用这些现代协议和应用来代替加密邮件协议。

- 大多数应用程序都使用 Signal 协议实现用户之间安全的端到端通信。诸如 Signal Messenger、WhatsApp、Facebook Messenger 和 Skype 之类的应用都声称它们使用 Signal 协议安全传输消息。
- 有些像 Matrix 这样的协议试图标准化采用端到端加密的联邦协议。联邦协议是一种支持多种应用互操作的开放协议（这与仅限于单个应用程序的集中式协议功能相反）。

第 11 章 用户认证

本章内容：

- 认证用户身份与认证数据的区别；
- 用户认证是指基于口令或密钥对用户进行认证；
- 用户辅助认证用于保证用户的设备之间的安全连接。

在本书中，我们将密码学主要包含两个概念：机密性和认证性。在实际应用中，保密性（通常）是必须满足的最低安全需求；而认证性用于满足复杂的场景下的安全需求。虽然我们在本书中已经多次讨论过认证性，但这依然是一个令人困惑的概念，因为它在密码学中有很多不同的含义。因此，本章首先介绍认证性的真正含义。与我们之前学习的密码学算法一样，实践中存在着各种认证协议，本章的其余部分将介绍常用的认证协议。

11.1 认证性的定义

到目前为止，书中已经多次出现过认证性（Authentication）这个词语，让我们来回顾一下。

- 密码原语中的认证性，如消息认证码（见第 3 章）和认证加密（见第 4 章）。
- 密码协议中的认证性，比如在 TLS 协议（见第 9 章）和 Signal 协议（见第 10 章）中，指的是对协议的一个或多个参与者进行认证。

在第一种情况下，认证性是指消息的真实性（或完整性）。在第二种情况下，认证性表示向他人证明自己的身份。同一个词语却有不同的含义，不禁令人感到困惑。但正如《牛津英语词典》所指出的那样，这两种用法都是正确的。《牛津英语词典》中对认证（authentication）一词的解释如下：

认证指证明或展示某物是真实或有效的过程或行动。

因此，我们应该将认证性看作一个密码学术语，根据具体上下文来理解它的含义。

- 消息认证（或有效负载认证）：验证消息的真实性，即消息自生成以来没有被修改。（例如，验证消息是否遭到篡改？）

- 身份认证（或者源认证、实体认证）：证明一个实体确是其所声称身份的过程。（例如，浏览器验证与自己通信的网站是否为 google.com？）

特别说明：认证性表示某种事物（一些消息、人的身份等）可以证明它自己当前的状态就是应有的状态。在本章中，我们使用认证性这个术语时，只表示人或机器身份的认证性。换句话说，本章提及的认证性指的是身份认证。此外，我们在此前的学习中已经看到过许多关于身份认证的知识，如下。

- 在第 9 章安全传输中，计算机可以通过公钥基础设施（PKI）对其他机器进行大规模的身份认证。
- 在第 10 章端到端加密中，基于首次使用信任（TOFU）（在之后进行验证）或可信 Web（WOT）技术大规模对双方进行身份认证。

在本章中，我们将学习此前没有学过的以下两种情况（这两种情况的概述见图 11.1）。

- 用户身份认证：服务器认证客户端的身份。
- 用户辅助身份认证：人类辅助机器之间进行身份认证。

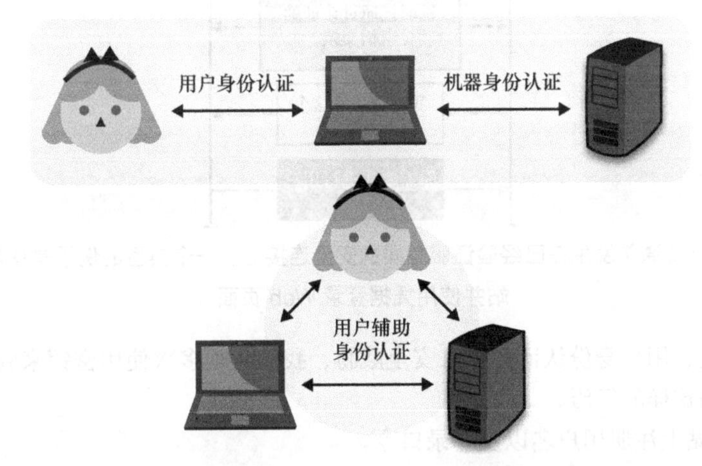

图 11.1 本书中，我们主要讨论 3 种场景下的身份认证。机器验证用户身份过程中的用户身份认证；机器与机器认证过程中的机器身份认证；人类参与到机器与机器认证过程中的用户辅助身份认证

身份认证的另一个重点是身份。换句话说，我们如何在密码协议中定义一个人的身份呢（比如，如何定义 Alice 是谁）？计算机如何认证网络中的用户呢？现实世界中人的身份与计算机中的比特数据存在固有差距。为了连接现实世界和数字世界，我们总是假设 Alice 是唯一知道秘密数据的人，为了证明自己的身份，Alice 必须证明自己知道这些秘密数据。例如，Alice 可以发送自己的密码，或者她可以使用与自己公钥对应的私钥对一个随机挑战值进行签名。

接下来的大量示例会让我们对上述内容有更深的理解，现在，让我们首先了解一些机器验证用户身份的方法！

11.2 用户身份认证

本节内容关于机器如何验证用户身份，即用户身份认证。有很多方法可以实现用户身份认证，但这些解决方法无法适用于所有场景。但在大多数用户身份认证场景中，我们会做出如下假设。

- 服务器已经通过身份认证。
- 用户与服务器共享一个安全的连接。

我们可以想象服务器是通过 Web PKI 向用户验证其身份真实性的，并且通过 TLS（参见第 9 章）保护连接的安全性。在某种意义上，本节的大部分内容都是关于将单向身份认证连接升级到双向身份认证连接的，如图 11.2 所示。

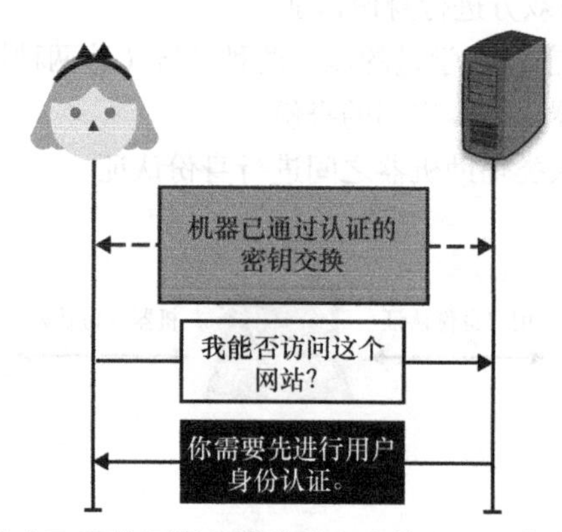

图 11.2 用户身份认证通常发生在已经验证服务器的安全连接上。一个典型的例子是使用 HTTPS 浏览网站并使用凭据登录 Web 页面

值得注意的是，用户身份认证会带来安全威胁，我们必须多次使用密钥来验证不同的网页，我们也许会有下面这样的经历。

- 在一个网站上注册用户名以及登录口令。
- 使用新的登录凭证登录该网站。
- 当进行账户恢复时或者在网站强制要求下，需要更改登录口令。
- 如果运气不好，口令（或其中的一个哈希值）会由于一系列针对数据库的攻击而泄露。

这看起来十分熟悉，对吗？

注意：

本章将忽略口令/账户恢复，因为这些内容与密码学无关。只需知道它们通常与第一次注册的方式有关。例如，如果在工作场所的 IT 部门注册账户，那么丢失口令时就可能需要回到 IT 部门进行账户恢复，如果我们不够小心，这个部门可能成为系统中最薄弱的环节。事实上，如果别人能通过打电话告知注册中心我们的出生日期来恢复我们的账户，那么登录时无论使用多复杂的口令也不会使系统变得更加安全。

实现用户身份认证的一种简单方法是在注册时存储用户口令，然后在登录时询问用户的口令。如第 3 章所述，一旦认证成功，用户通常会得到一个 cookie，在后续每个请求中用户只发送这个 cookie 即可，而不是用户名和口令。不过，如果服务器以明文的形式存储口令，那么任何对数据库的成功攻击都会导致口令的泄露。攻击者可以利用这些口令登录任何用相同口令注册的网站。

存储口令的更好方法是使用口令哈希算法，就像我们在第 2 章中已了解的标准化口令哈希算法 Argon2 一样。尽管一些拥有更多权限的入侵者仍然能够看到用户每次登录时的口令，但口令哈希算法能有效地防止由于对数据库的粉碎性攻击而泄露口令。然而，许多网站和公司仍然以明文的形式存储口令。

习题

有时，应用程序为了防止服务器获取用户口令，会要求用户向服务器发送口令的哈希值（或许是使用口令哈希算法）。这是否真的有效呢?

此外，人类天生就不擅长记忆口令。我们通常更喜欢短且容易记忆的口令。如果可能的话，我们甚至希望在不同的应用中使用同样的密码。

> 81%的黑客入侵都利用了被盗取的或薄弱的口令。
>
> ——威瑞森公司数据泄露报告（2017）

弱密码和密码重用的问题导致了许多烦琐的设计模式，它们都试图令用户更认真地对待口令设置。例如，一些网站要求用户在口令中使用特殊字符，或强制用户每 6 个月更改一次口令，等等。此外，许多协议试图“修复”口令或完全删除它们。正如图 11.3 所描述的，每年都有新的安全专家认为“口令”的概念已经过时。然而，它仍然是使用最广泛的用户身份认证机制。

图 11.3 每年都有安全专家呼吁停止使用口令的概念，但到目前为止，口令仍然是使用最广泛的用户身份认证机制

现在我们了解到，口令可能会一直存在。不过，目前仍有许多可用于改进或替换口令的协议。接下来让我们来看看这些协议吧。

11.2.1 用一个口令来控制所有口令：单点登录以及口令管理器

之前，我们学习过口令重用会带来安全威胁，那么如何避免口令重用呢？对于不同的网站，用户应使用不同的口令。但这种方法存在两个问题。

- 用户往往不擅长创建许多不同的口令。
- 使用的口令太多会造成记忆上的负担，这也是不切实际的。

以下两种方法是缓解上面的两个问题最常见的应对措施。

- 单点登录（Single Sign-on，SSO）——SSO 的理念是通过证明用户拥有单个服务的账户，进而允许用户连接到多个不同的服务的。这样，用户只需记住与该服务相关联的口令即可连接到多个服务。图 11.4 展示了一个单点登录的示例，“Continue with Facebook”按钮就实现了这样的功能。
- 口令管理器——如果使用的不同服务都支持 SSO，那么 SSO 方法就是解决口令带来的问题，但是 SSO 在 Web 这样的场景中显然是不可扩展的。在这些极端情况下，更好的方法是改进客户端，而不是试图在服务器端解决问题。如今，现代浏览器有内置的口令管理器，当我们在新网站上注册账户时，网站常建议我们使用复杂的口令，而且我们只要记住一个主口令，浏览器就可以替我们记住所有的口令。

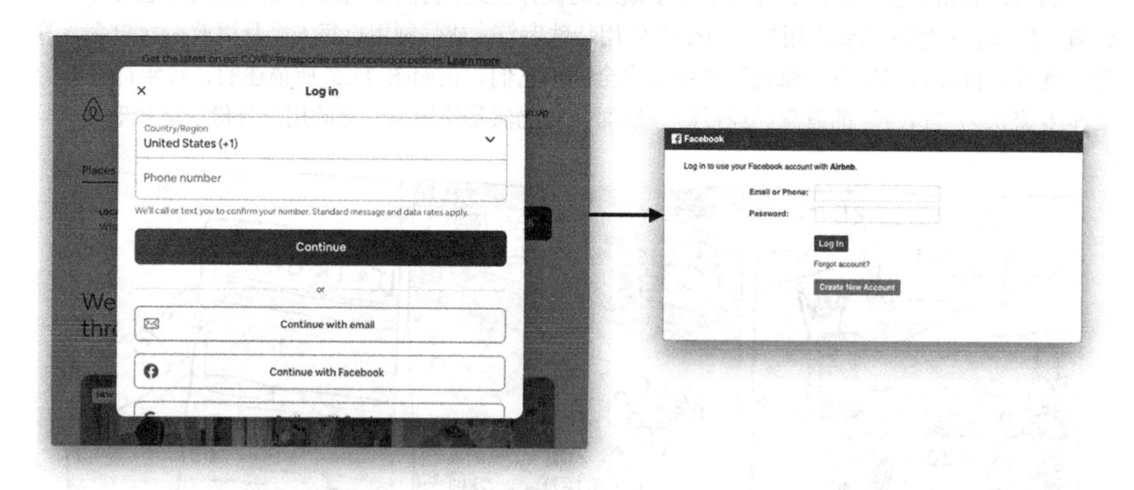

图 11.4 Web 上的 SSO 示例。通过在 Facebook 或谷歌上注册账户，用户可以连接到新服务（如本例中的爱彼迎），而无须设置新口令

SSO 的概念在企业界并不新鲜，但它在普通终端用户中的成功推广相对较晚。如今，在推广 SSO 概念的过程中，主要的竞争对手是如下两种协议。

- 安全断言标记语言（Security Assertion Markup Language，SAML）2.0 协议——一种使用

可扩展标记语言（Extensible Markup Language，XML）编码的协议。

- OpenID 连接（OpenID Connect，OIDC）协议——一种对基于 JavaScript 对象符号（JavaScript Object Notation，JSON）编码的 Oauth 2.0（RFC 6749）授权协议的扩展。

至今，SAML 协议在企业环境中仍然广泛使用，但它已成为一种历史遗留协议。而 OIDC 协议在网络和移动应用程序中随处可见。我们很可能平时就已经使用过该协议！

通常，我们认为认证协议很容易误用。OIDC 协议所依赖的 OAuth2 协议因容易被误用而臭名昭著，而 OIDC 协议的使用则有很好的规定。因此，在使用认证协议时要确保自己遵循协议标准并采用协议的最佳实践，这样可以避免很多麻烦。

注意：

下面的例子告诉我们不遵循上述使用建议会造成严重的后果。2020 年 5 月，研究者发现一个不同于 OIDC 的 Apple SSO 登录协议存在漏洞。只要查询苹果设备的服务器，任何人都可以获得任何苹果账户的有效 ID 令牌。

SSO 对用户来说很友好，它减少了用户必须管理的口令数量，但不会完全避免口令的使用。用户仍然需要使用口令才能连接到 OIDC 协议提供商。接下来，让我们看看如何利用密码学实现口令的隐藏。

11.2.2 避免口令的明文传输：使用非对称的口令认证密钥交换协议

11.2.1 小节介绍了一些试图简化用户身份管理的协议，这些协议允许用户仅使用一个链接到单个服务的账户来实现对多个服务的身份认证。虽然类似于 OIDC 的协议可以有效地减少用户必须管理的口令数量，但它们并没有改变这样一个事实，即某些服务仍然需要以明文形式查看用户的口令。即使服务器只保存口令的哈希值，用户注册、更改口令以及登录时仍会以明文形式发送口令。

非对称（或增强）口令认证密钥交换（Password-Authenticated Key Exchange，PAKE）协议试图提供一种无须用户以明文方式把口令传输给服务器即可实现对用户的认证的方法。与之相对应的是对称或平衡 PAKE 协议，后者表示协议双方都知道口令。

目前，最流行的非对称 PAKE 协议实例是安全远程口令（Secure Remote Password，SRP）协议，2000 年在 RFC 2944（“Telnet Authentication: SRP”）中首次提出该协议的标准化，后来 RFC 5054（“Using the Secure Remote Password (SRP) Protocol for TLS Authentication”）将其集成到 TLS 协议中。这是一个相当古老的协议，其存在很多缺陷。例如，如果中间人攻击者拦截了注册信息流，那么攻击者将能够模拟并以受害者身份登录网站。而且由于 SPR 协议不能在椭圆曲线上实例化，因此它也不能很好地与现代协议配合使用，更糟糕的是，它与 TLS 1.3 协议不兼容。

自 SRP 发明以来，许多非对称 PAKE 协议也被相继提出并标准化。2019 年夏天，IETF 的密码论坛研究小组（Crypto Forum Research Group，CFRG）启动了 PAKE 协议的选择过程，其目标是为每类 PAKE 协议选择一种标准化算法：对称/平衡算法和非对称/增强算法。2020 年 3 月，CFRG

宣布 PAKE 协议选拔流程结束，推荐如下两个算法。

- CPace——由 Haase 和 Benoît Labrique 发明的对称/平衡的 PAKE 协议。
- OPAQUE——由 Stanislaw Jarecki、Hugo Krawczyk 和 Jiayu Xu 发明的非对称/增强 PAKE 协议。

本小节将讨论 OPAQUE 协议，但该协议（在 2021 年初）仍处于标准化过程中。在后文，我们将了解有关对称 PAKE 协议和 CPace 协议的更多信息。

OPAQUE 一词源于与之同音的 O-PAKE，其中 O 指的是“不经意”。这是因为 OPAQUE 依赖于一个本书还未提及的密码原语：不经意伪随机函数（Oblivious Pseudorandom Function，OPRF）。

1. 不经意伪随机函数

OPRF 是一个有两方参与的协议，读者可参考在第 3 章中学习的 PRF 来理解该协议。提醒一下，PRF 在某种程度上实现了人们期望 MAC 算法具备的功能：它以一个密钥和一个额外输入为输入参数，输出一个固定长度的随机值。

注意：

密码学中的“不经意”一词通常指的是协议性质，即一方在不知道另一方输入的情况下进行密码学操作。

以下是 OPRF 在宏观上的工作原理。

（1）Alice 希望将一个秘密值作为 PRF 的输入。她用一个随机值（称为盲因子）来盲化她的输入，并将其发送给 Bob。

（2）Bob 将接收到的盲化值作为 OPRF 的输入，但 OPRF 输出的结果仍然是盲化过的，因此 Bob 无法获取 Alice 的秘密值的任何信息。接着，Bob 将这个生成的盲化值发送给 Alice。

（3）Alice 使用相同的盲因子对接收到的值进行去盲处理，最后得到真正的输出值。

需要注意的是，每次 Alice 想要执行这个协议时，都必须创建一个不同的盲因子。但无论她使用什么样的盲因子，只要她使用相同的输入，她总是会得到相同的结果。该过程如图 11.5 所示。

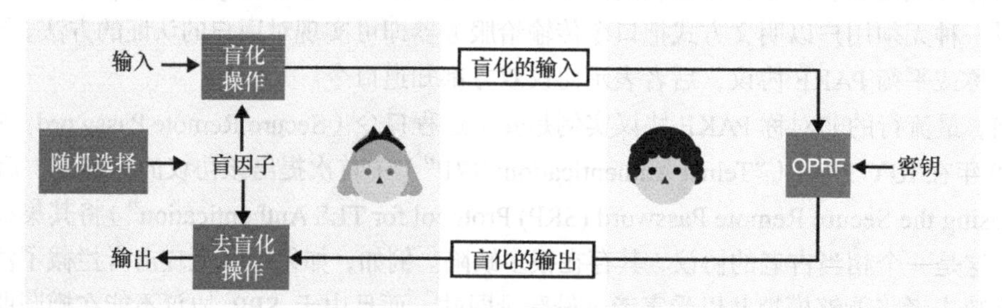

图 11.5 OPRF 是一种允许一方在不知道另一方输入的情况下计算另一方输入的 PRF 构造。为此，Alice 首先生成一个随机盲因子，然后利用盲因子对秘密输入进行盲化并将盲化值发送给 Bob。Bob 使用盲化值以及密钥作为 OPRF 的输入，然后将协议输出的盲化值发送给 Alice。Alice 对 Bob 发来的值进行去盲化。去盲化的结果与盲因子值的选取无关

下面是一个在基于离散对数困难问题的群中实现 OPRF 协议的具体例子。

（1）Alice 将她的输入值转换为群元素 x。

（2）Alice 生成了一个随机的盲因子 r。

（3）Alice 对其输入进行盲化，如 $\text{blinded\_input} = x^r$。

（4）Alice 将盲值 blinded_input 发送给 Bob。

（5）Bob 计算并输出盲值 $\text{blinded\_output} = \text{blinded\_input}^k$，其中 k 是密钥。

（6）Bob 将上述结果发送给 Alice。

（7）Alice 执行去盲化操作，计算 $\text{output} = \text{blinded\_output}^{1/r} = x^k$，其中 $1/r$ 是 r 的逆。

非对称 PAKE 协议的底层原理正是建立在 OPRF 协议的这种有趣构造基础之上。

2. OPAQUE 非对称 PAKE 协议是如何工作的呢？

我们希望客户端（比如 Alice）能够与某个服务器进行认证密钥交换。我们还假设 Alice 已经知道服务器的公钥，或者已经有了对其进行身份认证的方法（服务器可以是 HTTPS 网站，因此 Alice 可以使用 Web PKI 对其进行认证）。让我们逐步构建 OPAQUE 协议，以便逐步了解它的工作原理。

第一个想法：使用公钥密码来认证 Alice 端（客户端）的身份。如果 Alice 拥有一对长期密钥，并且服务器知道 Alice 的公钥，那么她可以简单地使用私钥与服务器执行相互认证的密钥交换，或者 Alice 可以对服务器给出的质询进行签名。不幸的是，非对称私钥太长，Alice 只能记住她的口令值。她可以在当前设备上存储密钥对，但她也希望以后能够从另一台设备登录网站。

第二个想法：Alice 可以使用基于口令的密钥派生函数（KDF），如 Argon2，从她的口令中派生出非对称私钥（详见第 2 章与第 8 章）。Alice 的公钥可以存储在服务器上。如果想避免攻击者在数据库被破坏的情况下测试整个数据库的口令，我们可以让服务器为每个用户提供不同的盐值，这些盐值必须与基于口令的 KDF 一起使用。

这个想法已经相当不错了，但 OPAQUE 还需要避免一种攻击：预计算攻击。攻击者可以尝试以用户的身份登录，接收用户的盐值，然后离线重新计算大量非对称私钥及其关联的公钥。在数据库被攻破的那天，攻击者可以快速查看是否可以在已重新计算的大量非对称公钥列表中找到用户的公钥和相关口令。

第三个想法：我们可以将 Alice 的口令作为 OPRF 协议的输入来导出非对称私钥。这也是 OPAQUE 协议的主要技巧！如果服务器要求每个用户使用不同的密钥，就等同于加盐（攻击一次只能针对一个用户）。这样一来，攻击者想要通过预计算非对称私钥来猜测用户口令就必须执行在线查询（防止离线暴力攻击）。而在线查询的效果会受查询速率的限制（例如，要求 1 小时内的登录次数不能超过 10），可以防止此类在线暴力攻击。

请注意，这实际上并不是 OPAQUE 协议的工作方式：OPAQUE 协议不是让用户派生非对称私钥，而是让用户派生对称密钥。然后，对称密钥用于加密非对称密钥对的备份和一些附加数据（例如服务器的公钥）。算法的执行流程如图 11.6 所示。

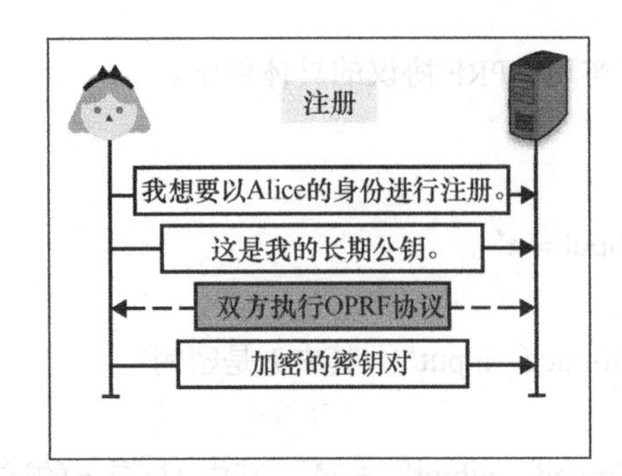

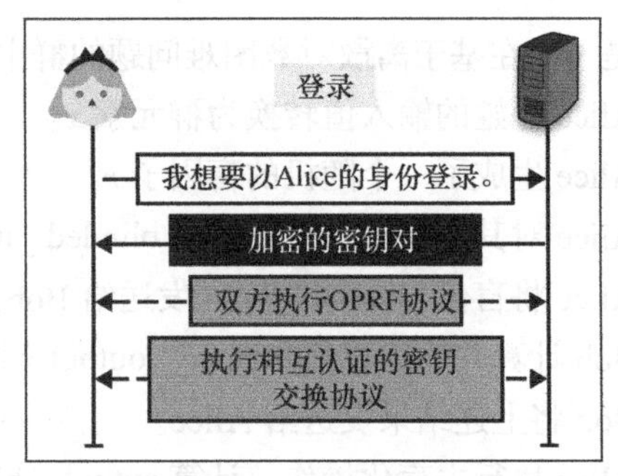

图 11.6 为了使用 OPAQUE 协议在服务器上进行注册，Alice 生成一个长期密钥对，并将她的公钥发送到服务器，服务器存储公钥并将其与 Alice 的身份关联。然后，Alice 使用 OPRF 协议从口令中派生出随机的对称密钥，并将备份密钥对加密后发送到服务器。当登录服务器时，Alice 从服务器获得加密密钥对，然后使用口令执行 OPRF 协议，以获得能够解密密钥对的对称密钥。最后，用这个密钥执行相互验证的密钥交换

在进入 11.2.3 小节之前，让我们回顾一下本小节学到的知识。图 11.7 对本小节所学知识进行了总结。

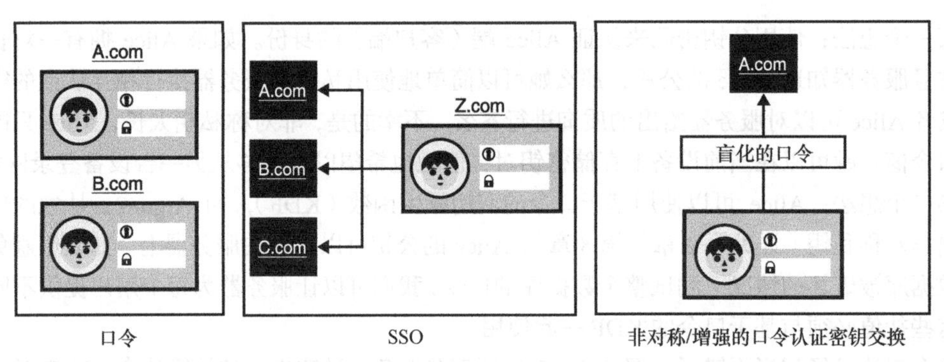

图 11.7 口令是认证用户身份的便捷方法，因为它们保存在人们的头脑中，可以在任何设备上使用。另外，用户很难创建强安全的口令，而且由于用户倾向于在各个网站上重复使用口令，口令泄露可能会造成用户在多个网站上的信息被泄露。SSO 允许用户使用一个（或几个）服务连接到多个服务，而非对称（或增强）口令认证密钥交换允许用户在服务器不知道真实口令的情况下进行身份认证

11.2.3 一次性口令并不是真正的口令：使用对称密钥进行无口令操作

到目前为止，我们已经了解应用程序可以利用不同的基于口令的协议对用户进行身份认证。但是，口令并非完美。口令容易受到暴力攻击，而且往往存在重复使用、被盗取的情况。如果不想使用口令对用户进行身份认证，那么我们应该怎么做呢？

答案是使用密钥！根据已学到的知识可知，密码学中的密钥分为两类，这两种类型都很有用：

- 对称密钥；
- 非对称密钥。

本小节将介绍基于对称密钥的解决方案，而 11.2.4 小节将介绍基于非对称密钥的解决方案。假设 Alice 使用对称密钥（通常由服务器生成并通过二维码与客户端通信）在服务器上进行注册。对 Alice 进行身份认证的一种简单方法是让她发送对称密钥。这当然不是什么好事，因为泄露她的对称密钥会让攻击者可以无限制地访问她的账户。因此，Alice 可以利用对称密钥派生所谓的一次性口令（One-time Password，OTP），并用这些口令代替长期的对称密钥。尽管 OTP 不是口令，但其名称表明可以使用 OTP 代替口令。然而，请注意，永远不要重复使用这些口令。

基于 OTP 的用户身份认证的思想很简单：用户的安全性（通常）来自 16～32 字节均匀随机的对称密钥，而不是低熵口令。这个对称密钥允许用户按需生成一次性口令，如图 11.8 所示。

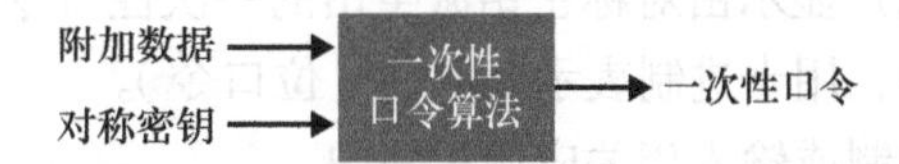

图 11.8 一次性口令算法允许用户通过对称密钥和一些附加数据创建任意数量的一次性口令。根据 OTP 算法的不同，附加数据也可能会有所不同

基于一次性口令的身份认证通常在移动应用程序（参见图 11.9 中的示例）或安全密钥（可以插入计算机 USB 端口的小型设备）中实现。有两种主要方案可用于产生一次性口令：

- 基于 HMAC 的一次性口令（HMAC-based One-time Password，HOTP）算法已在 RFC 4226 中标准化，该 OTP 算法中的附加数据是一个计数器的值。
- 基于时间的一次性口令（Time-based One-time Password，TOTP）算法已在 RFC 6238 中标准化，该 OTP 算法中的附加数据是时间。

图 11.9 谷歌认证器移动应用的屏幕截图。该应用程序允许用户为每个应用程序生成唯一的对称密钥，这些对称密钥可与 TOTP 算法一起使用，生成有效期仅有 30 秒的 6 位一次性口令

现在，大多数应用程序都使用 TOTP 算法，因为 HOTP 算法要求客户端和服务器保持同步状

态（计数器的值）。如果一方失去同步状态，则无法再生成（或验证）合法的一次性口令，这可能导致算法无法正常运行。

在大多数情况下，TOTP 算法的工作方式如下。

- 注册时，该服务器向用户发送一个对称密钥（可能是一个二维码）。然后，用户会将此密钥添加到一个 TOTP 应用程序中。
- 登录时，用户可以使用 TOTP 应用程序来计算一次性口令。具体是通过计算 HMAC(symmetric_key, time)来完成的，其中 time 表示当前的时间（四舍五入为整数分钟，使得一次性口令有效时间变为 60 秒）。接着，进行如下操作。
- TOTP 应用程序向用户显示由对称密钥派生出的一次性口令，将其截断并以人类可读的基数形式显示（例如，用十进制表示截取的 6 位口令）。
- 用户将一次性口令复制或输入相关应用程序中。
- 应用程序检索用户关联的对称密钥，并以与用户相同的方式计算一次性口令。如果计算结果与收到的一次性口令匹配，则该用户成功通过身份认证。

当然，判断用户的 OTP 和服务器计算的 OTP 之间的相等性必须在恒定的时间内完成。这类似于 MAC 认证标签的验证过程。该流程如图 11.10 所示。

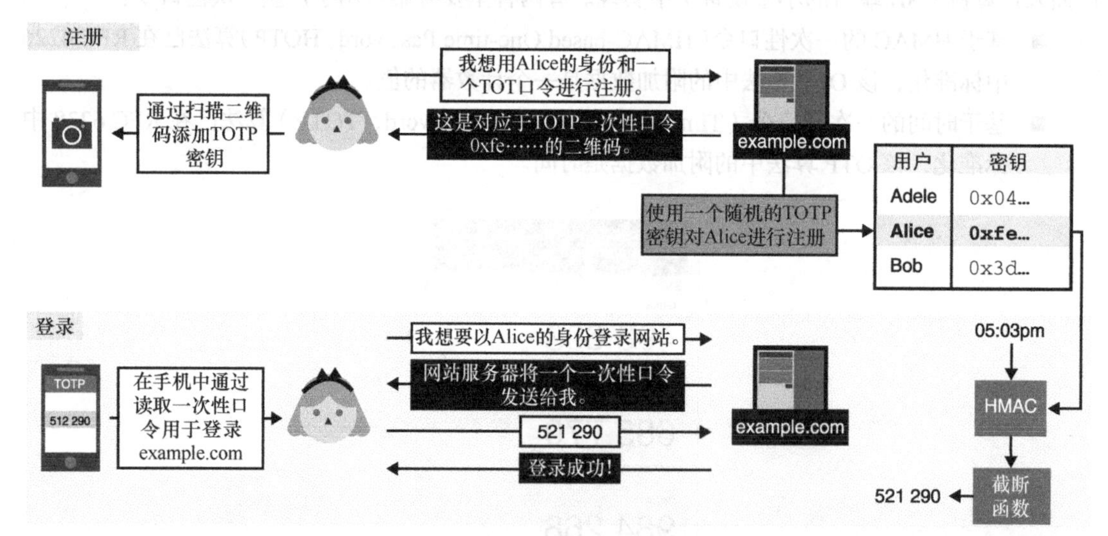

图 11.10 Alice 使用 TOTP 作为身份认证的口令注册到 example.com。她将对称密钥从网站导入她的 TOTP 应用程序。稍后，她可以要求应用程序为 example.com 的服务计算一次性口令，并使用该口令向网站进行身份认证。example.com 网站获取与 Alice 关联的对称密钥，并使用 HMAC 和当前时间计算出一次性口令。接下来，该网站在恒定时间内完成计算出的一次性口令与 Alice 发送的口令的比较

不过，这种基于 TOTP 的身份认证流程并不理想，还有很多地方可以改进，如下。

- 由于服务器拥有对称密钥，它可以伪造用户的认证身份。
- 通过一次性口令可以进行社交工程攻击。

因此，对称密钥也不是口令的完美替代品。接下来，让我们看看如何使用非对称密钥解决这些问题。

网络钓鱼

网络钓鱼是一种以人类社交漏洞而非软件漏洞为目标的攻击。假设应用程序要求用户输入一次性口令进行身份认证。在这种情况下，攻击者可能会尝试以用户的身份登录应用程序，并在收到一次性口令的输入请求时，给用户打电话，向其询问有效的口令（假装自己是该应用程序的工作人员）。

如果有人觉得自己不会上当，那么请记住，优秀的社会工程师擅长编造可信的故事，制造一种紧迫感，让我们知无不言。仔细想想，我们之前讨论过的所有协议都容易受到这种类型的攻击。

11.2.4 用非对称密钥替换口令

现在我们讨论公钥密码体制中的身份认证，通过使用非对称密钥，用户有多种方法向服务器进行身份认证。我们可以：

- 在密钥交换中使用我们的非对称密钥来认证我们这一端的连接；
- 在与经过认证的服务器之间的安全连接中使用我们的非对称密钥。

让我们详细了解每种方法的基本原理。

1. 密钥交换中的相互认证

我们已经学过在密钥交换中使用非对称密钥进行身份认证。在第 9 章中，我们学过 TLS 服务器会将请求证书作为与客户端执行握手过程的一部分。通常情况下，公司会为每位员工的设备提供一个唯一的员工证书，允许他们向内部服务机构进行身份认证。从用户角度来看，该流程如图 11.11 所示。

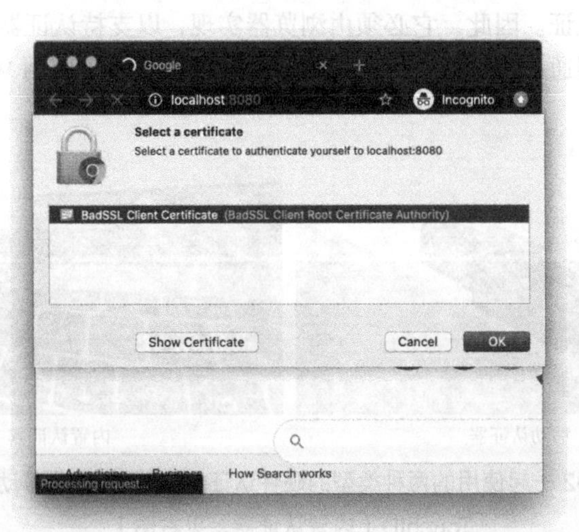

图 11.11 用户浏览器获取客户端证书的提示页面。然后，用户可以从本地安装的证书列表中选择要使用的证书。在 TLS 握手协议中，客户端证书的密钥随后用于对握手记录进行签名，该记录包括客户端的临时公钥

客户端证书非常简单。例如，在 TLS 1.3 协议中，服务器可以通过发送 Certificate-Request 消息请求客户端在握手期间进行认证。然后，客户端通过在 Certificate 消息中发送其证书，接着将 Certificate-Verify 消息（包括密钥交换中使用的临时公钥）中发送和接收的所有消息的签名发送给服务器。

如果服务器能够识别证书并成功验证客户端的签名，则客户端将通过认证。另一个例子是 SSH 协议，它还让客户端对握手过程的消息进行签名，其签名公钥对服务器来说是已知的。

请注意，在握手阶段，签名并不是使用公钥密码进行认证的唯一方法。Noise 协议框架（在第 9 章中介绍）有几种握手模式，这些模式仅使用 DH 密钥交换即可实现对客户端的认证。

2. 握手后使用 FIDO2 协议进行用户认证

第二种基于非对称密钥的认证协议需要事先建立一个安全连接，其中只有服务器已经完成认证。对用户认证时，服务器可以简单地要求客户端对一个随机的质询签名。这种方式可以防止重放攻击。

一个有趣的标准是快速身份在线 2（Fast IDentity Online 2，FIDO2）。FIDO2 是一个定义了使用非对称密钥对用户进行认证的开放标准。该标准专门针对网络钓鱼攻击，因此 FIDO2 仅适用于硬件认证器。硬件认证器是一个可以生成和存储签名密钥并对任意挑战值进行签名的物理组件。FIDO2 可分为两种规格，如图 11.12 所示。

- 客户端到认证器协议（Client to Authenticator Protocol，CTAP）：CTAP 是用于实现移动认证器和客户端彼此通信的协议。移动认证器是主设备外部的硬件认证器。CTAP 规范中的客户机定义为希望将查询认证器作为认证协议一部分的软件。因此，客户机可以是操作系统，也可以是浏览器之类的本机应用程序，等等。
- Web 认证（WebAuthn）：WebAuthn 协议允许 Web 浏览器和 Web 应用程序使用硬件认证器对用户进行认证。因此，它必须由浏览器实现，以支持认证器。在构建一个 Web 应用程序，并且希望通过硬件认证器支持用户认证时，就需要使用 WebAuthn 协议。

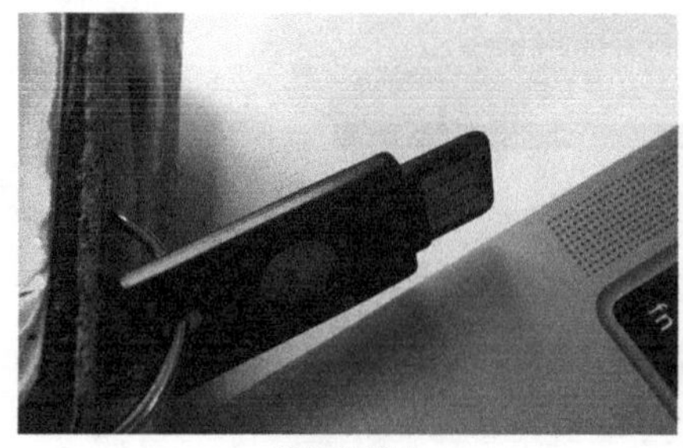

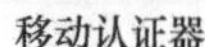

移动认证器　　　　内置认证器

图 11.12　可与 FIDO2 一起使用的两种类型的硬件认证器：Yubikey（移动认证器，见左图）和 TouchID（内置认证器，见右图）

WebAuthn 协议不仅允许网站使用移动认证器，还允许网站使用平台认证器。平台认证器是一种由设备提供的内置认证器。在不同的平台上，它们的实现方式也不同，并且常受到生物识别技术（例如指纹读取器、面部识别器等）的保护。

我们现在结束本小节。但在此之前，我们可以利用图 11.13 来回顾基于非口令的认证协议。

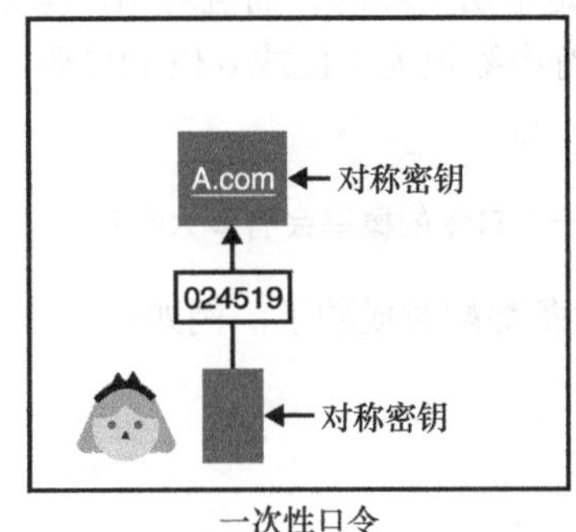

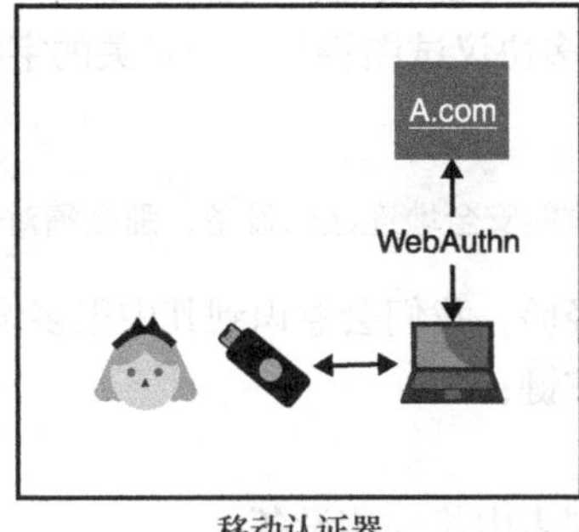

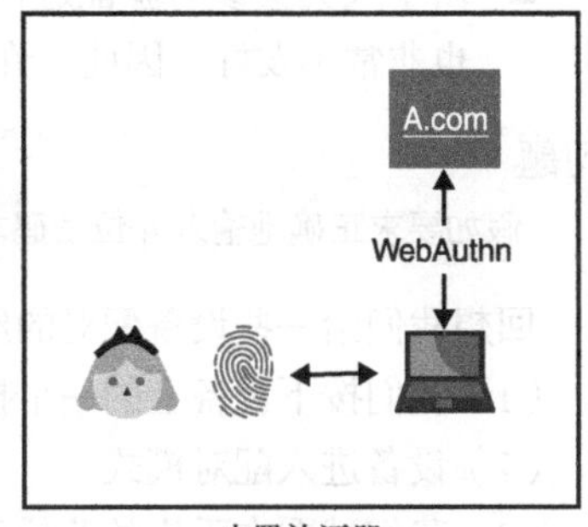

图 11.13　为了在不使用口令的情况下进行认证，应用程序允许用户通过基于 OTP 的协议使用对称密钥，或者按照 FIDO2 标准使用非对称密钥。FIDO2 支持不同类型的认证器，包括移动认证器（通过 CTAP 标准）和内置认证器

现在，我们已经了解了许多不同的技术和协议，这些技术和协议既可以提高口令的安全性，也可以用更强大的密码解决方案取代口令，但我们应该使用哪一种呢？每种解决方案都有自己的优缺点，没有一种解决方案可以做到完美。不过我们可以合并多个解决方案！这种想法被称为多因素认证（Multi-Factor Authentication，MFA）。实际上，除了口令之外（而非代替口令），我们也可能早已使用过 OTP 或 FIDO2 作为第二认证因素。

此处是本章关于用户身份认证前半部分的结尾。接下来，让我们来看看人类如何辅助设备进行相互认证。

11.3　用户辅助身份认证：人工辅助设备配对

人类每天都在帮助机器相互认证！比如将无线耳机与手机配对，或将手机与汽车配对，或将某些设备连接到家庭 Wi-Fi，等等。和任何配对一样，这些操作的底层很可能涉及密钥交换协议。

11.2 节中的认证协议（可能是 TLS）是在已建立安全连接的前提下完成的，且服务器在该安全信道中进行了认证。相比之下，本节的大部分内容试图为两个不知道如何相互认证的设备提供安全信道。从这个意义上讲，本节将讨论人类如何辅助设备将不安全的连接变为相互认证的安全连接。因此，接下来学习的技术很容易让人想起第 10 章端到端协议中的一些信任建立技术，只不过本节讨论的内容是双方试图相互认证。

如今，最常见的非互联网方式下的不安全连接基于蓝牙、Wi-Fi 和近场通信（Near Field Communication，NFC）等短距离无线电协议。NFC 是一种基于手机或银行卡进行“非接触式”支付时使用的协议。这些通信协议的应用领域涵盖了从低功耗电子设备到功能强大的计算机等各种设备。这就给我们设定了一些限制。

- 我们试图连接的设备可能没有屏幕去显示密钥或无法手动输入密钥。我们称之为供应设备。例如，大多数的无线音频耳机只有几个按钮，它们就属于这样的设备。
- 由于人类会参与验证过程，因此要求输入或比较字符串是不切实际的，而且对用户操作也非常不友好。因此，许多协议试图将与安全相关的字符串缩短为 4 位或 6 位 PIN 码。

习题

假如要求正确地输入 4 位密码才能安全地连接到设备，那么猜对一个口令的概率会有多大呢？

回想我们给一些设备配对的经验，我们会意识到其中很多设备都配对成功了。例如：

（1）我们按下设备上的一个按键；

（2）设备进入配对模式；

（3）我们试图在手机的蓝牙列表中找到该设备；

（4）当我们找到设备并点击它时，就成功将设备与手机配对。

第 10 章中我们学习了首次使用信任（TOFU）机制。不过，这次我们需要一些其他的前提条件。

- 接近：两个设备必须彼此接近，特别是在使用 NFC 协议时。
- 时间：设备配对通常会有时间限制。通常，如果在 30 秒内配对不成功，则必须手动重启进程。

但与 TOFU 机制不同的是，当正确地连接到设备后，这些现实场景通常不允许再对手机进行验证。这种做法并不安全，我们应该尽可能努力地提高安全性。

注意：

顺便说一句，Just Works 协议是一种类似 TOFU 的蓝牙协议核心规范提及的协议。值得一提的是，由于存在许多针对蓝牙协议的攻击，当前内置的蓝牙协议已被攻破，2019 年出现的 KNOB 攻击就属于这些攻击中的一个。尽管如此，如果协议的设计和应用完全正确，本章所述技术仍然是安全的。

我们要学习的下一个认证方法是什么？我们将会在本节中看到人类辅助设备进行身份认证的方法。前情提要：

- 密码学密钥总是最安全的方法，但不一定对用户最友好。
- 我们将学习对称的 PAKE 协议以及在两个设备上输入相同的口令以建立安全连接的方法。
- 我们将了解基于短认证字符串的协议，该协议通过比较和匹配两个设备显示的两个短字符串对密钥交换过程进行认证。

现在，让我们开始学习吧！

11.3.1 预共享密钥

直观上讲，将用户连接到设备的第一种方法是重用第 9 章或第 10 章中学到的协议（例如，TLS 协议或 Noise 协议），并为两个设备提供对称共享密钥，最好是长期公钥，以便为未来的会话提供前向保密性。这意味着每台设备获取另一台设备公钥的过程需要两种方法。

- 设备需要导出公钥的方法。
- 设备需要导入公钥的方法。

正如我们将看到的，这种方法不总是简单明了或用户友好的。但请记住，总有一个人可以观察和操作这两个设备。这与之前看到的其他场景不同，我们可以利用这一点来发挥我们的优势！

> 密码学中的主要问题之一是在不安全的信道上建立安全的端到端通信。如果没有额外的安全信道可用，安全的端到端通信就无法建立。而如果这样的假设成立，建立安全通信的方法就会有许多。
>
> ——Sylvain Pasini（“Secure Communication Using Authenticated Channels”，2009）

接下来的所有协议都基于这样一个事实：我们拥有一个额外的带外信道。这可以让我们安全地收发一些信息。我们可以用两个有两种通信方式的通信设备模拟带外信道（见图 11.14）。

- 不安全信道：参考蓝牙协议或 Wi-Fi 协议与设备连接的场景。默认情况下，用户无法认证设备，因此可能会受到中间人敌手的攻击。
- 经过认证的安全信道：设备上通常会有一个屏幕。该信道为所传输的信息提供了完整性/真实性保证，但无法实现信息的机密性（有人可能会暗中监视这个过程）。

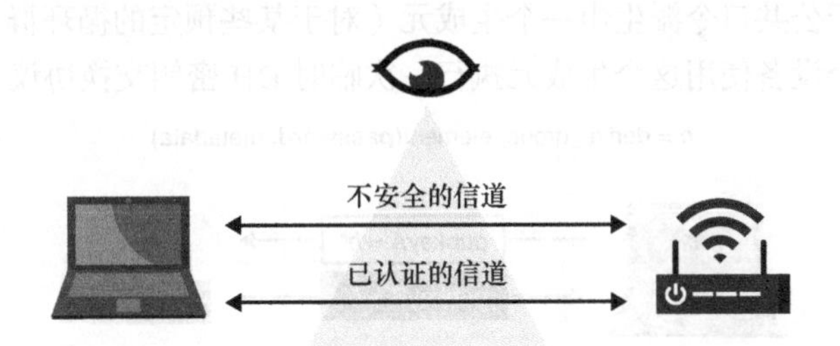

图 11.14 用户辅助的认证协议可以视为设备之间有两种通信信道：不安全信道（例如，NFC 协议、蓝牙协议、Wi-Fi 协议等），我们假设攻击者可控制这样的信道；认证信道，它不提供机密性，但可用于交换少量信息

由于这种带外信道保密性差，我们通常不想使用它导出秘密信息，但会用它导出公开数据。例如，在设备的屏幕上可以显示公钥和摘要信息。但是，一旦导出了公钥，就需要从其他设备导入新的公钥。例如，如果密钥是二维码，那么需要有其他设备来扫描二维码，或者如果密钥已编码为人类可读格式，那么用户需要使用键盘在其他设备中手动输入密钥。一旦两个设备都配置了彼此的公钥，我们就可以使用第 9 章中提到的任何协议来实现两个设备之间的相互认证密钥交换。

我们从中了解到，在协议中使用密码学密钥始终是实现某种目标的最安全方式，但并非对用户最友好的方式。然而，现实世界中的密码学充满了折中和妥协，这就是接下来介绍的两种方案成为最流行的设备认证方法的原因。

让我们看看在无法导出和导入长期公钥的情况下，使用口令实现相互认证密钥交换的方法。然后，我们将了解在无法将数据导入一个或两个设备的情况下，短认证字符串对设备认证会起到何种作用。

11.3.2 CPace 对称口令认证密钥交换

如果可能的话，我们应该尽量选择上述的解决方案，因为它以安全性更强的非对称密钥作为信任的基础。然而，事实证明，在实践中，用键盘手动输入一个代表密钥的长字符串是件烦琐的事。那么如果使用口令呢？口令相比密钥短得多，因此更容易通过键盘输入。我们都喜欢口令，对吗？也许我们也不喜欢口令，但相比于密钥，用户会更喜欢口令，而且现实世界的密码技术本就充满了妥协。

在关于非对称密码认证密钥交换的部分中，我们提过它的对称（或平衡）版本，该版本中两个知道公共口令的对等方可以执行相互认证密钥交换。这正是我们需要的。

可组合口令认证连接建立（Composable Password Authenticated Connection Establishment，CPace）协议由比约恩·哈斯（Björn Haase）和贝诺特·拉布里克（Benoît Labrique）于 2008 年提出，并于 2020 年初被选为密码论坛研究小组（CFRG）的官方推荐协议。目前，RFC 正在标准化该算法。CPace 协议的简化版执行过程如下（该算法的执行过程见图 11.15）。

- 两个设备基于公共口令派生出一个生成元（对于某些预定的循环群）。
- 然后，这两个设备使用这个生成元执行一次临时 DH 密钥交换协议。

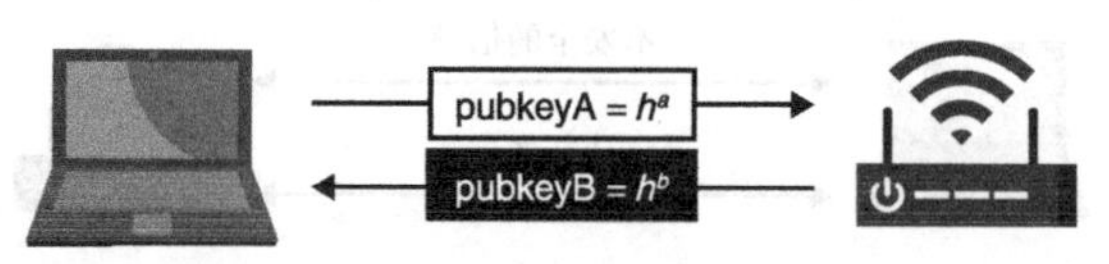

图 11.15 CPace 对称口令认证密钥交换协议的工作原理是让两个设备根据口令产生一个生成元，然后将其用作（通常是）临时 DH 密钥交换的基数

当然，问题在于作为现代规范，CPace 协议以椭圆曲线“gotchas”为目标曲线，并定义了何时必须验证接收到的点是否在正确的椭圆曲线群中（由于流行的 Curve25519 无法超出素数阶群的范畴）。它还指定了在椭圆曲线群中如何基于口令派生生成元（使用 Hash-to-curve 算法），以及执行此操作的过程（不仅需要通用口令，还需要唯一的会话 ID 和一些其他上下文元数据，如对等方的 IP 地址等）。

这些步骤很重要，因为两个对等方都必须以某种方式导出生成元 $g^x = h$，以防止它们知道其离散对数 x。最后，从 DH 密钥交换的输出、临时公钥和唯一会话 ID 派生出会话密钥。

直观地说，在握手过程中，对等方会向另一方发送一个群元素作为公钥，该公钥与秘密私钥相关联。这意味着，如果攻击者不知道口令，就永远无法正确地执行 DH 密钥交换协议。而真正的 DH 密钥交换的脚本与其他的 DH 密钥交换脚本无法区分，因此如果 DH 算法是安全的，那么敌手猜中正确口令值的优势就是可以忽略的。

11.3.3 用短认证字符串避免密钥交换遭受 MIMT 攻击

在本节中，我们学习了一些人类辅助两台设备配对的协议。然而，本章也提到，一些设备由于受到限制，无法使用这些协议。让我们来看一个可以在两个设备无法导入密钥但可以向用户显示有限数据的情况下（可能通过屏幕、打开一些 LED 或发出一些声音等）实现设备配对的方案。

首先，请记住我们在第 10 章学习了如何使用指纹（脚本的哈希）对会话的安全通信阶段（密钥交换后）进行认证。我们可以使用这样的工具，因为我们有带外通道来传递这些指纹。如果用户能够成功地比较和匹配从两个设备获得的指纹，那么用户可以确定密钥交换阶段没有中间人敌手介入。

通常，指纹是一串长字节串（如 32 字节长），可能很难将其展示给用户，且比较两个指纹是否相等也比较麻烦。但是在设备配对中可以使用更短的字节串，因为我们正在进行实时的比较！我们称这样的短字符串为短认证字符串（Short Authenticated String，SAS）。由于 SAS 对用户非常友好，因此它得到广泛应用，在蓝牙协议中尤其常见（见图 11.16）。

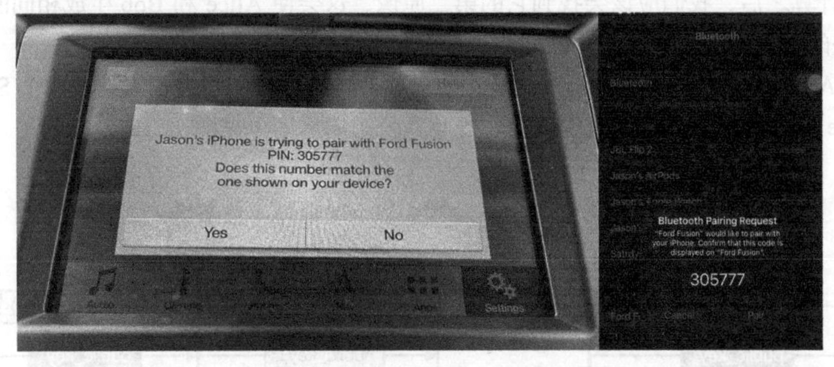

图 11.16 通过蓝牙配对手机与汽车时，数字比较模式可用于生成两台设备之间协商好的安全连接短认证字符串。不幸的是，正如本章前面所说，由于 KNOB 攻击，当前内置的蓝牙安全协议目前已被攻破（截至 2021 年）。两台设备的控制者需要实现自己的 SAS 协议

基于 SAS 的方案没有任何标准，但大多数协议（包括蓝牙协议的数字比较）都实现了手动认证 DH（Manually Authenticated Diffie-Hellman，MA-DH）协议的变体。MA-DH 是一种简单的附加有其他技术的密钥交换协议，这个技术使得主动的中间人敌手很难成功介入密钥交换过程。那么为什么不通过截取指纹来创建 SAS 呢？为什么要使用这些技巧呢？

通常，SAS 由 6 位数字组成，通过将脚本的哈希值截断为小于 20 位（比特长度）并将其转换为以 10 为基数的数字可以获取这样的短认证字符串。因此，SAS 非常小，这使得攻击者更容

易在截断的哈希上获取第二原像。在图 11.17 中，我们以两台设备（图中使用 Alice 和 Bob 表示）为例，执行未认证的密钥交换。主动的中间人攻击者可以在第一条消息中用自己的公钥替换 Alice 的公钥。一旦攻击者收到 Bob 的公钥，他就会知道 Bob 计算出的 SAS（基于攻击者公钥和 Bob 公钥哈希的截断值）。攻击者只需生成多个公钥就可以找到一个（public_key$_{E2}$），使 Alice 的 SAS 与 Bob 的匹配。

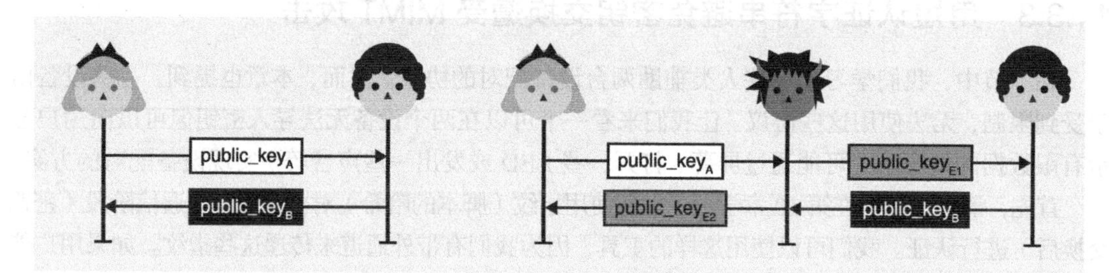

图 11.17 典型的未认证的密钥交换（左侧）可能会被主动的中间人攻击者（右侧）拦截，然后攻击者可以替换 Alice 和 Bob 的公钥。如果 Alice 和 Bob 生成相同的短认证字符串，即 hash(public_key$_A$||public_key$_{E2}$)和 hash(public_key$_{E1}$||public_key$_B$)匹配，则中间人攻击者攻击成功

实际上，生成一个能使两个 SAS 匹配的公钥相当容易。假设 SAS 的长度为 20 比特，那么在仅仅 2^{20} 次计算之后，我们应该会找到它的第二原像，这会使 Alice 和 Bob 生成相同的 SAS。对于性能较差的手机，这样的计算量也可以实时完成。

基于 SAS 密钥交换背后的技巧是，防止攻击者通过选择第二个公钥来迫使两个 SAS 匹配。为此，Alice 只需在看到 Bob 的公钥之前发送自己公钥的承诺（见图 11.18）。

图 11.18 左边的图展示了一个基于 SAS 的安全协议，在该协议中，Alice 首先发送一个公钥的承诺。然后，她只在收到 Bob 的公钥后才公开自己的公钥。因此 Alice 不能根据 Bob 的密钥自由地选择密钥对。如果主动的中间人攻击者介入密钥交换的过程（见右图），攻击者无法选择任何一个密钥对来强制 Alice 和 Bob 的 SAS 匹配

与之前的不安全方案一样，攻击者选择 public_key$_{E1}$ 不会给他们带来任何好处。但是现在他们也不能选择一个有用的 public_key$_{E2}$，因为此时他并不知道 Bob 的 SAS。攻击者被迫只能“摸

黑攻击”，寄希望于 Alice 和 Bob 的 SAS 能够匹配。

如果 SAS 比特长度为 20 位，则 Alice 和 Bob 的 SAS 匹配的概率是 $\frac{1}{1048576}$。通过多次运行该协议，攻击者获得成功的概率会大大增加，但请记住，该协议的每个实例都要求用户必须手动匹配 SAS。这种小阻碍可以降低攻击者攻击成功的概率。

本章的主要内容到此结束！对本节内容的回顾如图 11.19 所示。

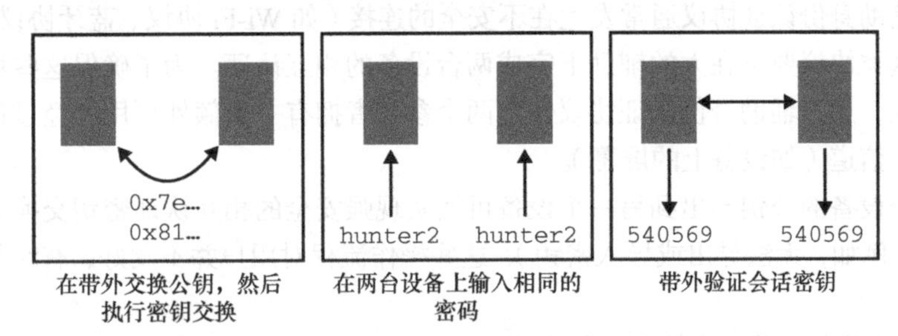

图 11.19　我们已经了解两台设备配对的 3 种技术：（1）用户辅助两台设备获取彼此的公钥，以便进行密钥交换；（2）用户可以在两台设备上输入相同的口令，以便进行对称的口令认证密钥交换；（3）用户可以在会话密钥创建后验证密钥交换的指纹，以确认是否有中间攻击者拦截配对过程

故事时间

有趣的是，当我在写第 10 章端到端加密时，我开始研究 Matrix 端到端加密聊天协议的用户如何验证他们的通信。为了使验证操作更加方便，Matrix 协议创建了基于 SAS 协议的变体。不幸的是，虽然它计算了 X25519 密钥交换的共享秘密哈希值，但却没有将正在交换的公钥作为哈希函数的输入。

在第 5 章中，我们知道验证 X25519 密钥交换中的公钥是件很重要的事。而 Matrix 协议没有这样做，这使得中间人攻击者可以向用户发送不正确的公钥，迫使用户最终得到相同的可预测的共享秘密，进而获得相同的 SAS。这完全违背了端到端加密协议的原则，不过该漏洞很快就得到修复。

11.4　本章小结

- 用户认证协议（用于设备认证用户的协议）通常在已建立安全连接的基础上进行，且只完成服务器向用户端的身份认证。从这个意义上说，用户认证协议将单向认证的连接变为相互认证的连接。
- 用户认证协议会大量使用口令。口令是一种比较实用并且为用户广泛接受的解决方案。但由于口令具有安全性不足、低熵和口令数据库容易泄露等缺点，所以基于口令的用户认证协议会引起许多问题。
- 避免用户管理多个口令（或者重用口令）的方法如下。
    - 口令管理器：一种帮助用户生成和管理每个应用程序所需的安全口令的工具。

- 单点登录（SSO）：允许用户使用一个账户来注册并登录到其他服务的联邦协议。

■ 避免服务器获取用户口令的一个解决方案是使用非对称口令认证密钥交换（非对称 PAKE）。非对称 PAKE（如 OPAQUE 协议）允许用户使用口令向已知服务器进行认证，但不必向服务器透露口令。

■ 完全避免口令的解决方案是让用户通过一次性口令（OTP）算法使用对称密钥，或者按照 FIDO2 这样的标准使用非对称密钥。

■ 用户辅助身份认证协议通常发生在不安全的连接（如 Wi-Fi 协议、蓝牙协议、NFC 协议）上，这类协议要求在人的辅助下完成两台设备的相互认证。为了确保这些场景中连接的安全性，用户辅助身份认证协议假定两个参与者拥有一个额外可用的经过认证（但不保密）的信道（如设备上的屏幕）。

■ 将一个设备的公钥导出到另一个设备可能实现强安全的相互认证密钥交换。但由于设备限制（例如，无法导出或导入密钥），这些操作流程对用户并不友好，有时甚至完全不可实现。

■ CPace 之类的对称口令认证密钥交换（PAKE）协议可以减轻用户导入长公钥的负担，用户只需在设备中手动输入口令即可。例如，大多数人都在用对称 PAKE 连接到他们的家庭 Wi-Fi。

■ 基于短认证字符串（SAS）的协议可以为无法导入密钥或口令但能够在密钥交换后显示短字符串的设备提供安全性。两台设备上的短字符串必须相同，以确保未经认证的密钥交换过程未被主动的中间人敌手介入。

第12章 “加密货币”

本章内容：

- 共识协议以及基于该协议的“加密货币”；
- 各种类型的“加密货币”；
- 比特币和 Diem“加密货币”在实践中的工作原理。

密码学能成为新金融体系的基础吗？从 2008 年开始甚至更早以前，“加密货币”就试图利用密码技术构建新的金融货币体系。在此背景下，中本聪①（Satoshi Nakamoto）提出了比特币（Bitcoin）。在此之前，密码这个术语只出现在密码学领域的文献中。但自从比特币这个术语诞生以来，它的含义迅速地发生了改变，现在密码一词多用于指代“加密货币”。反过来，这也激发了“加密货币”爱好者学习密码技术的兴趣。这样说也是合理的，毕竟密码技术是“加密货币”的核心。

什么是加密货币？它体现在如下两个方面。

- 简单地说，“加密货币”允许人们以电子方式进行货币交易。我们可能已经在使用数字货币，例如通过互联网或支票账户给某人汇款，这些都表明我们正在使用数字货币！今天，我们不需要通过邮递来寄送现金。事实上，大多数货币交易都只需更新数据库中的几行数据。
- “加密货币”是一种高度依赖密码技术的数字货币，其货币系统的运行完全透明。我们经常将这种性质称为去中心化（或信任关系的去中心化）。因此，我们将在本章中看到，“加密货币”能够容忍一定数量的恶意参与者，并允许人们验证货币系统是否正常运行。

在全球金融危机中期（2008 年），密码学家提出了 Bitcoin，这是第一个成功推行的“加密货币”系统。虽然这场金融危机始于美国，但它很快蔓延到世界的其他地区，侵蚀了人们对金融系统的信任。当时，许多人开始意识到金融交易的现状：效率低下，维护成本高昂，而且对大多数

① 至今，中本聪尚未透露自己的身份。

人来说金融系统也不够透明。本章主要介绍“加密货币”的历史，相信在密码学著作中本书是少见的包含加密货币知识的图书。

12.1 拜占庭共识算法介绍

假设我们想创造一种新的数字货币（实际上，构建一个有效的数字货币系统并不复杂），我们可以在专用服务器上搭建一个记录用户信息及其余额的数据库。该数据库系统提供查询用户余额，同时提供允许用户发起支付请求的接口。付款方在数据库中的余额会减少，而收款方在数据库中的余额会相应增加。最初，我们也可以将一些随机制造的货币转交给我们的朋友，这样他们就可以利用我们创建的货币系统完成转账。但是这种简单的货币系统存在许多缺陷。

12.1.1 数据恢复问题：分布式数据可恢复协议

我们刚才提到的系统存在单点故障问题。如果断电，用户将无法使用该系统。更糟糕的是，如果一些自然灾害意外地破坏了货币系统服务器，每个用户都可能永久性地失去他在该货币系统中的余额。为了解决这个问题，我们可以使用一些技术来提高系统的恢复。分布式系统领域主要研究的就是这种技术。

在这种情况下，大多数大型应用程序使用的解决方案是（某种程度上）实时将数据库内容复制到其他备份服务器上。这些服务器可以分布在不同的地理位置，随时备份服务器上的数据，当主服务器出现故障时，备份服务器甚至会替代主服务器。这就是所谓的高可用性。现在，假设我们有一个这样的分布式数据库。

对于支持大量查询请求的大型系统，通常情况下，这些备份数据库不是处于闲置且等待使用的状态，而是处于允许读取其数据的状态。向多个数据库同时写入和更新数据是很困难的，这样操作数据库可能会出现冲突（就像两个人同时编辑同一个文档一样，可能会出现错误）。因此，我们通常希望由一个数据库充当主数据库，并负责对数据库进行所有写入和更新操作，而其他数据库用于状态读取。

数据库内容的复制速度可能会很慢，一些备份数据库的更新速度将落后于主数据库。如果这些数据库分布的距离相对遥远，或者由于某种原因连接数据库的网络正在经历网络延迟，数据库复制速度会更慢。当使用备份的数据库读取数据状态时，这种延迟会成为一个问题（如对于同一个数字货币账户，由于数据库中的数据更新速度不同步，我们与我们朋友看到的账户余额会有所不同）。

在这些情况下，编写的应用程序通常需要容忍这种延迟。这称为最终一致性，即数据库的状态最终会变得一致（存在更强的一致性模型，但是这些模型通常速度慢且不切实际）。这样的系统还存在其他问题：如果主数据库崩溃，那么哪个备份数据库会成为主数据库？另一个问题是，如果备份数据库的更新速度落后于主数据库，那么主数据库崩溃时我们会丢失最新更改过的数据吗？

当我们需要整个系统就某个决策达成一致意见（或达成共识）时，共识算法（也称为日志复制、状态机复制或原子广播）就有了用武之地。我们可以把共识算法视为一群人协商点什么比萨问题的解决方案。如果每个人都在同一个房间里，很容易看出大多数人想要什么。但是，如果每个人都通过网络进行通信，信息可能存在延迟、删除、拦截和修改等问题，就需要一个更复杂的协议才能解决大多数人想要什么的问题。

让我们看看如何利用共识机制解决前面提到的两个问题。第一个问题称为主数据库选择，即在主数据库崩溃的情况下，哪个数据库将替代崩溃数据库，最终成为主数据库。共识算法用于确定哪个数据库将成为下一个主数据库。第二个问题的解决方法是，将数据库中数据的更改操作分为两个步骤：挂起和提交。在开始时，将数据库状态更改为挂起，只有足够多的数据库同意提交时才能将其设置为已提交（共识协议也可以解决该问题）。由于大多数参与的数据库已经提交了更改，所以一旦提交，对状态的更新就不会轻易丢失。

著名的共识算法包括 Paxos（Lamport 在 1989 年提出）及其简化算法 Raft（Ongaro 和 Ousterhout 于 2013 年提出）。我们可以在大多数分布式数据库系统中使用这些算法来解决各种各样的问题。

12.1.2 信任问题：利用去中心化解决信任问题

分布式系统（从操作角度来看）为存在单点故障的系统提供了一种有弹性的替代方案。大多数分布式数据库系统使用的共识算法不能很好地容忍系统故障。一旦机器开始崩溃，或由于硬件故障而出现异常行为，或出现与其他机器断开连接的网络分区现象，系统就会随之出现各种故障。此外，无法从用户的角度检测到这些问题，如果服务器受到破坏，这会是一个更严重的问题。

假设，向一个服务器查询 Alice 账户中的余额，该服务器返回的余额为 50 亿美元。我们只能相信该查询结果。如果服务器在其响应中包含 Alice 从一开始接收和发送的所有转账记录并将其汇总，我们就可以验证 Alice 账户余额中的 50 亿美元是否为正确的余额。但是，怎么证明服务器没有欺骗我们呢？或许，当 Bob 向另一个不同的服务器查询 Alice 的账户余额时，服务器返回一个不同的 Alice 账户的余额和历史交易记录。我们称之为分叉（两个相互矛盾但都有效的状态），在历史交易记录中不应该出现这样的分叉。因此，我们可以推断，一个备份数据库的泄露就可能导致非常严重的后果。

第 9 章曾提到过证书透明化，它的目标在于检测 Web 公钥基础设施（PKI）中的分叉问题。在涉及金钱的数据库中，仅靠检测是无法解决分叉问题的。在这类场景中，防止分叉是我们首要解决的问题。1982 年，Paxos 共识算法的作者 Lamport 提出了拜占庭容错（Byzantine Fault-Tolerant，BFT）共识算法思想。

> 想象拜占庭军队的几个师驻扎在敌城外，每个师都由自己的将军指挥。将军们只能通过信使互相交流。观察到敌手之后，他们必须协商出一致的行动计划。然而，其中的一些将军可能是叛徒，他们试图阻止忠诚的将军们达成正确的行动计划。
>
> ——Lamport 等（“The Byzantine Generals Problem”，1982）

通过拜占庭式的思想类比，Lamport 开拓了 BFT 共识算法。该算法旨在解决达成一致决策时，防止恶意参与者对系统最终的决策产生不利影响。这些 BFT 共识算法与之前的共识算法（如 Paxos 和 Raft）非常相似，只是备份数据库（协议的参与者）不再盲目地相互信任。通常，BFT 协议使用大量密码学技术来验证消息和决策结果，反过来，其他人也可以使用密码学技术验证共识协议输出的决策结果。

因此，BFT 共识算法有助于解决系统弹性和信任问题。不同的备份数据库可以运行这些 BFT 算法，它们共同就新的系统状态达成一致结果，同时通过验证状态转换（用户之间的事务）是否有效以及大多数参与者是否已达成一致意见来相互监督。我们称这样的信任建立机制是去中心化的。

1999 年，人们提出第一个实用的 BFT 算法，称为 PBFT（Practical BFT）。PBFT 是一种类似于 Paxos 和 Raft 的基于领导式的共识算法，其中提议由一位领导者提出，而其他领导者则试图就该提议达成一致。不幸的是，PBFT 非常复杂，速度很慢，而且不能很好地扩展到具有十几名参与者的系统。如今，大多数现代“加密货币”都使用更高效的 PBFT 协议变体。例如，脸书公司在 2019 年推出基于 HotStuff 共识协议的“加密货币”Diem。HotStuff 是一种受 PBFT 启发的共识协议。

12.1.3 规模问题：无许可和不受审查的网络

基于 PBFT 共识算法的协议存在局限性，即要求协议的参与者事先已知且固定不变。基于 PBFT 的协议还存在更严重的问题，当参与者超过一定数量后，他们的通信复杂性急剧增加，产生共识的速度也极其缓慢，选举领导者的过程也变得非常复杂，等等。

在“加密货币”场景下，如何确定共识协议的参与者？该问题有许多种解决方法，但最常见的两种方法如下。

- 权威证明（Proof of Authority，PoA）——事先决定共识过程的参与者。
- 股权证明（Proof of Stake，PoS）——动态挑选共识过程的参与者，即把拥有股权较多者设定为共识过程的参与者（因此，拥有股权较多者攻击协议的动机较低）。一般来说，基于 PoS 的“加密货币”会根据参与者持有的数字货币数量来选择共识过程的参与者。

尽管如此，并不是所有的共识协议都是经典的 BFT 共识协议的变体。例如，Bitcoin 提出一种在参与者名单事先未知情况下的共识机制。这在当时是一个相当新颖的想法，通过放松对经典 BFT 共识协议的约束，Bitcoin 实现了这样的共识机制。正如我们将在本章后面看到的那样，正是由于这种机制才导致 Bitcoin 的分叉现象，这也给 Bitcoin 带来了一系列挑战。

如果没有参与者，我们该怎么挑选共识过程的领导者呢？我们可以使用 PoS 系统（例如，Ouroboros 共识协议可以做到这一点）。与现有的共识机制不同，Bitcoin 的共识依赖于一种叫作工作量证明（Proof of Work，PoW）的机制。在 Bitcoin 中，PoW 机制要求找到难题的解的人才能成为共识协议的参与者和领导者。这里提到的难题指的是密码学难题，本章后面的内容会包含该难题的详细描述。

由于无法预先知道协议的参与者，Bitcoin 被称为无许可网络。在无许可网络中，参与协议者不需要额外的授权和许可；任何人都可以参与协议。这与具有固定参与者集的许可网络形成鲜明对比。图 12.1 给出无许可网络与许可网络之间的区别和联系。

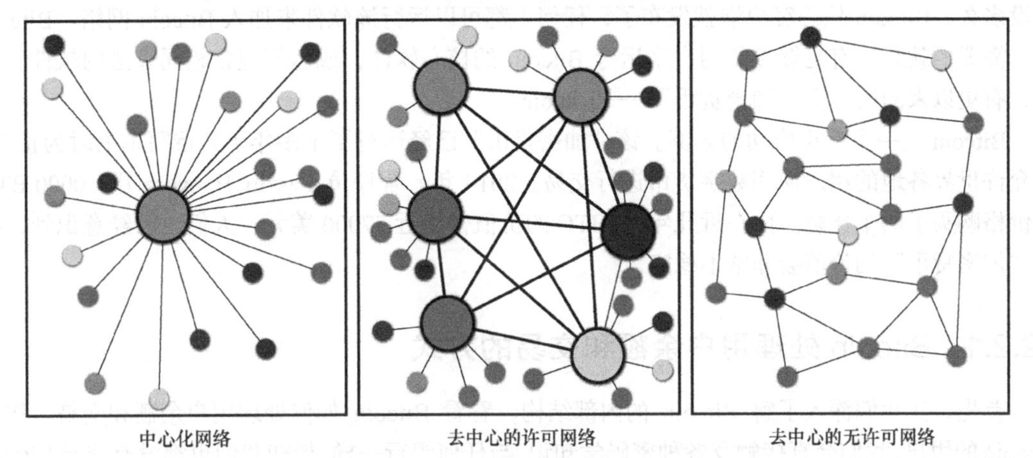

图 12.1 集中式的网络存在单点故障问题，而分布式和去中心式网络则能够抵御大量服务器关闭或存在恶意行为的情形。在许可网络中，共识过程的参与者往往已知且固定，而在无许可网络中，任何人都可以成为共识过程的参与者

目前，人们还不知道如何在无许可网络中使用经典的 BFT 共识协议，同时使任何人都可以加入该网络。如今，有许多方法使用 PoS 来动态选择较小的参与者子集作为共识过程的参与者。比较著名的共识协议是 2017 年提出的 Algorand 协议，它根据参与者持有的货币数量动态地选择参与者和领导者。

此外，Bitcoin 系统还能够抵抗监督和审查。这是因为我们无法提前知道谁将成为下一任领导者。基于这一原因，我们也无法阻止系统选举新的领导者。目前，尚不清楚在 PoS 系统中是否可能实现这一特性。在 PoS 系统中，我们可能更容易找到大额货币持有者对应的身份。

值得一提的是，并非所有的 BFT 共识协议都是基于领导者的。有些协议是无领导的，这些协议不是通过选举的方式来产生新的领导者的。相反，在这些无领导的协议中，每个参与者都可以提出新的提议，共识协议可以帮助每个参与者就下一个状态达成共识。2019 年，Avalanche 推出了一种允许任何人提出新提议并参与共识过程的"加密货币"。

最后，对于一个分布式的支付系统来说，达成共识也不是必要的。2018 年，Guerraoui、Kuznetsov、Monti、Pavlovic 和 Seredinschi 在"AT2: Asynchronous Trustworthy Transfers"中提出了无共识协议。无共识协议是一种相对较新的协议，尚未经过实践的检验。考虑到这一点，本章不会讨论无共识协议。在本章的剩余部分，通过两种不同的"加密货币"展示共识协议的具体应用。

- Bitcoin——于 2008 年提出，是一种基于 PoW 机制的"加密货币"。
- Diem——由 Facebook 等公司于 2019 年提出，是一种基于 BFT 共识协议的"加密货币"。

12.2 Bitcoin 的工作原理

2008 年 10 月 31 日，一位匿名研究员以笔名中本聪发表了一篇标题为"Bitcoin: A Peer-to-Peer

Electronic Cash System”的文章。直到今天，人们仍然不知道谁是中本聪。然而，该文章发表之后没多久，Bitcoin 核心客户端就发布了，任何人都可以运行该软件来加入 Bitcoin 网络。Bitcoin 唯一需要的就是：有足够多的用户来运行 Bitcoin 的核心软件，或运行包含相同算法的软件。因此，有史以来的第一个“加密货币”——Bitcoin。

Bitcoin 是一个真正成功的案例。该“加密货币”已经运行了十多年（到撰写本书时为止），并允许世界各地的用户使用数字货币进行交易。2010 年，程序员 Laszlo Hanyecz 用 10000 BTC 的价格购买了两个比萨。而在近几年，1BTC 的价值曾接近 57000 美元。人们也已经意识到，有时“加密货币”的价值会非常不稳定。

12.2.1 Bitcoin 处理用户余额和交易的方式

首先，让我们深入了解 Bitcoin 的内部结构，看看 Bitcoin 如何处理用户余额和交易。作为 Bitcoin 的用户，我们会直接触及各种密码学知识。与任何银行一样，最初我们也都没有登录 Bitcoin 网站的用户名和密码，不过，我们有一个自己生成的 ECDSA（椭圆曲线数字签名算法）密钥对。用户余额只是许多与某一公钥相关联的比特币，因此如果想接收他人转来的比特币，只需要将自己的公钥共享给其他人。

当使用比特币时，我们需要使用私钥对交易进行签名。交易的基本内容是：“我将 *X* 个比特币发送到公钥 *Y*”。这里忽略了一些细节，本书后续内容会对此做进一步解释。

注意：

Bitcoin 用 secp256k1 曲线实例化 ECDSA。切记，不要将该曲线与 NIST 的 P-256 曲线（即 secp256r1）相混淆。

账户资金的安全性与私钥的安全性直接相关。同时，我们知道管理好密钥是一件很难的事情。在过去十多年中，“加密货币”中的密钥管理问题导致了价值数百万美元的密钥意外丢失（或被盗）。因此，请保管好私钥！

Bitcoin 中存在不同类型的交易，在网络上看到的大多数交易实际上是通过哈希函数计算摘要的方式隐藏了收件人的公钥。也即，把公钥的哈希值当作账户的地址。（例如，笔者的 Bitcoin 地址为 bc1q8y6p4x3rp32dz80etpyffh6764ray9842egchy。）除非账户所有者决定使用比特币（在这种情况下，需要知道地址的原像，以便其他人验证交易的签名），否则账户地址能够有效地隐藏账户实际对应的公钥。这样做会缩短地址的长度，同时哪怕 ECDSA 算法某天被攻破，这种做法还能防止恶意攻击者提取到我们的私钥。

一个有趣的事实是，在 Bitcoin 中存在不同类型的交易。交易记录不仅仅包含一些与交易相关的有效载荷信息；交易实际上是用一个精心设计的、相当有限的指令集编写的短脚本。当处理交易时，需要先执行脚本，然后根据脚本的输出确定交易是否有效。如果交易有效，需要确定采取哪些步骤来修改所有账户的状态。

以太坊（Ethereum）等“加密货币”将这种脚本思想推向了极致，它允许交易时执行更复杂的程序，这种程序也称为智能合约（Smart Contract）。目前，我们尚未详细解释下面这些问题。

- 一笔交易中包含哪些信息？
- 执行交易意味着什么？而交易又由谁来执行？

在 12.2.2 小节会解释第二个问题。现在，让我们深入了解一笔交易中都包含哪些信息。

Bitcoin 最明显的特征就是，不存在一个存储账户余额的真实数据库。取而代之的是，用户拥有一个比特币钱包，里面包含大量可供使用的比特币，这些比特币常被称为未消费的交易输出（Unspent Transaction Output，UTXO）。我们可以把 UTXO 模型想象成一个任何人都能看见的大碗，而碗里面装满了只有硬币拥有者才能消费的硬币。当一笔交易花费掉某些硬币时，这些硬币就会从碗中消失，而该笔交易的收款人会拥有一些新的硬币。这些新硬币包含在交易输出信息中。

想要知道我们的账户中有多少个比特币，我们必须统计分配到我们账户地址的所有 UTXO。换句话说，我们必须清点所有转给我们的钱和尚未花费的钱。图 12.2 给出了 UTXO 在交易中的使用方式。

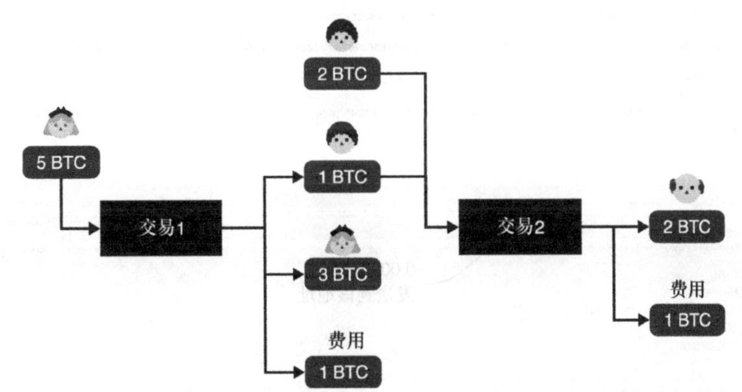

图 12.2　Alice 对交易 1 进行签名，它将 1BTC 转给 Bob。该交易使用包含 5BTC 的 UTXO 模型，交易剩余的比特币会返回给 Alice，并保留部分比特币作为交易费用。Bob 对交易 2 进行签名，他把从 Alice 账户收到的 1BTC 和自己的 2BTC 发送给 Felix（值得注意的是，交易费用在现实中要比本示例中低得多）

现在有一个先有鸡还是先有蛋的问题：第一批 UTXO 是从哪里来的？12.2.2 小节将会回答该问题。

12.2.2　挖掘数字黄金 BTC

现在，我们了解了 Bitcoin 的交易细节、管理账户的方法、账户余额计算方法。但谁能真正获得所有交易记录呢？答案是每个人都可获得 Bitcoin 系统的交易记录！

事实上，在 Bitcoin 数字货币系统中，每笔交易记录都必须公开。Bitcoin 是一种只允许追加记录的账本，即它是一种交易账簿，其中每页交易记录都与前一页记录相关联。这里需要强调的是，只许追加意味着不能修改先前页中的交易记录。还要注意的是，因为每笔交易都是公开的，所以 Bitcoin 的匿名性只是表象，我们只是很难确定交易双方是谁（换句话说，我们无法把公钥与现实生活中的某个人关联起来）。

下载 Bitcoin 客户端，并使用它下载完整历史交易记录，我们可以方便地检查自 Bitcoin 诞生以来发生的任何交易。通过这样做，我们将成为 Bitcoin 网络的一部分，并且必须根据 Bitcoin 客户端中的编码规则重新执行每笔交易。当然，Bitcoin 的历史记录相当庞大：在撰写本书时，Bitcoin 的交易记录约占 300GB。根据网络连接情况，下载整个 Bitcoin 交易记录可能需要花费几天时间。我们可以通过在线服务轻松地检查交易，该服务为我们完成繁重的计算工作（前提是我们要信任在线服务）。图 12.3 给出了区块链的详细组成结构。

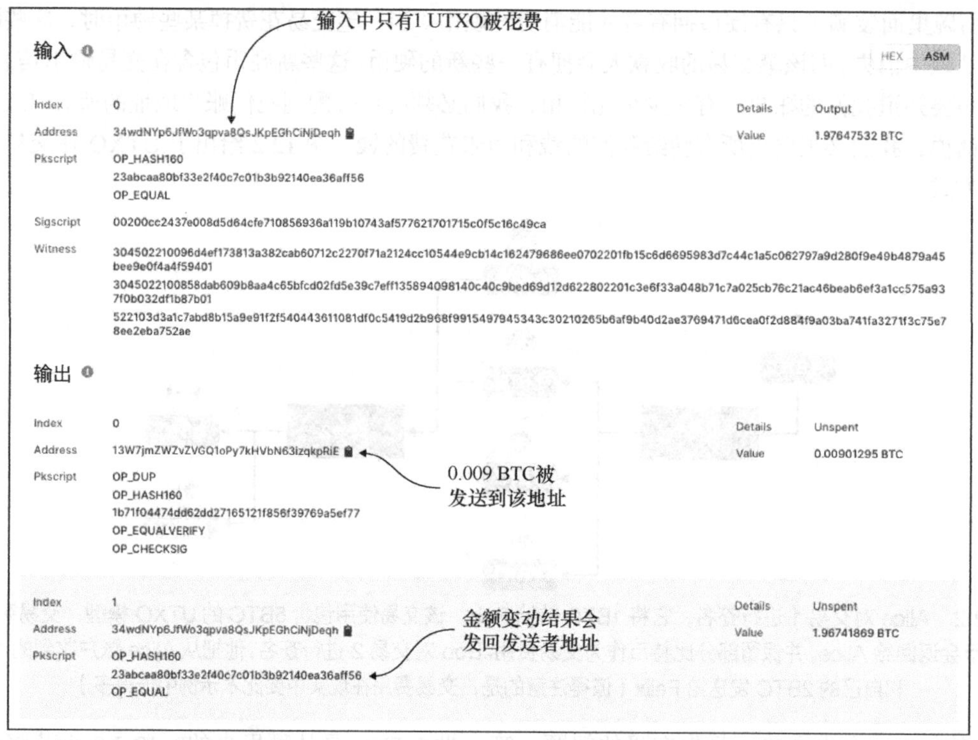

图 12.3 本示例是从区块链上随机选取的一个交易记录。该交易记录的输入大约为 1.976 BTC，输出由两部分组成，它们分别是 0.009 BTC 和 1.967 BTC。总输入金额和总输出金额之间的差额就是交易费用（交易费用不是交易输出的组成部分）。为了花费输入中的 UTXO，或使输出中的 UTXO 可花费，用 Bitcoin 脚本语言编写的脚本填充交易记录中的其他字段

Bitcoin 实际上只是一个记录从诞生（我们称之为“创世纪”）到现在已经处理过的所有交易的列表。这让我们产生这样的疑问：谁负责管理这个账本中的交易顺序？

为了就交易顺序达成一致，Bitcoin 允许任何人提交一份交易清单，将其作为交易账本的下一页。然而，只允许其中一个人为下一笔交易生成新的区块。为了做到这一点，Bitcoin 系统允许每个人去尝试解决一个概率型难题，但是它只认为首先解决难题的人提出的区块合法。这就是我们之前提到的 PoW 机制。Bitcoin 的 PoW 目标是，找到一个区块并使该区块的哈希值小于某个已知的

摘要值。换句话说，必须以二进制形式表示区块的摘要，同时要求摘要的前若干二进制位为 0。

除了要在新增区块包含交易本身外，该区块还必须包含前一个区块的哈希值。因此，Bitcoin 账本实际上由一系列连续的区块组成，其中每个区块都指向前一个区块，直到第一个区块，即创世区块。这就是将 Bitcoin 称为区块链的原因所在。区块链的特殊之处在于，对一个区块进行轻微的修改就会导致该区块链无效。这是因为修改区块的内容会导致区块的摘要也发生变化，从而导致下一个区块无法索引到这个修改的区块。

需要注意的是，如果希望提出区块链的下一个区块，我们不需要在区块中做太多更改，就可以从中派生出一个新的哈希值。我们可以先确定它的主要内容（包含交易内容、扩展的区块哈希值等），然后通过修改区块的一个 Nonce 字段来改变区块的哈希值。我们可以将此字段视为一个值递增的计数器，直到找到符合规则的区块摘要，或者随机生成一个 Nonce 值并保证区块摘要满足要求。图 12.4 中给出了区块链中的区块生成过程。

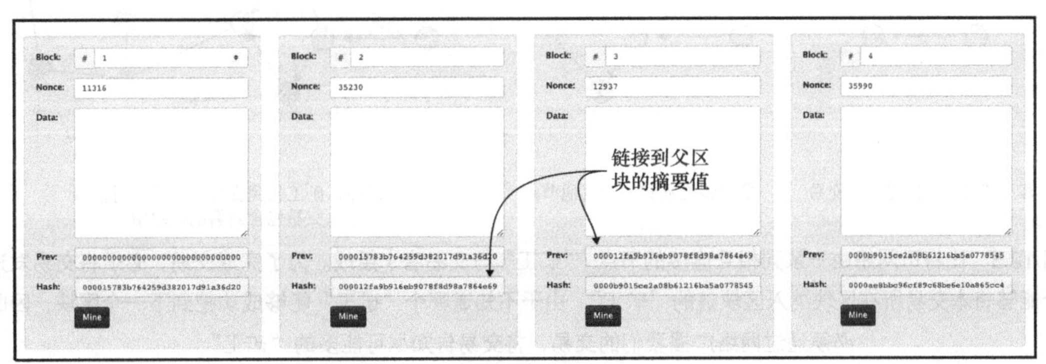

有效的区块链

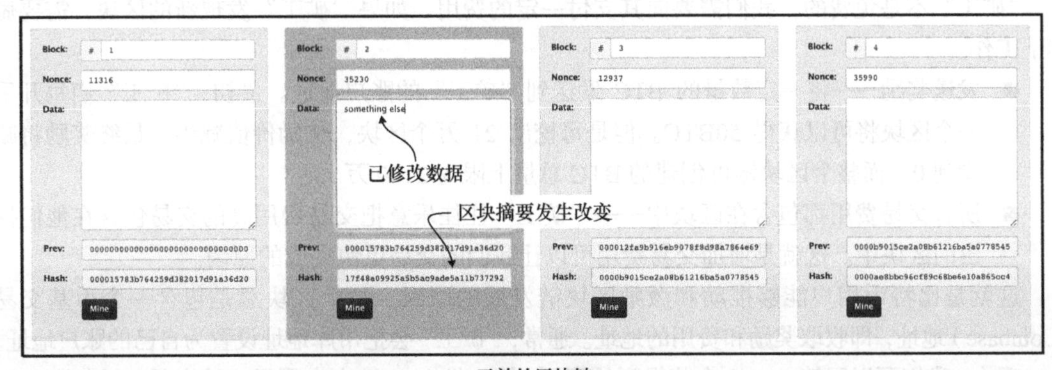

无效的区块链

图 12.4　Anders Brownworth 网站允许我们以交互式方式体验区块链的工作原理。每个区块都包含其父区块的摘要，并且每个区块都包含一个随机的 Nonce 值，通过改变该 Nonce 值使得本区块的摘要值以 4 个 0 开头。需要注意的是，第一幅图片构成一个真实的区块链，而第二幅图片中区块链则包含一个已修改的区块（编号为 2 的区块，它的数据段最初为空）。对区块 2 的修改导致该区块的摘要发生了改变，因此后续区块无法再对其提供完整性认证

每个人都以相同的规则运行同样的协议，因此对每个人来说，所有区块都是有效的。当需要同步区块链时，我们可以从其他对等方下载并验证所有区块。

- 计算每个区块的哈希值，并确保得到的哈希值小于预期值。
- 每个区块都包含区块链历史记录中前一个区块的哈希值。

每个人都可以向区块链提供新的区块，但这不是必需的。如果愿意，我们也可以提出新区块。在区块链系统中，我们常称提出新区块者为“矿工”（Miner）。为了在区块链中进行交易，我们需要“矿工”的帮助（见图 12.5）。

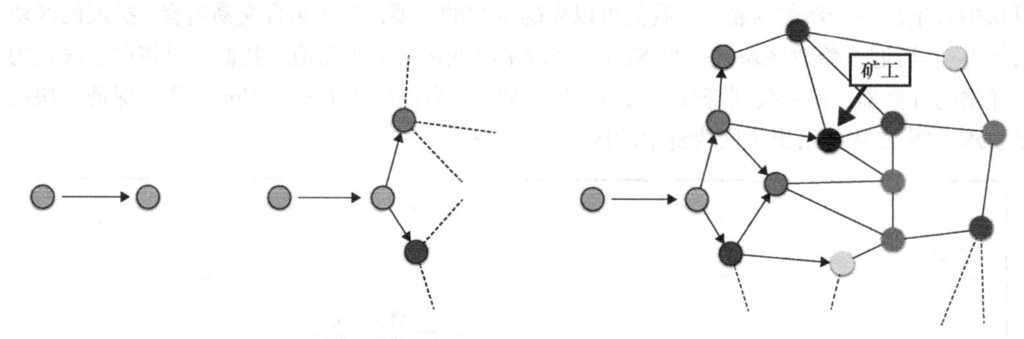

图 12.5 比特币网络由一系列相互连接的节点（“矿工”与交易者）组成。为了完成交易，必须将交易发送给能够将本交易所在区块纳入区块链的“矿工”。由于不知道哪个“矿工”能够成功挖到下一个区块，因此必须通过网络广播我们的交易，将交易告知尽可能多的“矿工”

“矿工”不是免费的，我们需要向其支付一定的费用。如果“矿工”发现新的区块，需要做如下工作。

- 发送奖励——将一定数量的 BTC 发送到“矿工”的账户地址。最初，“矿工”们每开采一个区块将可以获得 50BTC。但是每挖出 21 万个区块，奖励价值减半，最终奖励将减少到 0，而整个区块链可创建的 BTC 总量上限为 2100 万。
- 所有交易费用都包含在区块中——“矿工”往往乐意把交易费用高的交易包含在他们挖出的区块中。这就是增加交易费用可以让我们的交易更快完成的原因。

这就是比特币用户能够推动和激励区块链发展的原因。每个区块总是包含一个币基交易（Coinbase）地址，即收取奖励和费用的地址。通常，“矿工”会把币库地址设置为自己的账户地址。

现在，我们可以回答 11.2.1 小节提到的问题：第一批 UTXO 来自哪里？答案是，所有的 BTC 都是“矿工”集体奖励的一部分，它们随着挖矿的成功而产生。

12.2.3 解决挖矿中的冲突

比特币通过基于 PoW 的系统选择下一组要处理的交易任务。我们挖到一个区块的概率与我们单位时间能够计算的哈希值数量密切相关，即挖到区块的概率取决于我们的计算能力。如今，大量算力都用于挖掘比特币或其他基于 PoW 的“加密货币”中的区块。

注意：

PoW 机制可以让比特币抵抗女巫攻击（Sybil Attack）。该攻击利用这样的事实：我们可以在比特币协议中创建任意数量的账户，这种做法为不诚实的参与者提供不对称优势。在比特币中，获得更多算力的唯一方法是，购买更多可以计算哈希值的硬件设备，而在比特币网络中创建更多的账户地址不会提高参与者的算力。

不过，仍然有一个问题尚未解决：找到某个小于预设值的哈希值不能太过容易。如果这个过程太过容易，那么会出现许多比特币网络中的参与者同时挖到有效的区块的情况。如果发生这种情况，哪个区块会成为区块链中的下一个合法区块？这就是区块链分叉现象形成的原因。

在比特币中，有两种机制可以解决分叉问题。第一种机制是，动态地保持 PoW 机制的困难性。如果区块的挖掘速度过快或过慢，比特币系统会通过提高或降低 PoW 机制的难度让每个参与者动态地适应网络条件。简而言之，比特币系统要求“矿工”们找到的区块摘要包含的 0 的个数也是动态变化的。

注意：

如果 PoW 机制的难度要求是区块摘要必须以一个全 0 的字节开头，则需要尝试计算 2^8 个不同的区块的摘要（更具体地说，计算 2^8 个不同的 Nonce 值对应的区块摘要），直到找到有效的摘要为止。若将难度要求提高到区块摘要以两个全 0 的字节开头，则我们需要尝试 2^{16} 个不同的区块。获得区块摘要所需的时间取决于我们拥有的算力，以及我们是否有专门的硬件可以更快地计算这些摘要。目前，比特币系统会动态地改变 PoW 机制的难度，始终保持每 10 分钟挖到一个区块。

解决分叉问题的第二种机制是，如果真的发生了分叉，那么比特币的参与者遵循最长链有效原则继续沿着正确的链进行交易。2008 年，相关论文指出：“最长的链不仅可以证明所见证的事件序列，还可以证明它由最大的 CPU 资源池创建。”这表明参与者应该承认最长链的有效性。该协议后来发生了更新，它将累积工作量最大的链视为有效链。然而，协议更新前后的这两种有效链判断原则并没有明显的区别。区块链分叉及其解决方法的示意如图 12.6 所示。

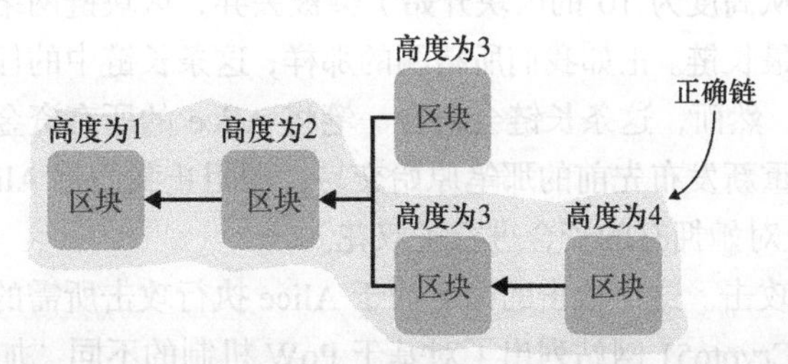

图 12.6 区块链中的分叉：两名“矿工”在高度为 3 处发布一个有效区块（即在创世区块之后的第 3 个区块）。后来，另一名“矿工”在高度为 4 处发布一个有效区块，该区块指向高度为 3 的第 2 个区块。现在，第 2 个分叉比第 1 个分叉长，因此第 2 个分叉成为“矿工”们继续延伸的有效分叉。需要注意的是，箭头从子区块指向父区块

本章前面提到过，比特币采用的共识算法不是 BFT 协议。这是因为 BFT 共识算法允许产生分叉。因此，如果正在等待交易处理，那么我们不应该仅靠观察交易是否包含在其中一个区块中来确认这笔交易是否完成！有时，我们观察到的区块实际上可能在一个分叉上，并且这个分叉在不久的将来可能会丢失。

我们需要更多的保证来决定交易何时真正得到处理。大多数钱包和交换平台都在等待在我们交易所在区块后面能挖到一些确认区块。分叉上包含的交易区块越多，该分叉长度等于另一个分叉长度的可能性就越小。

通常，确认区块的数量被设置为 6 个，这使得每笔交易大约需要 1 小时的确认时间。尽管如此，当有 6 个确认区块时，比特币仍然不能 100%保证不会出现分叉。如果调整好区块的挖掘难度，那么比特币应该不会出现此类问题。

随着“加密货币”受关注程度的提升，比特币的 PoW 机制难度也逐渐增加。现在，比特币的 PoW 难度系数非常高，以至于大多数人都买不起挖掘区块所需的硬件设备。如今，大多数“矿工”选择聚集在一起，组成所谓的矿池（Mining Pool），他们共同分摊挖掘区块所需的工作量。当然，挖到区块后，“矿工”们也会分摊奖励。

> 对于区块 632874 [. . .]，在比特币的区块链中，预计挖掘到该区块需要超过 2^{92} 次的 double-SHA256 哈希函数计算。
>
> ——Pieter Wuille（2020）

为了深入理解区块链分叉的破坏性，让我们想象下面这样的场景。假如，Alice 从我们这里买了一瓶酒，而我们一直在等她把账户上的 5BTC 转到我们的账户上。最后，我们在区块高度为 10 处观察到一个新的区块（即创世区块之后的第 10 个区块）包含 Alice 与我们的交易。出于谨慎，我们决定再等 6 个区块追加到该区块上，才确定包含交易的区块在正确的链上。等了一会儿，我们终于看到一个高度为 16 的区块，它与高度为 10 的区块形成一条链。直到此时，我们才把这瓶酒交给 Alice。但是，故事的结局并非如此。

后来，高度为 30 的区块不知从何处冒出来，它所在的链是从高度为 9 的区块（我们交易所在区块的前一个区块）分叉而来的。因为新的区块链更长，所以它被视为一条合法的区块链。我们交易之前所在的链（从高度为 10 的区块开始）会被丢弃，区块链网络中的参与者需要让他们新挖掘的区块指向这条最长链。正如我们所猜测的那样，这条长链中的任何一个区块都不包含我们与 Alice 的这笔交易。然而，这条长链会包含一笔将 Alice 的所有资金转移到另一个账户地址的交易，从而防止我们重新发布先前的那笔原始交易，即阻止我们将 Alice 的资金转移到我们的账户地址。Alice 实际上对她拥有的资金进行了双花。

这也称为 51%算力攻击。这个攻击的命名源于 Alice 执行攻击所需的计算能力，即她只需要比其他人多一点算力（Crypto51 网站列出了对基于 PoW 机制的不同“加密货币”执行 51%攻击需要的计算代价）。51%算力攻击不只是一种理论上的攻击，它也会出现在现实世界中。例如，2018 年，一名攻击者对 Vertcoin“加密货币”实施 51%的攻击，成功地实现大量资金的双花。

> 攻击者基本上重写了账本的部分交易历史记录，然后利用他们哈希算力的优势生成最长的区块链，使其他“矿工”信服并验证这条最长链。借助这样的算力优势，攻击者可能会实施“加密货币”犯罪：再次花费先前已经花费过的资金，使先前收款人持有的数字货币失效。
>
> ——Michael J. Casey（“Vertcoin's Struggle Is Real: Why the Latest Crypto 51% Attack Matters”，2018）

2019 年，以太经典（以太坊的一种变体）也受到了这样的攻击。当时，有多个深度超过 100 的区块发生了重组，造成超过 100 万美元的经济损失。2020 年，比特币黄金（比特币的一种变体）也遭受了 51%的攻击，攻击者从交易历史记录中删除了 29 个区块，导致在不到两天的时间里超过 70000 美元的资金发生双花。

12.2.4 使用 Merkle 树减小区块头的大小

关于比特币的一个有趣的方面是，如何压缩可用信息。比特币中的区块头实际上不包含任何交易！每笔交易都是独立且公开的，区块头仅包含一个对许多交易记录进行认证的摘要。该摘要可能只是本区块包含的所有交易的哈希值，但与列出的所有交易相比，仅包含摘要的做法更明智一点儿。事实上，这个摘要是 Merkle 树的根。

Merkle 树是什么？简单地说，它属于数据结构概念里的一种树，其中内部节点存储的是其子节点的哈希值。这个概念理解起来可能有点儿令人困惑。图 12.7 给出了 Merkle 树的详细结构。

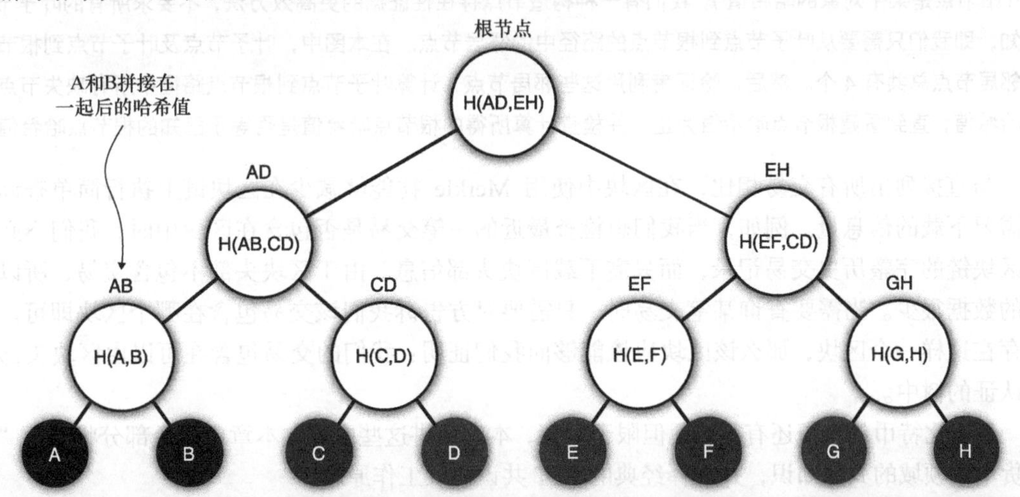

图 12.7　Merkle 树是一种认证叶子节点的数据结构。树中内部节点存储的是其叶子节点的哈希值。树的根哈希值可以用来认证整个树形结构上的数据。在本图中，H()表示哈希函数，输入参数之间的逗号分隔符表示数据串联

Merkle 树是一种非常常用的数据结构，在现实世界中，许多协议都会用到这种结构。该结构可以将大量数据压缩成一个固定大小的值，即 Merkle 树的根。除此以外，当重建根节点时，我们不需要知道全部的叶子节点值。

例如，假设我们知道Merkle树的根（它包含在比特币的区块中），现在我们想知道一笔交易（对应于Merkle树中的一个叶子节点）是否包含在该区块中。如果该交易包含在Merkle树中，我们可以把该交易的邻居节点到根路径中的所有节点当作交易本身的证明（注意：树的深度与树的节点总个数呈对数关系）。为了验证该交易是否包含在该区块中，我们要做的就是，计算Merkle树中给定路径到根节点上每对内部节点的哈希值。用书面表达解释这个过程有点儿复杂，图12.8所示是一个证明交易包含在某区块中的具体示例。

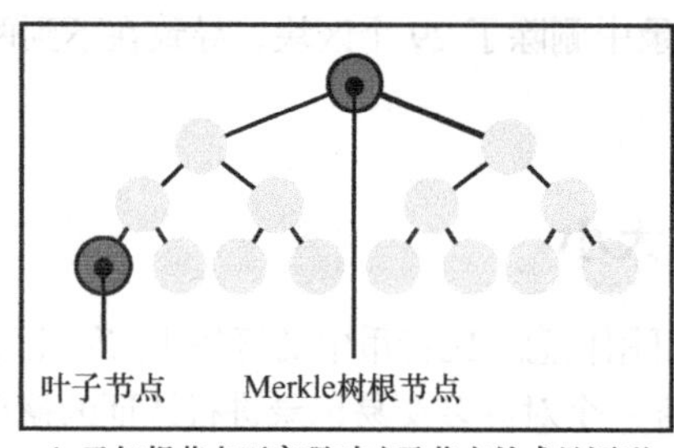

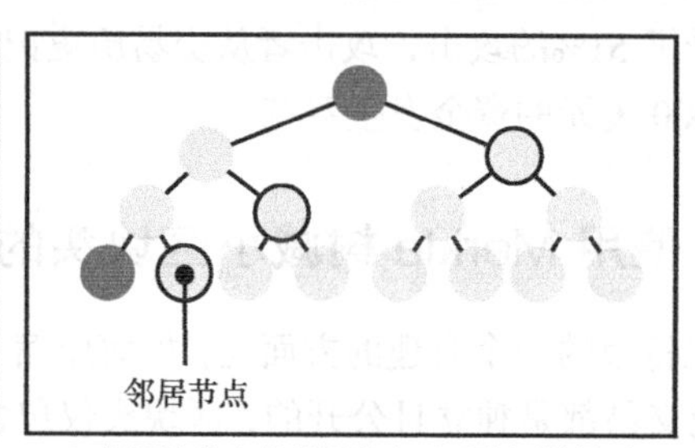

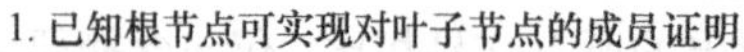
1. 已知根节点可实现对叶子节点的成员证明

2. 使用该节点的邻居节点可以验证其是否可以到达根节点

图12.8 当Merkle树的根哈希值已知时，我们可以通过所有叶子节点重建根哈希值来验证某个叶子节点是否属于该Merkle树。为了做到这一点，我们需要知道所有的叶子节点。在本图中，叶子节点总共有8个（假设叶子节点是某个对象的哈希值）。我们有一种构造节点存在性证据的更高效方法，不要求所有的叶子节点已知，即我们只需要从叶子节点到根节点的路径中的邻居节点。在本图中，叶子节点及叶子节点到根节点的邻居节点总共有4个。然后，验证者利用这些邻居节点，计算叶子节点到根节点路径中所有缺失节点的哈希值，直到重建根节点哈希值为止，并检查计算所得的根节点哈希值是否等于已知的根节点哈希值

与直接列出所有交易相比，在区块中使用Merkle树能够减少在区块链上执行简单查询操作需要下载的信息量。例如，当我们想检查最近的一笔交易是否包含在区块中时，我们不必下载区块链的完整历史交易记录，而只需下载区块头部信息。由于区块头部不包含交易，所以包含的数据很少。当需要查询某笔交易时，只需要对方告诉我们该交易包含在哪个区块即可。如果存在这样一个区块，那么该区块应该能够向我们证明：我们的交易包含在可以由区块头部摘要认证的树中。

关于比特币的知识还有很多，但限于篇幅，本书只讲这些内容。本章中剩余部分将介绍“加密货币”领域的其他知识，并解释经典的BFT共识协议工作原理。

12.3 “加密货币”之旅

比特币是第一种成功推广的“加密货币”。尽管“加密货币”已经有数百种之多，但比特币仍是市场份额最大和最有价值的“加密货币”。有趣的是，许多“加密货币”试图解决比特币在过去和现在所存在的问题，有些“加密货币”也取得了一定程度的成功。更有趣的是，“加密货

币”用到许多密码学原语，但到目前为止，还没有发现其中一些原语的其他实际应用案例！接下来将简要介绍一些自比特币问世以来的热门研究问题。

12.3.1 波动性

目前，大多数人将“加密货币”视为一种投机工具。显然，比特币的价格波动能够说明这一点。在一天之内，比特币的价格可以上下波动数千美元。一些人声称，随着时间的推移，比特币的价格会逐渐趋于稳定，但实际情况是，我们仍不能将比特币作为一种货币来使用。其他“加密货币”也尝试了引入稳定币中的保持货币稳定的概念，它们试图将数字货币的价格与现有法定货币（如美元）绑定。

12.3.2 延迟性

衡量“加密货币”效率的方法有很多，吞吐量便是其中之一。“加密货币”的吞吐量是指每秒可以处理的交易数量。例如，比特币的吞吐量非常低，它每秒只能处理 7 笔交易。比特币的吞吐量还受最终性的影响，它是指从交易包含在区块链中开始到最终确认所需的时间。由于存在分叉现象，比特币的最终性无法完全实现。我们认为，当一笔交易在一个新区块中至少保留一小时后，该交易最终未被确认的概率几乎可以忽略。这两个因素都会对交易的延迟性产生影响。延迟性是指从用户的角度来看完成交易所需的时间。在比特币中，延迟包括创建交易需要的时间、通过网络传播交易所需的时间、将交易包含在区块中所需的时间，以及最终确认区块需要等待的时间。

利用 BFT 协议可以解决延迟性较高的问题。通常，BFT 协议达到最终性只需几秒，同时还能确保不出现分叉，以及每秒数千笔交易吞吐量。然而，对于有些问题，有时 BFT 协议显得非常低效。因此，我们仍需要探索其他可以解决“加密货币”延迟性问题的技术。为了提供一种额外的解决方案，人们试图将“加密货币”分为两层协议，即在主链上定期保存区块链的交易记录进度，同时在链下实现快速支付。

12.3.3 区块链规模

与其他常见的“加密货币”一样，比特币中的区块链可能会迅速增长到不切实际的大小。当想使用“加密货币”（如查询账户余额）时，用户需要先下载整个区块链，才能与整个区块链网络进行交互，这就产生了区块链的可用性问题。基于 BFT 的“加密货币”每秒可以处理大量交易，预计在数月甚至数周内交易数据的规模就能轻松达到 TB 级。为了解决这个问题，“加密货币”领域已经尝试过几种解决方案。

Mina 是一种很特别的“加密货币”，它不要求我们下载区块链的全部历史交易记录就可以让我们获得最新的区块链状态。Mina 使用的密码技术主要是第 7 章提到的零知识证明。第 15 章会更深入地介绍将所有历史交易记录压缩为 11KB 固定大小证据的方法。对于必须信任第三方服务器才能查询区块链的轻量级客户端来说，零知识证明的体量越小就越实用。

12.3.4 机密性

每个比特币账户会关联一个特定的公钥，因此比特币具有伪匿名性。只要不能将公钥与某个特定的人关联起来，账户本身就可以保持匿名性。切记，该账户发生的所有交易都是公开的。基于这些交易记录，我们仍然可以创建出一幅完整的社交图谱，从而了解谁更倾向于与谁进行交易，以及谁拥有多少货币。

有许多“加密货币”试图使用零知识证明或其他技术来解决交易的匿名性问题。Zcash 是目前著名的“加密货币”之一，它可以实现交易数据中发送方地址、接收方地址和交易金额的加密传输。Zcash 就是借助零知识证明技术实现这样的匿名性的！

12.3.5 电能消耗

比特币因挖矿的耗电量过大而备受批评。最近，英国剑桥大学的一份评估报告称，在比特币挖矿方面，世界上耗电量排名前 30 的“矿工”每年消耗的总电量比阿根廷的总用电量还要多。然而，BFT 协议不依赖 PoW 机制，因此避免了这种沉重的能源开销。这也是现代“加密货币”都试图避免采用基于 PoW 的共识机制的原因，甚至以太坊等重要的基于 PoW 的“加密货币”也宣布了要开发更环保共识协议的计划。在进入第 13 章之前，让我们先看看基于 BFT 共识协议的“加密货币”。

12.4 DiemBFT：一种拜占庭容错共识协议

许多现代“加密货币”不再使用比特币的基于 PoW 的共识机制，转而采用更环保、更高效的共识协议。这些共识协议大多基于经典的 BFT 共识协议，它们中的大部分都是原始 PBFT 协议的变体。在本节中，我们将借助 Diem“加密货币”来理解此类 BFT 协议的共性。

Diem（以前称为 Libra）是 Facebook 研发的一种数字货币，它于 2019 年正式上线，并由 Diem 协会负责管理。Diem 协会由公司、大学和非营利组织共同组成，旨在推动建立一个开放的全球性支付网络。Diem 的特殊性在于，它与真实货币挂钩，并储备有法定货币。与比特币不同，数字货币 Diem 的这一特殊性决定了它的价格会非常稳定。为了以安全和开放的方式运行支付网络，Diem 使用了名为 DiemBFT 的 BFT 共识协议，而该协议实际上是 HotStuff 协议的变体。在本节中，让我们看看 DiemBFT 协议的工作原理。

12.4.1 安全性和活跃性：BFT 共识协议的两大属性

在允许一定比例恶意参与者存在的情况下，BFT 共识协议旨在实现如下两个属性。

- 安全性——不能就相互矛盾的状态达成一致，即区块链不会发生分叉（或者分叉发生的概率可以忽略不计）。
- 活跃性——人们提交交易后，只有当交易得到处理时，区块链的状态才会发生改变。换句话说，没有人能阻止协议的运行。

值得注意的是，如果参与者不按照协议行事，我们会将其视为恶意参与者（也称为拜占庭人）。通常，恶意参与者在协议运行过程中不做任何事情，或者说他们没有按照正确的步骤来执行协议，再或者说他们没有遵守一些确保不出现分叉的强制性规则，等等。

通常，BFT 共识协议的安全性很容易实现，而它的活跃性则很难实现。事实上，Fischer、Lync 和 Paterson 在 1985 年发表的论文“Impossibility of distributed consensus with one faulty process”就已经提出，同时满足这两个性质是不可能的，任何确定性共识协议都不能容忍异步网络中的故障（在异步网络中，对消息到达目的地的时间往往没有限制）。大多数 BFT 协议通过考虑网络的同步性（实际上，如果网络长时间宕机，那么任何协议都是无用的）或在算法中引入随机性来避免这种不可能的结果。

基于上述原因，即使在极端的网络条件下，DiemBFT 协议也不会出现分叉。此外，即使存在网络分区，网络的不同部分无法到达网络的其他部分，只要网络在足够长的时间内恢复稳定，DiemBFT 协议就能保持正常运行。

12.4.2　一轮 DiemBFT 协议

在 Diem“加密货币”中，参与者（称为验证者）事先知道他们运行在一个许可的环境中。该协议在严格增加轮次（第 1 轮、第 2 轮、第 3 轮等）方面取得了进展，在此期间，验证者轮流提出交易区块。每轮的执行过程如下。

（1）处于领导地位的验证者会收集大量交易，将它们组合在一起形成新区块用于扩展区块链，然后对区块进行签名并将区块及其签名发送给所有其他的验证者。

（2）收到提议的区块后，其他验证者通过签名对区块进行投票和证明，然后将签名发送给下一轮的领导验证者。

（3）如果下一轮的领导验证者在该区块获得了足够的票数，他会把所有投票捆绑在法定人数证书（Quorum Certification，QC）中，该证书起到对区块的认证作用，并在其中提出一个新区块（在下一轮中）来扩展现有的认证区块。

另一种方式是，让比特币的区块只包含它所扩展区块的哈希值，而在 DiemBFT 协议中，一个区块还包含许多多个对前一个区块哈希值的签名。签名的数量非常重要，稍后会对此深入介绍。

需要注意的是，如果验证者在一轮中没有看到任何提议区块，就会发出超时警告，并告诉其他验证者什么也没发生。在这种情况下，会触发下一轮投票，区块提议者可以扩展他们所看到的最高认证区块。该过程如图 12.9 所示。

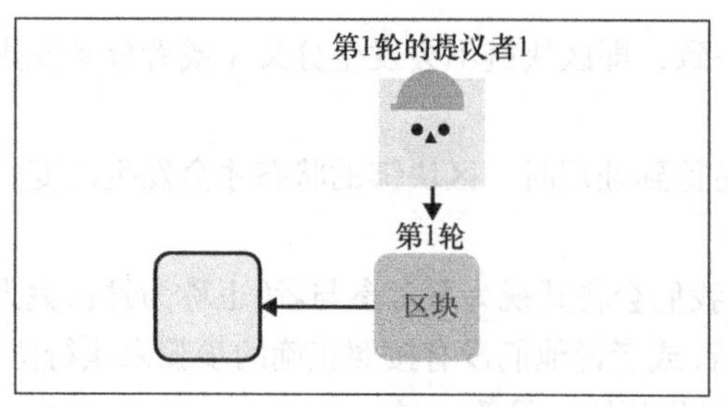

1. 为第一轮选出一个验证者，对包含交易的所有区块进行签名并广播签名

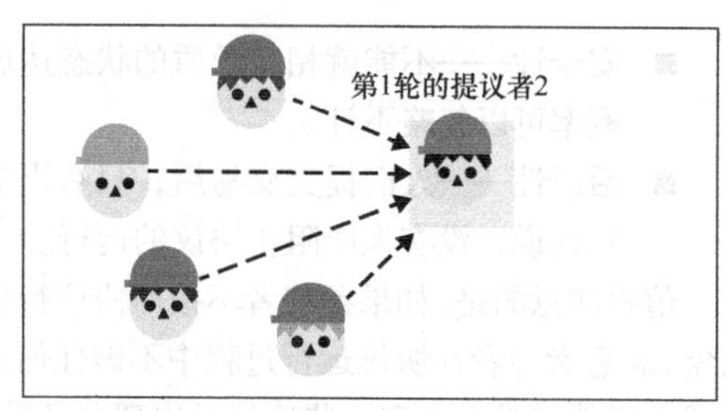

2. 其他验证者可以通过签名的方式对本区块投票，并将其发送给下一个提议者

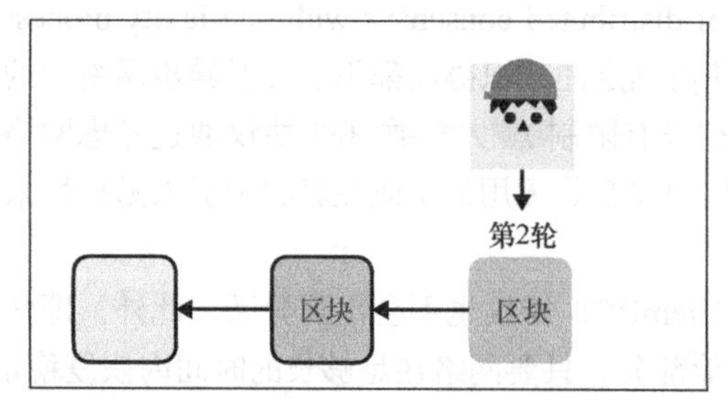

3. 如果收集到足够多的投票，下一个提议者会提出一个新区块，并把这些投票包含在新区块中，实现对被投票区块的认证

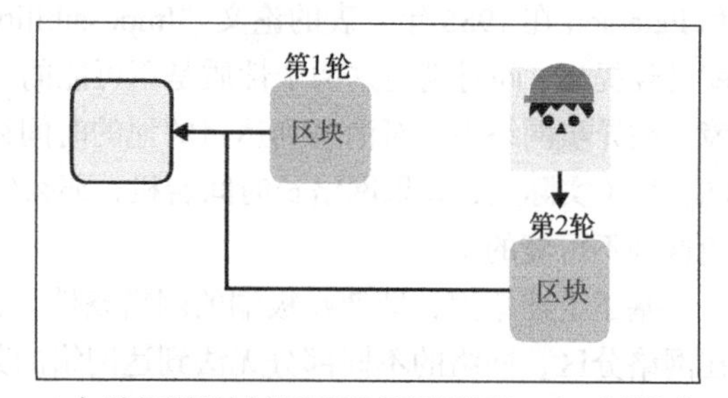

4. 如果直到超时也没收到足够多的投票，下一个提议者会将已验证区块扩展到当前能见到的最高区块上

图 12.9　在每轮投票中，DiemBFT 协议首先会让指定的领导者提出一个新区块，该区块的作用就是扩展他们看到的最后一个区块。如果下一轮的领导者获得足够的票数，形成法定人数证书，他就可以提出一个包含法定人数证书的新区块，从而扩展之前看到的区块

12.4.3　协议对不诚实行为的容忍度

假设我们希望协议最多能够容忍 f 个恶意验证者（允许他们相互勾结），对于 DiemBFT 协议来说，协议的验证者至少要达到 $(3f+1)$。换句话说，要想容忍 f 个恶意验证者，协议至少需要 $(2f+1)$ 个诚实验证者。只要这个假设成立，协议就能提供所要求的安全性和活跃性。

考虑到这一点，只能由大多数诚实的验证者投票和创建法定人数证书。如果有 $(3f+1)$ 个参与者，参与投票的验证者至少要有 $(2f+1)$。图 12.10 展示了诚实参与者和恶意参与者数量如何影响投票结果的可信度。

12.4.4　DiemBFT 协议的投票规则

验证者必须始终遵循以下两条投票规则，如果这两条规则不满足，协议就退化为拜占庭式的共识协议。

（1）验证者不能为过去的提议投票（例如，如果第 3 轮投票刚刚结束，验证者只能在第 4 轮及以后投票）。

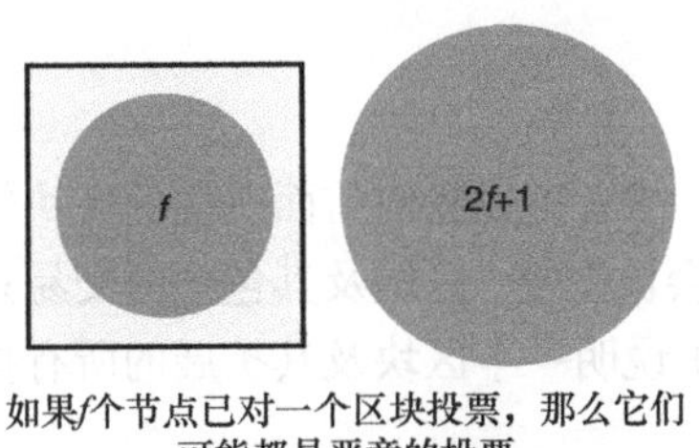

如果f个节点已对一个区块投票，那么它们可能都是恶意的投票

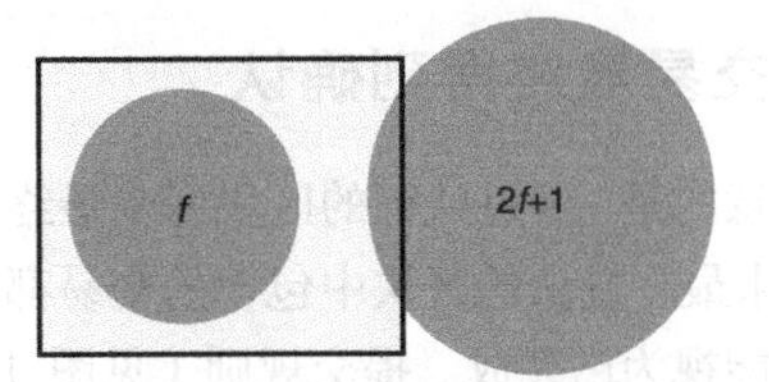

如果f+1个节点已对一个区块投票，那么它们可能都是恶意的投票

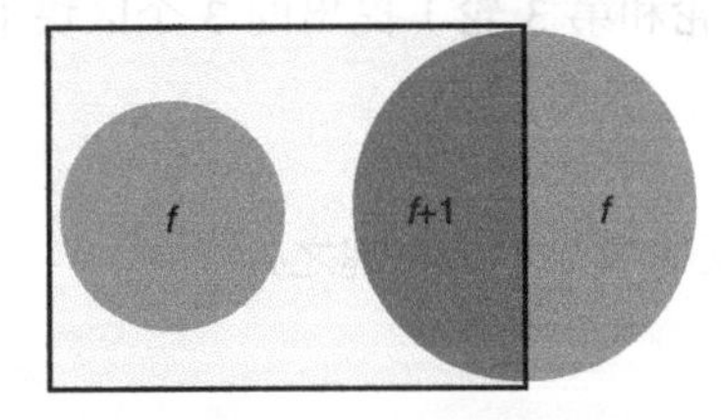

如果2f+1个节点对一个区块投票，那么至少有f+1个诚实节点已参与投票

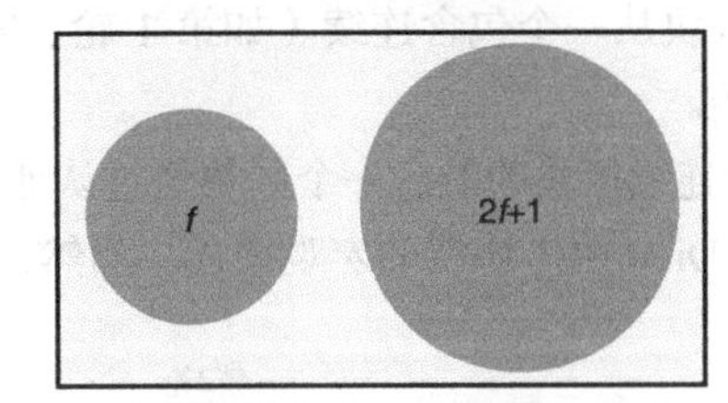

如果3f+1个节点对一个区块投票，那么所有节点都参与投票

图 12.10 在 DiemBFT 协议中，诚实验证者的数量至少要占参与者总数的三分之二，这样才能让协议保持安全性和活跃性。换句话说，如果协议能够容忍 f 个恶意的验证者，那么诚实验证者的数量至少要达到 $(2f+1)$ 个。认证的区块至少要获得 $(2f+1)$ 票，它代表诚实验证者拥有的最低票数

（2）验证者只能投票支持和扩展他们偏好轮次或更高轮次中的区块。

验证者偏好哪一轮？默认情况下，验证者会更喜欢第 0 轮，但如果仅给扩展了一个块的区块投票（为一个有祖父母的区块投票），那么验证者会更喜欢为祖父母区块投票的那一轮（除非之前参与了更高轮区块的投票）。图 12.11 解释了这一复杂过程。

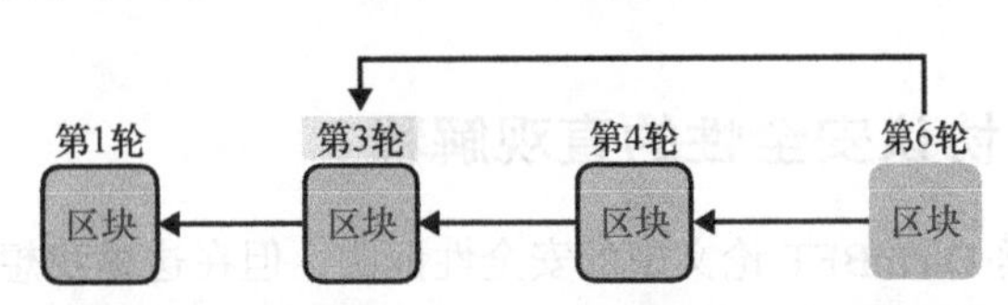

如果我在第6轮对区块进行投票，那我偏好的轮次将变为第3轮

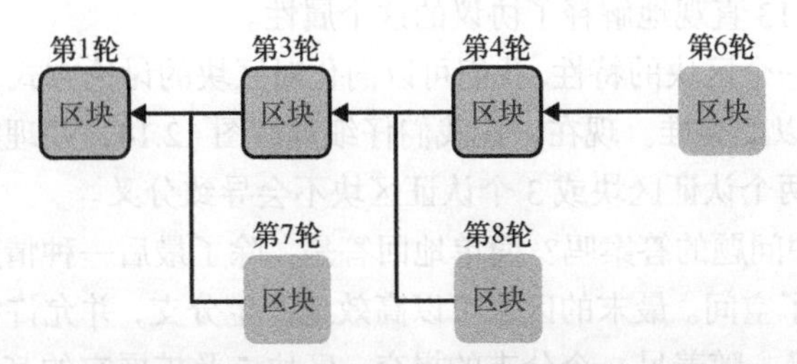

我不能在第7轮为区块投票，但我能在第8轮为区块投票

图 12.11 如果设置的轮数高于他们当前的偏好轮次，那么对区块进行投票后，验证者将他们偏好的轮次设置为祖先区块的轮次。若要对一个区块进行投票，则它父区块的轮次必须大于或等于它偏好的轮次

12.4.5 交易最终得到确认

需要注意的是，经过认证的区块尚未最终确定，或者正如我们前面所说的区块仅仅进行了提交。任何尚未最终确认的区块中包含的交易都可能会被恢复。区块及其包含的交易只有在触发提交规则后才能视为已完成。提交规则（见图 12.12）说明一个区块及其扩展的所有挂起的区块在什么情况下被提交，具体情况如下。

- 该区块从一个包含连续（如第 1 轮、第 2 轮和第 3 轮）提出的 3 个区块组成的区块链开始。
- 3 个连续区块的最后一个区块经过认证。

这就是 DiemBFT 协议的宏观描述。当然，协议的细节才是关键之处。

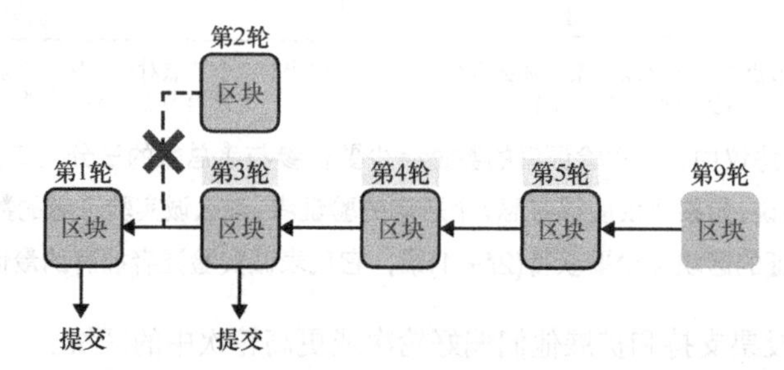

图 12.12 连续 3 个轮次（3、4、5）产生的区块碰巧形成一个得到认证的区块链。任何观察到第 9 轮法定人数证书对第 5 轮最后一个区块认证的验证者都可以提交第 3 轮的第 1 个区块，以及它的所有祖先区块（这里指第 1 轮产生的区块）。任何相互矛盾的分支（如第 2 轮产生的区块）都会被删除

12.4.6 DiemBFT 协议安全性的直观解释

虽然我鼓励大家阅读 DiemBFT 论文中的安全性证明，但在这里我想让大家直观地了解它的工作原理。首先，我们注意到在同一轮中不能对两个不同的区块进行认证。这是 DiemBFT 协议的一个重要属性，图 12.13 直观地解释了协议的这个属性。

基于每轮只能认证一个区块的特性，我们可以简化对区块的讨论方式：区块 3 产生于第 3 轮，区块 6 产生于第 6 轮，以此类推。现在，让我们仔细观察图 12.14，并理解为什么在非连续轮次中提交一个认证区块、两个认证区块或 3 个认证区块不会导致分叉。

你能找到图 12.14 中问题的答案吗？简单地回答是，除了最后一种情形，所有情形都为扩展第 1 轮产生的区块留出了空间。最末的区块可以高效地产生分支，并允许根据共识协议规则做进一步扩展。如果发生分叉，随着另一个分支的提交，区块 5 及扩展它的其他区块都会被删除。对于第 1 种情形和第 2 种情形，出现这类情况的原因可能是区块的提出者没有看到前面的区块。在第 3 种情形中，较早提出的区块可能出现得比预期晚，这可能是网络延迟造成的，或者更糟糕的

是，验证者没在第一时间验证该区块。图 12.15 详细解释了这一过程。

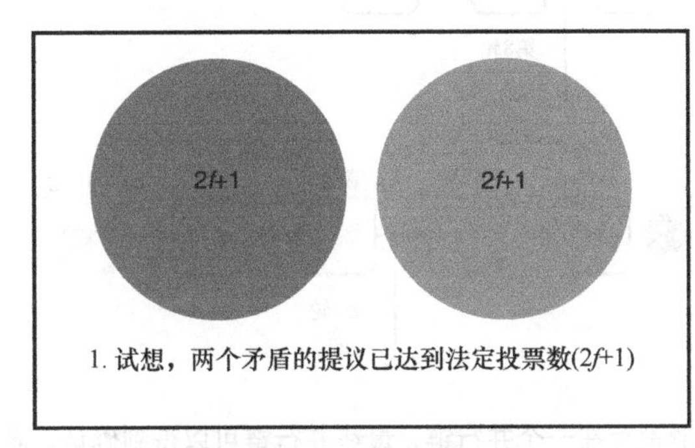

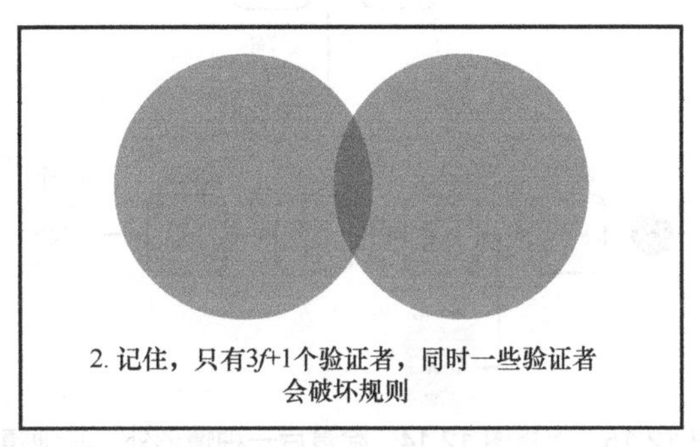

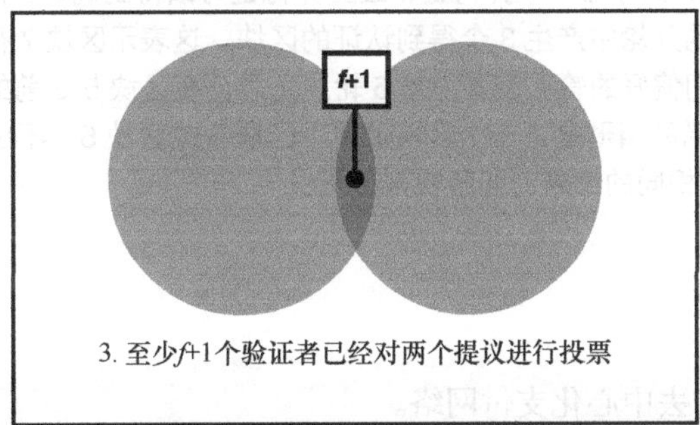

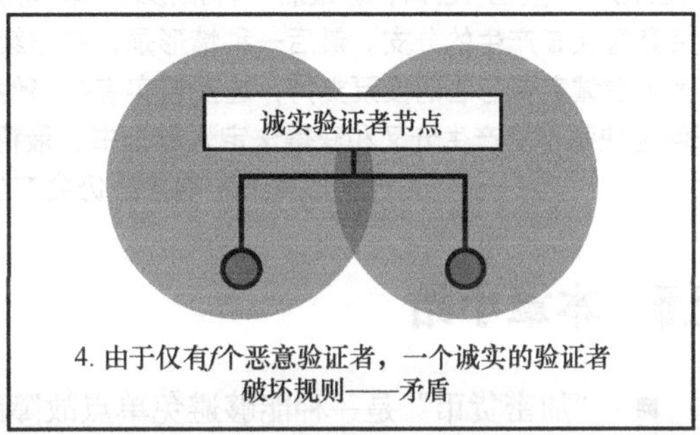

图 12.13　假设在一个拥有$(3f+1)$个验证者的协议中最多只能有 f 个恶意验证者，并且通过$(2f+1)$个签名投票创建仲裁证书，因此每轮只能产生一个认证的区块。这幅图通过反证法给出证明，即得出与初始假设相矛盾的结论

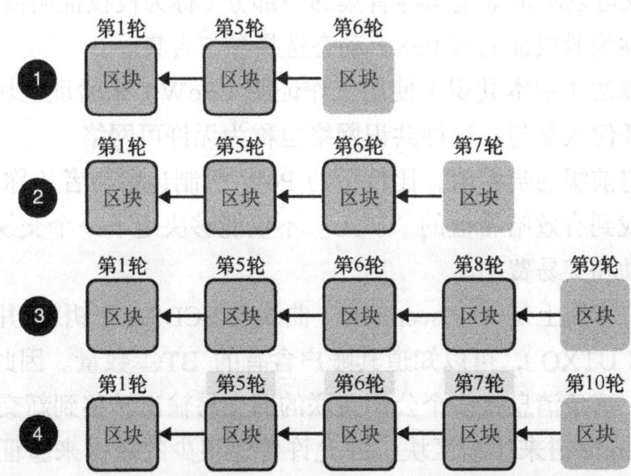

图 12.14　除了第 4 种情形，在其他所有情形中，提交区块 5 可能会导致分叉。只有在第 4 种情形下，区块 5 才能安全提交。为什么说除了第 4 种情形外，在其他情形下提交区块 5 存在分叉风险

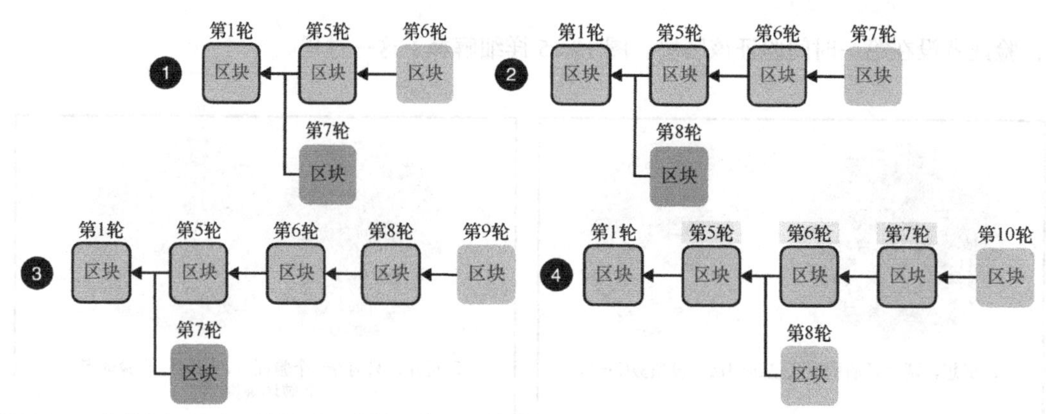

图 12.15 上接图 12.14，除最后一种情形外，其他情形都存在一个并行链，最终并行链可以得到确认，同时丢弃区块 5 产生的分支。最后一种情形是，在连续的几轮中产生 3 个得到认证的区块。这表示区块 7 得到大多数诚实参与者的投票支持，这些诚实者会将他们偏好的轮次设置为第 5 轮。之后，在区块 5 之前的任何区块都不能产生分叉和获得法定人数证书。最糟糕的情形是，一个区块扩展了区块 5 或区块 6，不过这种情形并不影响最终仍会产生相同的结果，即区块 5 被提交

12.5 本章小结

- “加密货币”是一种能够避免单点故障的去中心化支付网络。
- 共识算法可以让每个人都参与到“加密货币”的状态协商过程。
- 拜占庭容错（BFT）共识协议发明于 1982 年，现在它已发展为高效、广泛应用和易于理解的共识协议。
- BFT 共识协议要求共识过程的参与者事先已知且固定不变，这样的共识网络也称为许可网络。此类协议可以决定谁是参与者集的一部分（称为授权证明或 PoA），或者根据持有的货币数量（称为股权证明或 PoS）动态选择参与者集。
- 比特币的共识算法（中本共识）使用工作证明（PoW）来验证区块链的有效性，同时该共识过程允许任何人参与，这种共识网络也称为无许可网络。
- 为了找到有特定前缀的哈希值，比特币的 PoW 机制让参与者（称为“矿工”）计算大量哈希值。成功找到有效哈希值的“矿工”不仅能够决定下一个交易区块包含的交易，还能获得挖矿奖励和交易费用。
- 比特币中的账户本质上是一个 secp256k1 曲线的 ECDSA 密钥对。用户通过查看所有未消费的交易输出（UTXO），可以知道其账户含有的 BTC 数量。因此，交易实际上是一条已签名的消息，这条消息将多个公钥关联的旧交易输出转移到新交易输出。
- 比特币使用 Merkle 树来压缩区块，并允许传递很少的数据来验证该区块是否包含某笔交易。
- 稳定币（StableCoin）是一种试图稳定数字货币价值的“加密货币”，它通过将数字货币

与美元等法定货币绑定来实现稳定数字货币价值的目的。

- 为了降低交易延迟，“加密货币”经常使用两层协议，即在链下处理交易并定期将交易进度更新到链上。
- 许多区块链应用都使用了零知识证明（ZKP）技术（例如，Zcash 利用零知识证明技术实现机密性，Coda 用零知识证明技术将整个区块链压缩成一个简短有效的证据）。
- Diem 是一种基于 DiemBFT 共识协议的稳定币。只要$(3f+1)$个参与者中恶意参与者的数量不超过f个，Diem 将保持安全（无分叉）和有效。
- DiemBFT 协议的工作原理是让参与者提出一个扩展前一区块的交易区块。然后，其他参与者可以投票支持该区块。如果获得的票数超过$(2f+1)$，就会创建一个法定人数证书（QC）。
- 在 DiemBFT 协议中，只有当预定规则触发时，区块及其包含的交易才会得到确认。

第 13 章　硬件密码学

本章内容：

- 高度不可信环境中的密码学问题；
- 增加攻击者成本的硬件解决方案；
- 侧信道攻击以及软件缓解措施。

通常，将密码原语和协议视为独立的基础模块，假设它们运行在不存在任何敌手的理想环境下。在实践中，这是一个不切实际且错误的假设。在现实世界中，密码算法会运行在各种环境中，并受到各种威胁。本章我们将介绍更极端的场景，即高度不可信的环境，以及在此环境中保护密钥和数据的方法。（剧透警告：使用专门的硬件可以达到此目的。）

13.1　现代密码学中常见的攻击模型

> 当今的计算机和网络安全始于这样一个假设：我们拥有一个可以信任的环境。例如，在互联网上传输加密数据时，我们通常会假设进行加密的计算机没有受到攻击，并且存在其他可以安全解密的接收端。
>
> ——Joanna Rutkowska（“Intel x86 considered harmful”，2015）

密码学过去关注这样的场景：Alice 想在 Eve 无法截获任何密文数据的情况下向 Bob 发送加密的消息。而如今的很多密码学原语都更关注这样的场景：Alice 想向 Bob 发送一条加密消息，但 Alice 已经受到安全威胁。这是一个完全不同的攻击者模型，理论密码学没有考虑这样的威胁。这是什么意思？让我们看几个例子。

- 使用信用卡在自动柜员机（ATM）上存取款时，该取款机上可能会被安装一个扫描器，将该设备放在读卡器上，小偷可以复制用户的银行卡内容（见图 13.1）。
- 在手机上下载危及操作系统（Operating System，OS）的应用程序。
- 在共享 Web 托管服务中托管 Web 服务器时，可能会有恶意客户与我们共享同一台机器。
- 在一个数据中心管理高度敏感的机密数据，但该数据中心却允许来自不同国家的间谍访问。

图 13.1 扫描器是一种恶意设备，可以放置在 ATM 或支付终端读卡器前面，以复制信用卡磁条中包含的数据。磁条中的信息通常包含账号、失效日期和其他元数据，这些元数据可以在线上支付或许多支付终端中使用。有时，还会在 ATM 上安装隐藏的摄像头，以获取用户的 PIN 码。这让小偷可以通过输入 PIN 码使用 ATM 以及支付终端

上述的所有例子都是密码学的现代应用案例，而这些场景涉及的威胁模型都是密码学家忽略或者未曾考虑过的。事实上，我们在文献中读到的大多数加密原语都会假设 Alice 完全控制着她的执行环境，并且只有密文在网络上传输的过程中，攻击者才能执行中间人攻击。但是，在现实中，我们经常在不可信的环境下使用密码学。

警告：

密码算法的安全性源于困难性假设以及人们对潜在攻击者攻击能力的假设。如果困难性假设不成立，那么密码算法的安全性也将不复存在。

现实世界的应用程序如何确保在面临真实敌手时仍具备理论密码学的安全性呢？答案是做出妥协。换句话说，就是假设攻击者的能力有限。通常，我们会使用攻击代价来衡量系统的安全性（攻击者攻破系统的代价），而很少基于计算复杂性评估其安全性。

本章我们会学到很多不完美的密码学方案，在现实世界中，我们称这样的方案是基于纵深防御策略的。在本章中，我们会学到许多新的知识，还会介绍一些公司及其营销团队提出的新概念和方案。接下来，让我们开始学习如何在不可信环境中运行可信系统。

13.2 不可信环境：让硬件提供帮助

在实践中，攻击系统的方式多种多样。在对它们进行分类时可以考虑如下问题。

- 软件攻击：利用设备上运行的代码进行攻击。
- 硬件攻击：敌手通过在物理上靠近设备进行攻击。

前几章中，我们已经多次谈到针对密码的软件攻击及其缓解方法，但如果利用硬件解决方案，有些软件攻击更容易防御。例如，通过在连接到计算机的独立设备上生成并使用密钥，可以防止

在病毒攻击计算机时提取密钥。

然而，针对硬件的攻击更为棘手，因为有权访问设备的攻击者几乎可以进行任何他们想要的操作：敌手可以随意修改磁盘上的数据；可以在目标位置发射激光，从而迫使计算产生错误值（称为故障攻击）；可以打开芯片观察其中的部件，并通过聚焦离子束（Focused Ion Beam，FIB）显微镜对部件进行逆向工程等。这种攻击者几乎不受任何限制，因此很难抵御。通常，各种可行的方案都不约而同地选择增加尽可能多的防御层，试图给攻击者的攻击行为增加难度。这一切都是为了增加攻击者的攻击成本！

邪恶女仆攻击

硬件攻击者的能力各不相同。例如，一些攻击者可以花时间对设备进行高质量的攻击，而其他攻击者的攻击时间可能有限。想象下面的场景：我们把手机或笔记本电脑放在酒店房间里无人看管，一个“邪恶”女仆走进来，打开我们的设备并使用现成的简单工具修改系统，然后将设备伪造成从未被修改过的模样。在文献中，这种“邪恶女仆”攻击，可以推广到许多环境中（例如，飞行时在值机行李中携带设备，在不安全的数据中心存储敏感密钥，等等）。

当然，并非所有系统都需要抵御最强大的硬件攻击，不同的应用程序能应对的威胁级别也不相同。在不同的环境中，针对相同的攻击有不同的硬件解决方案，因此本节的其余部分旨在帮助读者理解不同环境下针对不同攻击的解决方案，同时了解不同攻击之间的区别和联系。

13.2.1 白盒密码学不可取

在学习不可信环境中的硬件解决方案之前，我们先考虑为何不使用软件解决方案呢？密码学能提供不泄露密钥的原语吗？

白盒密码算法可以解决上述问题。白盒密码学是密码学的一个研究领域，它试图使用密钥对密码方案的实现进行置乱。白盒密码算法的目标是防止监听者提取密钥。攻击者可以获取固定密钥的 AES 算法白盒实现的源代码，并且它的白盒实现可以正常加密和解密，但密钥与算法的实现混淆在一起，因此任何人都很难从算法中提取密钥，至少在理论上确实如此。但在实践中，尚未发现任何公开的安全白盒密码算法。基于这一事实，大多数商业解决方案都不开放其源代码。

注意：

由于尚未证明通过模糊和混淆（对代码进行置乱，使其变得不可读）实现安全性的技术的有效性，因此这样的技术往往不受欢迎。尽管如此，在现实世界中，这些技术有时可以用来拖延和阻碍敌手实施有效攻击。

总而言之，白盒密码学是一个大产业，制造商向需要数字版权管理（Digital Rights Management，DRM）工具的企业销售不安全的产品，这些工具用于控制客户对他们所购买产品的访问权限。例如，在播放电影碟片的硬件或播放电影的媒体服务软件中可以找到这些白盒解决方案。事实上，DRM 并不能有力地阻止针对硬件的攻击，这只会让用户操作变得烦琐。更严重的是，密码学有一个分支称为不可分辨混淆（Indistinguishability Obfuscation，IO），它试图用密码学方法实现白盒密码学解决方案。IO 是一个理论上的、不切实际的且到目前为止还未真正得到证实的研究领域。我们来看看现实世界最终会选择何种解决方案。

13.2.2 智能卡和安全元件

白盒密码学并不是最好的解决方案，但它几乎是抵御强大敌手的最佳软件解决方案。因此，让我们转而寻找硬件解决方案。（剧透警告：在硬件中，抵御敌手将变得更加复杂。）现实世界的密码学已经十分复杂，有太多的标准或方法来实现同样的功能。但是，当我们学习硬件层面的密码学时就会发现，其复杂程度不亚于现实世界的密码学。在硬件密码学中，不同的术语会以不同的方式组成和使用，而且硬件密码学中的标准甚至与密码学中的标准还要多。

为了了解这些硬件解决方案的具体内容，以及它们之间的不同之处，让我们先了解一些必要的发展历史。智能卡通常是一种包装在塑料卡（如银行卡）内的小芯片，它在 20 世纪 70 年代早期随着微电子技术的进步而出现。最初，智能卡是为了让每个人都拥有一台“袖珍”电脑！实际上，现代智能卡还嵌入了 CPU、不同类型的可编程或非可编程存储器（如 ROM、RAM 和 EEPROM）、输入输出设备、硬件随机数生成器（详见第 8 章，也称为 TRNG）等。

智能卡可以运行程序，不像非智能卡只能通过磁条存储数据，而磁条很容易通过扫描器复制。大多数智能卡允许开发者在卡上编写可运行的小型应用程序。智能卡广泛支持的标准是 JavaCard，它允许开发人员在卡上编写类似 Java 的应用程序。

使用智能卡时，首先需要将其插入读卡器来激活。近年来，智能卡中增加了近场通信（Near Field Communication，NFC）协议，通过无线电频率实现与向智能卡插入读卡器一样的效果。这使我们可以通过接近读卡器而不必在物理上接触读卡器来使用智能卡。

银行与传统密码学

顺便说一句，银行利用智能卡为每张卡存储一个唯一的秘密值，其可以证明持卡人的身份。直觉上，我们可能会认为这是通过公钥密码实现的，但由于银行业内仍在使用大量遗留的软件和硬件，因此银行业使用的依然是对称密码！

更具体地说，大多数银行卡存储三重 DES（3DES）对称密钥，这是一种古老的 64 比特分组密码，三重密钥是因为一重的 DES 算法并不安全。该算法不是用来加密的，而是用于产生消息认证码来对一些挑战做出响应。由于银行持有每位客户当前的 3DES 对称密钥，因此其可以正确验证消息认证码。这个例子充分说明了现实世界中历史遗留算法随处可见，并正以一种不安全的方式运行着。（这也是密钥轮换的重要之处，也是我们必须定期更换银行卡的原因。）

智能卡融合了许多物理和逻辑技术，以防止敌手观察、提取和修改其执行环境和部分内存（其中存储了秘密值）。试图破坏智能卡和硬件设备的常见攻击有很多。这些攻击可分为以下 3 种类别。

- 非侵入式攻击：非侵入式攻击不影响目标设备的运行。例如，差分功耗分析（Differential

Power Analysis，DPA）攻击在执行智能卡的加密操作的同时评估智能卡的功耗，从而达到提取密钥的目的。

- 半侵入式攻击：半侵入式攻击以非破坏性方式访问芯片表面以进行攻击。例如，差分故障分析（Differential Fault Analysis，DFA）攻击利用热量、激光和其他技术修改智能卡上程序的执行过程，从而达到泄露密钥的目的。
- 侵入式攻击：侵入式攻击中，攻击者会打开芯片，探测或修改芯片本身的电路，以达到改变芯片的功能并泄露秘密值的目的。这些攻击特征明显，因为它们会损坏设备，并且很大概率会令设备无法使用。

尽管硬件芯片非常小且封装紧密，已经可以使得攻击变得困难。但专用硬件通常会在此基础上增强防护，它们使用不同的材料层来防止拆包和物理观察带来的安全威胁，并使用硬件技术来降低已知攻击的准确度。

智能卡的流行速度非常快，在其他设备中安装这样一个安全的黑匣子明显十分有用。安全元件的概念也由此诞生。安全元件是一种防篡改的微控制器，它可以是可插拔的（例如，手机中访问运营商网络所需的 SIM 卡），也可以直接连接到芯片和主板（例如，连接到 iPhone NFC 芯片上用于支付的嵌入式安全元件）。安全元件实际上只是一小块单独的硬件，用于保护秘密值及执行相关的密码操作。

安全元件是物联网（Internet of Things，IoT）中保护密码操作的重要概念。IoT 是一个口语化术语，指的是可以与其他设备（比如信用卡、手机、生物识别护照、车库钥匙、智能家居传感器等）通信的设备。我们可以将本节介绍的所有解决方案视为以不同形式实现的安全元件，它们基于不同的技术实现了几乎相同的功能，但提供不同的安全等级和运行速度。

安全元件的主要定义和标准由全球平台（Global Platform）制定，这是一个非营利性组织，它因行业内不同参与者的需要而创建，旨在促进不同供应商和系统之间的互操作性。在通用标准（Common Criteria，CC）、NIST 或 EMV（表示 Europay、Mastercard 和 Visa）这类标准机构中，我们可以获取更多关于安全元件的安全声明标准和认证。

由于安全元件是高度保密的模块，将它们集成到产品中意味着我们必须签署保密协议，并不能使用开放源代码的硬件和固件。对于许多项目来说，这些要求对产品的透明度造成严重限制，但我们可以理解这种做法，因为安全元件的一部分安全性来自它们在设计上的模糊性。

13.2.3　硬件安全模块——银行业的宠儿

理解了安全元件的概念后，那么硬件安全模块（Hardware Security Module，HSM）基本上可以视为一个更大、运行速度更快的安全元件。与安全元件一样，一些 HSM 也可以运行任意代码。但也有一些 HSM 很小（比如 YubiHSM，一种类似于 YubiKey 的小型 USB 适配器），因此“硬件安全模块”一词在不同情况下表示不同的含义。

许多人会认为，到目前为止讨论的所有硬件解决方案都是不同形式的 HSM，安全元件只是由全局平台指定的 HSM，而可信平台模块（Trusted Platform Module，TPM）是由可信计算组织指定的 HSM。但大多数时候，HSM 表达的含义更广。

HSM 通常根据 FIPS 140-2 的“Security Requirements for Cryptographic Modules”进行分类，该文件在 2001 年发布，自然没有考虑到出版后发现的一些攻击。幸运的是，2019 年，它被更新的 FIPS 140-3 取代。现在，FIPS 140-3 依赖两个国际标准。

- ISO/IEC 19790:2012：该标准定义了 HSM 的 4 个安全级别。1 级 HSM 不提供任何针对物理攻击的保护（可以视其为纯软件实现），而 3 级 HSM 在检测到任何入侵时会擦除秘密值！
- ISO 24759:2017：该标准定义了 HSM 测试方法，以便标准化 HSM 产品的认证。

不过，上述两个标准并不是免费的，必须付费才能阅读其内容。

美国、加拿大等国家要求银行等行业必须使用已通过 FIPS 140 等级认证的设备。全球有许多公司采用了这些标准的建议。

注意：

擦除秘密值的做法也称为归零。与 3 级 HSM 不同，4 级 HSM 即便在断电的情况下也可以多次覆盖机密数据，这要归功于内部备用电池。

通常，HSM 是一种自带支架的外部设备，往往放置在架子上（见图 13.2），并插在数据中心的企业服务器上，或者作为 PCI 卡插在服务器主板上，甚至作为硬件安全令牌的小型适配器。HSM 可以通过 USB 接口插入硬件设备（如果不介意性能降低的话）。为了实现完整的循环，还可以使用智能卡来管理其中一些 HSM，实现安装应用程序、备份密钥等操作。

图 13.2　一个用作 PCI 卡的 IBM 4767 HSM（图片源自维基百科）

有一些行业对 HSM 的依赖度很高。例如，每次我们在 ATM 上输入 PIN 码时，该 PIN 码都会在某个地方的 HSM 上验证。无论何时通过 HTTPS 连接到网站，信任源都来自将私钥存储在 HSM 中的 CA，而 HSM 可能会由于网站不可信而终止 TLS 连接。想必大多数人都使用安卓或者 iOS，谷歌公司或苹果公司可能会用一组 HSM 安全地备份手机数据。最后一个案例很有趣，因为威胁模型是逆向思考的，即用户不信任云服务器及其数据，因此，云服务提供商必须声称其服务无法看到用户的加密备份数据，也无法访问用于加密的密钥。

HSM 并没有真正的标准接口，但它们中的大多数至少实现了 PKCS#11 标准，这是 RSA 公司发起的一个旧标准。为了更好地使用相关标准，2012 年 PKCS#11 标准逐步转移到 OASIS 组织。虽然 PKCS#11 的最后一个版本（PKCS#11 v2.40）是在 2015 年才发布的，但它其实只是对 1994 年发布的初始版本标准的更新。因此，它修改了一些可能导致漏洞的旧密码算法或旧的操作方式。尽管如此，在很多应用场景中，PKCS#11（v2.40）提供的算法功能已经足够，并且指定了一个允许不同的系统便捷地进行互操作的接口。好消息是 PKCS#11 v3.0 于 2020 年发布，其中包括许多 Curve25519、EdDSA 和 SHAKE 之类的现代密码算法。

虽然 HSM 的真正目标是确保敌手无法从中提取秘密信息，但并非所有的 HSM 都拥有高安全性。硬件解决方案的安全性很大程度上依赖于其高昂的价格、未披露的硬件防御技术，以及通过硬件标准的认证（如 FIPS 标准和通用标准）。在实践中，我们可以发现毁灭性的软件漏洞，但却并不容易发现 HSM 存在的漏洞。2018 年，Jean-Baptiste Bédrune 和 Gabriel Campana 在他们的研究“Everybody be Cool, This is a Robbery”中提出了一种软件攻击，可以实现在 HSM 中提取密钥。

注意：

单个 HSM 的价格已经十分高昂（随着安全级别的提升，HSM 的价格很容易达到成千上万美元），但我们通常至少还需要一个 HSM 用于测试，以及另外一个 HSM 用于备份（以防第一个 HSM 中的密钥失效）。这些费用加起来构成 HSM 的使用成本！

此外，我们还没有提到一些显而易见却无人问津的攻击：虽然我们可以阻止大多数攻击者获取密钥，但却无法阻止攻击者破坏系统并自行调用 HSM（除非 HSM 中的逻辑需要通过多个签名验证才能运行或者智能卡存在门限）。但是，在大多数情况下，HSM 提供的唯一服务是防止攻击者偷偷窃取并使用秘密信息。在选择集成硬件解决方案（如集成 HSM）时，最好首先了解威胁模型、想要阻止的攻击类型，以及考虑第 8 章中提到的多重签名等门限方案是否为更好的解决方案。

13.2.4 可信平台模块：安全元件的有效标准化

虽然实践已经证明安全元件和 HSM 是有效的，但它们仅限于在特定的用例中使用，而且编写定制应用程序的过程非常烦琐。出于这个原因，由行业参与者组成的另一个非营利组织——可信计算组织（Trusted Computing Group，TCG）提出了一个针对个人和企业计算机的即用型替代方案，这就是可信平台模块（Trusted Platform Module，TPM）。

TPM 不是一种芯片，而是一个标准（TPM 2.0 标准），任何选择使用 TPM 2.0 标准的供应商都可以实现 TPM。符合 TPM 2.0 标准的 TPM 是一个安全的微控制器，它带有一个硬件随机数生成器以及用于存储秘密信息的安全内存，可以执行加密操作，并且整个系统是防篡改的。这种描述听起来可能很耳熟，事实上，提供商往往通过重新打包安全元件来实现 TPM。TPM 通常直接焊接或插入企业服务器、笔记本电脑和台式计算机的主板（见图 13.3）。

与智能卡和安全元件不同，TPM 不运行任意代码。TPM 提供了一个定义良好的接口，以便更大的系统可以充分利用这个模块。TPM 通常都很便宜，现在许多普通笔记本电脑都带有一个 TPM。

糟糕的是：TPM 和处理器之间的通信信道通常只是一个总线接口，以便在敌手试图窃取或获得对设备的临时物理访问权限时进行拦截。虽然许多 TPM 对物理攻击具有很高的抵抗力，但它们的通信信道在某种程度上是开放的，这一事实确实减少了它们在硬件防御上的应用，因此 TPM 主要用于对软件攻击的防御。

图 13.3　一个实现 TPM 2.0 标准的芯片，插入主板（图片源自维基百科）。这个芯片可以被系统的主板组件以及运行在计算机操作系统上的用户应用程序所调用

为了解决这些问题，人们开始尝试直接将类似 TPM 的芯片集成到主处理器中。例如，苹果设备的 Secure Enclave、微软设备的 Pluton。不幸的是，这些安全处理器似乎都没有遵循标准，因此用户的应用程序可能很难甚至无法使用它们的功能。让我们通过一些例子来了解 TPM 等硬件安全芯片的功能。

TPM 最简单的用例是保护数据。要保护密钥很容易：只需在安全芯片中生成密钥，并禁止外部提取密钥。如果用户需要密钥，则要通过芯片执行密码操作。需要加密数据时，由安全芯片来执行加密操作。如果加密单个文件，则称为基于文件的加密（File-based Encryption，FBE）；如果加密整个磁盘，则称为全磁盘加密（Full-disk Encryption，FDE）。FDE 听起来更好，因为它是一种全部加密或全部不加密的方法。这也是大多数笔记本电脑和台式计算机使用的方法。但实际上，FDE 并没有那么好：它没有考虑到人类的使用习惯。我们经常将设备锁定（而不是关闭），以便让后台程序继续运行。计算机通过保留数据加密密钥（Data-Encryption Key，DEK）来处理此问题，使得即使在计算机已锁定的情况下依然能够确保设备安全。（下次在咖啡厅去洗手间前，你把锁定的电脑留在无人看管的地方时，可以想想这个问题。）现代手机提供了更高的安全性，可以根据手机是锁定还是关闭的状态，对不同类型的文件进行加密。

注意：

在实践中，FDE 和 FBE 在实现上都存在许多问题。2019 年，Meijer 和 Gastel 在“Self-encrypting deception: Weaknesses in the encryption of solid state drives (SSDs)”中指出，一些 SSD 供应商的解决方案完全不安全。2021 年，Zink 等在“Data Security on Mobile Devices: Current State of the Art, Open Problems, and Proposed Solutions”中指出电话磁盘加密也存在很多安全问题。

当然，在解密数据之前，应该先对用户进行认证。这通常是通过要求用户输入 PIN 码或口令来实现的。然而，PIN 码或口令是不够安全的，因为简单的暴力攻击就可以破解 PIN 码或者口令（尤其是 4 位或 6 位 PIN 码）。通常的解决方案是将 DEK 与用户凭证和保存在安全区域上的对称密钥联系起来。

但是芯片制造商不能在他们生产的每个设备上硬编码相同的密钥，这会导致类似 DUHK 的攻击，DUHK 攻击正是源于攻击者发现成千上万的设备硬编码了相同的密钥。这反过来意味着攻破一个设备将导致所有设备被攻破！解决方案是让每个设备拥有唯一的密钥，密钥要么在制造时融合到芯片中，要么由芯片本身通过称为物理不可克隆功能的硬件组件来生成。例如，每个苹果设备的 Secure Enclave 模块都有一个 UID，每个 TPM 都有一个唯一的背书密钥和认证密钥等。为了防止暴力攻击，Apple 的 Secure Enclave 模块将 UID 密钥和用户 PIN 码与基于口令的密钥派生函数（利用第 2 章介绍的口令哈希算法来派生密钥）混合在一起，用于派生 DEK。为了允许用户快速更改 PIN 码，DEK 不是直接派生的，而是由密钥加密密钥（Key Encryption Key，KEK）加密产生的。

另一个例子是安全启动。启动计算机时，需要经过多个阶段的运行才能最终进入用户许可操作的界面。用户面临的一个问题是，如果病毒和恶意软件感染了启动过程，用户操作将在一个恶意的操作系统上运行。

为了保护启动过程的完整性，我们选择 TPM 和集成安全芯片作为信任基础，它们是绝对可以信任的设备，让我们可以信任以其为基础的其他应用程序。这种信任通常源自一些不能被覆盖的只读存储器（ROM，也称为一次性可编程存储器，因为它的内容在制造过程中就已经写入，不能更改）。例如，当给最近的苹果设备通电时，执行的第一个代码是启动 ROM，它位于苹果设备操作系统的 Secure Enclave ROM 中。这个启动 ROM 很小，所以通常它只需：

（1）准备一些受保护的内存并加载下一个运行的程序（通常是其他启动加载程序）；

（2）计算程序的哈希值，并根据 ROM 中硬编码的公钥验证其签名；

（3）执行程序。

下一个启动加载程序也会做同样的事情，直到最终一个启动加载程序启动操作系统。顺便说一下，这就是没有获得苹果官方签名的应用程序无法安装到苹果手机的原因。

TPM 和集成的 TPM 芯片有一些有趣的发展，近年来极大地提高了设备的安全性。随着新标准的出现以及这些芯片的价格日益降低，更多的设备将能够从中受益。

13.2.5　在可信执行环境中进行保密计算

智能卡、安全元件、HSM 和 TPM 是独立的芯片或模块，它们都带有 CPU、内存、TRNG 等组件，支持 NFC 的芯片中的一些电线或射频组件可以与它们通信。虽然类似 TPM 的芯片（微软公司的 Proputo 和苹果公司的 Secure Enclave）与芯片系统（System on Chip，SoC）内部的主处理器紧密耦合，但它们仍是独立的芯片。在本小节中，我们将学习主处理器内部的硬件安全性、集成安全性、硬件强制安全性在逻辑上的分类。

安全处理器通过扩展处理器的指令集来为用户代码创建可信执行环境（Trusted Execution

Environment，TEE），从而允许程序在单独的安全环境中运行。TEE 与我们熟悉的运行环境（通常称为富执行环境）之间的分离是通过硬件实现的。现代 CPU 同时运行普通操作系统和安全操作系统。两者都有自己的寄存器集，但共享 CPU 体系结构的其余大部分功能。通过使用 CPU 强制逻辑，外界数据无法访问安全环境的数据。例如，一个 CPU 通常将自己的内存分割出一部分专用于 TEE。由于 TEE 直接在主处理器上实现，因此 TEE 不仅比 TPM 或安全设备更快、更便宜，而且在许多现代 CPU 中也是免费的。

与其他硬件解决方案一样，TEE 也是由不同供应商独立开发的，目前全球平台也在抓紧实现 TEE 的标准化。著名的 TEE 解决方案是英特尔的软件保护扩展（Software Guard Extension，SGX）和 ARM 的 TrustZone。

我们用下面的例子来说明 TEE 的作用。在过去的几年里，出现了一种新的服务模式，即大公司运行云服务器用于用户托管数据。比如亚马逊的 AWS、谷歌的 GCP、微软的 Azure 等。另一种说法是，人们正从在自己的计算机上运行程序转向在别人的计算机上运行程序。这给某些注重隐私的应用带来了安全问题。为了解决这一问题，保密计算提供的解决方案是在无法看到或修改用户代码的情况下运行客户端代码。如今，SGX 的主要使用场景是：客户端在服务器上运行代码，但服务器无法看到客户代码，也无法篡改客户代码。

一个有趣的问题是，人们如何相信请求的响应来自 SGX，而不是来自某个攻击者。这就是证明技术试图解决的问题。此处，我们介绍两种证明技术。

- 本地证明：在同一平台上运行的两个安全区域需要相互交流，并向对方证明自己是安全区域。
- 远程证明：客户端查询一个远程安全区域，并需要确保它是产生该请求结果的合法安全区域。

每个 SGX 芯片在制造时都配有独特的密钥对。然后，英特尔的 CA 对公钥部分进行签名。英特尔的签名有意义的前提是，我们不假设硬件都是安全的，而是假设英特尔只为安全的 SGX 芯片公钥签名。因此，我们现在可以从英特尔的 CA 获得一份签名证明，证明我们正在与一个真正的 SGX 安全区域对话，并且它正在运行一些特定的代码。

TEE 的第一个目标是阻止软件攻击。虽然 TEE 声称自己具备的软件安全性似乎极具吸引力，但在实践中，由于现代 CPU 及其动态状态的极端复杂性，在同一芯片上分离执行程序很难实现。这一点在针对 SGX 和 ARM 可信区域的许多软件攻击中得到了证明。

TEE 作为一种概念提供了一些抵抗物理攻击的能力，这是因为微观层面的事物太小且包装紧密，需要昂贵的设备才能进行分析。但对于一个目的明确的攻击者，这些问题可能无法阻挡他发起的攻击。

13.3　何为最优解决方案

在本章中我们已经了解了许多硬件产品。图 13.4 所示是对这些硬件产品的总结。

- 智能卡是需要由外部设备（如支付终端）激活的微型计算机，它们可以运行小型的类似 Java 的定制应用程序。银行卡是一种广泛使用的智能卡。
- 安全元件是一种一般化的智能卡，它们依赖于一套由全球平台提出的标准。SIM 卡就是一种安全元件。
- HSM 是企业服务器使用的可插拔安全元件。它们运行速度更快、更灵活，主要被数据中心用于存储密钥，使得对密钥的攻击更加容易发现。
- TPM 是插入个人和企业计算机主板的安全元件。它们遵循 TCG 的标准化接口，且可以为操作系统和终端用户提供服务。
- 安全处理器是存在于主处理器附近的类似 TPM 的芯片，它们是不可编程的。安全处理器没有任何标准可以遵循，因此不同的供应商可采用不同的技术来实现。
- ARM 可信区域和 SGX 等 TEE 可以看作在 CPU 指令集中实现的可编程安全元件。它们的运行速度更快、成本更低，主要用于抵御软件攻击。大多数现代 CPU 都配备了 TEE 和各种级别的硬件攻击防御模块。

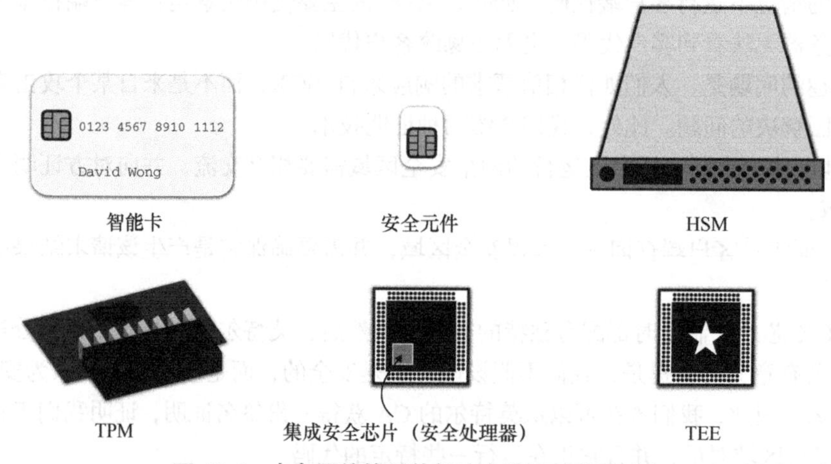

图 13.4 本章涵盖的硬件解决方案及其外观形态

对我们来说，最好的解决方案是什么？试着通过下述问题来缩小选择范围。

- 以何种形式？例如，如果在一个小设备中需要一个安全元件，就可以排除一些需要空间较大的解决方案。
- 需要多高的运行速度？每秒需要执行大量密码操作的应用程序在选择解决方案时需要考虑运行速度，可能只能在 HSM 和 TEE 中选择。
- 需要多高的安全级别？供应商的认证和声明中指明了他们不同级别的软件或硬件产品的安全性。解决方案的安全性没有上限。

请记住，没有一个硬件解决方案是万能的，我们能做的只是增加攻击者的攻击成本。对于一个老练的攻击者，所有这些解决方案几乎都毫无用处。我们需要做的是让系统不会由于一个设备受到攻击而导致所有设备受到牵连。

13.4　防泄露密码

此前我们学习了利用硬件防止直接观察和提取密钥的方法，但硬件防御的能力有限。尽管硬件在不断强化其安全性，但密钥仍然有可能由于软件的疏忽而泄露。软件可以直接泄露密钥（比如创建后门）或以泄露足够的信息使敌手有能力重建密钥的方式来间接泄露密钥。后者被称为侧信道攻击，侧信道漏洞在大多数情况下都是无意中产生的。

我们在第 3 章中学过时序攻击，也因此学到了 MAC 认证标签的比较必须在恒定时间内完成，否则，攻击者可以通过发送许多不正确的认证标签并记录它们的响应时间，最后推断出正确的认证标签。在实用密码学领域，时序攻击很受重视，因为它们可能通过网络进行远程攻击，而不像物理侧信道攻击有距离的限制。

最知名的侧信道攻击是功耗分析攻击，这在本章前面提到过。1998 年，Kocher、Jaffe 和 Jun 发现了一种称为差分功率分析（Differential Power Analysis，DPA）的攻击，当时他们发现，在对已知明文进行加密时，可以将示波器连接到设备上，观察设备消耗的电量随时间的变化。如果设备设置了操作位数，那么耗电量的差异显然取决于使用的密钥位数，以及异或这类操作的数量。这可以用于实现密钥提取攻击（所谓的完全攻破攻击）。

侧信道攻击的概念可以用简单功率分析（Simple Power Analysis，SPA）攻击来说明。在理想情况下，当没有针对功耗分析攻击采用硬件或软件缓解措施时，SPA 足以测量和分析涉及密钥的单个密码操作的功耗。此攻击的说明如图 13.5 所示。

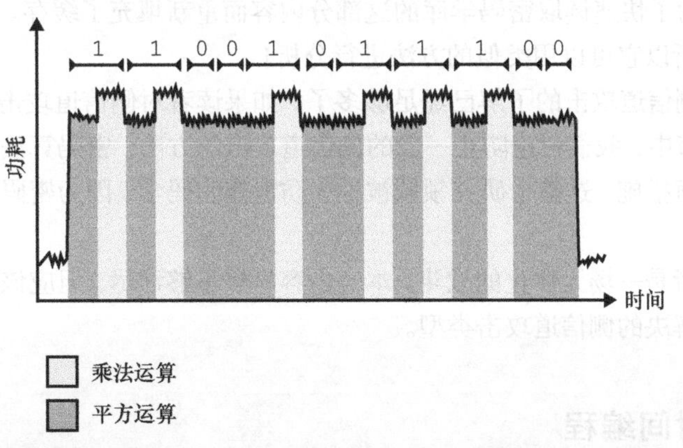

图 13.5　一些密码算法通过其功耗泄露了大量信息，因此对单个功耗曲线（功耗随时间变化的曲线）进行简单的功耗分析就可能会泄露算法的私钥。例如，此图表示 RSA 指数运算（消息进行幂运算，其中指数是私有的，具体参阅第 6 章）的功耗曲线。RSA 指数运算是通过“平方乘”算法实现的，该算法迭代次数等于私有指数的比特长度。对于每一位，只有当该位设置为 1 时才会调用平方运算，然后调用乘法运算。在这个例子中，乘法显然消耗了更多的能量，因此它的功耗更加明显

功率不是唯一的物理侧信道。有些攻击依赖于电磁辐射、振动，甚至硬件发出的声音。虽然本章主要讨论硬件密码学，但是在现实世界中非物理侧信道攻击也非常重要，需要加以缓解。

首先，返回的错误信息有时会泄露关键信息。例如，在 2018 年出现的 ROBOT 攻击可以在多台实现 RSA PKCS#1 v1.5 算法的 TLS 协议（见第 9 章）的服务器上发起百万消息攻击（见第 6 章）。百万消息攻击只有在能够区分 RSA 密文是否具有有效填充的情况下才有效。为了防止这种攻击，安全实现方式是在恒定时间内执行填充的验证，且在检测到填充无效后避免提前返回错误提示。例如，在 TLS 协议的 RSA 密钥交换过程中，如果 RSA 有效负载的填充不正确，服务器假装完成了成功的握手并进行响应。不过，如果在算法的实现中，填充验证结束后会根据填充的有效性返回不同的值，那么上述攻击仍然可以生效。

其次，访问内存可能需要或长或短的时间，由于计算机中存在大量的缓存层，因此时间的长短取决于数据之前是否被访问过。例如，如果 CPU 需要一些数据，它首先会检查这些数据是否已缓存在内部内存中。如果没有，它就会检查距离越来越远的缓存。缓存越远，读取需要的时间就越长。不仅如此，还有一些缓存与特定核关联（例如一级缓存），而另一些缓存则是多个核共享（三级缓存、RAM、磁盘）。

缓存攻击利用了恶意程序与正常程序可能在同一台计算机上运行并且使用同样的密码学库编写敏感密码程序的事实。例如，许多云服务在同一台机器上托管不同的虚拟服务器，而许多服务器使用 OpenSSL 库进行密码操作或提供 TLS 页面。恶意程序会删除已加载到受害者进程共享缓存中的密码库的某些部分，然后周期性测量重新读取该库某些部分所需的时间。如果需要很长时间，那么说明受害者没有执行程序的这一部分；如果需要很短时间，则说明受害者访问了程序的这一部分，并且为了快速读取密码学库的这部分内容而重新填充了缓存。这种攻击得到的曲线类似于功耗曲线，所以它可以用类似的方法进行分析！

至此，我们对侧信道攻击的了解已经足够多了。如果读者对侧信道攻击感兴趣，可以查阅其他相关图书。在本节中，我们讨论防止一般的侧信道攻击的方法，密码算法的实现应该考虑的侧信道攻击及软件缓解措施。这整个研究领域被称为防泄露密码学，因为密码学家的目标是不泄露任何信息。

防御物理攻击者是一场无休止的战斗。本节内容显然不够详尽，但应该足够让我们了解应用密码学家正在努力解决的侧信道攻击类型。

13.4.1 恒定时间编程

任何密码算法实现的第一道防线都是在恒定的时间内实现其密码敏感部分（比如涉及秘密的计算）。很明显，在恒定的时间内运行算法可以抵抗时序攻击，也可以抵抗其他许多类型的攻击，如缓存攻击和简单的功率分析攻击。

如何在固定的时间内执行某种计算呢？答案是永远不要在代码中出现分支。换句话说，无论输入是什么，总是运行同样多的代码。例如，代码清单 13.1 展示了用 Go 语言实现 HMAC 算法在恒定时间内完成认证标签比较的方法。直观地说，如果两个字节相等，那么它们的异或结果为 0。如果每一对字节异或的结果都是 0，那么之后对异或结果进行或运算，最终会得到 0（否则为非零值）。注意，下面这段代码对于没有了解过恒定时间编程这个技巧的人来说比较难以接受。

代码清单 13.1　Go 语言实现在恒定时间内两个字节数组之间的比较

```
func ConstantTimeCompare(x, y []byte) byte {
    if len(x) != len(y) {
        return 0
    }

    var v byte
    for i := 0; i < len(x); i++ {
        v |= x[i] ^ y[i]
    }

    return v
}
```

比较的两个字符串（字节数组）长度必须相同

循环将每个字节的异或运算结果通过或运算得到一个值 v

返回 v 值，v 是 0 或者一个非零值，表明字符串相等或者不等

对于 MAC 认证标签的比较而言，只需通过分支（使用条件表达式，如 if）检查结果是否为 0 就足够了。另一个有趣的例子是椭圆曲线密码中的标量乘法（见第 5 章），它通过多次自加来实现，其中 x 就是标量。这个计算过程可能有点儿慢，因此有一些巧妙的算法可以加速标量运算。其中一个流行的算法叫作蒙哥马利阶梯算法，它与前面提到的 RSA 算法的平方乘算法类似（但是在另一个群中实现）。

蒙哥马利阶梯算法交替进行两点的相加以及一个点的加倍运算。RSA 的平方乘算法和蒙哥马利阶梯算法都有一种缓解时序攻击的简单方法，即程序中不出现分支，并且总是执行上述两种操作。这就是 RSA 算法在恒定时间内的求幂算法常被称为平方乘的原因。

注意：

第 7 章中提到签名方案可能会以多种方式出错，并且针对泄露 nonce 某些字节的签名方案实现（在 ECDSA 等签名方案中）可以进行密钥恢复攻击。这就是 Minerva 和 TPM 失败（TPM-Fail）攻击的具体实现，这两种攻击几乎同时发生。这两种攻击都根据签名操作所需的时间随操作量的变化来攻击设备。

实际上，缓解时序攻击并不总是简单的，因为乘法或条件移动的 CPU 指令运行时间并非总是恒定的。此外，当与不同的编译标志一起使用时，我们无法确定编译器编译高级代码的方法。因此，为了确保程序确实在恒定时间内运行，有时开发人员会手动检查程序生成的汇编代码。此外，还有许多用于分析恒定时间代码的工具（如 ducdect、ct-verif、SideTrail 等），不过我们很少在实践中使用它们。

13.4.2 隐藏与盲化

防御或迷惑攻击者的另一种常见方法是在任何保密操作中添加间接层。其中有一种称为盲化的技术，这种技术源于公钥密码算法的算术结构。在第 11 章中，我们学习了利用盲化技术实现不经意算法（比如口令认证的密钥交换算法）的方法，我们也可以用同样的方式将盲化技术用于保密操作，其中不经意的一方是暗中观察计算过程所泄露信息的攻击者。接下来让我们以 RSA 算法为例理解盲化技术。

请记住，RSA 算法通过获取密文 c 并计算密文 c 的 d 次幂来解密。其中 d 是私有的指数，私有指数 d 可以用于消除公共指数 e 对消息明文的影响，密文计算方法如 $m^e \bmod N$。详细内容请参考第 6 章。添加间接信息的一种方法是，对一个攻击者不知道的密文执行解密操作。这个方法被称为基盲化，其过程如下。

（1）生成一个随机的盲因子 r 。

（2）计算盲化消息的方法为 $\text{message} = (\text{cipher text} \times r^e)^d \bmod N$ 。

（3）恢复原始消息的方法是 $\text{real\_message} = \text{message} \times r^{-1} \bmod N$ ，其中 r^{-1} 是随机盲因子 r 的逆元。

除了如上例一样对密文进行盲化，我们还可以盲化秘密值本身。例如，椭圆曲线标量乘法中的标量通常是保密的。但是由于我们在一个循环群中进行计算，因此将该秘密值加上群阶的倍数并不会改变计算结果。这种技术被称为标量盲化技术，其过程如下。

（1）产生一个随机值 k_1。

（2）计算一个标量 $k_2 = d + k_1 \times \text{order}$ ，其中 d 是原始的秘密值， order 是群的阶。

（3）通过计算 $Q = [k_2]P$ ，可令 $Q = P$ 。

所有这些技术都已被证明是有效的，并且经常与其他软件和硬件缓解措施结合使用。在对称密码学中，也常使用另一种类似掩码的技术。

掩码的概念是在将输入（对于密码算法来说是明文或密文）传递给算法之前对其进行转换。例如，选择一个随机值与输入进行异或运算。然后，通过解开输出值获得正确输出。由于任何中间状态都被掩盖起来，因此密码计算与输入数据之间保持一定程度的不相关性，并使侧信道攻击变得更加困难。不过，算法必须知道这种掩码的存在，才能正确执行内部操作，同时保持原始算法的计算正确性。

13.4.3 故障攻击

我们之前谈到过故障攻击，它是一种更具侵入性的侧信道攻击，通过诱导故障发生来修改算法的执行。注入故障的方式有很多，例如在物理上，可以通过增加系统的热量，甚至通过对目标芯片上的计算点发射激光来实现攻击。

令人惊讶的是，故障也可以通过软件诱发。例如，Plundervolt 和 V0LTpwn 攻击成功地改变了 CPU 的电压，从而引入了自然故障。软件诱发也发生在臭名昭著的 Rowhammer 攻击中，该攻击发现重复访问某些 DRAM 设备的内存可能会翻转附近的比特位。这种类型的攻击可能很难实现，但是一旦攻击成功就会有巨大的破坏力。在密码学中，计算一个错误的结果有时会泄露密钥。例如，通过某些特定优化方法实现的 RSA 签名就是这种情况。

虽然我们不可能完全消除故障攻击，但可以使用一些技术来增加成功攻击的复杂性。例如，通过多次进行相同的操作并比较多次计算的结果来确保公开发布的结果是正确的，或者在公布结果之前先对操作结果进行验证。例如，对于签名算法而言，可以在输出签名之前通过公钥验证签名的正确性。

故障攻击也会对随机数生成器产生严重影响。一个简单的解决方案是，使用每次运行时都不需要新随机数的算法。例如，第 7 章中提到的 EdDSA。与 ECDSA 不同，它计算签名时不需要使用新随机数。

总之，上述防御故障攻击的技术并非万无一失。在高度不可信的环境中进行密码学操作的安全程度越高意味着攻击者的攻击成本会越高。

13.5　本章小结

- 如今密码算法的安全威胁不仅来自攻击者通过窃听器拦截消息，还有攻击者窃取或篡改运行密码算法的设备。物联网（IoT）中的设备经常遇到安全威胁，在默认情况下，这些设备在面对老练的攻击者时毫无抵抗能力。最近，云服务成为用户安全威胁模型中考虑的安全威胁之一。
- 硬件可以在高度不可信的环境中保护密码应用程序及用户秘密。其中一个解决方案是使用具有抗篡改芯片的设备来存储和执行密码操作。如此一来，即便设备落在攻击者的手中，提取密钥或修改芯片的操作也很难实现。
- 人们普遍接受结合不同的软件和硬件技术以加强不可信环境中密码学算法安全性的观点。但受硬件保护的密码学并不是万能的，它只是一种纵深防御策略，能够有效地增加攻击的成本从而减少攻击行为的发生。拥有无限时间和金钱的攻击者总是有方法破坏硬件设备。
- 减少攻击的影响也有助于阻止攻击者的攻击行为。这种解决方案必须通过设计一个好的系统来实现（例如，通过确保一个设备遭到攻击并不会使得所有设备陷入危险）。
- 使用最广泛的硬件解决方案如下。
  - 智能卡是最早的安全微控制器之一，它可以用作微型计算机来存储秘密和执行密码操作。智能卡使用一些技术来阻止物理攻击者。智能卡的概念可以一般化为一个安全元件，这个术语在不同领域有不同的含义，但可以归结为一个能够在已有主处理器的大系统中用作协处理器的智能卡。
  - 硬件安全模块（Hardware Security Module，HSM）是一种类似于安全元件的可插拔卡。

它们不遵循任何标准接口，但通常按照 PKCS#11 标准实现密码操作。HSM 可以基于一些 NIST 标准（FIPS 140-3）进行不同的安全级别认证。

- 可信平台模块（TPM）类似于安全元件，它的接口规范遵循 TPM 2.0 标准。TPM 通常插在笔记本电脑或服务器主板上。
- 可信执行环境（TEE）是一种将执行环境隔离在安全的执行环境和潜在的不安全执行环境之间的方法。TEE 通常通过扩展 CPU 指令集来实现。

■ 在高度不可信的环境中，只依靠硬件并不足以保护密码学操作，因为软件和硬件的侧信道攻击可以利用不同方式的泄露（定时、功耗、电磁辐射等）进行攻击。为了抵御侧信道攻击，密码算法的实现需要考虑软件缓解措施。

- 严格的密码实现要基于恒定时间算法，并且避免所有由于秘密数据输入引起的分支和内存访问。
- 基于盲化和掩码的软件缓解技术可以去除敏感操作与秘密或已知的操作数据之间的关联。
- 故障攻击更难防范。减少故障攻击的措施包括多次进行相同的操作，并在发布结果之前对结果进行比较和验证（例如，在公布签名之前使用公钥验证签名）。

■ 在不可信环境中增强密码算法的安全性是一项永无止境的研究。正确的做法是结合软件和硬件缓解措施，以增加成功攻击的成本和时间，使得风险下降到可以接受的程度。其次，还应该通过每个设备使用唯一密钥，以及要求每个密码操作使用唯一密钥来减少攻击对其产生的影响。

第 14 章　后量子密码

本章内容：

- 量子计算机及其对密码学的影响；
- 保障量子计算机安全的后量子密码学；
- 后量子算法的发展历史。

美国麻省理工学院数学教授 Peter Shor 曾指出：“量子计算机可以破解密码算法。”1994 年，Peter Shor 提出了一个新的量子算法。如果量子计算机成为现实，那么用他提出的量子算法可以高效地进行整数分解，这将彻底攻破 RSA 等密码算法。当时，量子计算机还处于理论研究阶段，它是一种基于量子物理学的新型计算机概念。量子计算机理论还有待证实。在 2015 年年中，美国国家安全局（National Security Agency，NSA）宣布了他们从传统密码算法向抗量子密码算法（不易受量子计算机攻击的密码算法）过渡的计划。

> 对于那些尚未过渡到套件 B 类型椭圆曲线算法的合作伙伴和供应商，我们建议不要为此花费大量资金，而应将资金花费在即将到来的抗量子算法上。不幸的是，椭圆曲线应用的增长与量子计算研究的持续进展背道而驰，这表明椭圆曲线密码不再是安全问题理想的解决方案。因此，我们有义务更新我们的战略。
>
> ——National Security Agency（“Cryptography Today”，2015）

虽然量子计算（基于量子力学领域研究的物理现象构建一台计算机）的想法并不新鲜，但近年来，量子计算研究获得的资助呈爆炸式增长，也带来许多实验的巨大突破。然而，目前人们仍然不能用量子计算机破解密码算法。难道美国国家安全局向我们隐瞒了一些事情吗？量子计算机真的能用于破解密码算法吗？而抗量子密码指的又是什么呢？本章将尝试回答这些问题！

14.1 震动密码学界的量子计算机

自从美国国家安全局宣布研究抗量子密码的计划以来，IBM、谷歌、阿里巴巴、微软、英特尔等许多大公司已经投入大量资金和人才来研究量子计算机。那么量子计算机是什么？为什么它们令密码学家如此害怕？这一切都始于量子力学（也称为量子物理学），它是一个旨在研究小物体（比如原子和比原子更小的物体）行为的物理学领域。量子力学是量子计算机的基础，因此本章将首先介绍量子力学方面的知识。

> 有一段时间报刊声称：只有 12 个人理解相对论。但我并不相信这个说法。也许过一段时间只有一个人理解相对论，这个人就是写相对论这篇论文的人。但在读了这篇论文之后，不同的人会从不同角度理解相对论，因此理解相对论的人肯定不止有 12 个。如果按照报纸上的说法，那么我也可以说，没有人理解量子力学。
>
> ——Richard Feynman（*The Character of Physical Law*，*MIT Press*，1965）

14.1.1 研究小物体的量子力学

长期以来，物理学家认为整个世界都是确定性的，就像密码学中的伪随机数生成器一样。如果知道宇宙是如何运行的，并且有一台足够大的计算机来计算“宇宙函数”，那么我们只需获得宇宙的种子（包含在宇宙大爆炸中的信息）就可以预测宇宙的一切事物。是的，甚至在宇宙开始运行 137 亿年后，我们也可以获知发生的一切事情。在这样的世界里，不存在任何的随机性。我们所做的每一个决定都取决于过去的事情，当然也包括我们出生之前所发生的事情。

这种世界观让许多哲学家困惑，他们曾经发出这样的疑问，“我们真的有自由意志吗？”量子物理学（也称为量子力学）是一个 20 世纪 90 年代开始发展的物理学领域，它让许多科学家感到困惑。事实证明，非常小的物体（比如原子和比原子更小的物体）的行为往往与基于经典物理观察和理论推导的结果截然不同。在（亚）原子维度上，粒子似乎表现出像波一样的行为。在物理学上，波可以相互叠加，也可以相互抵消。

对于像电子这样的粒子而言，我们可以测量它们的自旋。例如，我们可以测量电子是向上旋转还是向下旋转的。到目前为止，电子的行为并没有什么独特之处。令人感到奇怪的是，量子力学说一个粒子可以同时处于这两种状态，即上下旋转。此时，我们称粒子处于量子叠加态（Quantum Superposition）。

针对不同类型的粒子，我们可以使用不同的技术手动诱导粒子进入量子叠加态。在测量粒子状态之前，粒子可以一直维持在叠加态；一旦对粒子状态进行测量，粒子就会坍缩成一种可能的状态，即向上旋转或者向下旋转。量子计算机就建立在量子叠加态机制之上，即一个量子比特可以同时处于 0 态和 1 态，而不是要么处于 1 态，要么处于 0 态。

更奇怪的是，量子理论解释道，只有在测量粒子状态时，叠加态粒子才随机决定变成哪种状态（成为 0 态和 1 态的概率均为 50%）。对于这种奇怪现象，许多物理学家甚至无法想象粒子状态在确定性世界中会如何变化。爱因斯坦（Einstein）曾认为量子理论存在问题。然而，密码学家却对这种现象倍感兴趣。量子理论给出一种获得真随机数的方法！这种随机数发生器称为量子随机数发生器（Quantum Random Number Generator，QRNG），它的实现原理是不断测量处于叠加态的粒子。

物理学家还以普通人的角度从理论上解释了量子力学的概念。这引发了著名的薛定谔的猫实验：在观察者打开盒子看之前，盒子里的猫处于既死又活的状态（关于观察者的准确定义还存在许多的争论）。

> 在钢铁箱内关一只猫，同时在箱内安装一些其他的装置（必须防止猫直接触发装置）。在盖革计数器中放一点放射性非常低的物质，使得一小时内可能只有一个原子发生衰变，当然也可能没有一个原子发生衰变，这里要求原子发生衰变和不发生衰变的概率是相等的。如果发生衰变，计数器管会放电，并通过继电器释放锤子，打碎装有氢氰酸的瓶子。如果一个人没有时刻观察这个装置，而是把它单独放置一小时，那么他会得出这样的结论：如果没有原子发生衰变，猫仍然会活着；否则，原子衰变会使它中毒而亡。整个系统的功能可以通过观察猫处于死亡和存活状态的概率来表示。
>
> ——Erwin Schrödinger（“The Present Situation in Quantum Mechanics”，1935）

这种量子行为在日常生活也从未出现过，因此所有这些现象对我们来说都非常不直观。现在，让我们了解更多奇怪的量子知识！

有时粒子间会发生相互作用（如相互碰撞），并最终处于强相关性状态，在这种状态下，不可能只描述一个粒子的状态而忽略其他与它相关的粒子的状态。这种现象被称为量子纠缠（Quantum Entanglement），它是提升量子计算机性能的一个关键因素。如果两个粒子纠缠在一起，那么当测量其中一个粒子时，两个粒子的状态都会改变，即一个粒子的状态与另一个粒子的状态完全相关。这个现象再次让人感到困惑。现在，我们用一个具体的例子来说明这个现象：如果两个粒子纠缠在一起，当我们测量其中一个粒子的状态，发现该粒子正在向上旋转时，就可以知道另一个粒子正在向下旋转（但在测量第一个粒子之前，我们不知道它的旋转状态）。任何这样的实验都会得出相同的结果。

这让人难以置信，但更令人震惊的是，即使两个粒子距离很远，仍然会发生量子纠缠。爱因斯坦、波多尔斯基（Podolsky）和罗森（Rosen）有一个著名的论点，即量子力学的描述是不完整的，它很可能缺少了可以解释量子纠缠的隐藏变量（比如，一旦粒子分离，粒子状态的测量结果也就确定下来）。

爱因斯坦、波多尔斯基和罗森还描述了一个思维实验（该实验也称为 EPR 悖论，EPR 分别为 3 个提出者姓氏的首字母）。在这个实验中，假设两个纠缠的粒子距离（用光年度量）很远，然后我们同时测量它们所处的状态。由量子力学的知识可知，测量其中一个粒子的状态会立即影响另一个粒子的状态，然而根据相对论原理，我们知道任何信息的传播速度都不能超过光速，因此两个粒子的状态互不影响。爱因斯坦称这个奇怪的思维实验为“远处的幽灵行为”。

约翰·贝尔（John Bell）后来提出了一个称为贝尔定理的概率不等式。如果这个定理成立，那么它将证明隐藏变量是存在的。后来，这个不等式多次与实验结果相悖，这足以让我们相信粒子纠缠是真实存在的，同时它也否定了隐藏变量的存在。

今天，我们说对纠缠粒子的测量会导致粒子相互干扰，这违背了相对论中任何信息的传播速度不能超过光速的预测。的确，我们想不出任何可以利用量子纠缠设计通信信道的方法。然而，对于密码学家来说，具有一定距离的量子纠缠行为有利于我们设计新的密钥交换方法。密码学家将这种想法称为量子密钥分配（Quantum Key Distribution，QKD）。

想象一下，将两个纠缠的粒子分配给两个对等方，为了生成相同的密钥，他们是否会分别测量他们各自所持有的粒子状态（测量一个粒子的状态将为我们提供对等方持有粒子的状态信息）？不可克隆定理（No-cloning Theorem）使量子密钥分配的概念更加具有吸引力。该定理指出，敌手不能观察到这种密钥交换，也不能获得该信道上所发送粒子的精确副本。然而，这些协议很容易受到中间人攻击，而且在没有方法对数据进行认证的情况下，量子密钥分配是无法在实际场景下应用的。鉴于这种缺陷的存在，密码学家 Bruce Schneier 表示："量子密钥分配是一种没有未来的产品。"

这就是本章介绍的关于量子物理学的全部内容。对于密码学的图书来说，这些关于量子物理学的介绍已经足够多了。许多读者可能并不相信刚刚读到的离奇知识。Leon van Dommelen 在其著作 *Quantum Mechanics for Engineers* 中介绍："物理学最终与量子力学结合不是为了获得最合乎逻辑的解释，而是无数的观察结果使两者的结合变得不可避免。"

14.1.2 量子计算机从诞生到实现量子霸权

1980 年，量子计算的概念诞生。Paul Benioff 是第一个对量子计算机进行准确描述的学者，他说：量子计算机是一种根据过去几十年对量子力学的观察结果而建造的计算机。同年晚些时候，Paul Benioff 和 Richard Feynman 认为，量子计算机是模拟和分析量子系统的唯一方法，而且不存在经典计算机的局限性。

18 年后，IBM 公司首次在真实的量子计算机上运行了量子算法。到 2011 年，D-Wave Systems 公司宣布推出第一台商用量子计算机，开启整个量子计算机行业发展的新纪元，以期创造出首台可扩展的量子计算机。

在创造出第一台实用的量子计算机之前，我们还有很长的路要走。在撰写本书之时（2021 年），量子计算机方面最新的成果是谷歌公司发布的，它曾在 2019 年宣称其已经实现 53 个量子位的量子计算机并实现了量子霸权。量子霸权是指量子计算机拥有超越所有经典计算机的计算能力。这台量子计算机在 3 分 20 秒的时间里完成了一些经典计算机大约 10000 年才能完成的分析任务。但我们不应对此太过兴奋，因为这样的分析任务其实没有多大实用价值。不过，这依然是量子计算机发展史上一个令人兴奋的里程碑式事件。然而，我们还不知道量子计算机技术会把我们引向何方。

量子计算机几乎全部建立在量子物理现象（如量子叠加和纠缠）之上，这就像经典计算机使用电来执行计算一样。在量子计算机世界，没有比特这一概念，而使用量子比特或量子位的概念，通过量子门可以将量子比特设置为特定值，或将其置于叠加甚至纠缠状态。这有点儿类似于经典计算机中的门电路。为了用经典计算中门电路（用 0 和 1 表示其值）的解释方式理解量子计算机，我们可以在计算任务完成后测量量子位的状态。在此基础上，人们可以用经典计算机理论进一步解释计算结果，进而完成有实际意义的计算任务。

一般来说，N 个纠缠的量子比特包含的信息相当于 2^N 个经典比特所包含的信息。但在计算任务结束时，测量量子位状态只会得到 N 个 0 或 1。因此，我们还不清楚量子计算机如何解决通用的计算问题，当前量子计算机能够解决的问题还十分有限。当人们找到利用量子计算机计算能力的方法后，它才可能会越来越有价值。

如今，我们已经可以在家里舒适地使用量子计算机了。IBM 公司提供的量子计算服务允许我们构建量子电路，并在量子云计算机上执行这些电路。当然，截至目前（2021 年年初），这类量子云计算平台提供的服务相当有限，可用的量子位也比较少。不过，对于我们来说，能在免费的量子云服务平台上运行自己创建的电路就已经是一次令人兴奋的经历了。

14.1.3 Shor 和 Grover 算法对密码学的影响

不幸的是，正如我之前所说，量子计算机并不能处理所有类型的计算任务，因此量子计算机并不能够完全取代经典计算机。那么，量子计算机有什么好处呢？

1994 年，量子计算机还只是一个处于思维实验阶段的概念，Peter Shor 提出了一种可以解决离散对数和因式分解问题的量子算法。Shor 观察到，量子计算机可以用来快速计算出密码学困难问题相关的解。Shor 证明了存在一种有效的量子算法可以找到函数 $f(x)$的周期（peroid），使得给定任意 x 均有 $f(x + \text{period}) = f(x)$。例如，通过 $g^{x+\text{period}} = g^x \bmod N$ 查找函数的周期。这使我们可以设计出高效解决因式分解和离散对数问题的算法，进而影响 RSA 算法（参见第 6 章）和 DH 算法（参见第 5 章）的安全性。

对非对称密码算法来说，Shor 算法产生的影响是毁灭性的。当今，我们使用的大多数非对称算法都依赖于离散对数或因式分解问题（本书中大部分非对称算法均依赖这两个难题）。目前，我们认为离散对数和因式分解仍然属于数学困难问题，通过增加算法参数的尺寸可以提高这两类问题的抗量子能力。不幸的是，Bernstein 等人在 2017 年表明，虽然增加参数尺寸可以提高算法的抗量子能力，但却会降低算法的运行性能，甚至导致算法难以在实际场景下应用。该研究表明，我们需要将 RSA 的参数尺寸增加到 1TB，才可以使其具有抗量子性。这是非常不切实际的做法。

> Shor 算法可以攻破常用作公钥密码基础的困难问题，包括 RSA 问题、有限域和椭圆曲线上的离散对数问题。需要长期保密的文件（如患者的医疗记录和国家机密）必须在很多年内保证安全。但是，如果使用 RSA 算法或基于椭圆曲线的算法加密和存储这些文件，那么等到量子计算机问世，破解这些公钥密码算法加密的消息就会像我们现在破解用恩尼格玛密码加密的消息一样容易。
>
> ——PQCRYPTO: Initial recommendations of long-term secure post-quantum systems（2015）

对于对称加密，我们就无须担忧了。Grover 算法是由 Lov Grover 于 1996 年提出的，该算法提供了一种针对无序列表的优化搜索方法。在经典计算机系统下，包含 N 个数据项的无序列表平均需要的基本操作次数为 $N/2$。然而，在量子计算机下，它的搜索代价为 $\sqrt{N}$ 次操作。这实现了速度上的极大提升。

Grover 算法也是一个可应用于密码学领域的工具，例如，提取对称密码的密钥和寻找哈希函数碰撞。以搜索长度为 128 比特的密钥为例，在量子计算机下，Grover 算法需要的基本操作次数为 2^{64}，而在经典计算机下，需要的基本操作次数为 2^{127}。对于所有的对称密码算法来说，这是一个非常可怕的结论，但我们可以简单地将安全参数从 128 比特提升到 256 比特，这样就可以对抗 Grover 算法的攻击。因此，如果希望对称密码不受量子计算机的影响，我们可以用 SHA-3-512 算法代替 SHA-3-256 算法，用 AES-256-GCM 算法代替 AES-128-GCM 算法，以此类推。

总之，在量子计算机下，对称加密基本上仍然可用，但是非对称加密会因此变得不安全，从而无法继续使用。这似乎比我们想象的还要糟糕：在使用对称加密之前，通常需要进行密钥交换。但在量子计算机下，密钥交换过程很容易受到攻击。难道这就是密码学的最终走向吗？

14.1.4 可抵抗量子算法的后量子密码

幸运的是，量子计算机并不是密码学的末日。密码学社区迅速对量子威胁做出反应，并对不易受到 Shor 和 Grover 算法攻击的新旧密码算法进行了深入研究。在这样的背景下，抗量子密码学（也称为后量子密码学）诞生了。目前，在互联网世界里，存在各种各样的标准化研究机构，但深受好评的机构是 NIST，该机构于 2016 年启动了后量子密码标准化进程。

> 向后量子密码过渡的过程似乎并不简单，没有相应的量子密码算法可以作为当前正在使用的公钥加密算法的“替代品”。为了开发、标准化和部署新的后量子密码系统，我们还需要付出巨大努力。此外，在量子计算机大规模生产之前，必须完成向后量子密码的过渡。只有这样才能确保量子密码分析技术无法获取任何敏感信息。因此，我们需要尽快完成向量子密码过渡的计划。
>
> ——Post-Quantum Cryptography page of the NIST standardization process（2016）

自 NIST 启动后量子密码进程以来，共收到 82 个候选算法。通过 3 轮筛选，将候选算法个数缩小到：7 个入围算法和 8 个候补入围算法（基本不可能会对候补入围算法进行标准化，只有入围算法最终被攻破，才会考虑从候补入围算法中选择新算法）。NIST 的标准化工作旨在取代常见的非对称加密原语，包括数字签名方案和非对称加密方案。后者也可以用作密钥交换原语（参见第 6 章内容）。

在本章的其余部分，我们将回顾各种正在标准化的后量子密码算法类型，并指出哪些算法已经可以使用。

14.2 基于哈希函数的一次性签名

虽然所有实用的签名方案似乎都是基于哈希函数的，但有一些方法可以构造仅基于哈希函数的签名方案。更重要的一点是，这些签名方案的安全性只依赖于哈希函数的抗原像性而非它的抗碰撞性。当前，应用密码学中的许多算法都是基于哈希函数的，因此这样的构造非常有吸引力。

现代哈希函数也可以抵抗量子计算机攻击，这使得那些基于哈希函数的签名方案天然具有抗量子性。让我们来了解基于哈希函数的签名定义及其实现原理。

14.2.1 Lamport 一次性签名

1979 年 10 月 18 日，莱斯利 ·兰波特（Leslie Lamport）提出了一次性签名（One-time Signature，OTS）的概念：每对密钥只能进行一次签名。大多数签名方案（部分）依赖单向函数（常指哈希函数）是为了进行安全性证明。Lamport 方案的优点在于，签名方案的安全性完全依赖于单向函数的安全性。

假设，我们想对一个单比特的消息进行签名。首先，需要按照如下方式生成一对密钥。

（1）生成两个随机数 x 和 y，并将它们当作私钥。

（2）计算 x 和 y 的哈希值 $h(x)$和 $h(y)$，并将它们当作公钥公开。

对于比特值为 0 的消息，则把私钥中的 x 当作其签名；对于比特值为 1 的消息，则把私钥中的 y 当作其签名。当验证签名的合法性时，只需计算已知的部分私钥的哈希值，并检查计算结果是否与所给两个公钥中的一个匹配。该过程如图 14.1 所示。

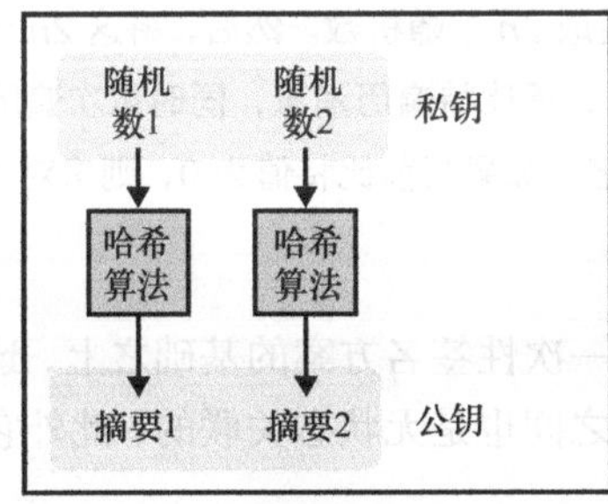

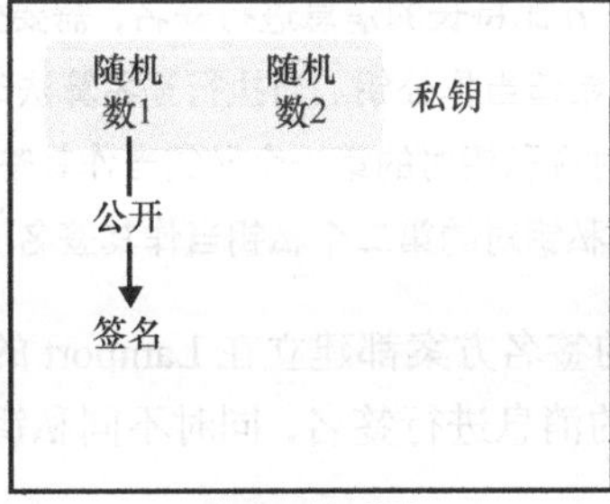

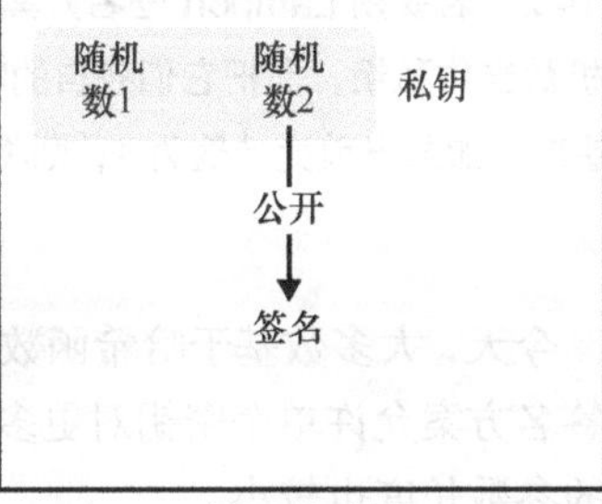

图 14.1 Lamport 签名是一个仅基于哈希函数构造的一次性签名方案。为单比特的消息签名时，我们需要先生成两个随机数，并计算它们的哈希值。最终，将两个随机数当作私钥，将它们各自对应的哈希值当作公钥。对于比特值为 0 的消息，把第一个私钥当作其签名；对于比特值为 1 的消息，把第二个私钥当作其签名

仅对单比特消息进行签名没有多大的实际意义。不过，Lamport 签名方案也可以处理多比特的消息，即将消息拆分成单比特，然后逐比特进行签名（见图 14.2）。显然，对于长度大于 256 比特的消息，我们需要先计算它的哈希值，然后对其哈希值进行签名。

Lamport 签名方案的主要缺点是：一对密钥只能执行一次签名；如果用一对密钥执行两次签名，则会导致其他人通过混合这两个签名伪造出其他消息的有效签名。为了解决这样的问题，我们可以生成大量一次性密钥对，同时确保每个使用过的密钥对都被彻底删除。这不仅使公钥与最终的签名数量一样多，同时还必须记录使用了哪些密钥对（最好的做法是将已使用过的私钥彻底删除）。例如，如果要使用输出长度为 256 位的哈希函数对 1000 个长度为 256 位的消息进行签名，则私钥和公钥的比特长度都必须为 $1000 \times (256 \times 2 \times 256)$比特，即 16MB。我们仅生成 1000 个签名，公私钥的数量就已经如此巨大。

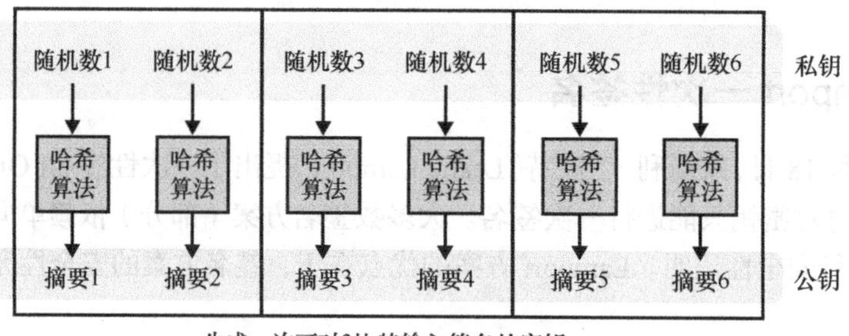

生成一次可对3比特输入签名的密钥

随机数1 随机数2 随机数3 随机数4 随机数5 随机数6

公开 公开 公开

随机数1 随机数4 随机数6 签名

对输入011签名

图 14.2 若要用 Lamport 签名方案对 n 比特长的消息进行签名，需要生成 $2n$ 个随机数。然后，将这 $2n$ 个随机数当作私钥，而把它们各自的哈希值当作公钥。当执行签名算法时，逐比特遍历消息，同时依次遍历私钥对。如果当前比特值为 1，则将对应私钥对的第一个私钥当作其签名；如果当前比特值为 0，则将对应私钥对的第二个私钥当作其签名

今天，大多数基于哈希函数的签名方案都建立在 Lamport 的一次性签名方案的基础之上，这些签名方案允许单个密钥对更多的消息进行签名，同时不同私钥之间也是无状态关联的，此外它们的参数长度也较小。

14.2.2 具有较小密钥长度的 Winternitz 一次性签名方案

当 Lamport 提出一次性签名的概念后，美国斯坦福大学数学系的罗伯特·温特尼茨（Robert Winternitz）提出了对一个秘密值多次计算哈希值的一次性签名方案 $h(h(\ldots h(x))) = h^w(x)$，该方案可以达到减小私钥长度的目的（见图 14.3）。该方案称为 Winternitz 一次性签名（Winternitz One-time Signature，WOTS）。

例如，令 $w = 16$ 时，该签名方案可以为 16 个不同的消息签名，即可为 4 比特的输入值签名。首先，生成一个随机值 x 并将其作为私钥，连续对私钥计算 16 次哈希值，获得公钥 $h^{16}(x)$。现在，假设想要对比特串 1001（等价于十进制的 9）进行签名，我们可以将第 9 次迭代产生的私钥哈希值 $h^9(x)$作为该比特串的签名，该过程如图 14.3 所示。

现在，让我们来了解这个方案的基本原理。这样的签名方案存在问题吗？它的主要问题是，该方案允许签名伪造（Signature Forgeries）。假设，已知对比特串 1001 的签名，根据前面的示例可知，它的签名应该是 $h^9(x)$。通过计算 $h^9(x)$的哈希值，我们可以获取其他轮迭代产生的哈希值，如 $h^{10}(x)$和 $h^{11}(x)$，这会让我们得到比特串 1010 和 1011 的有效签名。在消息后添加一个短的认证

标签可以避免产生这样的伪造，但必须对短认证标签进行签名，该过程如图 14.4 所示。为了帮助大家理解这种解决方法，下面让我们尝试根据一个已知的签名伪造一个新的签名。

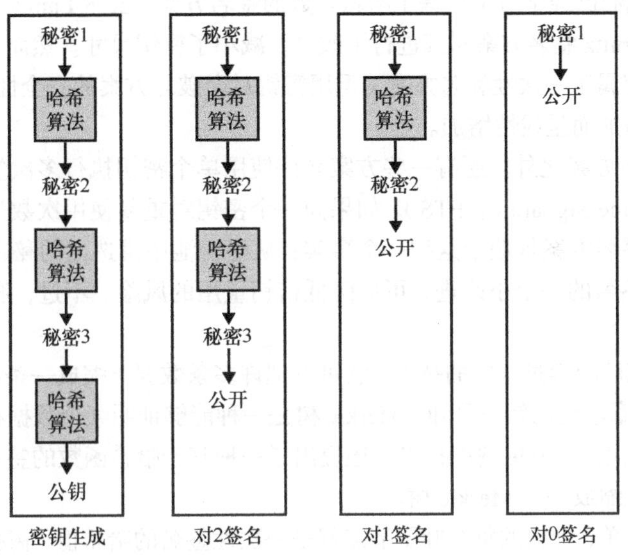

图 14.3 Winternitz 一次性签名方案是一个优化版 Lamport 一次性签名。Winternitz 一次性签名方案会多次迭代计算一个秘密值的哈希值，从而产生许多其他的秘密值，同时获得一个公开密钥。利用不同的秘密值可以实现对不同数字的签名

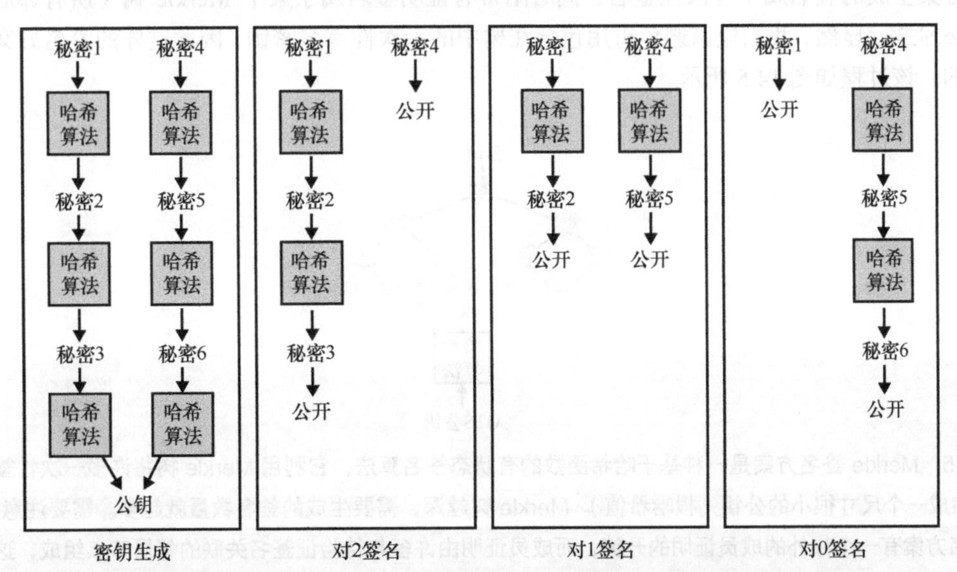

图 14.4 为了防止签名被篡改，Winternitz 一次性签名方案使用额外的签名密钥来认证签名。它的工作原理如下：当执行签名算法时，用第一个私钥对消息进行签名，用第二个私钥对消息的补码进行签名。容易看到，在本图所给的情形中，篡改任何一个签名都无法生成新的有效签名

14.2.3　XMSS 和 SPHINCS+多次签名

到目前为止，我们已经学习了仅基于哈希函数的签名方案。虽然 Lamport 签名方案的密钥尺寸很大，但是 Winternitz 签名方案对其进行了改进，减小了密钥尺寸。然而，这两种方案的可扩展性都不好，它们都属于一次性签名方案（重用密钥对会破坏方案的安全性），因此方案的参数会随着签名数量的增加而呈线性增加。

除了一次性签名方案之外，还有一些方案允许使用单个密钥执行多次签名。这些方案被称为多次签名（Few-time Signature，FTS），如果同一个密钥对重复使用次数过多，仍会导致伪造签名的攻击。多次签名方案依赖于这样一个事实：从秘密池中挑选出的秘密组合相同的概率较小。这是对一次性签名的一个小改进，可以降低密钥重用的风险。不过，我们还有更好的改进方法。

在本书中，我们已经学过这样的技术，它可以把许多条数据压缩成一条数据。这项技术就是 Merkle 树。从第 12 章学到的知识可知，Merkle 树是一种能够证明某个数据在所给集合中的数据结构。20 世纪 90 年代，Merkle 树的提出者还提出了一种基于哈希函数的签名方案，该方案可以将多个一次性签名压缩成一个 Merkle 树。

这个想法非常简单，即树的每个叶子节点都是一次性签名的哈希值，树根节点的哈希值可以作为公钥公开。这样一来，签名的大小就变为与哈希函数的输出等长。为了完成对一个消息的签名，我们可以选择一个先前没有用过的一次性签名密钥，然后按照 14.2.2 小节中的过程进行签名。这种方案生成的签名属于一次性签名，同时附带有证明签名属于某个 Merkle 树（所有邻居）的 Merkle 证据。显然，我们应该避免重用包含在树中的一次性签名密钥，因此这样的签名方案是有状态的。该过程如图 14.5 所示。

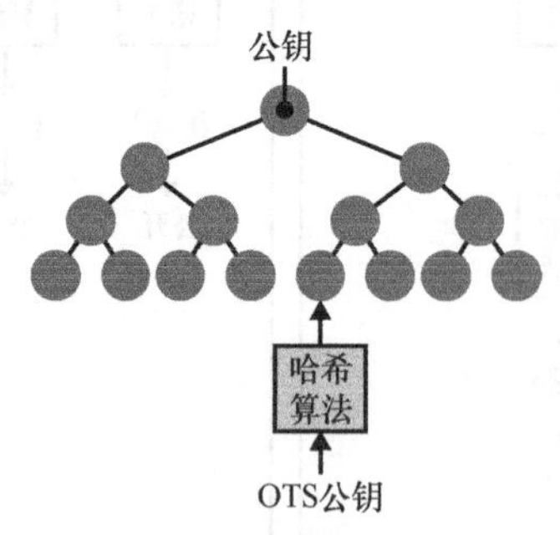

图 14.5　Merkle 签名方案是一种基于哈希函数的有状态签名算法，它利用 Merkle 树将许多一次性签名公钥压缩成一个尺寸很小的公钥（根哈希值）。Merkle 树越深，需要生成的签名数量就越多。需要注意的是，该签名方案有一个额外的成员证明的开销，而成员证明由许多与待验证签名关联的邻居节点组成，这些节点允许我们验证某个一次性签名是否属于树的节点

扩展 Merkle 签名方案（Extended Merkle Signature Scheme，XMSS）在 RFC 8391 中进行了标

准化，它对原始 Merkle 签名方案中进行了许多优化。例如，在原始的 Merkle 签名方案中，如果想生成可为 N 条消息签名的密钥对，必须生成 N 个一次性签名私钥。虽然公钥只是一个根节点的哈希值，但仍然需要存储 N 个一次性签名的私钥。而扩展 Merkle 签名方案通过使用一个种子和叶子节点在树中的位置，可以确定地生成树中的每个一次性签名密钥，从而减少需要保存的私钥数量。这样一来，我们只需要保存种子并将其当作私钥，而不必保存所有的一次性签名私钥，并且可以根据种子和节点在树中的位置快速地重新生成其他一次性密钥对。为了跟踪最后使用了哪个叶子节点或一次性密钥对，私钥还应包含一个计数器，每当私钥被使用时，计数器的值都会加 1。

话虽如此，每个 Merkle 树可以容纳的一次性签名密钥也是有限的。Merkle 树越大，对消息签名时重新生成树所需的时间就越长（因为需要重新生成所有叶子节点才能生成 Merkle 证明）。而树越小，签名时需要重新生成的一次性签名私钥就越少，而我们想要一个签名次数不受限的方案，但这显然违背了我们使用 Merkle 树的初衷。针对这样的问题，我们可以使用深度较小的树，并且不使用叶子节点处的一次性签名密钥对消息进行签名，而是用叶子节点处的一次性签名密钥对其他 Merkle 树的根节点哈希值进行签名。该方案将原始的 Merkle 树转换为超级 Merkle 树（节点由树组成的树），实际上是扩展 Merkle 签名方案的一个变体，常称为 $XMSS^{MT}$。在 $XMSS^{MT}$ 中，使用与 XMSS 一样的技术就可以重新生成与某个一次性签名相关路径中的所有树。该过程如图 14.6 所示。

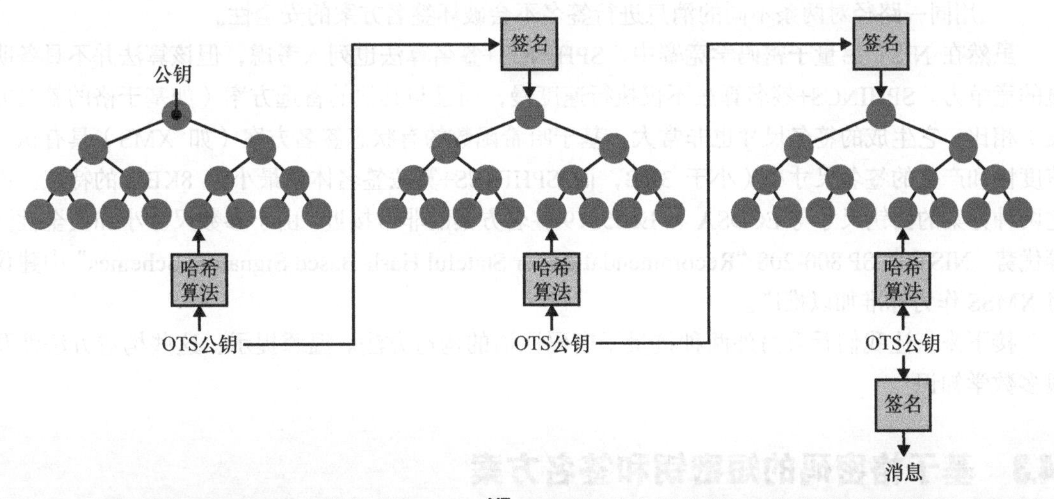

图 14.6 基于哈希函数的有状态签名方案 $XMSS^{MT}$ 通过使用多个树来增加方案支持的签名数量，同时减小密钥生成过程的计算量，减少签名需要的时间。对一个消息签名时，根据根节点到最终的叶子节点的路径，以确定性的方式生成对该消息签名时需要的所有一次性签名密钥

需要注意的是，在某些情况下，处理 XMSS 和 $XMSS^{MT}$ 签名的状态并不困难。但是一般来说，我们不希望签名算法具有状态性。在签名算法内部维护一个计数器并非密码学中的常见做法，实际上，用户也不希望签名算法具有这样的计数器。但如果没有这样的计算器，又

可能会导致一次性密钥重复使用（从而导致签名伪造）。例如，当文件系统恢复到前一个状态，或者在多个服务器上使用相同的签名密钥时，就可能导致两次签名都使用了超级 Merkle 树中的同一路径。

当修复了 XMSS 签名存在的状态性这一缺点并向用户公开一个类似于常用签名方案的接口后，密码学家提出了 SPHINCS+签名算法，并将其作为 NIST 后量子密码竞赛的其中一个签名方案。无状态签名方案从 3 个方面对 $XMSS^{MT}$ 做出改进。

- 对同一个消息计算两次签名会产生相同的结果。与 EdDSA 算法（参见第 7 章）类似，超级 Merkle 树中的路径是基于私钥和消息以确定性方式派生的。这确保了对同一消息进行两次签名产生的一次性签名密钥也是相同的，从而导致产生相同的签名。由于签名过程中用到私钥，所以攻击者无法预测我们将采用哪条路径对其他消息进行签名。
- 使用多个 Merkle 树。$XMSS^{MT}$ 通过记录最后使用的一次性签名密钥，避免重复使用同一个一次性签名密钥。由于 SPHINCS+签名算法主要目的是避免记录算法执行状态，因此以伪随机方式在树中选择路径时需要避免发生碰撞。为此，SPHINCS+签名使用了大量一次性签名密钥，降低了重复使用同一个一次性签名密钥的可能性。SPHINCS+签名算法也用到一个超级 Merkle 树，而超级 Merkle 树可以转化成更多的树。
- 允许多次签名。由于该方案的安全性与重复使用树中同一路径的概率有关，因此 SPHINCS+还用多次签名技术代替最终对消息进行签名的一次性签名算法。这样一来，用同一路径对两条不同的消息进行签名不会破坏签名方案的安全性。

虽然在 NIST 后量子密码学竞赛中，SPHINCS+签名算法也列入考虑，但该算法并不具备明显的竞争力。SPHINCS+签名算法不仅执行速度慢，而且与其他的备选方案（如基于格的签名方案）相比，它生成的签名尺寸也非常大。基于哈希函数的有状态签名方案（如 XMS）具有执行速度快和产生的签名尺寸小（小于 3KB，而 SPHINCS+算法签名体积最小为 8KB）的特点。而这两种方案的公钥尺寸与 ECDSA 和 Ed25519 签名方案的非常接近。由于参数尺寸小和安全性强等优势，NIST 在 SP 800-208 “Recommendation for Stateful Hash-Based Signature Schemes” 中建议将 XMSS 作为标准加以推广。

接下来，让我们看看另外两种抗量子密码原语的构造方法。温馨提示：这些构造方法涉及很多数学知识！

14.3 基于格密码的短密钥和签名方案

许多后量子密码方案都基于一种称为格的数学结构。本节将重点介绍基于格的密码技术。在 NIST 后量子密码学竞赛中，有一半的候选算法都是基于格的密码方案。这使得基于格的密码算法更有希望成为 NIST 后量子密码标准。在本节中，我将介绍两种基于格的密码算法：Dilithium 签名方案和公钥加密原语 Kyber。在正式介绍这两个算法前，让我们先来了解格在数学上的定义。

14.3.1　格的定义

首先，基于格的密码的含义可能并不是我们直观认为的那样。例如，以第 6 章中介绍的 RSA 算法为例，我们说它是一个基于因式分解问题的算法，这并不意味着我们在 RSA 算法中使用了因式分解算法，而表示使用因子分解算法可以攻击 RSA 算法。正是由于因子分解问题很难，所以我们说 RSA 是安全的。基于格的密码系统也是如此：格是一种蕴含困难问题的数学结构，只要这些问题是困难的，那么基于格的密码系统就是安全的。

话虽如此，那么格具体是指什么呢？它是一个由整数构成的向量空间。如果不知道向量空间是什么，就简单将它理解为所有向量的集合。

- 基：向量的集合，例如，(0,1)和(1,0)就构成一个基。
- 加法操作：允许将两个向量加起来，例如，(0,1) + (1,0) = (1,1)。
- 标量乘操作：允许一个向量乘一个标量，例如，3 × (1,2) = (3,6)。

在上述示例中，向量空间中的所有向量可以表示为基向量的线性组合，即对于标量 a 和 b，任何向量都可以写成：$a \times (0,1) + b \times (1,0)$。例如，示例所给的向量空间里向量(3.87,0.5)和(0,99)可以表示为：0.5 × (0,1) + 3.87 × (1,0) = 99 × (0,1) + 0 × (1,0) = (0,99)。

格是一个向量空间，其中向量中的所有数字都是整数。是的，在密码学中，各种运算也总是在整数空间上进行。图 14.7 所示是向量空间的示例。

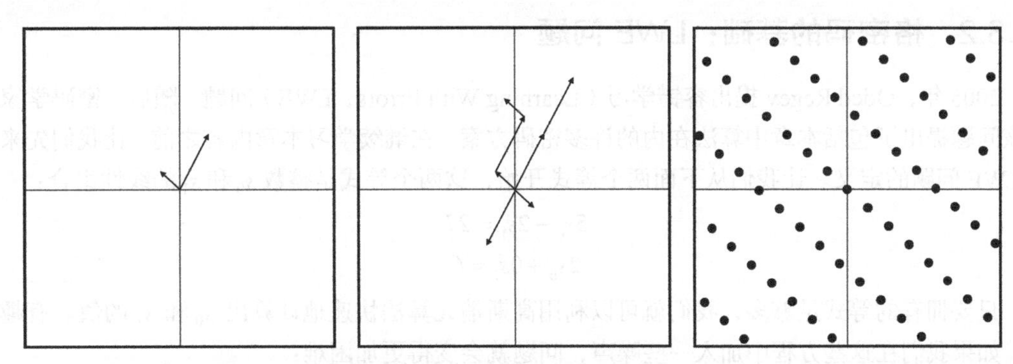

图 14.7　左图表示两个基向量。两个基向量所有可能的组合（见中图）构成格。由基向量最终生成的格可以看作一系列按照某种模式在空间中重复出现的点（见右图）

在格空间中，存在一些众所周知的困难问题，而且我们还有相应的算法可以解决这些困难问题。同时，这些算法也是已知能够解决格上困难问题最好的算法，但它们的运行效率低，也不实用。因此，在研究出更高效的算法前，我们认为这些问题都是困难的。格上著名的两个困难问题（见图 14.8）定义如下。

- 最短向量问题（Shortest Vector Problem，SVP）——寻找格空间中的最短向量。

- 最近向量问题（Closest Vector Problem，CVP）——给定一个不在格上的坐标点，寻找与该点距离最近的格点。

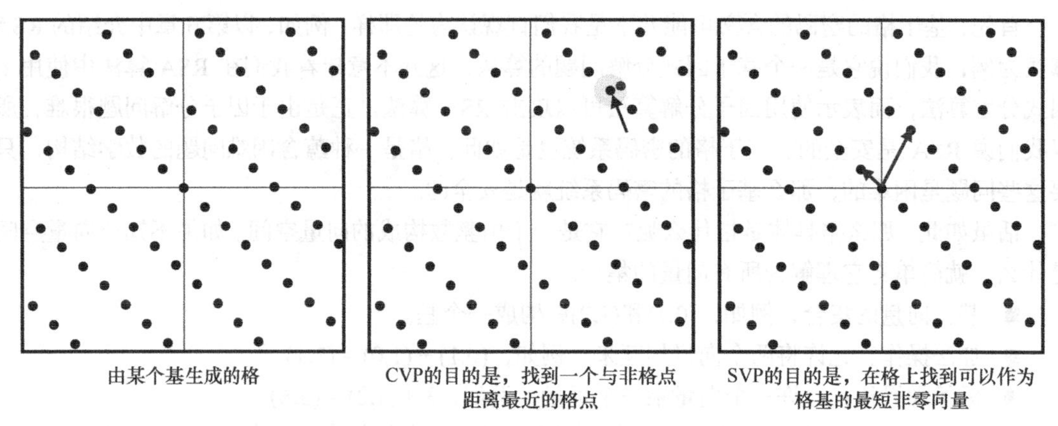

图 14.8 在密码学中主要使用两个格困难问题：CVP 和 SVP

通常，使用 LLL（Lenstra–Lenstra–Lovász）和 BKZ（Block-Korkine-Zolotarev）等算法可以解决这两个问题（CVP 可以归约到 SVP）。这些算法可以对格基进行约减，它们会尝试找到一组比给定向量更短的向量，同时满足短向量能生成与原始格完全相同的格。

14.3.2 格密码的基础：LWE 问题

2005 年，Oded Regev 提出容错学习（Learning With Errors，LWE）问题。随后，密码学家基于该问题提出了包括本章中算法在内的许多密码方案。在继续学习本章内容之前，让我们先来了解 LWE 问题的定义。让我们从下面两个等式开始，这两个等式是整数 s_0 和 s_1 的线性组合：

$$5s_0 + 2s_1 = 27$$
$$2s_0 + 0s_1 = 6$$

只要拥有的等式足够多，我们就可以利用高斯消元算法快速地计算出 s_0 和 s_1 的值。有趣的是，如果我们在这些方程中加入一些噪声，问题就会变得更加困难：

$$5s_0 + 2s_1 = 28$$
$$2s_0 + 0s_1 = 5$$

尽管无论添加多大噪声，找到方程解似乎并不难，但是当我们增加方程中变量 s_i 的个数时，找到方程的解就成了一个困难的问题。

这就是 LWE 问题的本质（通常用向量的形式表示该问题）。假设有一个秘密向量 $\boldsymbol{s}$，并且向量各元素对某个整数取模。给定任意数量的长度相同的随机向量 $\boldsymbol{a}_i$ 和表达式 $(\boldsymbol{a}_i\boldsymbol{s}+\boldsymbol{e}_i)$，其中 $\boldsymbol{e}_i$ 是一个随机的小误差值，我们能从这些表达式中找到 $\boldsymbol{s}$ 值吗？

注意：

对于两个向量 $\boldsymbol{v}$ 和 $\boldsymbol{w}$，$\boldsymbol{vw}$ 表示它们的点积，即每对坐标的乘积之和。例如，对于二维向量 $\boldsymbol{v}=(v_0,v_1)$和 $\boldsymbol{w}=(w_0,w_1)$，则 $\boldsymbol{vw}=v_0\times w_0+v_1\times w_1$。

例如，如果 Alice 拥有秘密向量 $\boldsymbol{s}=(3,6)$，而 Alice 把两个随机向量 $\boldsymbol{a}_0=(5,2)$和 $\boldsymbol{a}_1=(2,0)$发给 Bob。现在，让我们回到本节开头所给的示例。正如我之前所说，基于格的方案实际上没有使用格，只是这些方案的安全性基于 SVP 的困难性。将前面的方程式写成矩阵形式，我们就可以看到得出秘密向量的约减过程，如图 14.9 所示。

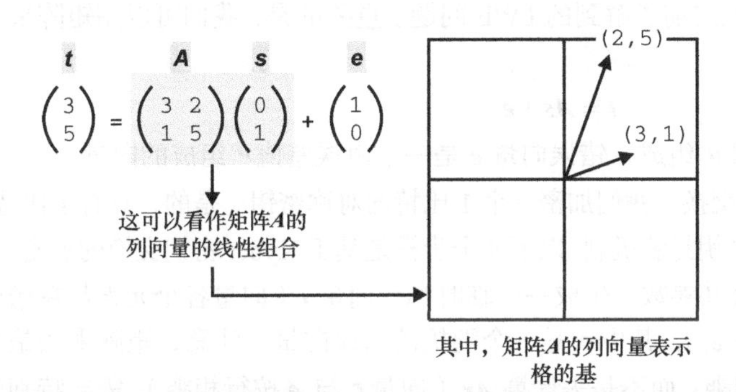

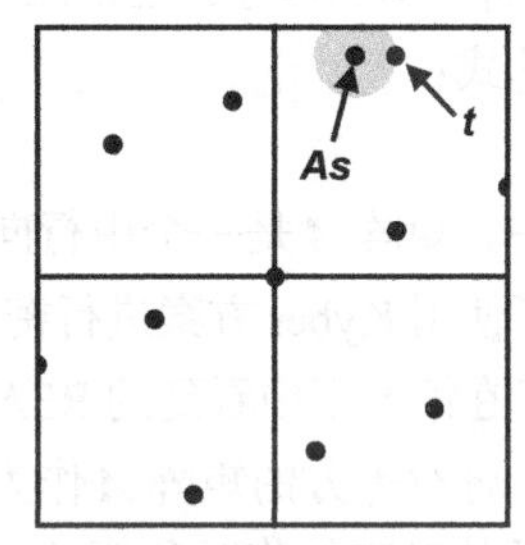

图 14.9 由于存在 LWE 问题到 CVP 的归约算法，所以 LWE 是一个基于格的困难问题。换句话说，如果我们能找到 CVP 的解，那么我们就能找到 LWE 问题的解

这种矩阵表示形式很重要。实际上，大多数基于 LWE 的方案都是用这种形式表示的。另外，本书用了一些常见符号来表示方程，即用黑斜体字体表示矩阵和向量，且常用大写字母表示矩阵，这些符号让涉及矩阵和向量的方程可读性更强。例如，$\boldsymbol{A}$ 表示矩阵，$\boldsymbol{a}$ 表示向量，b 表示数值。

注意：

LWE 问题有几种变体（例如，环 LWE 问题和模 LWE 问题），它们基本上属于相同的问题，只是向量中元素取自不同类型的群。由于具有紧凑性和可优化性，密码学家在设计方案时更喜欢 LWE 问题的这些变体。不过，接下来我们要解释的问题同时适用于 LWE 问题及其变体。

既然已经知道了 LWE 问题的定义，那么让我们学习一些基于该问题的后量子密码方案：代数格密码套件（Cryptographic Suite for Algebraic Lattices，CRYSTALS）。具体来说，CRYSTALS 包含两个加密原语：Kyber 密钥交换方案和 Dilithium 数字签名方案。

14.3.3 基于格的密钥交换算法 Kyber

进入 NIST 后量子竞赛的两个方案密切相关：CRYSTALS-Kyber 和 CRYSTALS-Dilithium。这两个方案都由同一研究团队提出，而且它们都基于 LWE 问题。Kyber 是一个公钥加密原语，本小节主要解释该算法的工作原理。Dilithium 是一种数字签名方案，14.3.4 小节将会介绍该算法。需要注意的是，由于这些算法仍在不断演进，所以这里只介绍这两种方案背后的想法。

首先，我们假设所有运算都发生在模大整数 q 上。也可以说，错误值和私钥是从一个以 0 为中心的小范围内采样（均匀随机选取）得到的。我们称这样的采样范围为错误范围（Error Range）。具体来说，误差范围可以定义为 $[-B,B]$，其中 B 远小于 q。这一点很重要，错误值只有小于某个值才能被视为“错误”。

生成私钥时，我们只需生成一个随机向量 $\boldsymbol{s}$，其中每个元素都在错误范围内。公钥由两部分组成，它的第一部分是一个与私钥等长的随机向量 $\boldsymbol{a}_i$，第二部分是包含噪声的随机向量 $\boldsymbol{s}$ 和 $\boldsymbol{a}_i$ 的点积 $t_i = \boldsymbol{a}_i\boldsymbol{s} + \boldsymbol{e}_i \bmod q$。这正是我们之前了解到的 LWE 问题。重要的是，我们可以用矩阵来重写上述表达式：

$$\boldsymbol{t} = \boldsymbol{A}\boldsymbol{s} + \boldsymbol{e}$$

其中，矩阵 $\boldsymbol{A}$ 是一个由行向量 $\boldsymbol{a}_i$ 组成，错误向量 $\boldsymbol{e}$ 是一个由误差值 $\boldsymbol{e}_i$ 组成的向量。

为了使用 Kyber 方案进行密钥交换，我们加密一个 1 比特的对称密钥（是的，只有 1 比特！）。这类似于在第 6 章中看到的 RSA 密钥封装机制。以下 4 个步骤是基于 Kyber 密钥交换的加密过程。

（1）将对等方的矩阵 $\boldsymbol{A}$ 作为公共参数，生成一个临时私钥向量 $\boldsymbol{r}$（向量各个元素都在错误范围内）及其对应的临时公钥（$\boldsymbol{rA} + \boldsymbol{e}_1$），其中 $\boldsymbol{e}_1$ 是一个随机的错误向量。注意，矩阵乘法是在右边进行的，即将向量 $\boldsymbol{r}$ 与 $\boldsymbol{A}$ 按列相乘，而不是去计算 $\boldsymbol{Ar}$（向量 $\boldsymbol{r}$ 与 $\boldsymbol{A}$ 按行相乘）。需要特别注意这个细节，否则，无法完成解密。

（2）为了避免错误值覆盖消息，我们将消息乘 $q/2$。需要注意的是，$q/2$ 模 q 通常指的是 q 乘 2 模 q 的逆元，但这里 $q/2$ 模 q 指的是与 $q/2$ 最接近的整数。

（3）通过计算己方临时私钥和对等方公钥的点积生成一个共享密钥。

（4）将处理后的消息与共享密钥相加，再加上一个随机的错误向量 $\boldsymbol{e}_2$，最终生成密文。

执行完上述步骤后，就可以向另一个对等方发送临时公钥和密文。在收到临时公钥和密文后，按照以下步骤可以对消息进行解密。

（1）计算己方私钥与接收到的临时公钥的点积，获得共享密钥。

（2）从密文中减去共享秘密，其结果包含处理后的消息和一些错误值。

（3）将前一步骤的计算结果除以 $q/2$，达到消除错误的目的。

（4）如果计算结果接近 $q/2$，则原消息为 1；如果计算结果接近 0，则原消息为 0。

当然，只能加密 1 个比特是不够的，当前的方案采用许多的技术来克服算法的这个限制。该算法的密钥生成、加密和解密过程如图 14.10 所示。

实际上，在密钥交换过程中，用对等方公钥加密的消息可以看作一个随机的秘密。然后，从密钥交换过程中的秘密和副本中确定地生成共享密钥，其中密钥交换副本包括对等方的公钥、己方的临时私钥和密文。

使用 Kyber 算法推荐的参数，产生的公钥和密文的大小约为 1000 字节。这样的参数尺寸比我们使用的前量子方案要大得多，但在现实应用场景中，这样的参数尺寸仍然是可以接受的。

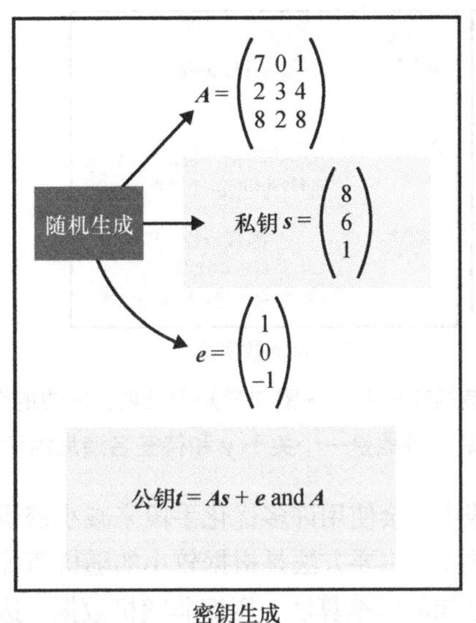

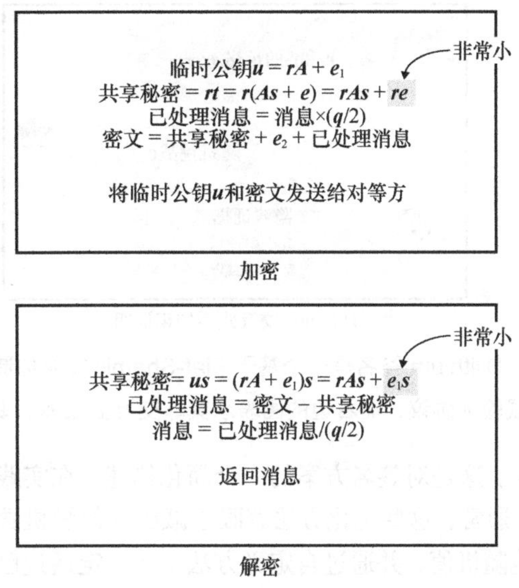

图 14.10　Kyber 公钥加密方案。值得注意的是，在加密和解密过程中，双方生成的共享密钥近似相同。这是因为 r、s 和错误值都远远小于 $q/2$，所以 re 和 e_1 也都远远小于 $q/2$。因此，解密过程的最后一步消除了两个共享秘密之间的误差。注意，所有运算的模数都是 q

14.3.4　基于格的数字签名算法 Dilithium

接下来要介绍的 Dilithium 数字签名算法也基于 LWE 问题。与我们已经了解的其他数字签名算法（如第 7 章中 Schnorr 的签名）一样，Dilithium 是一个基于零知识证明的算法，它借助 Fiat-Shamir 技术实现算法的非交互性。

除了将错误值当作私钥的一部分外，Dilithium 算法与 Kyber 算法的密钥生成过程是一样的。首先，生成两个随机向量 s_1 和 s_2 并将它们当作私钥，然后根据这两个随机向量生成公钥 $t = As_1 + s_2$，其中 A 是一个矩阵，关于其生成方式参见 Kyber 算法。将 t 和 A 当作公钥。需要注意的是，通常我们会把错误向量 s_2 当作私钥的一部分，这是因为每次对消息进行签名时都会用到它。这与 Kyber 算法密钥生成过程明显不同，Kyber 算法在密钥生成之后会丢弃错误向量。

为了实现对消息的签名，我们会创建一个 Sigma 协议，然后通过 Fiat-Shamir 转换将其转换为非交互式的零知识证明，这与第 7 章中的 Schnorr 身份协议转换为 Schnorr 签名的方式类似。交互式协议的执行过程如下（见图 14.11）。

（1）证明者通过发送 $Ay_1 + y_2$，完成对两个随机向量 y_1 和 y_2 的承诺。

（2）在收到该承诺后，验证者返回一个随机挑战 c 。

（3）证明者计算两个向量 $z_1 = cs_1 + y_1$ 和 $z_2 = cs_2 + y_2$。当这两个向量的值都较小时，就将它们发送给验证者。

（4）验证者判断向量 $Az_1 + z_2 - ct$ 和向量 $Ay_1 + y_2$ 是否相等。

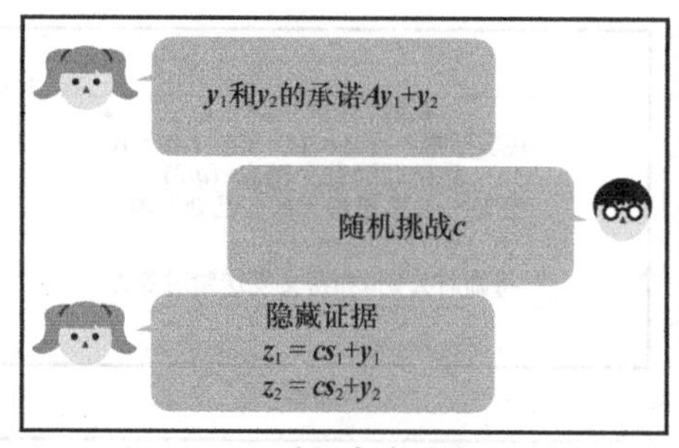

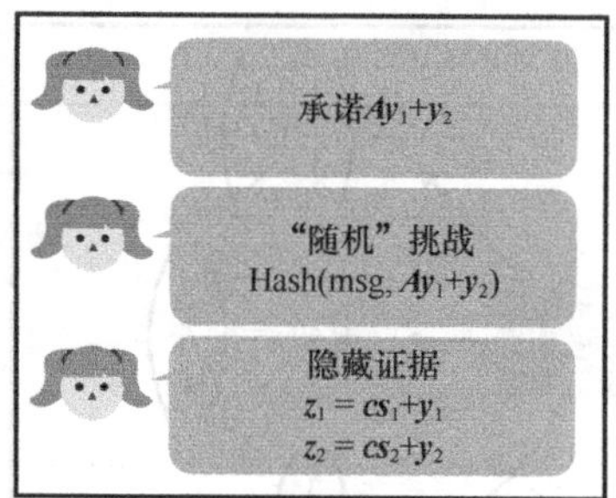

图 14.11 Dilithium 签名是一个基于 Fiat-Shamir 转换构造的非交互式秘密向量知识证明。左边的图表示交互式验证协议，而右边的图表示其非交互式版本，其中挑战是一个关于 $\boldsymbol{y}$ 和待签名消息的承诺

同样，这是对签名方案的一个简化描述。在实践中，会使用许多优化手段来减小密钥和签名的尺寸。通常，这些优化方法着眼于减少任何随机数据，主要方法是根据较小的随机值确定性地生成其他随机值，并通过自定义方法（不一定通过已知的压缩算法）压缩非随机数据，达到减少非随机数据量的目的。由于 LWE 具有独特的结构，还可能进行一些其他额外的优化。

在推荐的安全级别下，Dilithium 算法生成的签名大小为 3KB，生成的公钥小于 2KB。显然，这样的签名和公钥尺寸要比前量子签名方案（公钥为 32 字节，签名为 64 字节）大得多。但与基于无状态哈希的签名算法相比，Dilithium 算法的签名和公钥尺寸要小得多。记住，这些方案都比较新颖，因此如果找到解决 LWE 问题的更高效算法，出于安全性考虑，公钥和签名的尺寸还会变得更大。我们也有可能找到更好的技术来减小这些参数的尺寸。总的来说，提高抗量子性总是以牺牲算法参数尺寸为代价。

这并不是后量子密码学的全部内容。NIST 后量子密码学竞赛有许多基于其他范式的构造。NIST 已宣布他们将于 2022 年发布初始标准，但在后量子计算被视为巨大威胁的背景下，笔者预计该领域将会快速发展。虽然仍有很多未知因素，但这也意味着还有很多令人兴奋的研究空间。如果对此感兴趣，建议大家阅读 NIST 的相关报告。

14.4 有必要恐慌吗

总而言之，如果量子计算机得以实现，那将是一件轰动密码学界的大事。量子计算机会对密码学领域产生何种影响呢？我们需要放弃正在做的一切，转而研究后量子算法吗？其实，事情并没有这么简单。

向不同的专家请教，我们会得到不同的答案。有些人认为量子计算还需要 5～50 年的时间才会出现。另一些人认为，量子计算机根本不存在。量子计算研究所所长米歇尔·莫斯卡（Michele Mosca）估计，"到 2026 年，攻破 RSA-2048 算法的概率将变为 1/7；到 2031 年，攻破 RSA-2048 的概率将变为 1/2"，而法国 CNRS 的研究员米哈伊尔·迪亚科诺夫（Mikhail Dyakonov）则公开声明"我们能学会控制超过 10^{300} 个用于定义系统量子态的可变参数吗？我的答案非常简洁，那就是我们不可以。”虽然物理学家（而不是密码学家）更清楚这一事实，但为了获得资助，他们会大肆宣传自己的研究。由于笔者不是物理学家，笔者只想表达，我们应该继续对非同寻常的主张持怀疑态度，但同时也要做好最坏的准备。

在实现可扩展的量子计算机（可以攻破密码学算法）方面，我们还面临许多的挑战。实现量子计算机最大的问题是，噪声和错误的数量难以减少和纠正。美国得克萨斯大学的计算机科学家 Scott Aaronson 将我们实现量子计算机的相关工作描述为“我们正在努力建造一艘与原来完全一样的船，只是它的每一块木板都腐烂了，我们必须替换掉这些地方。”

美国国家安全局是怎么看待量子计算的呢？人们需要记住，政府对保密性的需求往往超过个人和私人公司。例如，政府可能想让一些绝密数据保密时间长达 50 年之久。然而，这让许多密码学家感到困惑［例如，尼尔·科布利茨（Neal Koblitz）和阿尔弗雷德·J.梅内塞斯（Alfred J.Menezes）写作的“A Riddle Wrapped In An Enigma”］，他们一直在想，为什么我们要费力避免尚不存在甚至可能永远不会出现的安全威胁呢？

在任何情况下，如果真的担心数据的安全性，并且要求长时间保持数据资产的机密性，那么有必要增加正在使用的对称加密算法的安全参数。也就是说，如果通过密钥交换获得 AES-256-GCM 算法的密钥，那么非对称加密部分仍然容易受到量子计算机的攻击，因此仅让对称加密算法保持安全是不够的。

对于非对称加密算法，我们不能确定它们中的哪些是真正安全可用的。最好等到 NIST 后量子竞赛结束，以便我们获得更多的密码分析结果，最终确定这些新算法中的哪些更安全可靠。

> 目前，密码学家已经提出多种后量子密码系统，包括基于格的密码系统、基于编码的密码系统、基于多变量的密码系统、基于哈希的签名等。然而，人们还需要对这些候选算法中的大多数进行深入的研究，以便对它们的安全性（尤其是面对量子计算机敌手时的安全性）获得充足的信心，同时提高它们的性能。
>
> ——NIST Post-Quantum Cryptography Call for Proposals（2017）

如果不愿等待 NIST 后量子竞赛的最终结果，我们可以做的就是，在协议中同时使用当前的非对称密码方案和后量子密码方案。例如，我们可以使用 Ed25519 和 Dilithium 算法对消息进行交叉签名，或者换句话说，让一个消息拥有两个不同签名方案产生的签名。如果 Dilithium 算法被破解，攻击者仍然需要破解 Ed25519 算法。如果事实证明量子计算机真的存在，那么攻击者仍然无法伪造 Dilithium 算法的签名。

注意：

这就是谷歌在 2018 年和 2019 年利用 Cloudflare 所做的事情，他们在一小部分谷歌浏览器用户与谷歌和 Cloudflare 的服务器之间的 TLS 连接中试验一种混合密钥交换方案。该混合密钥交换方案由 X25519 算法和一个后量子密钥交换方案（于 2018 年提出的 New Hope 方案，于 2019 年提出的 HRSS 和 SIKE 方案）组成，最终将两个密钥交换的输出混合在一起，作为 HKDF 算法的输入，生成共享密钥。

最后，需要再次强调的是，基于哈希的签名算法受到广泛研究。尽管存在一些额外的开销，但是 XMSS 和 SPHINCS+等方案现在是可以使用的，而且 XMSS 算法即将在 RFC 8391 和 NIST SP 800-20 中进行标准化。

14.5 本章小结

- 量子计算机基于量子物理学，它对特定任务的计算速度有显著提升。
- 并非所有算法都能在量子计算机上运行，也并非所有量子算法都优于经典计算机算法。但有两个令密码学家担忧的量子算法。
  - Shor 算法可以高效地求解离散对数和因子分解问题，它能攻破当今许多的非对称密码机制。
  - Grover 算法可以在 2^{128} 密钥空间中高效地搜索密钥，从而影响大多数安全级别为 128 比特的对称密码算法。不过，将对称密码算法的安全参数提升到 256 比特就足以抵抗量子攻击。
- 后量子密码学领域的目标是，寻找可以取代当今非对称密码原语（例如，非对称加密、密钥交换和数字签名）的新密码算法。
- NIST 启动了后量子密码标准化工作。
- 基于哈希的签名是一种仅基于哈希函数的数字签名方案。XMSS（有状态）方案和 SPHINCS+（无状态）方案是两个主要的数字签名标准。
- 基于格的密码算法密钥更短，还能用于构造抗量子的数字签名算法，因此基于格的密码算法非常有应用前景。基于 LWE 问题的两个最有可能入选 NIST 后量子标准的方案是：Kyber 非对称加密和密钥交换原语以及 Dilithium 数字签名方案。
- 密码学家已经提出了许多后量子密码方案，其中一些已经成为 NIST 后量子密码竞赛的候选算法。这些方案主要基于编码理论、同素、对称密钥密码和多变量多项式。NIST 的后量子竞争计划会在 2022 年结束。而在竞赛结束之前，仍然有可能出现对候选方案的新攻击手段，而候选方案也还有优化的空间。
- 目前，尚不清楚量子计算机何时能足够高效地攻破密码算法，也不清楚它是否能成功研发。
- 如果需要对数据进行长期保护，应该考虑使用后量子密码技术。
  - 将使用的所有对称密码算法安全级别提升到 256 比特（例如，将 AES-128-GCM 算法更换为 AES-256-GCM 算法，将 SHA-3-256 算法更换为 SHA-3-512 算法）。
  - 将后量子算法和前量子算法组合在一起，形成混合加密方案。例如，始终使用 Ed25519 和 Dilithium 算法对消息进行签名，或者始终使用 X25519 和 Kyber 执行密钥交换（根据密钥交换算法的输出派生出共享密钥）。
  - 使用基于哈希的签名算法，比如 XMSS 和 SPHINCS+签名算法，这些算法经过充分研究和分析。XMSS 的优势在于，NIST 已对其进行了标准化。

第15章 新一代密码技术

本章内容：

- 通过安全多方计算技术摆脱对可信第三方的依赖；
- 通过全同态加密实现在密文数据上的计算；
- 通过零知识证明隐藏程序执行的部分内容。

本书的目的是激发读者对实用密码学的兴趣。当我们阅读一本应用或实用类图书时，应该重点关注现今使用的技术，以及密码学领域正在迅速发生哪些变化（比如近年来“加密货币”得到迅速发展）。

在阅读本书的时候，许多理论上的密码原语和协议正在进入应用密码世界。这是因为我们找到了这些理论密码学原语的使用场景，或者是因为它们变得足够高效，从而可以在现实世界中使用。不管是什么原因，密码学在现实世界中的用途肯定是在不断增加的，而且它实现的效果也越来越令人兴奋。本章通过简单介绍3种密码原语让读者了解应用密码学的未来发展方向（可能在未来10年到20年内）。

- 安全多方计算（Secure Multi-party Computation，MPC）：MPC是密码学的一个研究领域，它可以实现不同的参与者一起执行一个程序，而不需要向其他人暴露自己在程序中的输入。
- 全同态加密（Fully Homomorphic Encryption，FHE）：FHE是一种允许对密文数据进行任意计算的原语。
- 通用零知识证明（Zero-knowledge Proof, ZKP）：ZKP是我们在第7章中学到的一种密码原语，它可以实现在不泄露秘密消息的前提下证明自己拥有该秘密消息，但在本章中，ZKP广泛地应用于更复杂的程序。

本书里最先进和最复杂的密码学概念均包含在本章中。出于这个原因，建议读者先浏览本章内容，然后阅读第16章给出的结论。当有动力了解更多高级密码学概念时，再回过头阅读本章。让我们开始吧！

15.1　安全多方计算

安全多方计算（MPC）是密码学的一个研究领域，该领域起始于 1982 年提出的百万富翁问题。在 1982 年，Andrew C. Yao 在他的论文“Protocols for Secure Computations”中写道：“两位百万富翁希望知道谁更富，但他们不想无意中泄露任何关于彼此财富值的额外信息。两位富翁该怎么进行一场关于他们财富值的谈话呢？”简单地说，MPC 给出了让多个参与者一起计算某个程序的解决方法。但是在了解更多 MPC 知识之前，让我们看看 MPC 技术为何有很高的应用价值。

我们知道，在可信第三方的帮助下，任何分布式计算都很容易实现。这个可信第三方可以维护每个参与者输入的隐私，也可以限制计算过程向参与者泄露的信息量。然而，在现实世界中，我们并不喜欢可信第三方，因为可信第三方往往难以获得，而且有时他们并没有自称的那样值得信任。

MPC 使得分布式计算完全摆脱了可信第三方，且计算参与者能够自己进行计算，而不需要向参与计算的其他人透露自己的输入。这样的计算过程是通过一个密码协议来完成的。因此，在某个系统中使用 MPC 协议相当于使用了可信第三方（见图 15.1）。

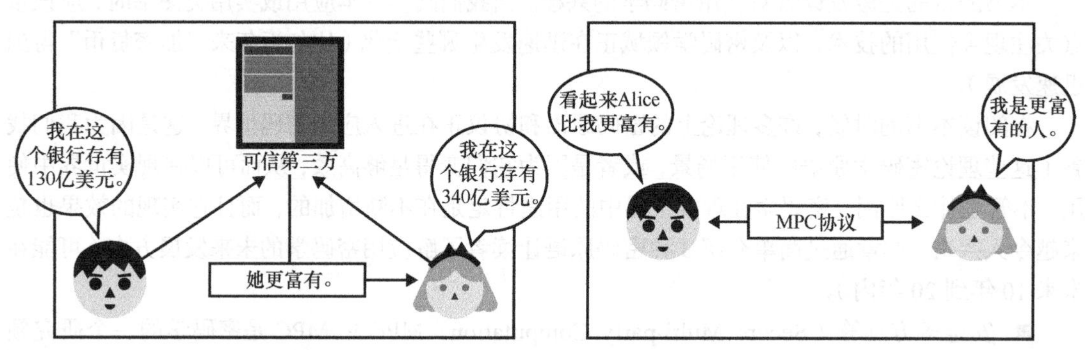

图 15.1　安全多方计算协议将需要可信第三方的分布式计算（见左图）转换为不需要可信第三方的计算（见右图）

其实，我们早已学过一些 MPC 协议。第 8 章介绍的门限签名和分布式密钥派生算法都是 MPC 协议。更具体地说，这些算法都属于 MPC 领域中的门限密码研究方向。近年来该领域受到广泛关注。例如，在 2019 年年中启动了门限密码学的标准化进程。

15.1.1　隐私集合求交

MPC 的另一个著名的研究领域是隐私集合求交（Private Set Intersection，PSI），它主要解决以下问题：Alice 和 Bob 有一个单词列表，他们想在不透露各自单词列表的前提下知道自己与对方有哪些单词是相同的。这个问题的其中一种解决方法是，使用第 11 章提到的不经意伪随机函数（Oblivious Pseudorandom Function，OPRF）协议，此协议的执行过程如图 15.2 所示。如果还记得 OPRF 的功能，我们可以通过如下方式实现 PSI。

（1）Bob 为 OPRF 生成一个密钥。

（2）对于自己列表中的每个单词，Alice 都通过 OPRF 协议使用 PRF(key, word) 函数为其计算一个随机值，因此 Alice 不知道 PRF 使用的密钥（key），而 Bob 不知道 Alice 列表中的单词（word）。

（3）与 Alice 一样，Bob 也使用 PRF(key, word) 函数为其列表中的每个单词生成一个伪随机值，并将这些值发送给 Alice。Alice 将这些伪随机值与自己使用 PRF 计算产生的输出进行比较，通过检查两个伪随机值是否相等来判断单词是否相等。

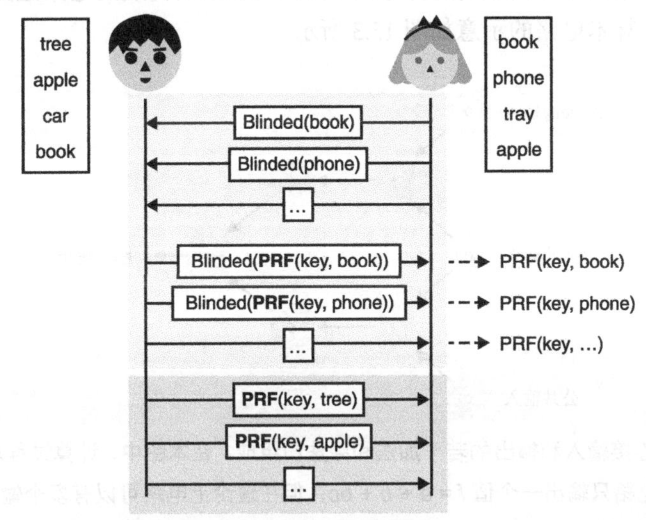

图 15.2　PSI 使得 Alice 可以在不泄露自身集合的前提下获得她与 Bob 单词列表中包含的相同单词。首先，Alice 盲化自己单词列表中的每一个单词，并与 Bob 运行 OPRF 协议。之后，Bob 将自己的密钥与 Alice 的盲化单词作为输入运行 PRF 算法并将得到的一系列盲化的随机值发送给 Alice。最后，Bob 以自己的密钥以及单词为输入运行 PRF 算法得到一系列随机数并将其发送给 Alice。Alice 可以通过检查去盲后的随机数与 Bob 最后发来的随机值是否相等来判断单词是否相等

PSI 是一个很有前景的研究领域，由于与之相关的技术已经比过去更加实用，因此近年来越来越多人开始使用 PSI 技术。Chrome 浏览器中集成的口令检查功能就用到 PSI 技术。如果用户的口令不满足要求，口令在转存过程中会被检测到，浏览器此时会向用户发出警告。但在这个过程中，无须让浏览器知道用户的真实口令。有趣的是，微软的 Edge 浏览器也有这样的功能，不过它使用全同态加密（将在 15.2 节介绍）来执行 PSI 的计算。另外，Signal 即时聊天应用程序（见第 10 章）的开发人员认为 PSI 执行联系人发现的速度太慢，难以根据手机的联系人列表确定用户可以通话的对象。相反，使用 SGX（见第 13 章）作为可信第三方可以快速地执行联系人发现。

15.1.2　通用 MPC 协议

更一般地说，有许多 MPC 协议可用于计算任意程序。不同的 MPC 方案的运行时间（从小时到毫秒）不同，它们也具备不同的性质。例如，该协议可以容忍多少不诚实的参与者？参与者是恶意的还是半诚实的（即参与者会正确地执行协议，但可能存在试图获取其他参与者输入的行为）？如果所有参与者中的一些人提前终止协议，那么协议依然公平吗？

在使用 MPC 协议安全地运行程序之前，需要将程序转换为算术电路（Arithmetic Circuit）。算术电路是由加法和乘法操作构成的计算序列。由加法和乘法构成的电路是图灵完备的，因此它可以表示任何程序！算术电路的示意如图 15.3 所示。

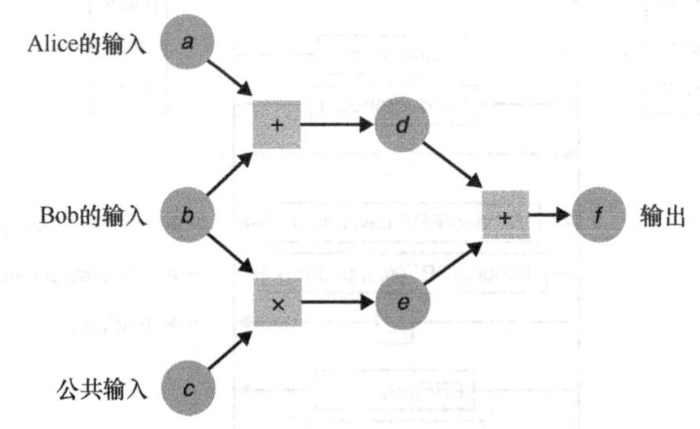

图 15.3　算术电路由连接输入和输出的若干加法和乘法门组成。在本图中，计算过程从左到右进行。例如，$d = a + b$。本图中的电路只输出一个值 $f = a + b + bc$，但在理论上电路可以有多个输出值。请注意，电路的输入由不同的参与者提供，但也允许参与者有公共的输入（每个参与者都知道的输入）

在学习下一个原语之前，让我们再来看一个基于 Shamir 的秘密共享算法构造的（诚实参与者占大多数的）通用 MPC 方案。通用 MPC 方案有很多，但这个方案十分简单，它的执行过程可以分为如下三步：在每个电路的输入中共享足够多的信息，计算电路中的每个门，并重构输出值。让我们详细地解释每一步。

第一步是让每个参与者都拥有关于该电路的每个输入足够多的信息。公开输入是公开共享的，而秘密输入则是通过 Shamir 的秘密共享算法来共享的（详见第 8 章）。图 15.4 举例说明了这一点。

第二步是计算电路的每个门。出于技术原因，此处将忽略对电路的细节讨论，我们只需要知道加法门可以在本地计算，而乘法门需要双方交互进行计算（参与者必须交换一些消息）。对于加法门，只需将现有的共享输入相加；对于乘法门，将共享的输入相乘。计算后用户得到结果的份额，如图 15.5 所示。此时，参与者可以交换计算结果的秘密份额（以便重建输出）或使用结果的份额（如果这些计算结果的份额属于电路的中间值）继续执行计算。

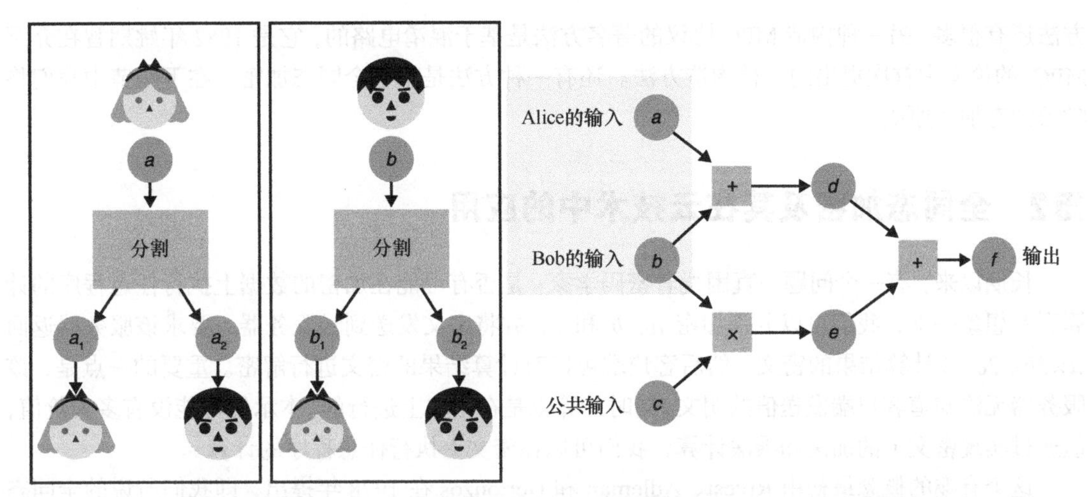

图 15.4 基于秘密共享的通用 MPC 方案的第一步是让参与者（使用 Shamir 的秘密共享算法）分割各自的秘密输入，并将这些秘密份额分别发给协议中的相应参与者。例如，这里 Alice 将她的输入 a 分成 a_1 和 a_2。由于本例中只有两个参与者，因此 Alice 保留两个秘密份额中的其中一个，将另一个秘密份额发给 Bob

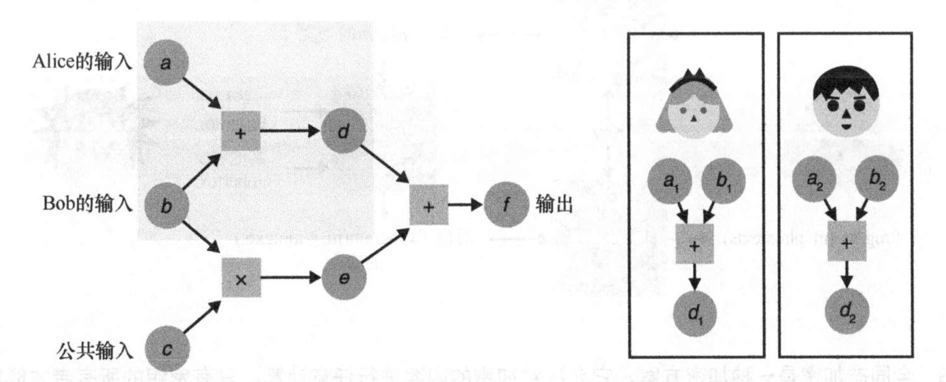

图 15.5 基于秘密共享的通用 MPC 方案的第二步是让参与者计算电路中的每个门。例如，通过将两个 Shamir 输入的份额相加，参与者可以计算加法门，产生的输出也是 Shamir 份额形式

第三步是重建输出。在这个步骤中，每个参与者都应该拥有输出的秘密份额，这些份额可以用来重建最终的输出。

15.1.3 MPC 发展现状

在过去的十年里，MPC 在实用化方面取得了巨大的进步。MPC 是一个拥有许多不同应用场景的领域，人们更应该关注对潜在应用有益的新原语。但是，MPC 没有受到正式的标准化，尽管现今已有许多案例证明了 MPC 方案的实用性，但这些方案使用起来并不容易。

顺便说一句，本节所给的通用 MPC 示例是基于秘密共享的，除此之外，构造 MPC 协议的

方法还有很多。另一种构造 MPC 协议的著名方法是基于混淆电路的，它是 1982 年姚期智在介绍 MPC 的论文中首次提出的一种构造方法。还有一种方法是基于全同态加密。在下一节中我们将学习同态加密原语。

15.2 全同态加密及其在云技术中的应用

长期以来，有一个问题一直困扰着密码学家：是否有可能在加密的数据上执行任意程序的计算呢？想象一下，我们可以分别加密 a、b 和 c，并将密文发送到云服务器，要求该服务器返回 $a \times 3b + 2c + 3$ 计算结果的密文，然后客户端可以对计算结果的密文进行解密。重要的一点是，该服务器无法知道客户端发送值的明文，同时计算也是在密文上进行的。本示例可能没有多大价值，但通过实现密文上的加法和乘法计算，我们可以在密文上执行任意程序的计算。

这个有趣的概念最初由 Rivest、Adleman 和 Dertouzos 在 1978 年提出，即我们所说的全同态加密（Fully Homomorphic Encryption，FHE）。该密码原语的功能如图 15.6 所示。

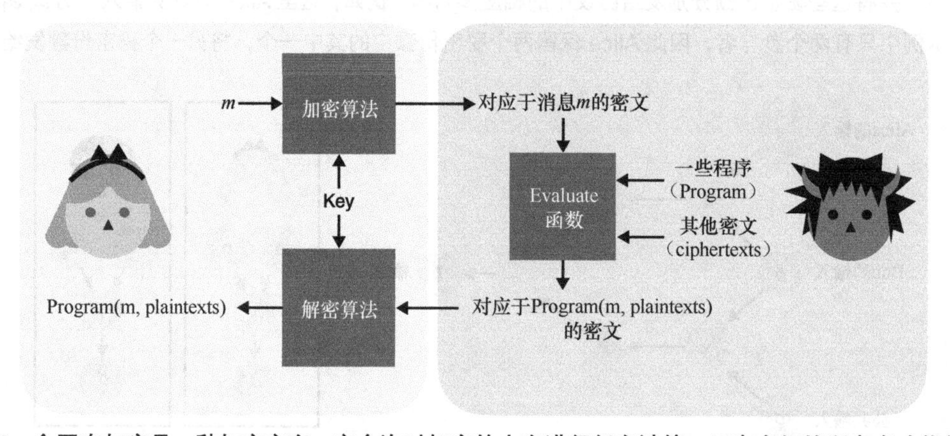

图 15.6 全同态加密是一种加密方案，它允许对加密的内容进行任意计算。只有密钥的所有者才能解密计算的结果

15.2.1 基于 RSA 加密方案的同态加密方案示例

我们已经学过一些加密方案，有助于较好地理解接下来的加密方案。想想 RSA 加密方案（见第 6 章）：给定一个密文（ciphertext），其计算方式是 $\text{ciphertext} = \text{message}^e \bmod N$，可以轻易计算出密文的一些特定函数：

$$n^e \times \text{ciphertext} = (n \times \text{message})^e \bmod N$$

其中 n 可以是任意的数值（尽管它不能太大）。通过上述运算可以得到一个密文，其解密结果是：

$$n \times \text{message}$$

当然，对于 RSA 加密方案，我们并不希望出现这样的情况，这会引起一些攻击（例如，第 6 章提到的百万消息攻击）。实际上，RSA 加密方案使用填充方案来破坏其同态特性。注意，RSA 加密方案仅对乘法具有同态性，而由于能够计算任意程序的同态方案必须同时具备乘法和加法同态性，因此，我们称 RSA 为半同态方案。

15.2.2　不同类型的同态加密

同态加密的类型如下。

- 部分同态：部分同态同时具备加法和乘法的同态性，但同态操作的次数是有限的（次数无法提前确定）。例如，同态加法运算次数在一定数量内是无限的，但只能进行几次同态乘法运算。
- 层次同态：层次同态中加法和乘法的同态运算都有可能达到一定的次数（事先确定）。
- 全同态：全同态加法和乘法的计算次数是无限的。

在 FHE 发明之前，人们提出了几种同态加密方案，但没有一种能够实现全同态加密。主要原因是，加密数据经过电路上的计算后噪声会增加，直到噪声达到阈值，使得密文无法正确解密。多年来，一些研究人员试图从信息论上证明 FHE 是不可能实现的，但后来，FHE 被证明是可以实现的。

15.2.3　Bootstrapping：全同态加密的关键

> 一天晚上，Alice 梦见了巨大的财富，洞穴里面堆满了金银珠宝。然后，一条巨龙吞噬了财富，并开始吃自己的尾巴！Alice 醒来时感到自己很平静。当她试图理解梦境时，她意识到自己已经找到了解决问题的方法。
>
> ——Craig Gentry（“Computing Arbitrary Functions of Encrypted Data”，2009）

2009 年，Dan Boneh 的博士生 Craig Gentry 提出了第一个全同态加密构造。Gentry 的解决方案被称为 Bootstrapping，它实际上是在密文上运行解密电路，以便将噪声降低到一个可操作的阈值内。有趣的是，解密电路本身并不会泄露私钥，可以由不可信的计算方执行。Bootstrapping 允许将层次 FHE 方案转换为 FHE 方案。Gentry 构造的 FHE 方案运行速度缓慢，也无法在实际环境下使用，而且针对单个基本比特的操作大约需要 30 分钟，但随着时间的推移，构造的效率只会变得更好。Bootstrapping 使全同态加密技术成为可能。

Bootstrapping 如何工作？让我们跟随下面的思路理解 Bootstrapping 的操作原理。首先，我们需要公钥加密方案，其中公钥用来加密，私钥用来解密。现在，假设我们在一个密文上执行一定数量的加法和乘法操作，并使噪声达到某个值。此时该噪声值没有超过阈值，我们仍然可以正确解密密文。但如果继续执行同态操作，那么噪声值将超过阈值，导致密文无法正确解密。对上述过程的说明如图 15.7 所示。

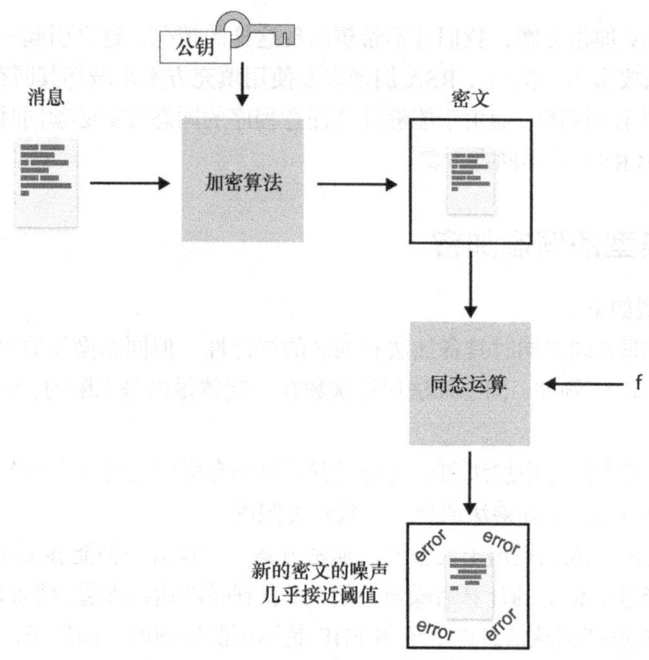

图 15.7 使用全同态加密算法对消息进行加密后，对密文进行同态运算会让其噪声增加到接近阈值的程度，此时会导致密文无法正确解密

也许读者会认为程序到此无法正确运行，但是 Bootstrapping 可以通过消除密文中的噪声来保证解密的正确性。为此，我们可以使用另一个公钥（通常称为 Bootstrapping 密钥）对包含噪声的密文进行重新加密，以获得对该噪声密文的新密文，而且新密文没有噪声。该过程如图 15.8 所示。

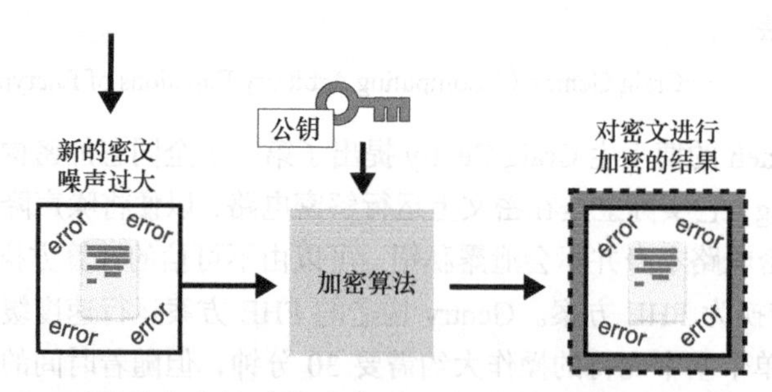

图 15.8 基于图 15.7，为了消除密文中的噪声，我们可以对现有密文进行解密。但是由于我们没有密钥，因此需要在另一个公钥（称为 Bootstrapping 密钥）下重新加密包含噪声的密文，获得噪声密文对应的新密文，且该密文里没有噪声

现在神奇的事情发生了：我们会得到有 Bootstrapping 密钥加密的初始私钥（我们不知道初始私钥的明文）。这意味着我们可以将加密的私钥与解密电路一起使用，对内部的噪声密文进行同态解密。如果解密电路产生的噪声值在可以接受的范围内，那么 Bootstrapping 就成功降低噪声值，

最终将得到在 Bootstrapping 密钥下的第一次同态操作的计算结果。此过程如图 15.9 所示。

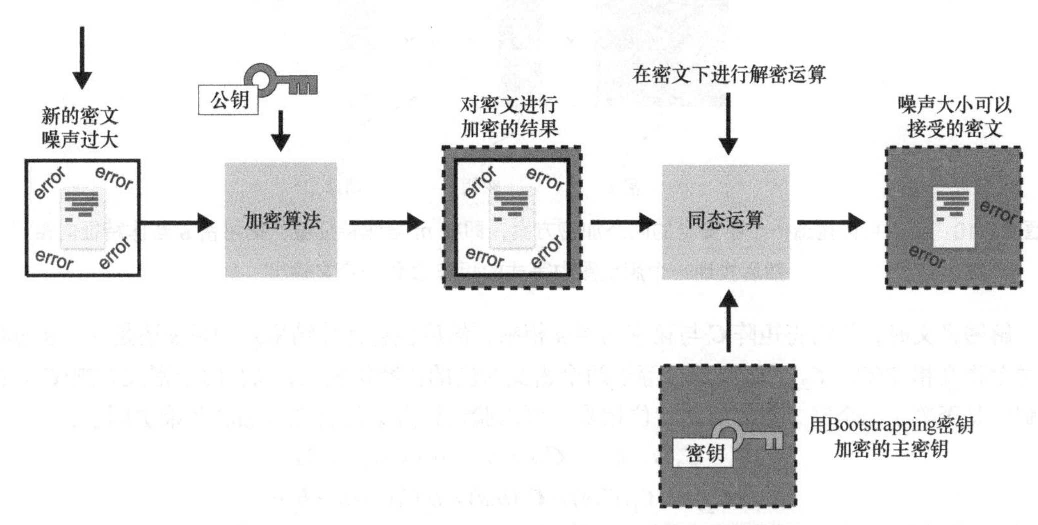

图 15.9 在图 15.8 的基础上，将由 Bootstrapping 密钥加密的初始私钥与新的密文作为解密电路的输入。这有效地对噪声密文进行正确解密，同时降低了噪声值。解密电路也会产生一些噪声值

如果剩余的噪声值允许我们执行至少一次同态操作（+或×），那么我们就赚了：我们拥有了一个全同态加密算法。因为在实践中，我们总是可以在每次同态操作之后或之前运行 Bootstrapping 算法。请注意，我们可以将 Bootstrapping 密钥对设置为与初始密钥对相同。这有点儿奇怪，因为我们得到一种反常的循环安全性，但它似乎也可以运行，并且没有已知的安全问题。

15.2.4 一种基于 LWE 问题的 FHE 方案

在继续之前，让我们看一个基于第 14 章学到的 LWE 问题的 FHE 方案示例。此处将介绍 GSW 方案的简化版本，该方案根据作者 Craig Gentry、Amit Sahai 以及 Brent Waters 的名字命名。为了简单起见，此处将介绍该算法的一个私钥版本，不过将这样的方案转换为公钥方案相对简单（转化为公钥方案是 Bootstrapping 的要求）。看看下面的等式，其中 $\boldsymbol{C}$ 是一个方阵，$\boldsymbol{s}$ 是一个向量，$\boldsymbol{m}$ 是一个标量（一个数字）：

$$\boldsymbol{Cs} = \boldsymbol{ms}$$

上述方程中，$\boldsymbol{s}$ 被称为特征向量，$\boldsymbol{m}$ 是特征值。如果读者对这部分内容比较陌生也不必担心，它们并不是我们的重点。

我们的第一个 FHE 方案灵感来自对特征向量和特征值的观察。观察结果是，如果我们将 $\boldsymbol{m}$ 设置为要加密的单比特消息，将 $\boldsymbol{C}$ 设置为密文，将 $\boldsymbol{s}$ 设置为密钥，那么我们可以拥有一个用来加密单比特消息的（不安全的）同态加密方案。当然，我们假设有一种方法可以根据给定消息比特 $\boldsymbol{m}$ 和密钥 $\boldsymbol{s}$ 计算随机密文 $\boldsymbol{C}$。该过程如图 15.10 所示。

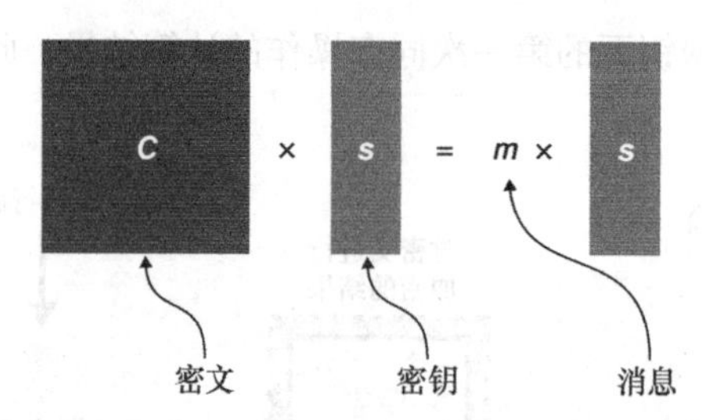

图 15.10 我们可以构造一个不安全的同态加密方案，即将 m 当作特征值，把秘密 s 当作特征向量，然后找到一个满足图中等式的矩阵 C 作为密文输出

解密密文时，只需将矩阵 C 与秘密向量 s 相乘，然后检查计算结果是向量 s 还是 0 。通过检查两个密文相加(C_1+C_2)后解密是否等于两个密文对应的比特位相加，以及两个密文相乘($C_1 \times C_2$)后解密是否等于两个密文对应的比特位相乘，可以验证该方案是否支持加法和乘法同态：

$$(C_1+C_2)s = C_1 s + C_2 s = b_1 s + b_2 s = (b_1+b_2)s$$

$$(C_1 \times C_2)s = C_1(C_2 s) = C_1(b_2 s) = b_2 C_1 s = (b_1 \times b_2)s$$

但是很不幸，该方案是不安全的，因为找到矩阵 C 的特征向量（秘密向量 s）非常简单。那么如果在等式中添加一点噪声呢？我们可以稍微改变一下 $Cs = ms$ 这个等式，让它看起来像 LWE 问题：

$$Cs = ms + e$$

这样的形式看起来应该更熟悉。同样，我们可以验证该方案支持加法同态：

$$(C_1+C_2)s = C_1 s + C_2 s = b_1 s + e_1 + b_2 s + e_2 = (b_1+b_2)s + (e_1+e_2)$$

注意，此处误差值变为 (e_1+e_2)，不过这在我们预料之中。同样地，我们可以验证该方案支持乘法同态：

$$(C_1 \times C_2)s = C_1(C_2 s) = C_1(b_2 s + e_2) = b_2 C_1 s + C_1 e_2 = b_2(b_1 s + e_1)s + C_1 e_2 = (b_1 \times b_2)s + b_2 e_1 + C_1 e_2$$

上述等式中，$b_2 e_1$ 很小（因为它是 e_1 或 0），但 $C_1 e_2$ 可能很大。这显然是一个问题，为了避免过多细节讨论，此处将忽略这个问题。有兴趣了解更多相关内容的读者可以阅读 Shai Halevi 在 2017 年发布的“Homomorphic Encryption”报告，该报告详细解释了同态加密技术相关的细节。

15.2.5 FHE 的用武之地

最受欢迎的 FHE 应用场景一直是云计算。当数据以密文形式存储在云端时，FHE 可以确保云服务器能够对加密数据进行有效的计算。事实上，我们能想到许多 FHE 的应用场景，如下。

- 垃圾邮件检测应用可以检查用户的电子邮件，但却不能获取电子邮件的内容。
- 允许基因研究人员使用 DNA 数据，同时还可以保护人类基因密码的隐私性。
- 以加密形式存储数据库中的数据，并且保证服务器端查询数据库中的数据时不会泄露任何其他数据。

然而，Phillip Rogaway 在 2015 年发表的“The Moral Character of Cryptographic Work”开创性论文中指出，“FHE[…]引发了密码学的新一轮热度。在拨款提议、媒体采访和演讲中，理论密码学家都谈到了 FHE[...]，这标志密码学领域发展到了一个新的阶段。然而，似乎没有人强调这其中任何一项进展会对密码学实践和应用产生的影响。”

虽然 Rogaway 没有错，FHE 的发展仍然相当缓慢，但是该领域的进展令人兴奋。在撰写本书时（2021 年），同态加密的运算速度比正常运算速度慢约 10 亿倍，但自 2009 年以来，同态计算速度已经提高了 109 倍。毫无疑问，FHE 在某些特殊应用领域的发展很值得期待。

此外，并非每个应用程序都需要完整的原语，部分同态加密的应用也很广泛，并且比全同态高效得多。理论密码学原语进入现实世界的一个标志是标准化。事实上，许多大公司和大学都在为全同态的标准化做出努力。目前，尚不清楚同态加密将在何时、何地以及以何种形式进入现实应用世界。但这件事情一定会发生，所以请读者继续关注全同态加密的进展！

15.3 通用零知识证明

第 7 章中介绍了零知识证明（ZKP），大家了解到签名类似于基于离散对数的非交互式 ZKP。这类 ZKP 是由 Shafi Goldwasser、Silvio Micali 和 Charles Rackoff 教授在 20 世纪 80 年代中期提出的。不久之后，Goldreich、Micali 和 Wigderson 发现，我们可以证明的不仅仅是离散对数或其他类型的难题，还可以在删除了一些输入或输出（见图 15.11）的情况下证明任何程序的正确执行。本节重点介绍这种通用类型的 ZKP。

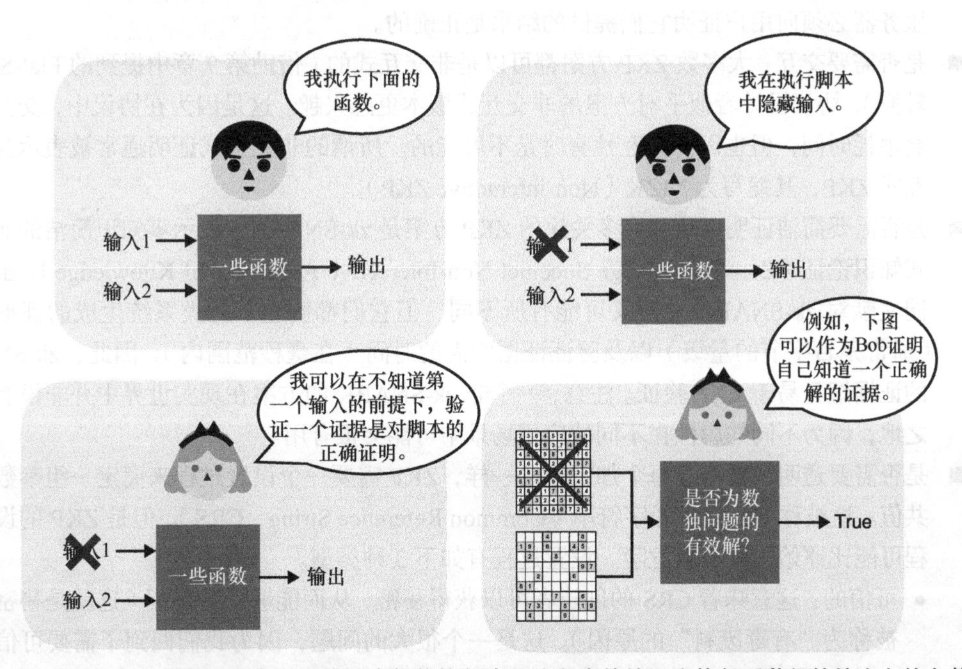

图 15.11 通用 ZKP 允许证明者说服验证者相信执行步骤（程序的输入和执行后获得的输出）的完整性，同时隐藏计算中涉及的一些输入或输出。上图是证明数独问题有解的例子

ZKP 是一个自成立之初就有巨大发展的领域。这种发展的一个主要原因是“加密货币”的繁荣，因此链上交易需要更多的机密性以及优化空间。截至本书撰写之时，ZKP 领域仍在飞速发展，很难了解现有的所有现代方案以及通用 ZKP 的类型。

于我们而言幸运的是，ZKP 领域变得足够大，以至于超出了标准化的门槛（一条假想的界限）。一旦达到这个界限，几乎总是会激励一些人为了解释这个领域一起努力。2018 年以来，来自工业界和学术界的参与者联合起来为 ZKP 的标准化工作努力，目标是“标准化密码中 ZKP 技术的使用范式”。

通用 ZKP 的使用场景很多，但到目前为止，它们主要用于“加密货币”领域，这也可能是很多人对密码学感兴趣并且愿意尝试最前沿的技术的原因。尽管如此，通用 ZKP 在很多领域都有潜在的应用场景：身份管理（能够证明自己的年龄而不泄露年龄）、压缩（能够隐藏大部分计算）、保密（能够隐藏协议的一部分信息）等。对于更多使用通用 ZKP 的应用程序来说，最大的障碍似乎是：

- 有大量的 ZKP 方案可供选择，而且每年都有更多的 ZKP 方案被提出；
- 掌握这些系统的工作方式以及在特定的应用中选择不同方案的困难性。

区分不同的方案是相当重要的。因为这是困惑的来源，下面是一些 ZKP 方案的划分方式。

- 是否需要零知识。如果某些信息需要对某些参与者保密，那么我们就需要零知识。注意，没有秘密的证明也可能很有用。例如，用户将一些密集的计算委托给一个服务器，而该服务器必须向用户证明它们提供的结果是正确的。
- 是否需要交互：大多数 ZKP 方案都可以是非交互式的（借助第 7 章中提到的 Fiat-Shamir 转换），协议设计者似乎对方案的非交互式版本更感兴趣。这是因为在协议中，交互可能会很耗时间，但也因为交互性有时是不可能的。所谓的非交互式证明通常被表示为非交互式 ZKP，其缩写为 NIZK（Non-interactive ZKP）。
- 是否需要简洁证明。受到最多关注的 ZKP 方案是 zk-SNARK，表示零知识简洁的非交互式知识论证（Zero-Knowledge Succinct Non-Interactive Argument of Knowledge）。虽然不同文献对 zk-SNARK 的定义可能有所不同，但它们都侧重于此类系统生成的证据尺寸（通常是百字节的量级）以及验证证据所需的时间（在毫秒范围内）。因此，zk-SNARK 的证据短且易于 ZKP 验证。注意，一个非 zk-SNARK 的方案在现实世界中并非没有用武之地，因为不同的属性在不同的应用场景中可能会很有用。
- 是否需要透明设置。与每个加密原语一样，ZKP 需要一个设置过程来商定一组参数和公共值。这被称为公共参考字符串（Common Reference String，CRS）。但是 ZKP 的设置过程可能比原始的做法更危险。设置过程有如下 3 种类型。
    - 可信的：这意味着 CRS 的创建者可以获得秘密，从而能够伪造证据（这就是秘密有时被称为“有毒废料”的原因）。这是一个很大的问题，因为我们回到了需要可信第三方的场景，但拥有这种属性的方案通常是最高效的，并且证据最短。为了降低安全风险，可以使用 MPC 协议让许多参与者帮助创建这些危险参数。如果有一个参与者是诚实的并且在参数创建结束后删除密钥，有毒废料将无法复原。

- 通用的：如果可以用可信设置来证明任何电路（电路大小受限）的执行，那么可信设置就是通用的。否则，它就是特定于某个电路的可信设置。
- 透明的：许多方案提供了透明设置，这意味着系统参数的创建过程不需要可信任第三方。具有透明设置的方案在设计上是通用的。

■ 是否需要抗量子：有一些 ZKP 方案使用公钥密码和高级原语，如双线性对（后续将介绍此内容），而另一些 ZKP 方案仅依赖对称密码（如哈希函数），这使它们天然地抵抗量子计算机的攻击（通常以更长的证据为代价）。

因为 zk-SNARK 是在撰写本书时才出现的，所以作者将用自己的理解来向读者介绍 zk-SNARK 的工作原理。

15.3.1 zk-SNARK 的工作原理

首先，zk-SNARK 方案有很多种，它们大多数都基于如下构造。

■ 作为一个证明系统，允许证明者向验证者证明某个论断。

■ 将一个程序翻译或编译成证明系统可以证明的东西。

第一部分并不难理解，而理解第二部分则需要学习该学科的一门研究生课程。首先，让我们来看看第一部分。

zk-SNARK 的主要思想是，证明自己知道一些有根的多项式 $f(x)$。验证者拥有多项式的根，即验证者记住的一些值（例如，1 和 2），而证明者必须证明他们知道的秘密多项式与验证者的值计算结果为 0（例如，$f(1)=f(2)=0$）。顺便说一下，对于某些多项式 $h(x)$，以 1 和 2 为根的多项式（如我们的示例中）可以写成 $f(x)=(x-1)(x-2)h(x)$。如果不确定，可以试着将 $x=1$ 和 $x=2$ 代入。证明者必须证明他们知道一个 $f(x)$和 $h(x)$，使得对于某些目标多项式 $t(x)=(x-1)(x-2)$满足 $f(x)=t(x)h(x)$。在本例中，1 和 2 是验证者想要检查的根。

这就是 zk-SNARK 证明系统通常提供的：一些可以证明某人知道某些多项式的证据。之所以重复这一点，是因为我第一次知道这对我们来说没有意义。如果我们只能证明自己知道一个多项式,那么该如何证明自己知道某个程序的秘密输入呢？这就是为什么 zk-SNARK 的第二部分如此困难的原因。zk-SNARK 是一种将程序转换成多项式的技术。稍后会介绍更多相关内容。

回到我们的证明系统，证明者如何证明他们知道这样一个函数 $f(x)$？他们必须证明自己知道一个 $h(x)$满足 $f(x)=t(x)h(x)$。不过，本节的重点是 ZKP，我们如何证明自己拥有 $h(x)$而不给出 $f(x)$呢？这个问题的答案源于以下 3 个技巧。

■ 同态承诺：一个类似于我们在其他 ZKP 中使用的承诺方案（见第 7 章）。

■ 双线性对：一种具有一些有趣性质的数学构造，稍后将会详细介绍。

■ 不同的多项式在大多数情况下会计算出不同的值。

接下来让我们仔细学习上述的 3 点内容。

15.3.2 同态承诺隐藏部分证据

第一个技巧是使用承诺来隐藏我们正在发送给验证程序的值。但我们不仅隐藏了这些值，还希望验证者可以对它们执行一些操作，以便验证者可以验证证据。具体来说，验证者需要做的是，如果证明者提交了多项式$f(x)$和$h(x)$，那么验证者可以进行如下验证：

$$\mathrm{com}(f(x)) = \mathrm{com}(t(x))\mathrm{com}(h(x)) = \mathrm{com}(t(x)h(x))$$

其中，$\mathrm{com}(t(x))$由验证者计算，作为对目标多项式的约束。上述操作称为同态操作，且如果我们使用哈希函数作为承诺机制（见第 2 章），就无法执行同态操作。多亏了这些同态承诺，我们可以"将值隐藏在指数中"（例如，对于值v，发送承诺$g^v \bmod p$），并执行同态操作的检查。

- 承诺相等：$g^a = g^b$ 意味着 $a = b$。
- 承诺相加：$g^a = g^b g^c$ 意味着 $a = b + c$。
- 承诺标量乘：$g^a = (g^b)^c$ 意味着 $a = bc$。

注意，只有当c是公开值而不是承诺（g^c）时，最后一次检查才有效。仅凭同态承诺，我们无法检查承诺乘法，而这才是我们所需要的。幸运的是，密码学有另一个工具，可以得到隐藏在指数中的等式，这就是双线性对。

15.3.3 利用双线性对改进同态承诺方案

双线性对可以用来帮我们消除阻碍，这就是在 zk-SNARK 中使用双线性对的唯一原因（实际上，只是为了能够保证承诺的乘法满足同态）。此处不会深入讨论双线性对的原理，只需要知道它是我们工具箱中的另一个工具，允许我们通过将元素从一个群移动到另一个群使得之前不能执行的乘法操作变得可行。

不妨使用e来表示双线性对，可以将双线性映射写为$e(g_1, g_2) = h_3$，其中g_1、g_2和h_3是不同群的生成元。在这里，我们将令等式左边的生成元相等（$g_1 = g_2$），构成对称双线性对。我们可以使用一个双线性对，通过下述方程来执行隐藏在指数上的值的乘法：

$$e(g^b, g^c) = e(g)^{bc}$$

我们通过双线性对使我们的承诺不仅满足加法同态，而且也满足乘法同态。（注意，这不是一个全同态的方案，因为乘法仅限于一次。）双线性对也被用于密码学的其他领域，并逐渐成为一种更常见的构造模块。它们可以在同态加密方案中看到，也可以在 BLS（见第 8 章）等签名方案中看到。

15.3.4 简洁性的来源

最后，zk-SNARK 的简洁性来自这样一个事实：在大多数情况下，两个不同的函数对不同的点求值的结果不同。这意味着什么呢？假设证明者没有一个多项式$f(x)$拥有和验证者持有的根相等的根，这意味着 $f(x)$ 不等于 $t(x)h(x)$。那么，将一个随机点 r 分别代入 $f(x)$ 以及 $t(x)h(x)$ 在大多数情况下不会得到相同的结果。对于几乎所有的 r，$f(r)\neq t(r)h(r)$。这称为 Schwartz-Zippel 引理，如图 15.12 所示。

Schwartz-Zippel引理

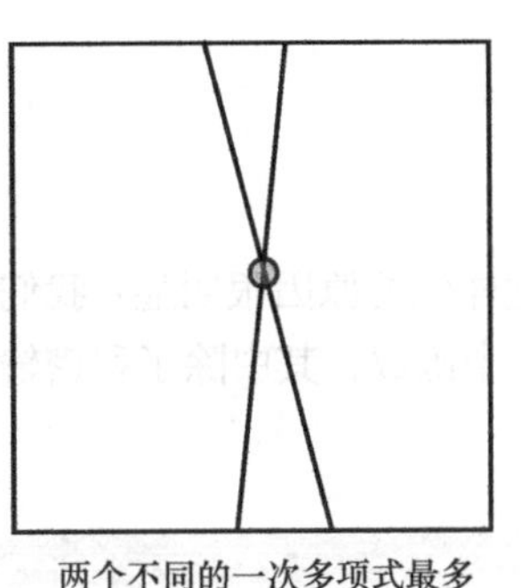

两个不同的二次多项式最多
有两个交点

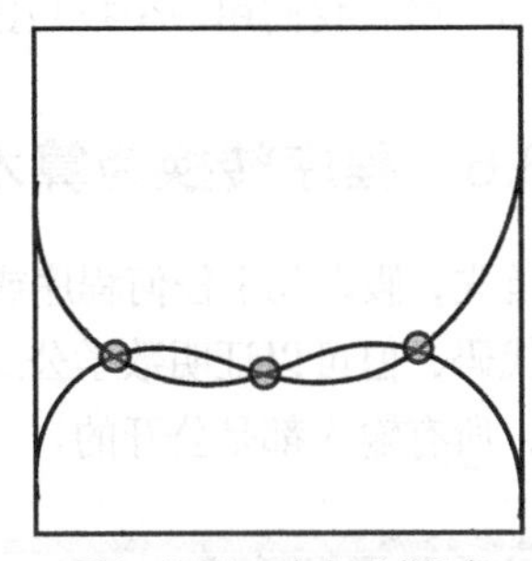

图 15.12 Schwartz-Zippel 引理表示，两个不同的 n 次多项式最多有 n 个交点。换句话说，两个不同的多项式在大多数点上是不相等的

知道了这一点，就足以证明 $\mathrm{com}(f(x))=\mathrm{com}(t(x))\,\mathrm{com}(h(x))$ 对于某些随机点 r 成立。这就是为什么 zk-SNARK 的证据如此之小：比较一个群中的点，相当于比较整个多项式。但这也是大多数 zk-SNARK 构造中需要可信设置的原因。如果一个证明者知道将用于检查等式的随机点 r，那么他可以建立一个无效的多项式使得等式成立。所以一个可信设置的工作包括如下步骤。

- 创建一个随机值 r。
- 将 r 隐藏在某个群元素的指数上（如 $g, g^r, g^{r^2}, g^{r^3}, \cdots$），这样就可以让证明者在不知道 r 值情况下进行验证。
- 销毁 r。

上述的第二个步骤有意义吗？答案是肯定的。如果证明者要证明的多项式是 $f(x)=3x^2+x+2$，那么证明者要计算 $(g^{r^2})^3 g^r g^2$，从而得到该多项式在 r 点上的证据。

15.3.5 程序转换为多项式

到目前为止，对证明者多项式的约束是它存在一些根，将这些根代入多项式中计算结果都为 0。但是，我们如何将更一般的陈述转化为多项式的知识证明呢？“加密货币”是目前使用 zk-SNARK 最多的应用程序，它们的形式如下。

- 证明一个值在[0,264]内（这称为范围证明）。
- 证明一个（秘密）值包含在某些给定的（公共）Merkle 树中。
- 证明某些值的和等于其他一些值的和，等等。

这就是 zk-SNARK 困难的部分。正如我们前面看到的，将程序执行过程转换为多项式的知识是非常困难的。不过本书不会讨论所有的细节，但会让我们了解转换过程如何运作。在这个过程中，读者应该能够理解本书未涉及的部分解释，并按照自己的理解来填补空白。这个过程如下。

（1）首先，程序会被转换成一个算术电路，就像我们在15.1.2小节中学到的方式。

（2）该算术电路将被转换成某种形式的方程组（称为一阶约束系统，缩写为R1CS）。

（3）然后我们用一个技巧把方程组转换成多项式。

15.3.6 程序转换为算术电路

首先，假设几乎任何程序或多或少都容易重写为数学公式。这样做的原因很明显：我们不能证明代码，但可以证明数学公式。例如，代码清单15.1提供了一个函数，其中除了秘密输入 a 以外，所有输入都是公开的。

代码清单 15.1 一个简单的函数

```
fn my_function(w, a, b) {
  if w == true {
    return a * (b + 3);
   } else {
    return a + b;
   }
}
```

在这个简单的例子中，如果除了 a 之外，每个输入和输出都是公开的，那么我们仍然可以推断出 a 的值。这段代码说明了有些东西无法用ZKP完成证明。暂且忽略这些问题，上述程序可以用数学表达式重写为下述方程：

$$w\times(a\times(b+3))+(1-w)\times(a+b)=v$$

其中，v 是输出，w 是0（false）或1（true）。注意，这个方程并不是一个真正的程序或电路，它只是看起来像一个约束。如果我们正确执行程序，然后将输入以及程序的输出填写到方程中，那么等式应该是成立的。如果等式不成立，那么说明我们的输出不是程序对输入的有效执行结果。

这就是我们必须思考的关于通用ZKP的问题。我们使用zk-SNARK来证明某些给定的输入和输出与程序的执行是正确匹配的（即使某些输入或输出被忽略），而不是在零知识的情况下执行一个函数（实际上这样做意义不大）。

15.3.7 R1CS运算电路

在任何情况下，将程序的执行过程转化为可以用zk-SNARK证明的公式只是一个步骤。下一步是将其转化为一系列约束，然后转化为证明某个多项式的知识。zk-SNARK想要的是一阶约束系统（Rank-1 Constraint System，R1CS）。R1CS实际上只是一系列形式为 $L\times R=O$ 的方程，其中 L、R 和 O 只能是一些变量的加法，因此，唯一的乘法是 L 和 R 之间的乘法。将算术电路转换成这样一个方程组的原因并不重要，我们只需知道它有助于将电路转换成可证明知识。试着按照上述的方式处理我们得到的方程，可得到如下结果：

$$a \times (b+3) = m$$
$$w \times (m-a-b) = v-a-b$$

实际上，我们忽略了 w 是 0 或者是 1 的约束，可以通过一个技巧将其添加到我们的系统中。

$$a \times (b+3) = m$$
$$w \times (m-a-b) = v-a-b$$
$$w \times w = w$$

我们应该把这个系统看作一组约束：如果有人声称这组约束与程序执行的输入输出相匹配，那么我们应该能够验证这些值使得等式成立。如果其中一个等式不成立，那么说明以对方声称的值作为程序的输入并不能得到对方声称的输出。另一种理解方式是，zk-SNARK 允许我们以可验证的方式删除正确执行程序脚本的输入或输出。

15.3.8 将 R1CS 转换为多项式

现在问题仍然是：我们如何将上述方程组转换成多项式？答案依然是一系列的技巧！因为我们的方程组中有 3 个不同的等式，所以第一步是，就多项式的 3 个根的选择达成一致。我们可以简单地选择 1、2、3 作为根，这意味着 $x = 1$、$x = 2$ 和 $x = 3$ 令多项式满足 $f(x) = 0$。通过这样做，我们可以使多项式同时表示系统中的所有方程，当 x 为 1 时表示第一个方程，当 x 为 2 时表示第二个方程，以此类推。现在证明者的工作是创建一个多项式 $f(x)$，如下。

$$f(1) = a \times (b+3) - m$$
$$f(2) = w \times (m-a-b) - (v-a-b)$$
$$f(3) = w \times w - w$$

注意，如果值与原始程序的执行过程正确匹配，则上述 3 个方程都应该等于 0。换句话说，只有当我们正确创建多项式 $f(x)$时才有 1、2、3 这 3 个根。这就是 zk-SNARK 的意义：有协议可以证明我们的多项式 $f(x)$有这些根（证明者和验证者都知道这些根）。

现在的问题是证明者在选择他们的多项式 $f(x)$方面有太多的自由。他们可以简单地找到一个根为 1、2、3 的多项式而不关心 a、b、m、v 和 w 的值。证明者几乎可以做任何他们想做的事！相反，我们想要的方程组是，除了验证者无法获取的秘密值之外，该方程组的每个多项式系数项都可以确定。

15.3.9 隐藏在指数中的多项式

回顾一下，我们希望证明者正确地执行具有秘密值 a 和公共值 b、w 的程序，并获得可公开的输出 v。然后，验证者必须只通过输入验证者不能获取的部分（即 a 和 m）来创建一个多项式。因此，在一个真正的 zk-SNARK 协议中，我们希望在证明者创建他们的多项式并在一个随机点上计算多项式的值时，他们具有最小的自由度。

为了做到这一点，多项式在某种程度上是动态创建的，通过让证明者只填充自己的部分，让验证者填充其他部分。例如，让我们取第一个方程 $f(1)=a\times(b+3)-m$ ，并将其表示为

$$f_1(1)=aL_1(x)\times(b+3)R_1(x)-mO_1(x)$$

其中 $L_1(x)$ 、$R_1(x)$ 以及 $O_1(x)$ 多项式，都满足当 $x=1$ 时计算结果为 1，而当 $x=2$ 或 $x=3$ 时计算结果为 0。这样一来，$L_1(x)$ 、$R_1(x)$ 以及 $O_1(x)$ 就只影响第一个方程式。（注意，通过拉格朗日插值等算法很容易找到这样的多项式。）现在，请注意另外两件事。

- 我们拥有输入、中间值和输出作为多项式的系数。
- 多项式 $f(x)$ 是对 $f_1(x)+f_2(x)+f_3(x)$ 的求和，其中我们可以用类似于 $f_1(x)$ 的方法定义 $f_2(x)$ 和 $f_3(x)$ 。

可以看到，在点 $x=1$ 处多项式仍然表示为第一个方程：

$$f(1)=f_1(1)+f_2(1)+f_3(1) = f_1(1) = aL_1(1)\times(b+3)R_1(1)-mO_1(1) = a\times(b+3)-m$$

有了这种表示方程（记住，它表示程序的执行过程）的新方法，证明者现在可以计算与它们相关的多项式部分。

取隐藏在指数中的随机点 r 来重建多项式 $L_1(r)$ 和 $O_1(r)$ 。

以秘密值 a 为指数与 $g^{L_1(r)}$ 进行幂运算，得到 $(g^{L_1(r)})^a=g^{aL_1(r)}$ ，表示 $a\times L_1(x)$ 在一个未知的随机点 r 处的值，并且这个值隐藏在指数中。

以中间值 m 为指数与 $g^{O_1(r)}$ 进行幂运算，得到 $(g^{O_1(r)})^m=g^{mO_1(r)}$ ，表示 $m\times O_1(x)$ 在一个未知的随机点 m 处的值，并且这个值隐藏在指数中。

然后，验证者可以通过使用相同的技术重建 $(g^{R_1(r)})^b$ 和 $(g^{R_1(r)})^3$ 来填充缺失的部分。将两者相乘，验证者得到 $g^{bR_1(r)}\times g^{3R_1(r)}$ ，它表示 $(b+3)\times R_1(x)$ 在一个未知随机点 r 上的值，且这个值被隐藏在指数中。最后，验证者可以利用双线性对重构隐藏在指数中的 $f_1(r)$ ：

$$e(g^{aL_1(r)},g^{(b+3)R_1(r)})-e(g,g^{mO_1(r)})=e(g,g)^{aL_1(r)}\times(b+3)R_1(r)-mO_1(r)$$

如果将这些技术推广到整个多项式 $f(x)$ 中，我们就可以计算出最终的协议。当然，这仍然是对真正的 zk-SNARK 协议的粗略简化，仍然给了证明者太多的权力。

在 zk-SNARK 中使用的所有其他技巧都是为了进一步限制证明者的能力，确保它们正确和一致地填充缺失的部分，以及优化其他内容。顺便说一下，我读到的对 zk-SNARK 工作原理最好的解释是 Maksym Petkus 的论文“Why and How zk-SNARK Works: Definitive Explanation”，其中解释了本书忽略的所有细节。

上述就是本书关于 zk-SNARK 协议的所有介绍。实际上，zk-SNARK 的理解和使用要复杂得多！巨大的工作量不仅来自需要将一个程序转换成可以证明的知识，有时还来自需要对密码协议增加新的限制。例如，主流哈希函数和签名方案对于通用 ZKP 系统来说往往过于繁重，因此许多协议设计人员会研究不同的对 ZKP 更友好的哈希和签名方案。此外，正如我之前所说，zk-SNARK 的构造有很多种，也有许多不同的非 zk-SNARK 构造，它们可能与通用 ZKP 构造相关性更强，选择哪一种具体构造取决于应用场景。

但是似乎并不存在同时具备所有特性的 ZKP 方案（例如，具有设置透明、简洁、通用和抗量子的 ZKP 方案），而且不同应用场景中如何选择具体方案并不明确。这个领域还很“年轻”，每年都会公开更新、更好的方案。也许几年后，更好的标准和易于使用的密码学库就会出现，所以如果对这个领域感兴趣，请继续关注！

15.4 本章小结

- 在过去的十年里，许多理论密码原语在效率和实用性方面取得了巨大的进步，其中有一些正在进入现实世界。
- 安全多方计算（MPC）是一种原语，它允许多个参与者一起正确地执行一个程序，而不透露他们各自的输入。许多的 MPC 方案已经用于现实世界，例如门限签名已经开始在“加密货币”中被采用，而隐私集合求交（PSI）协议则被用于大规模的现代协议，如谷歌的口令检查。
- 全同态加密（FHE）允许在加密数据上计算任意函数而且计算过程不会泄露数据明文。FHE 在云技术中有潜在的应用场景，它可以阻止除用户之外的任何人访问数据，同时仍然允许云平台对数据执行有效的计算。
- 通用的零知识证明（ZKP）的应用场景很多，并且最近在快速验证短证据上已经取得突破。ZKP 主要用于“加密货币”，以增加隐私或压缩区块链的大小。它的应用场景似乎很广泛，而且随着更好的标准和更容易使用的密码库的出现，我们可能会看到越来越多的 ZKP 应用场景。

第 16 章　密码技术并非万能

本章内容：

- 使用密码技术可能遇到的问题；
- 正确使用密码技术要遵循的原则；
- 密码行业从业人员面临的问题和责任。

你好，旅行者！

你的密码学之旅已经进行了许久。虽然这是最后一章，但这不是你学习密码学技术的终点。现在，你已经具备了迈入应用密码世界所必需的知识。在这个崭新的世界里，你要做的就是，将前面学到的知识应用于实践。

在本书结束之前，我想给你一些重要的提示和工具，它们有助于你理解接下来的内容。通常，你面临的任务遵循相同的模式：每个任务都以一个挑战性问题开始，进而引发你对现有密码原语或协议的深入思考。从这里开始，你将学会寻找一个密码标准及其较好实现的方法，然后以密码学的最佳实践方式使用该算法。下面让我们按照这个流程来逐一解释本章内容。

忠告

在将密码学理论和实践建立起联系的过程中，我们还需做出许多额外的努力。本章内容将为我们扫除这些障碍。

16.1 寻找到正确的密码原语或协议

针对未加密的信息流、大量服务器互相认证和存储秘密信息系统的单点故障问题，我们该采取何种措施呢？

我们可能会使用 TLS 和 Noise 协议（参见第 9 章）加密通信信息流。通过公钥基础设施（参见第 9 章）为某个机构颁发的证书签名，我们可以对服务器的身份进行验证，还可以使用门限方案（参见第 8 章）分发秘密信息，以避免泄露秘密导致整个系统遭受破坏。这些都是刚刚所提问题的解决办法。

如果面临的问题比较常见，那么很可能现有的加密原语或协议就可以解决这样的问题。本书有助于大家了解标准密码原语和通用协议。因此，在此基础上，大家容易知道解决问题应该使用哪些密码工具。

密码学是一个非常有趣的研究领域。人们不断提出新的密码原语，这使密码学的应用愈加广泛。尽管我们可能很想采用一些奇特的密码学技术来解决遇到的问题，但是，请记住，保持保守才是我们应该遵循的重要原则。原因在于，复杂性是应用系统安全的敌手。当我们去解决某些安全问题时，应该尽可能地采用那些简单可靠的方法。用复杂的协议解决应用问题也会引入一些安全漏洞。2015 年，Bernstein 曾称这样的安全问题解决策略为无趣密码学，这也是谷歌 TLS 库 BoringSSL 命名的灵感来源。

> 密码方案需要经过多年的仔细审查才能成为可实际使用的可信候选方案。尤其是对于那些基于新数学问题的密码方案，更应该牢牢遵守这样的原则。
>
> ——Rivest 等（“Responses to NIST's proposal”，1992）

对于要解决的问题，如果找不到可用的加密原语或协议怎么办？这时，我们必须到理论密码学世界寻找答案。显然，这不是本书的主题。针对这样的情形，本书只能给出一些建议。

本书给的第一个建议是阅读由 Dan Boneh 和 Victor Shoup 共同撰写的 *A Graduate Course in Applied Cryptography* 一书。该书几乎涵盖本书中的所有内容，但它比本书更深入。Dan Boneh 还在 Coursera 网站推出过一套不错的密码学在线课程。该课程以更加浅显易懂的方式对理论密码学进行了介绍。如果想阅读一本难度介于本书和理论密码学之间的书，我推荐阅读由 Jean-Philippe Aumasson 撰写的 *Serious Cryptography: A Practical Introduction to Modern Encryption*（No Starch Press，2017）。

现在，假设我们已有可以解决所遇到问题的密码学方案或协议。但是，许多密码原语或协议在很大程度上仍然处于非常理论化的阶段。如果已有一个实用的标准，那么我们应该如何正确地使用该标准呢（见图 16.1）？

图 16.1 已有一个实用的密码原语或协议

16.2 如何使用加密原语或协议——文雅标准与形式验证

如果我们意识到现存的密码方案可以解决遇到的问题，那么我们需要进一步确认该密码方案是否已有标准？如果不存在相应的标准，那么这样的密码原语往往没有在现实世界中广泛地使用。通常，密码学家不会考虑密码原语或协议在使用过程中存在的隐患以及它们的实现细节。文雅密码学这个概念由 Riad S.Wahby 提出，其主要关注密码标准的实现问题，它使得实现者在实现密码算法的过程中几乎不会出现任何安全漏洞。

> 毫无经验的密码标准使用者构造的安全应用常常漏洞百出，这是标准不应该出现的问题。
>
> ——Rivest 等（“Responses to NIST's proposal”，1992）

文雅标准旨在通过提供安全且易于使用的接口促使密码的实现更加规范，并就如何使用密码原语或协议提供良好的指导，从而达到解决所有边缘情况和潜在安全问题的目的。此外，好的标准还附带了测试向量，即匹配输入和输出的测试用例列表，我们可以将这些测试用例提供给算法实现者以测试算法的正确性。

不幸的是，并不是所有的标准都是“文雅的”，它们容易形成各种密码学隐患，这也是造成本书所提漏洞的根本原因。有时标准太模糊，缺少测试向量。而有时标准试图去规定太多不必要的东西。例如，加密灵活性是一个衡量协议对加密算法支持度的术语，支持不同的加密算法可以给密码标准带来一定程度上的优势。有时，一种算法可能无法抵抗某种攻击并被弃用，而同类的其他算法则不存在这样的问题。在这种情况下，不灵活的协议无法让客户端和服务器轻松完成更换算法的操作。另外，过高的灵活性也会严重影响标准的复杂性。有时，甚至会引发安全漏洞，许多针对 TLS 协议的降级攻击正是由此引发的。

不幸的是，标准密码方案不能解决的问题往往比密码学家承认的要多。例如，存在主流密码原语或协议无法解决的边缘情况，或者待解决问题与标准密码方案不匹配。因此，开发人员创建自己的“迷你协议”或“迷你标准”是非常常见的做法。然而，这也是麻烦的开始。

当对原语的威胁模型（保护的对象是什么）或其可组合性（如何在协议中使用）基于错误的假设时，密码原语的安全性就会遭到破坏。这些出现在特定上下文的问题会被下面的事实放大：通常，密码原语往往独立存在，一旦密码原语以不同方式或与另一个密码原语组合使用时，设计者不一定能考虑到可能会出现的所有问题。本书已经给出了很多这样的例子：X25519 破坏了协议的边缘情况（参见第 11 章），签名方案基于签名的唯一性假设（参见第 7 章），以及通信双方的模糊性（参见第 10 章）。这不一定是我们的错！开发人员比密码学家更聪明，他们揭示了密码学家不知道的密码原语或协议的缺陷。这样的事情经常发生。

如果发现这种情况，密码学家常用的方法就是纸笔证明法。这对我们这些安全从业者来说并没有多大帮助。我们要么没有时间做这项工作（这真的需要很多时间），要么就是专业知识不足。不过，我们并非孤立无援，我们可以使用计算机来简化迷你协议的分析。这就是所谓的形式验证，它可以极大地节省我们的时间。

形式验证允许我们用某种中间语言编写协议，并在其上测试协议的某些特性。例如，Tamarin 协议验证程序（见图 16.2）是一种正式的验证工具，它能够发现许多协议可能遭受的攻击。若想了解更多信息，请参阅论文“Prime, Order Please! Revisiting Small Subgroup and Invalid Curve Attacks on Protocols using Diffie-Hellman”（2019）和“Seems Legit: Automated Analysis of Subtle Attacks on Protocols that Use Signatures”（2019）。

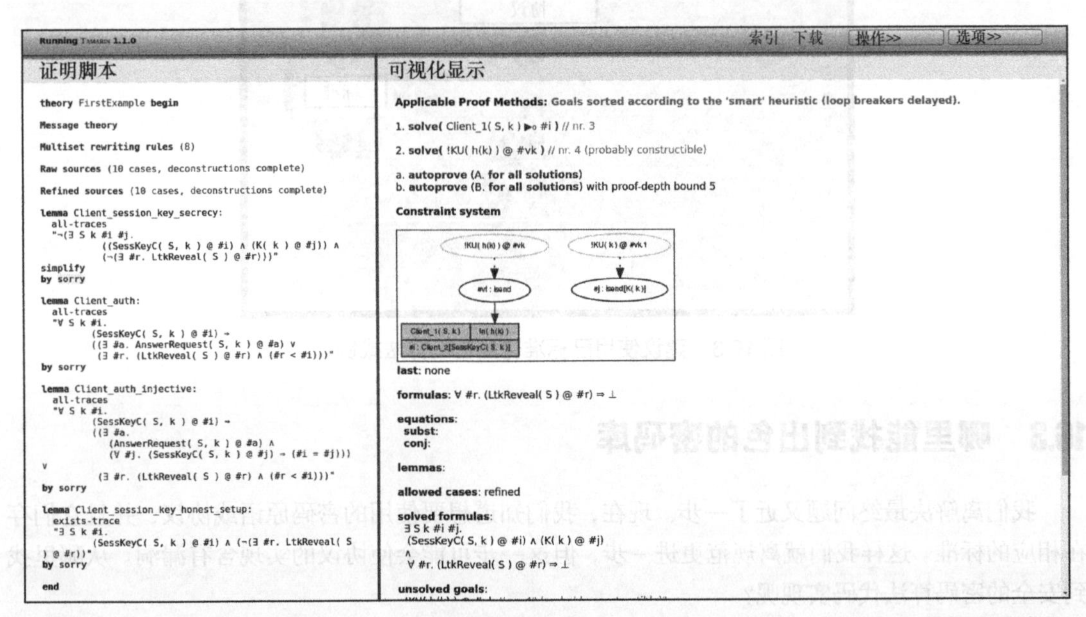

图 16.2　Tamarin 协议验证程序是一款免费的形式验证工具，使用该工具可以对密码协议进行建模并发现对协议的攻击方法

然而，形式验证工具使用起来非常困难。使用验证工具的第一步是，弄清楚如何把协议翻译成验证工具所能理解的语言和概念。通常，这并不是一件简单的事。当能用形式化语言描述协议后，仍然需要弄清楚我们要证明什么以及如何用形式化语言表达要证明的对象。

事实上，协议证明器经常会出现证明出错的情况，因此我们会产生这样的疑问：谁来检验形式验证的结果？该领域的一些研究旨在让开发人员以更简单的方式形式验证他们开发的协议。例如，Verifpal 验证工具就在易用性和稳健性（能够找到所有攻击）之间进行了权衡。

形式验证工具（如 Coq、CryptoVerif 和 ProVerif）可以验证密码原语的安全证明结果，它甚至还可以生成不同语言的“形式验证”实现（具体参考 HACL*、Vale 和 fiat-crypto 等项目，这些项目实现了主流密码原语正确性、内存安全性等的可验证性）。尽管如此，形式验证并不是一种万能的技术。纸质协议和它的形式化描述之间或者形式化描述和实现之间的差距总是存在的，并且在发现协议的致命弱点之前，它们都是安全的协议。

研究其他协议失败的原因是一个避免犯同样错误的好方法。Cryptopals 和 CryptoHack 网站上有许多密码方面的问题挑战，熟悉这些问题有助于了解在使用和编写密码原语和协议时出现的错误。如果正在构建一个迷你协议，那么我们需要特别小心，要么形式验证该协议，要么向专家寻求帮助。如果我们有相应的标准，或者类似标准的东西，那么谁负责实现这样的标准呢（见图 16.3）？

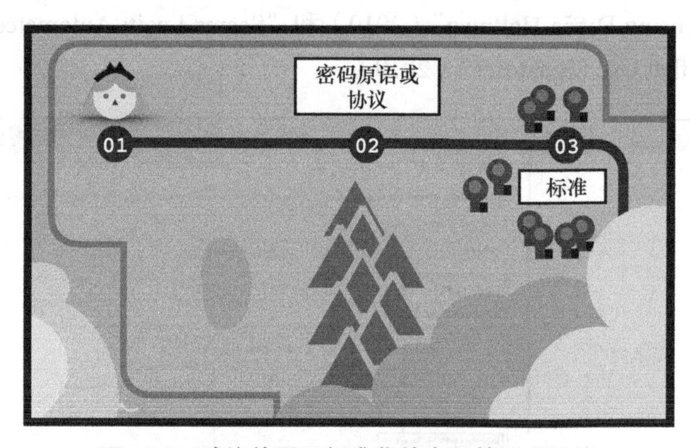

图 16.3 建议使用已标准化的密码算法或协议

16.3 哪里能找到出色的密码库

我们离解决最终问题又近了一步。现在，我们知道想要使用的密码原语或协议，并且它们存在相应的标准。这样我们就离规范更进一步，但这一步可能会使协议的实现含有漏洞。从哪里找到安全的密码算法代码实现呢？

简单搜索一下，我们会发现可以使用的库或框架有很多。这为我们所面临的问题提供了不错的解决办法。不过，我们该选择哪个库和框架呢？哪个库最安全呢？这些问题很难回答。有些密码库非常著名，本书中列出了一些库，如谷歌公司的 Tink、libsodium 和 cryptography.io 等。

然而，有时我们很难找到一个好的库来使用。也许我们正在使用的编程语言本身对密码学的支持度不够，或者我们想要使用的密码原语或协议没有全部被实现。在这些情况下，最好保持小心谨慎，我们既可以向密码学社区寻求建议，也可以了解库作者的密码学背景，甚至还可以让密码专家对我们的代码进行审查。例如，Reddit 上的 r/crypto 社区提供了这些帮助（直接给作者发电子邮件有时就会得到回复；在会议召开期间，通过麦克风向听众询问，我们也可能会得到问题的答案），也很受欢迎。

如果实在没有现成的代码，我们可能需要自己实现密码原语或协议。此时，可能会出现许多问题。最好的做法是，检查密码算法实现过程中经常出现的问题。幸运的是，如果我们能很好地遵循密码算法标准，就不容易犯错。但是，密码算法实现是一门技术，我们应该尽量避免自己实现密码原语或协议。

测试密码实现是否存在错误的一个有趣方法是使用工具。虽然没有一种工具可以测试所有的密码算法，但谷歌公司的 Wycheproof 工具值得一提。Wycheproof 是一个测试向量套件，它可用于排查 ECDSA、AES-GCM 等常见密码算法中的错误。该工具已在不同的密码实现中发现大量错误。接下来，我们假设自己没有实现密码算法而是发现了一个我们所需算法的密码库（见图 16.4）。

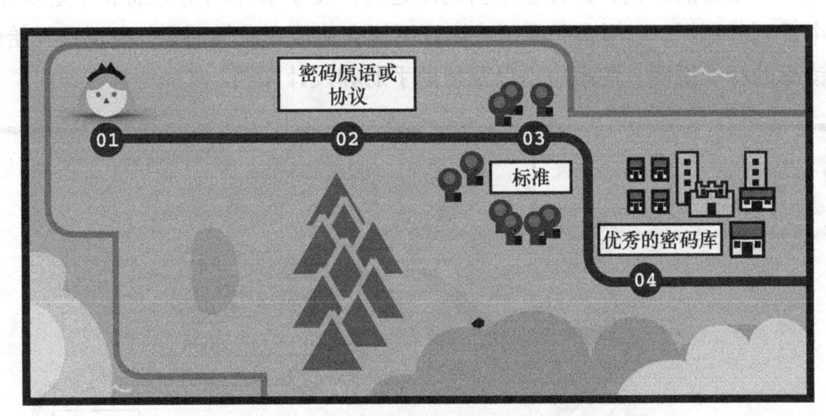

图 16.4　基于已有密码库开发安全类应用程序

16.4　滥用密码技术：开发者是密码学家的敌手

我们发现了一些可以使用的代码，这让我们离最终目标又近了一步，但是这也增大了我们制造安全漏洞的风险。在应用密码学中，大多数的安全漏洞都是这样产生的。在本书中，我们一次又一次地看到滥用密码算法的例子，如对于 ECDSA（参见第 7 章）和 AES-GCM（参见第 4 章）等算法，重用 nonce 是个不好的做法；滥用哈希函数会破坏其抗碰撞性（参见第 2 章）；缺乏源认证（参见第 9 章）机制会导致敌手可伪装成通信参与方。

研究结果表明，安全类应用中的漏洞只有17%源于密码库本身（通常会产生毁灭性的后果），其余83%的漏洞是由应用程序开发者滥用密码库所造成的。

——David Lazar、Haogang Chen、Xi Wang 和 Nickolai Zeldovich（"Why does cryptographic software fail? A case study and open problems"，2014）

一般来说，密码原语或协议在实现时抽象性越好，使用起来就越安全。例如，AWS 提供密钥管理服务（Key Management Service，KMS），它将密钥托管在 HSM 中，并按需执行密码学计算。通过这种方式可以在应用程序层级对密码学进行抽象。另一个例子是，在编程语言标准库中提供密码学操作支持，基于这种方法开发的应用程序要比基于第三方密码学库的应用更受信任。例如，Go 语言的标准库在这方面就做得非常出色。

通常，对密码学库可用性的担忧可以总结为"将开发人员视为敌手"。许多密码学库都是基于这样的策略开发的。例如，谷歌的 Tink 库不允许在 AES-GCM（参见第4章）中选择 nonce/IV，以避免 nonce 意外重用。为了降低密码学库在使用上的复杂性，libsodium 库只有一组特定的密码原语接口，而不给开发人员任何使用上的自由。一些签名库将消息封装在签名中，迫使我们在提取到消息之前验证签名，当验证通过后，算法才会继续执行。从这个意义上说，密码协议和库有责任令其接口尽可能简洁，从而防止误用。

以前说过一个重要的原则，即在使用密码库之前，要了解库的全部细节（见图16.5）。正如我们在本书中看到的那样，滥用密码原语或协议可能会造成灾难性后果。在正式开始使用密码库之前，请阅读库的标准说明、注意事项以及帮助手册和设计文档。

图16.5　在使用密码库之前，有必要了解库的实现细节

16.5　可用安全性

通常，密码学可以解决应用程序中以透明形式存在的问题，但并非总能奏效！有时，用户会

知道应用程序使用的密码技术。

通常，高等教育也只能让用户知晓程序使用的密码技术。因此，当发生安全问题时，将责任推到用户身上从来都不是一个好主意。我们常称相关的研究领域为可用安全性，该领域旨在寻求使安全性和密码相关功能对用户透明的解决方案，尽可能降低密码技术误用的概率。一个典型的例子是，当 SSL/TLS 证书无效时，浏览器会首先给出简单的警告，随着时间的推移，它会逐渐向用户发出更严重的风险提示。

> 我们观察到的安全防御行为符合警告疲劳理论。在谷歌的 Chrome 浏览器中，与其他警告相比，用户会以更快、更频繁的方式点击 SSL 警告。我们还发现谷歌的 Chrome 浏览器 SSL 警告的点击率高达 70.2%，这表明警告体验会对用户行为产生巨大影响。
>
> ——Devdatta Akhawe 和 Adrienne Porter Felt（“Alice in Warningland: A Large-Scale Field Study of Browser Security Warning Effectiveness”，2013）

另一个典型例子是，安全敏感服务如何从依赖口令的认证切换到支持第二因素身份认证（参见第 11 章）。由于很难强制用户为每个服务设置强口令，因此有必要寻找消除口令泄露风险的解决方案。端到端加密也是一个很好的例子，用户总是很难理解端到端加密中会话的含义，以及通过主动验证指纹能带来多高的安全性（参见第 10 章）。当向用户推广密码技术时，必须最大程度地降低用户出错风险（见图 16.6）。

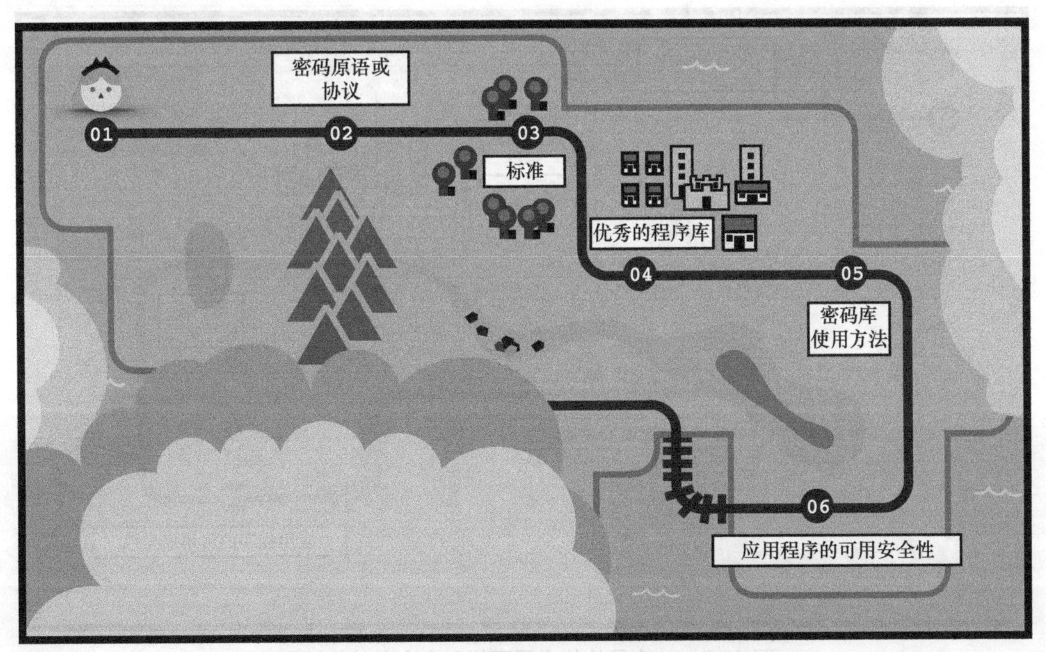

图 16.6 可用安全性旨在降低技术误用带来的风险

故事时刻

多年前，我曾审查过一个基于端到端加密方案的消息传输应用程序。这些应用程序就包含当时最新的 Signal 协议（参见第 10 章），但该协议并没有为用户提供验证其他用户公钥（或会话密钥）合法性的功能。尽管该端到端加密协议在被动敌手存在的情况下是安全的，但非法用户却很容易更新用户的公钥（或某些用户的会话密钥），从而导致我们无法检测针对协议的中间人攻击。

16.6　密码学并非一座孤岛

通常，密码学都是作为复杂系统的一部分而存在的，而该系统本身也可能存在漏洞。实际上，大多数漏洞都存在于那些与密码原语或协议本身无关的地方。通常，攻击者会寻找安全系统中最薄弱的一环，即摘取果树上挂得最低的果实，而密码技术往往充当抬高果实的栏杆。包围该系统的周边系统可能会更大、更复杂，最终往往会产生更容易成功的攻击向量。Adi Shamir 有句名言：“通常，攻击者不会直接渗透系统，而是绕过系统的密码防护措施。”

我们需要花一些精力来确保系统中采用的密码算法是经过实践检验的、实现良好的和测试完备的，这确实是一件有益于系统安全的事，但我们也应确保系统的其余部分也经受过同样级别的严格审查。否则，其他一切努力都是徒劳（见图 16.7）。

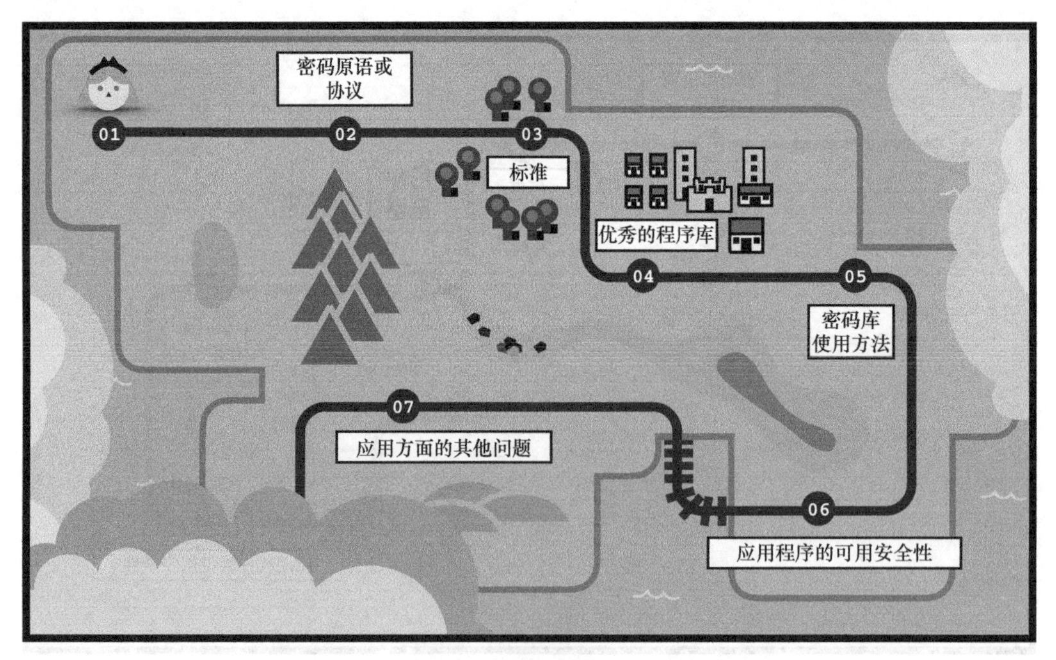

图 16.7　一个具体的应用可能存在许多其他问题

16.7 不要轻易亲自实现密码算法

至此，本书即将完结。现在，读者可以在密码学的荒野中自由驰骋。但本书的各位读者必须注意，本书并无法给大家带来超能力。本书可能会给大家带来一种面临安全问题时的无力感，即密码技术很容易被误用，一个简单的错误就会导致毁灭性的后果。因此，大家应该小心行事！

现在，大家的腰带上插有一个巨大的密码工具集。对于某一特定的应用，大家应该能够辨别出它使用的是何种密码技术，甚至可以看出具体应用程序中哪些地方是存在安全威胁的。大家也应该能够独自做出一些设计决策，知道如何将密码技术应用于特定的安全程序中，并了解哪种行为会带来安全风险。同时，保持时刻向密码学专家征求意见的严谨态度。

“不要盲目使用自己设计的密码算法”是软件工程中最常见的密码技术使用忠告。这个建议是对的。尽管我们有能力亲自实现甚至设计密码原语和协议，但不要在生产环境中使用它们。一个密码原语和协议从设计到正式投入使用，需要经历数年的时间：首先，学习该领域的各种细节问题需要花费数年时间；其次，不仅要保证密码算法在设计上的正确性，而且要求算法能够经受住各种各样的密码分析。即便是毕生研究密码学的专家也有可能构建出不安全的密码系统。Bruce Schneier 曾说过一句著名的话：“从最无知的业余爱好者到最专业的密码学家，他们都可以设计出自己无法破解的密码算法。”在这一点上，我们需要不断地学习新的密码学知识。本章最后这几页并不是大家本次密码学之旅的终点。

本书想让读者意识到自己正处于独特的地位。最初，密码学是一个封闭的领域，该领域的成员仅限于政府人员或从事保密工作的学者。密码学慢慢发展成今天的这个样子，成为一门公开的、全世界范围内广泛研究的科学。但对一些人来说，密码学仍然是小众的。

2015 年，Rogaway 对密码学和物理学的研究领域进行了有趣的比较。他指出，在第二次世界大战中日本遭到核轰炸后不久，物理学就变成了一个高度政治化的领域。研究人员开始感受到一种深刻的责任感，物理学与许多人的死亡以及可能更多人的死亡明确而直接地关联起来。不久之后，苏联切尔诺贝利核电站发生灾难，它进一步放大了物理学家的这种感觉。

密码学是一个涉及隐私的领域，它是一个与政治毫不相干的主题，这使得密码学研究与政治无关。然而，我们所做的决定可能会对社会产生长远的影响。我们今后设计或实现基于密码技术的系统时，请首先考虑我们将要面临的威胁模型。我们将自己视为受信任的一方，还是说我们设计的系统会防止我们访问用户数据，但不影响用户数据安全？如何通过密码学技术为用户授权？我们可以加密哪些数据？因此，密码学家也要遵循相应的规范（见图 16.8）前美国国家安全局局长 Michael Hayden 曾说过“我们可以利用元数据杀害任何人”。

2012 年，在圣巴巴拉海岸附近，Jonathan Zittrain 在一个昏暗的演讲厅向数百名密码学家发表了题为“The End of Crypto”的演讲。这是一个备受世界密码学家关注的密码学会议。Jonathan 播放了电视连续剧《权力的游戏》中的一段视频。在视频中，瓦里斯（Varys）向提利昂（Tyrion）国王转交了一个谜语。谜语的完整内容如下。

3 个人坐在一个房间里：一位国王、一位牧师和一位富人。他们中间站立着一个普通的佣兵。每个人都想获得这个佣兵，并让他杀死其余的另外两个人。谁能活下来，谁会死掉？提利昂立即回答："这取决于佣兵。" 太监回应道，"如果是剑客掌权，我们为什么要假装国王掌握所有权力呢？"

Jonathan 暂停了视频片段，指着在场的观众并对他们大喊："你们知道你们就是佣兵，对吧？"

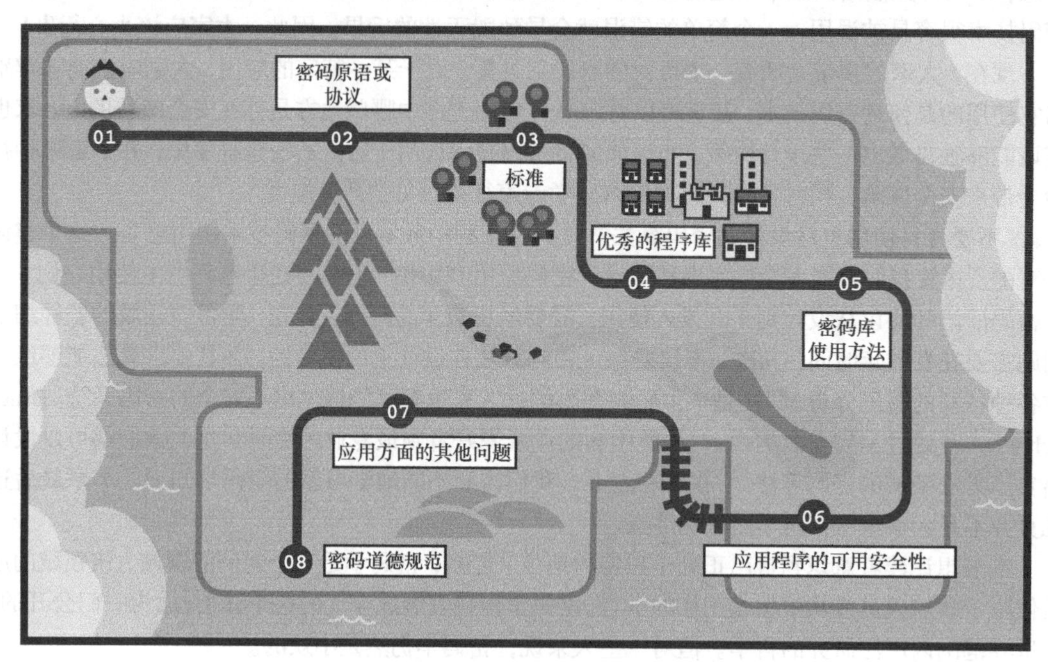

图 16.8　密码学家也应遵守相应的道德规范

16.8 本章小结

- 就具体应用而言，实用密码学总是面临各种误用的问题。在大多数应用密码技术的案例中，我们都会使用设计良好的密码原语和协议。因此，密码算法误用成为大多数安全漏洞的主要来源。
- 密码原语和协议可用于已有的许多典型应用案例。通常，我们需要做的就是找到一个广泛认可的密码原语和协议实现来解决所面临的问题。在使用具体的实现之前，请阅读实现相关的手册，了解其使用场景和条件。
- 与乐高积木一样，现实世界的密码协议是由一层层的密码原语堆叠而成的。当不存在人们广泛认可的协议可以解决我们遇到的问题时，我们将不得不亲自组装一个个密码算法部件，形成最终所需的协议。然而，这种做法是非常危险的。当在特定情况下使用某个密码原语，或把该密码原语与其他原语或协议结合使用时，最终形成的密码原语会受到各种攻击。在这些情况下，我们可以把形式验证当作发现协议潜在问题的工具（尽管这样的工具可能很难使用）。

- 实现密码协议本身就是一件困难的事。此外，我们还必须让实现的接口易于使用（从某种意义上说，良好的密码实现几乎不会让用户有任何误用的机会）。
- 避免盲目创新，使用广泛认可的密码技术是避免后续出现安全问题的绝佳方法。许多安全问题都是因协议本身过于复杂（例如，支持太多的加密算法）所导致的。这也是密码学社区热议的话题。这种过度设计的系统常被称为“无趣密码”，我们应该尽可能地远离“无趣密码”。
- 密码原语的设计者和标准的制定者都应该对实现中可能出现的错误负责。这是因为密码算法的实现可能非常复杂，或者他们没有清楚地告诉实现者应该注意的事项。文雅密码学是一种很难实现的理想化密码原语或标准。的确，密码原语和标准的文雅化是我们终极的追求。
- 有时，用户会知道应用程序使用的具体密码技术。可用安全性是指确保用户了解密码技术原理，并且尽可能防止用户滥用密码原语。
- 密码学不是一座可以单独存在的孤岛。如果遵循本书中的所有建议，那么即便系统出现了漏洞，它们中的大部分也并非由密码原语引起的。请谨记本书所给的这些建议！
- 我们应充分利用好从本书学到的知识，担负起密码学工作者应该承担的责任，认真思考我们的所作所为可能引起的后果。

附录 习题答案

第 2 章

- 哈希函数具有抗原像性，因此能够保证隐藏性；也就是说，如果输入足够随机，那么给定输出，就没有人能猜到其对应的输入。为了解决这个问题，我们可以先生成一个随机数，并将其与原始输入放在一起来计算它们的哈希值。之后，通过公开原始输入和随机数来打开承诺。哈希函数的抗第二原像性使其具备绑定性质。
- 我们不关注抗碰撞性。我们只关心抗第二原像性。因此，我们可以将消息的摘要截断到所需的长度。
- 罗伯茨生成了许多密钥，直到有一个密钥哈希值的 Base32 编码与给定哈希值的 Base32 编码相同。Facebook 也是以这种方式存储用户密钥的。这些密钥被称为虚荣地址。

第 3 章

- 通过观察以下消息，其中“||”表示字符串连接。对于认证标签 MAC(k,"1"||"1 is my favorite number") 而言，攻击者可以伪造第 11 个消息的有效身份验证标签 MAC(k,"11"||"is my favorite number")。
- 假设下面的函数均为有效的 MAC 算法和 PRF 算法，那么对于 MAC(key,input)，$NEW\_MAC = MAC(key,input) \| 0x01$ 是一个有效的 MAC 算法吗？它是一个有效的 PRF 算法吗？它可以防止伪造，因此它是一个有效的 MAC 算法，但它不是一个有效的 PRF 算法。原因在于，我们很容易将新构造的 MAC 算法的输出与完全随机的字符串区分开来（因为新构造的 MAC 算法最后一个字节的值总是 0x01）。

第 6 章

- 如果我可以用这个共享的密钥加密发给你的消息，那么我也可以用这个共享密钥解密其他人发给你的消息。

- 回忆在第 5 章学到的与密钥交换相关的内容。在基于有限域的 DH 协议中，所有运算都发生在模大素数 p 的情况下。现在，我们以一个较小的素数 65537 为例。若采用十六进制形式，则素数 p 可以写成 0x010001；若采用二进制形式，则素数 p 可以写成 0000 0001 0000 0000 0000 0001。在二进制表示形式中，我们看到第一个数字“1”的前面有很多个“0”。如果理解模运算的特点，我们就知道模素数 p 的数永远不会大于 p，这意味着模素数 p 的数的前 7 比特总是被设置为 0。此外，我们还知道模素数 p 产生的数的第 8 比特常被设置为 0，而只有较少的情况下才被设置为 1。因此，模素数 p 产生的数不是均匀随机的。理想情况下，每个比特被设置为 0 和 1 的概率应该都相等。

第 7 章

- 答案是不需要。原因在于，验证认证标签需要用到对称密钥。然而，验证签名的过程只需要用到公钥，所以不必要求验证过程在固定时间内完成。

第 8 章

- 内置后门的熵源可以将其输出设置为所有其他熵源的异或结果，这样可以有效地抵消掉所有的熵，导致熵源的最终输出结果为全 0。
- 在 ECDSA 算法中，签名者可以选择不同的 Nonce 来为同一密钥对和消息生成不同的签名。虽然 EdDSA 算法会根据要签名的消息确定性地派生出 Nonce，但这并不意味着签名者就不能使用任何其他 Nonce。

第 9 章

- 如果服务器私钥在某个时间点泄露，攻击者将能够回放消息历史记录，并在握手阶段冒充服务器。实际上，攻击者现在拥有服务器的私钥。因此，密钥交换阶段和握手阶段派生的对称密钥都是公开的。
- 证书认证机构（CA）需要对证书进行签名，这导致了一个悖论：一个签名算法的输入中不可能包含这次运算输出的签名。因此，CA 必须将签名追加到证书末尾。而不同的标准和协议可能使用不同的签名技术。例如，可以将签名作为 tbsCertificate 整数的一部分，并在签名或验证证书时假装它由全 0 的字节串组成。

第 10 章

- 根据密码学的定义，我们应该无法区分加密后产生的密文与随机字符串。因此，压缩算法无法找到有效压缩加密数据的模式。鉴于这一原因，通常考虑在加密前压缩电子邮件内容。

我们可以采用的一种方法是，在签名中同时包含发送方和接收方的姓名及其公钥，然后对其进行加密。

第 11 章

- 客户端简单计算口令哈希值的方式并不能奏效，这是因为仍然存在哈希传递攻击。如果服务器直接存储 Alice 口令的哈希值，那么任何窃取该哈希值的人都可以将它用作 Alice 的口令，从而冒充 Alice 本人。一些应用程序同时执行客户端和服务器端的哈希计算操作，在这种情况下，这可能会阻止主动攻击者获取原始口令（尽管主动攻击者可能通过更新客户端应用程序的代码来禁止客户端执行哈希计算操作）。
- 猜测到正确的口令的概率是万分之一。